최신 안테나 공학

김한기 · 정승용 · 고광채 공저

21세기사

머 리 말

우리는 컴퓨터와 전기통신기술의 발전이 낳은 정보화 사회(Information Society)로 불리 우는 거대한 물결 속에 살고 있으며 급격한 변화를 겪고 있다. 전파 통신기술과 IT기술이 접목되어 '유비쿼터스 시대'라는 용어를 낳았고 새로운 시대를 꿈꾸며 살아가는 현대인에게 더 이상 낯설지 않은 자연스러운 어구가 되었다. 이는 현대인들이 무선통신 시대에 살며 거의 매일 무선 통신을 이용하고 있음을 의미하는 것으로 무선통신 기술은 정보화 시대의 주류로서 융합 서비스를 지원할 수 있는 기술로 계속 발전하게 될 것이다.

무선 통신 서비스가 더욱 다양해짐에 따라, 전파가 전파(propagation)되는 환경은 더 열악한 상황 속에 놓일 것으로 예견되며 무선통신의 품질에 영향을 미칠 것이다. 무선통신의 품질은 안테나의 성능에 의해 좌우된다고 해도 과언이 아니며 이를 극복하기 위한 필수적 기술로서 '안테나' 기술 역시 데이터 전송기술과 함께 동반하여 발전할 것이다.

안테나 기술은 궁극적으로 모든 무선통신을 가능케 하고 통신기기에 내장되는 모델로 발전해 나갈 것이다. 특히 국내외적으로 안테나 소형화 및 광대역화 기술, 다중 대역 고도화 기술, 지능형 안테나 기술 등이 핵심적으로 집중 연구될 것으로 보인다. 이에 새로운 안테나 기술은 다양한 학문분야에서 응용되고 있는 첨단의 기술과 접목하기 위해 많은 시도를 필요로 하고 있다. 국가적으로 볼 때 이러한 노력들이 빠른 시일 내에 결실을 맺어 세계 최고의 안테나 기술을 확보하기 위해서 보다 적극적인 산업육성과 인재 양성을 위한 지원이 필요한 시점에 있다. 우리나라도 이와 같은 추세에 맞춰 통신 분야를 국책사업으로 채택하여 지원을 아끼지 않고 있다. 특히 안테나를 이용하여 통신하는 무선통신분야의 인력 양성과 기술 향상을 위하여 한국산업인력관리공단에서는 무선설비기사 자격제도를 시행하여 무선통신 분야에 많은 기여를 하고 있다.

최근 정보통신 관련 전문 인력의 수요는 급증하고 있는 현 상황 속에서, 취업을 앞둔 학생들과 이 분야에 전공지식을 쌓으려는 대학의 관련학과 학생에게 조금이나마 보탬이 되고자, 그동안의 저자의 강의 경험을 토대로 이 책을 편찬하게 되었다. 아무쪼록 본서가 정보통신 분야의 전공지식을 함양하고 취업을 앞둔 학생들이 정보통신 기술을 쉽게 이해할 수 있는 기회로 주어진다면 더한 기쁨이 아닐까 한다. 본서를 통해서 공부하게 되는 학생 여러분들의 실력이 향상되어 취업 및 국가 기술 자격시험 등 합격의 길에 이르고 더 나아가 자격취득을 통해 현장 실무에 응용할 때 본서가 큰 역할을 하게 되기를 기원하며, 본서를 출간할 수 있도록 큰 도움을 주신 21세기사 사장님을 비롯한 편집부 직원과 기획부 그리고 임원진에게 진심어린 감사를 드린다. 앞으로 끊임없는 노력으로 보다 유익한 책으로서 여러분께 보답하고 계속해서 미비한 점들을 보충해 나갈 예정이다.

  * 본서에는 일부 잘못된 부분이 있을 수 있으며, 잘못된 부분에 대해서는 발견 시 www.bp-digital.com 의 게시판에 올려주시면 수정·보완하도록 하겠다.

– 지은이 일동 –

목 차

Chapter 1 전자파 이론 / 9

Chapter 2 급전선 및 정합회로 / 25

Chapter 3 안테나 이론 / 83

Chapter 4 안테나 종류 및 특성 / 123

전자파 이론

1.1. 변위 전류(displacement current)

교류전원에 도선을 연결하면 전류가 흐르게 되는데 그 도선에 흐르는 전류($i_c = \dfrac{dQ}{dt}[A]$)를 전도전류(傳導電流)라고 한다. 그림 1-1과 같이 도신을 끊고 콘덴서를 연결한 경우 (+) 반주기 동안 콘덴서는 충전될 것이다. 이 때 콘덴서에 유입하는 전류는 있어도 콘덴서 사이를 흐르는 전류는 존재하지 않게 되므로 전류의 연속성이 성립되지 않는다.

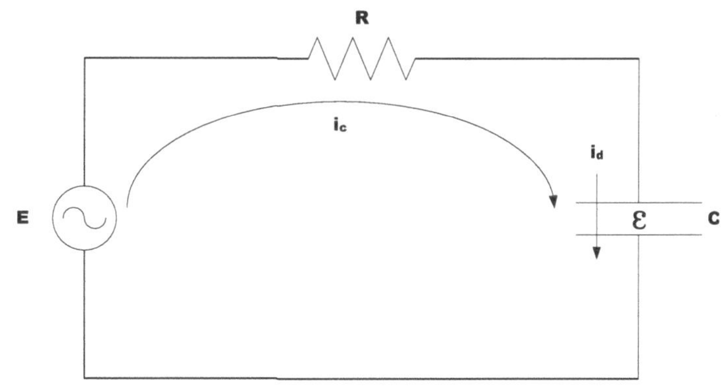

[그림1-1] 전도전류와 변위전류

하지만, 1865년 Maxwell(맥스웰[1],1831~1879)은 이와 같은 문제를 해결하기 위해 콘덴서 사이의 유전물질을 통해 흐르는 변위 전류를 가상하였다. 그림 1-1과 같이 콘덴서의 면적을 S[m²], 콘덴서에 충전된 전하의 총량을 Q[C]라 하면 콘덴서 양극간의 전속 밀도(D)는

---

1) 1864년 스코틀랜드의 물리학자 맥스웰(James Clerk Maxwell, 1831-1879)은 전기와 자기 현상에 대한 통일적 이해를 가능하게 해주는 물리법칙을 정립해서 전자기학이라는 새로운 통합 학문 분야를 탄생시켰다.

$D = \dfrac{Q}{S}\,[C/m^2]$가 된다. 콘덴서 양극 사이에 유전율이 ε인 유전체를 채웠다면 콘덴서 양극 사이의 전계의 세기(E)는 $E = \dfrac{D}{\epsilon}\,[V/m]$ 가 되며, 시간적 변화에 의해서 콘덴서에 유입하는 전류는 $i = \dfrac{dQ}{dt} = S\dfrac{dD}{dt}\,[A]$가 된다. 이 식에서 우변의 $S\dfrac{dD}{dt}$ 되는 전류가 콘덴서의 양극 사이를 흐른다고 생각하면 도선의 전도전류와 연속이 된다. 위 식의 양변을 콘덴서의 면적(S)으로 나누어 i_d라고 하면 $i_d = \dfrac{i}{S} = \dfrac{dD}{dt}\,[A/㎡]$가 된다. 유전체 중의 전속밀도의 시간적 변화인 이 i_d를 **변위 전류(displacement current)**라고 하며 맥스웰은 변위 전류도 전도전류와 같이 직각 방향으로 자계를 만든다고 생각하였다. 여기서, 편의상 콘덴서를 생각하였지만 일반적인 매질에서도 전계(E)의 시간적 변화가 발생하면 반드시 변위 전류가 흐른다는 것이다.

※ 변위 전류(i_d) : 완전 유전체나 진공중에 흐른다고 가상한 전속밀도(D)의 시간적 변화율
※ 전도 전류(i_c) : 도체상에 전하의 이동에 의해서 흐르는 전류

1.2. Maxwell의 방정식

Maxwell은 변위 전류도 전도전류와 같은 성질을 가지고 있는데 착안하여 Ampere의 주회법칙과 Faraday의 전자 유도 법칙 및 가우스의 전자계 정리를 기초로 한 **전계와 자계와의 관계를 나타내는 전자파의 해석에 기초가 되는 방정식**을 정리하였다.

1. Ampere's 주회법칙

$\nabla \times H = J + \dfrac{\partial D}{\partial t}$ (단, H: 자계, J: 전류밀도, D: 전속밀도)

전류의 방향과 전류에 의한 자계의 방향을 결정하는 법칙으로 도체에 전류가 흐르면 오른나사의 법칙에 따라 자계는 그 나사의 회전방향으로 발생한다는 법칙이다.

2. Faraday's 전자 유도 법칙

$$\nabla \times E = -\frac{\partial B}{\partial t}$$

좌변은 전계의 회전량을 나타내며 우변은 자속밀도의 시간적인 감소율을 나타내므로 이 식은 공간상의 임의의 한 점에서 그 점의 자속밀도가 시간적으로 변화하면 그 점을 중심으로 자속밀도와 직각인 평면 내에 전계의 와류가 발생한다는 것을 의미한다. 다시 말해서 폐곡면을 통과하는 자속이 갑자기 감소하면 증가시키기 위한 방향으로 유기 기전력이 발생한다는 것이다.

3. 전계에 관한 가우스의 정리

$\mathrm{div}\mathbf{D} = \rho$ 또는 $\nabla \cdot \mathbf{D} = \rho$

여기서 ρ는 전하 밀도로서 단위는 $[C/㎥]$이다.

전속(electric flux)밀도(D)의 발산(divergence)은 전하밀도와 같다는 의미이다.

4. 자계에 관한 가우스의 정리

$\mathrm{div}\mathbf{B} = 0$ 또는 $\nabla \cdot \mathbf{B} = 0$

자속밀도의 발산은 항상 영임을 의미하며, 발산이 항상 영이 되면 공간의 모든 점에서 자속밀도가 새로 발생하거나 소멸하는 것은 없다는 의미이다.

※ 참고

① ϵ(유전율)

$\epsilon = \epsilon_s \cdot \epsilon_o$ (ϵ_s : 비유전율, ϵ_o:진공중의 유전율로써 $\frac{1}{36\pi} \times 10^{-9}[F/m]$이다.)

② μ(투자율)

$\mu = \mu_s \cdot \mu_o$ (μ_s : 비투자율, μ_o:진공중의 투자율로써 $4\pi \times 10^{-7}[H/m]$이다.)

1.3. 파동방정식

1. 평면파

파의 동위상 면이 평면구조를 하고 있는 파로서, 균일한 매질 내에서 전계(E)와 자계(H)가 한쪽(즉, x 및 y) 방향 성분만 있고 진행 방향(z)에는 전계 및 자계 성분이 없는 파를 **평면파**라 한다.

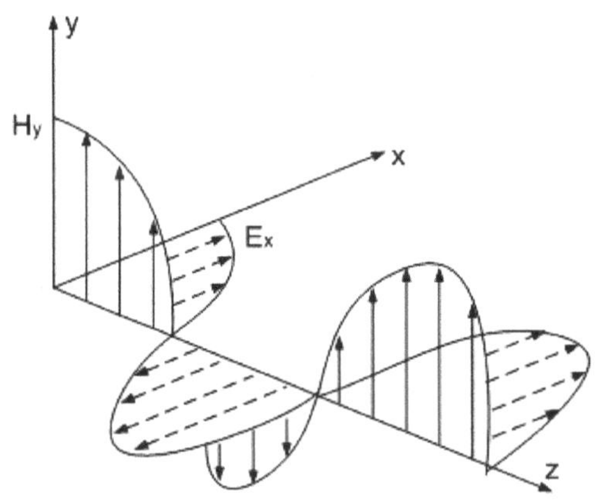

[그림1-2]   z방향으로 진행하는 평면파

※ 평면파: 일정한 진행 방향으로 수직인 파면을 가지는 파
※ 구면파: 공간의 한 점에서 모든 방향으로 한결같이 퍼져나가는 파

2. 파동 방정식

전자파를 해석하기 위한 방정식으로 시간적으로 변화하는 전자파가 어떤 매질을 통과할 때 만족해야 하는 방정식이다.

$$\frac{\partial^2 E_x}{\partial t^2} = \frac{1}{\epsilon_0 \mu_0} \cdot \frac{\partial^2 E_x}{\partial z^2}, \qquad \frac{\partial^2 H_y}{\partial t^2} = \frac{1}{\epsilon_0 \mu_0} \cdot \frac{\partial^2 H_y}{\partial z^2}$$

위의 식을 파동 방정식 또는 달랑베르(D'Alembert's equation) 방정식이라고 한다.

3. 특성 임피던스

공간상에 존재하는 **전계(E)대 자계(H)의 비**는 공간상의 임피던스를 의미하는데, 이를

Z_o로 나타내며 특성 임피던스(고유 임피던스, 파동임피던스)라 한다.

자유공간의 특성임피던스(Z_o)는 $Z_0 = \dfrac{E}{H} = \sqrt{\dfrac{\mu}{\epsilon}} = \sqrt{\dfrac{\mu_0}{\epsilon_0}}$ (자유공간) $= 120\pi \fallingdotseq 377[\Omega]$ 가 된다.

4. 횡파

횡파란 매질의 진동 방향과 직각인 방향으로 진행하는 파를 말한다.

1.4. 전파의 에너지($P[J/\text{m}^3]$)

전자파는 전계(E)와 자계(H)라는 매질이 공간적으로 90°차이를 두고 서로 교차하면서 발생하는 파로서 전자파의 에너지는 전계와 자계 각각의 에너지의 합과 같다.

단위체적당 축적된 전계와 자계의 에너지 밀도를 각각 P_E, P_H라 하면

$$P_E = \frac{1}{2}\epsilon E^2[J/\text{m}^3], \quad P_H = \frac{1}{2}\mu H^2[J/\text{m}^3] \text{ 이다.}$$

그러므로 전자파의 에너지 밀도$(P) = P_E + P_H = \dfrac{1}{2}\epsilon E^2 + \dfrac{1}{2}\mu H^2 = \epsilon E^2 = \mu H^2[J/\text{m}^3]$

가 된다. (전계의 에너지양과 자계의 에너지양은 같다)

1.5. 포인팅의 정리($P_o[W/\text{m}^2]$)

J. H. Poynting(포인팅, 1852~1914)은 정적인 에너지 분포에 대해 시간 개념을 도입하여 전자 에너지의 흐름을 수학적으로 입증하였는데, 이를 포인팅의 정리(Poynting's theorem)라 한다.

포인팅(Poynting) 전력(P_o)이란 단위 면적당 단위시간에 통과하는 전자파 에너지를 말하며 아래의 식과 같이 구해진다.

$$P_o = P(\text{전파의 에너지}) \times V(\text{전파의속도}) = \epsilon E^2 \times \frac{1}{\sqrt{\epsilon\mu}} = \frac{E^2}{\sqrt{\frac{\mu}{\epsilon}}}$$

$$P_o = \frac{E^2}{Z_0} = \frac{E^2}{120\pi} \fallingdotseq \frac{E^2}{377} \, [\text{w/m}^2], \quad P_o = E \cdot H$$

포인팅(Poynting) 전력은 전파의 진행 방향을 그 방향으로 하는 Vector량으로 취급된다. 이때의 전력을 Poynting Vector라 하고, $P_o = E \times H$(벡터의 표시)라 표시한다.

1.6. 전파의 성질

※ 전자파의 정의

전자파는 전계(E)와 자계(H)라는 매질이 공간적으로 90°차이를 두고 동시에 존재하며 파의 진행방향과 각각 직각으로 진동해 나아가는 파이다.

1. 전파는 횡파이며 평면파이다.

※ 횡 파: 매질의 이동 방향과 파동의 진행방향이 서로 수직인파.(고저파) → 전자파, 광파 등

※ 종 파: 매질의 이동 방향과 파동의 진행방향이 서로 수평인파.(소밀파) → 음파 등

2. 전파 속도

전자파의 속도(V)는

$$V = \frac{1}{\sqrt{\epsilon\mu}} = \frac{1}{\sqrt{\epsilon_o\mu_o}} \cdot \frac{1}{\sqrt{\epsilon_s\mu_s}} = \frac{C}{\sqrt{\epsilon_s\mu_s}} = \frac{3 \times 10^8}{\sqrt{\mu_s\epsilon_s}} [\text{m/sec}] \, \text{이다.}$$

$$\rightarrow V = f \cdot \lambda = \frac{\omega}{2\pi} \cdot \lambda = \frac{\omega}{\beta} = \frac{1}{\sqrt{LC}}$$

① **투자율**이나 **유전율**이 클수록 속도가 늦어진다.

② 전파의 속도는 공간상의 매질의 종류에 따라 달라짐을 의미한다.

③ 전파의 속도(V)는 자유공간($\epsilon_s = \mu_s = 1$)에서는 광속도(C)와 같다.

3. 위상속도(V_p)와 군속도(V_g)의 곱은 광속도(C)의 제곱과 같다.

매질 내에서 파가 에너지를 전파하는 속도를 군속도(group velocity)라고 하며 매질의 굴절률이 n일 때 위상 속도는 $V_p = \dfrac{C}{n}$, 군속도는 $V_g = nC$ 이다. 이때 C는 광속도를 말하며 $V_p \cdot V_g = C^2$의 관계가 성립된다.

4. 전파는 빛의 성질과 유사하다.

① 전자파는 빛과 마찬가지로 종류가 다른 매질의 경계면에서 **굴절**하고 **반사**하는 성질이 있다.

② 전자파는 주파수가 낮을수록 **회절** 현상이 심하고 주파수가 높을수록 직진성이 강하다.

③ 전자파는 **편파성**을 가지고 있는데 전계방향이 어떤 한 평면 위에 있는 경우, 이것을 직선 편파라고 하며 전계방향이 지면에 수직인 경우를 수직 편파, 수평인 경우를 수평편파라고 한다. 또 전계 벡터가 x축과 y축으로 구성되어 그 크기가 같은 경우를 원형편파라 하고 그 크기가 다른 경우를 타원편파라고 한다.

④ 2가지 이상의 동일 주파수의 파동을 합성하였을 때에 동위상인 경우에는 합성되고 역위상인 경우에는 상쇄되는 간섭성이 있다.

⑤ 도전성을 가진 매질 내에서 파장은 대단히 짧고, 곧 **감쇠**하고 만다.

1.7. 전파의 분류

주파수의 분류	통용어	주파수 범위	파장 범위
VLF(Very Low Frequency)	초장파	30[kHz]이하	10[km]이상
LF(Low Frequency)	장 파	30 ~ 300[kHz]	1 ~ 10[km]
MF(Medium Frequency)	중 파	300 ~ 3,000[kHz]	100 ~ 1,000[m]
HF(High Frequency)	단 파	3 ~ 30[MHz]	10 ~ 100[m]
VHF(Very High Frequency)	초단파	30 ~ 300[MHz]	1 ~ 10[m]
UHF(Ultra High Frequency)	극초단파	300 ~ 3,000[MHz]	10 ~ 100[cm]
SHF(Super High Frequency)	센티미터파	3 ~ 30[GHz]	1 ~ 10[cm]
EHF(Extremely High Frequency)	밀리(미터)파	30 ~ 300[GHz]	1 ~ 10[mm]

단원별 요약정리

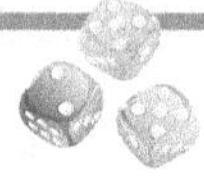

1.1. 변위 전류(displacement current) ★

변위전류(i_d):완전 유전체나 진공중에 흐른다고 가상한 **전속밀도(D)의 시간적 변화율**

$$i_d = \frac{dD}{dt}\,[A/\text{m}^2]$$

1.2. Maxwell의 방정식

전자기파의 기초가 되는 방정식이다.

가. Ampere's 주회법칙: $\nabla \times H = J + \dfrac{\partial D}{\partial t}$

나. Faraday's 전자 유도 법칙: $\nabla \times E = -\dfrac{\partial B}{\partial t}$

다. 전계에 관한 가우스의 정리: $\text{div}\mathbf{D} = \rho$ 또는 $\nabla \cdot \mathbf{D} = \rho$ 이다.

라. 자계에 관한 가우스의 정리: $\text{div}\mathbf{B} = 0$ 또는 $\nabla \cdot \mathbf{B} = 0$ 이다.

1.3. 평면파

1. 평면파 ★

균일한 매질 내에서 전파의 진행방향을 Z축이라 할 때 전계(E)와 자계(H)성분은 x 및 y 방향으로의 성분만 있고 파의 진행 방향 z축에는 전계(E)와 자계(H) 성분이 없는 파를 **평면파**라 한다.

※ 평면파: 일정한 진행 방향으로 수직인 파면을 가지는 파
※ 구면파: 공간의 한 점에서 모든 방향으로 한결같이 퍼져나가는 파

2. 특성 임피던스(Z_o) ★★

Z_o를 특성 임피던스(파동임피던스)라 하며 공간상에 존재하는 **전계(E)대 자계(H)의 비**로 나타낸다.

$$\Rightarrow Z_0 = \frac{E}{H} = \sqrt{\frac{\mu}{\epsilon}} = \sqrt{\frac{\mu_0}{\epsilon_0}} \;_{\text{자유공간}} = 120\pi \fallingdotseq 377[\Omega]$$

3. 횡파

횡파란 매질의 진동 방향과 직각인 방향으로 진행하는 파를 말한다.

1.4. 전파의 에너지

전자파의 에너지 밀도(P) = P_E(전계 에너지) + P_H(자계 에너지) $= \frac{1}{2}\epsilon E^2 + \frac{1}{2}\mu H^2 = \epsilon E^2 = \mu H^2 [J/\text{m}^3]$

1.5. 포인팅의 정리 ★

포인팅(Poynting) 전력: 단위 면적당 단위시간에 통과하는 전자파 에너지.

$$P_o = \frac{E^2}{Z_0} = \frac{E^2}{120\pi} \fallingdotseq \frac{E^2}{377} [\text{w/m}^2], \quad P_o = E \cdot H$$

Poynting Vector를 벡터표시하면 $\underline{P_o = E \times H}$ 라 표시한다.

1.6. 전파의 성질 ★★★

※ 전자파의 정의

전자파는 전계(E)와 자계(H)라는 매질이 90°차이를 두고 움직이며 그 진행방향($E \times H$)과 직각으로 진동하며 전진하는 파이다.

가. 전파는 **횡파**이며 **평면파**이다.

나. 전자파의 속도(V)는 $V = \dfrac{1}{\sqrt{\epsilon \mu}} = \dfrac{1}{\sqrt{\epsilon_o \mu_o}} \cdot \dfrac{1}{\sqrt{\epsilon_s \mu_s}} = \dfrac{C}{\sqrt{\epsilon_s \mu_s}} = \dfrac{3 \times 10^8}{\sqrt{\epsilon_s \mu_s}} [\mathrm{m/sec}]$ 이다.

$$\rightarrow V = f \cdot \lambda = \frac{\omega}{2\pi} \cdot \lambda = \frac{\omega}{\beta} = \frac{1}{\sqrt{LC}}$$

즉, **투자율이나 유전율이 클수록 속도가 늦어진다.**(전파의 속도는 공간상의 매질의 종류에 따라 달라짐을 의미한다.)
전파의 속도(V)는 자유공간($\epsilon_s = \mu_s = 1$)에서는 광속도(C)와 같다.

다. 위상속도(V_p)와 군속도(V_g)의 곱은 광속도(C)의 제곱과 같다.

$$\rightarrow V_p \cdot V_g = C^2$$

라. 전파는 빛의 성질과 비슷하다.
① 반사와 굴절
② 회절, 직진: 전자파는 **주파수가 낮을수록 회절 현상이 심하고 주파수가 높을수록 직진성이 강하다.**
③ 편파성
④ 간섭
⑤ 감쇠 및 편파

1.7. 전파의 분류

주파수의 분류	통용어	주파수 범위	파장 범위
VLF(Very Low Frequency)	초장파	30[kHz]이하	10[km]이상
LF(Low Frequency)	징 파	30 ~ 300[kHz]	1 ~ 10[km]
MF(Medium Frequency)	중 파	300 ~ 3,000[kHz]	100 ~ 1,000[m]
HF(High Frequency)	단 파	3 ~ 30[MHz]	10 ~ 100[m]
VHF(Very High Frequency)	초단파	30 ~ 300[MHz]	1 ~ 10[m]
UHF(Ultra High Frequency)	극초단파	300 ~ 3,000[MHz]	10 ~ 100[cm]
SHF(Super High Frequency)	센티미터파	3 ~ 30[GHz]	1 ~ 10[cm]
EHF(Extremely High Frequency)	밀리(미터)파	30 ~ 300[GHz]	1 ~ 10[mm]

핵심기출문제

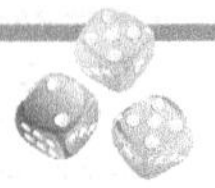

01. 유전체에서 변위 전류를 발생하는 것은?

　㉮ 분극 전하 밀도의 시간적 변화　　　　㉯ 분극 전하 밀도의 공간적 변화
　㉰ 전속 밀도의 시간적 변화　　　　　　㉱ 전속 밀도의 공간적 변화

해설　변위 전류(i_d): 완전 유전체나 진공중에 흐른다고 가상한 전속밀도(D)의 시간적 변화율

$$i_d = \frac{i}{S} = \frac{d}{dt} \, [A/m^2]$$

답: ㉰

02. 다음 중 전자계의 기초 방정식이 아닌 것은?

　㉮ $\text{rot } H = i + \dfrac{\partial D}{\partial t}$　　　㉯ $\text{rot } E = -\dfrac{\partial B}{\partial t}$

　㉰ $\text{div } D = \dfrac{\rho}{\varepsilon}$　　　　㉱ $\text{div } H = 0$

해설　$\text{div}D = \rho$, $D = \epsilon E$ 이므로 $\text{div } E = \dfrac{\rho}{\epsilon}$ 가 된다.

답: ㉰

03. 그림과 같은 무한정 직선 도선에 전류 I[A]가 흐를 경우 P점의 자계의 세기 [V/m]는?

　㉮ $\dfrac{I}{2a}$　　　　　　　㉯ $\dfrac{I}{2\pi}$

　㉰ $\dfrac{I}{a}$　　　　　　　㉱ $\dfrac{I}{2\pi a}$

해설　도체에 전류가 흐르면 플레밍의 오른나사의 법칙에 따라 자계는 그 나사의 회전방향으로 발생하게 되는데 자계의 회전량은 전류량과 비례하게 발생된다. 그러므로 무한정 직선 전류 I에 의하여 도선으로부터 a만큼 떨어진 한 점에서의 자계의 세기를 H라 한다면 도선으로부터 a 만큼 떨어진 곳에서의 자계의 세기는 원의 모양이 되므로 $2a\pi$ H가 된다. 이 결과가 무한정 직선 전류 I와 같으므로 $2a\pi H = I, \therefore H = \dfrac{I}{2\pi a}$ 가 된다.

답: ㉱

04. 다음 전계에 관한 파동 방정식에서 E_z 성분을 옳게 표시한 것은?

　㉮ $\dfrac{\partial^2 E_x}{\partial x^2} + \dfrac{\partial^2 E_y}{\partial y^2} + \dfrac{\partial^2 E_z}{\partial z^2} = \mu\epsilon \dfrac{\partial^2 E_z}{\partial t^2}$

　㉯ $\dfrac{\partial^2 E_z}{\partial x^2} + \dfrac{\partial^2 E_z}{\partial y^2} + \dfrac{\partial^2 E_z}{\partial z^2} = \mu\epsilon \dfrac{\partial^2 E_z}{\partial t^2}$

㉢ $\dfrac{\partial^2 E_x}{\partial z^2} + \dfrac{\partial^2 E_y}{\partial z^2} + \dfrac{\partial^2 E_z}{\partial z^2} = \mu\epsilon\dfrac{\partial^2 E_z}{\partial t^2}$

㉣ $\dfrac{\partial^2 E_x}{\partial t^2} + \dfrac{\partial^2 E_y}{\partial t^2} + \dfrac{\partial^2 E_z}{\partial t^2} = \mu\epsilon\dfrac{\partial^2 E_z}{\partial t^2}$

해설 파동 방정식은 전자파를 해석하기 위한 방정식으로, 시간적으로 변화하는 전자파가 어떤 매질을 통과할 때 만족해야 하는 방정식이다.

답: ㉣

05. 파동방정식에서 전계의 일반해를 $Ex = f_x(z - vt) + g_x(z + vt)$라 할 때 $f_x(z - vt)$는?

㉮ 진행파   ㉯ 상측대파   ㉰ 후퇴파   ㉱ 반사파

해설 $f_x(z - vt)$은 전진파 또는 진행파 성분을 의미하며, $g_x(z + vt)$는 후진파 또는 후퇴파 성분을 의미한다.

답: ㉮

06. 전파속도 v에 해당되지 않는 것은?

㉮ $f \cdot \lambda$ ㉯ $\dfrac{\omega}{\beta}$ ㉰ $\dfrac{1}{\sqrt{\epsilon\mu}}$ ㉱ $\sqrt{\epsilon\mu}$

해설 $V = \dfrac{1}{\sqrt{\epsilon\mu}} = \dfrac{C}{\sqrt{\epsilon_s\mu_s}}$, $V = f \cdot \lambda = \dfrac{\omega}{\beta} = \dfrac{1}{\sqrt{LC}}$

답: ㉱

07. 비유전율 $\epsilon_s = 4$, 비투자율 $\mu_s = 1$ 인 유리에서 전파의 전파 속도는 자유 공간에서 전파 속도의 몇 배인가?

㉮ 2배   ㉯ 4배   ㉰ 1/2배   ㉱ 1/4배

해설 $V = \dfrac{C}{\sqrt{\epsilon_s\mu_s}} = \dfrac{C}{\sqrt{4 \times 1}} = \dfrac{C}{2}$

답: ㉰

08. 유전율 ϵ, 투자율 μ 인 매질중을 주파수 f[Hz]의 전자파가 전파되어 나갈 때의 파장[m]은?

㉮ $f\sqrt{\epsilon\mu}$ ㉯ $f\epsilon\mu$ ㉰ $\dfrac{\sqrt{\epsilon\mu}}{f}$ ㉱ $\dfrac{1}{f\sqrt{\epsilon\mu}}$

해설 $V = \dfrac{1}{\sqrt{\epsilon\mu}}$, $\lambda = \dfrac{V}{f} = \dfrac{1}{f\sqrt{\epsilon\mu}}$

답: ㉱

09. 전파의 속도는 매질의 다음 어느 량에 따라서 변화하는가?

㉮ 점도와 밀도   ㉯ 밀도와 유전율

㉰ 도전율과 유전율   ㉱ 유전율과 투자율

답: ㉱

10. 다음 중 자유 공간의 파동 임피던스(Impedance)로서 옳은 것은?

㉮ $\sqrt{\dfrac{\mu_0}{\epsilon_0}}$ ㉯ $\dfrac{H}{E}$ ㉰ $\dfrac{1}{120\pi}$ ㉱ $E \cdot H$

해설　$Z_0 = \dfrac{E}{H} = \sqrt{\dfrac{\mu}{\epsilon}} = \sqrt{\dfrac{\mu_0}{\epsilon_0}}_{(자유공간)} = 120\pi \fallingdotseq 377[\Omega]$　　　　답: ㉮

11. 자유공간을 전파하는 평면파의 파동 임피던스를 잘못 표시한 것은? (단, E_o는 전계, H_o는 자계, μ_o는 투자율, ϵ_o는 유전율, β는 전파정수, ω는 각 주파수)

㉮ $\dfrac{E_o}{H_o}$ ㉯ $\dfrac{\epsilon_o \omega}{\beta}$ ㉰ $\sqrt{\dfrac{\mu_0}{\epsilon_0}}$ ㉱ 120π

해설　$\dfrac{\epsilon_o \omega}{\beta} = \epsilon_o \dfrac{1}{\sqrt{\epsilon_o \mu_o}} = \sqrt{\dfrac{\epsilon_o}{\mu_o}} = \dfrac{1}{Z_o} \left(\because \dfrac{\omega}{\beta} = V(전파속도) \right)$　　답: ㉯

12. 전파에 관한 설명으로 맞는 것은?

㉮ 전파는 종파이다.

㉯ 매질의 종류에 관계없이 속도는 광속과 같다.

㉰ 군속도*위상속도=(광속도)^2

㉱ 진행 방향에는 E 및 H가 없고 직각인 방향에만 E와 H성분이 있는 경우를 구면파라고 한다.

해설　① 전자파는 횡파이며 평면파이다.
　　② 전파의 속도는 매질의 유전율과 투자율의 제곱근에 반비례하다.
　　③ 군속도*위상속도=(광속도)^2
　　④ 전파는 빛의 성질과 유사하다.(직진성, 굴절성, 회절성, 반사성, 전반사성, 편파와 감쇠 등)　　답: ㉰

13. 평면파를 바르게 설명한 것은?

㉮ 전자파의 진행방향에 전계, 자계의 성분이 있다.

㉯ 전자파의 진행방향에 전계, 자계의 성분이 없다.

㉰ 전자파의 진행방향에 전계의 성분만 있다.

㉱ 전자파의 진행방향에 자계의 성분만 있다.

해설　※ 균일한 매질 내에서 전계(E)와 자계(H)가 x 및 y 방향 성분만 있고 진행 방향 z에는 E 및 H 성분이 없는 파를 평면파라 한다.　　답: ㉯

14. Poynting Vector를 바르게 나타내는 식은?

㉮ $\dfrac{1}{2}E \times H$ ㉯ $\sqrt{\epsilon\mu}\,E \times H$ ㉰ $E \times H$ ㉱ $\nabla \cdot (E \times H)$

해설 포인팅 벡터(Poynting Vector)의 표기 방법은 $P_0 = E \times H$ 이다. 답: ㉰

15. 전자계에서 전계의 세기 E, 자계의 세기 H, 전계와 자계 사이의 각이 $\theta(\theta < 90°)$일 때 포인팅(poynting) 벡터의 크기는 어떻게 표시되는가?

㉮ $EH\sin\theta$ ㉯ $EH\cos\theta$ ㉰ $EH\tan\theta$ ㉱ EH

해설 포인팅 벡터(Poynting Vector)를 크기로 나타내면 $P_o = |E| |H| \cdot \sin\theta$가 된다. 답: ㉮

16. 다음 포인팅 전력을 나타낸 식이다. 이들 중 틀린 것은?

㉮ $\dfrac{E^2}{Z_0}$ ㉯ $\dfrac{E^2}{120\pi}$ ㉰ $E \cdot H$ ㉱ $\sqrt{\dfrac{\mu_0}{\epsilon_0}}$

해설 포인팅(Poynting) 전력(P_0) : 단위 면적당 단위시간에 통과하는 전자파 에너지.

$$P_o = \frac{E^2}{Z_0} = \frac{E^2}{120\pi} \fallingdotseq \frac{E^2}{377} [\text{w/m}^2], P_o = EH$$

답: ㉱

Chapter 02

급전선 및 정합회로

2-1. 급전선 이론

1. 급전선(給電線)의 정의

송·수신기와 송·수신 안테나 사이의 급전 점을 접속하여 고주파 전력을 전송하기 위한 전송선로의 일부이다.

2. 급전선의 필요조건

① 전송 효율이 좋아야 한다.
② 급전선의 파동 임피던스는 너무 크거나 작지 않아야 한다.
   급전선의 종류마다 적당한 파동임피던스가 있으므로 **급전선의 파동 임피던스는 적당해야 한다.**
③ 송신용의 경우 절연 내력이 클수록 좋다.
④ 외부의 다른 신호와 유도 방해를 주거나 받지 않아야 한다.
⑤ 가격이 저렴하고 유지보수가 용이해야 한다.

3. 급전선의 종류

① 구조에 따른 분류
   ㉠ 왕복 선로
   　• 평형형 선로: 평행 2선식
   　• 불평형형 선로: 동축 케이블
   ㉡ 단일 선로
   　• 도파관

② 급전 방식에 따른 분류
 • 전압급전 : 전압의 파복 점에서 급전하는 방식
 • 전류급전 : 전류의 파복 점에서 급전하는 방식

③ 파장과 급전선 길이와의 관계에 따라
 • 동조 급전선 : 급전선의 길이를 조정하여 사용파장과 일정한 비례관계를 만든 후
   급전하는 급전선
 • 비동조 급전선 : 급전선의 길이가 사용파장과 무관하며 정합회로를 사용 급전하
   는 급전선

4. 전송선로의 기초

가. 집중정수회로

어떤 회로에 존재하는 인덕턴스(L), 정전용량(C), 저항(R)등이 그 회로속의 특정된 위치에
정해진 크기로 집중해서 존재한다고 취급할 때의 회로이다.

나. 분포정수회로

전송로에는 아주 작은 저항(R)과 인덕턴스(L)가 직렬로, 선간에는 미소한 정전용량(C)와 누
설 컨덕턴스(G)가 병렬로 그림 2-1과 같이 형성된다. 이들이 선로 전체에 걸쳐 균일하게
분포하고 있는 것으로 취급하는 회로를 분포정수회로라 한다.

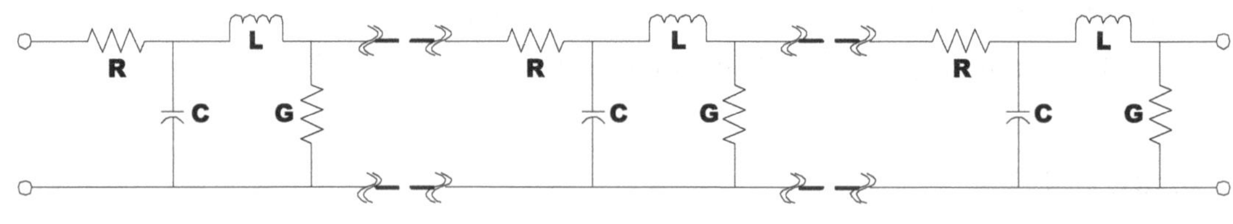

[그림 2-1] 분포정수 회로

다. 특성 임피던스(characteristic impedance : Z_o)

선로상의 임의의 한 점에서의 전압과 전류의 비를 의미하며 **선로의 길이에 관계없이 항상
일정한 값을 갖는다.**
선로의 특성 임피던스는

$$Z_0 = \sqrt{\frac{Z}{Y}} = \sqrt{\frac{R + j\,\omega L}{G + j\,\omega C}} \, [\Omega]$$

여기서 고주파 선로(R≪ωL, G≪ωC)이면 $Z_0 = \sqrt{\frac{L}{C}}$ 가 되며 Z_o를 선로의 특성(파동) 임피던스라 한다.

$$Z_0 = \sqrt{\frac{Z}{Y}} = \sqrt{\frac{R + j\,\omega L}{G + j\,\omega C}} \, [\Omega] \approx \sqrt{\frac{L}{C}} \, [1 + j(\frac{G}{2\omega C} - \frac{R}{2\omega L})]$$

※ 무손실 조건   ※ 무왜 조건

① R = G = 0   LG = RC

② 고주파 선로(R≪ωL, G≪ωC)

라. 전파정수(propagation constant)

전파정수란 전송선로 상에 단위 길이 1[m]당 파가 얼마만큼 감쇠되는가를 나타내는 감쇠정수(α)와 위상의 변화가 얼마만큼 일어나는가를 나타내는 위상정수(β)를 연관시켜 나타내는 것으로서, 전파 정수는 다음과 같이 표현할 수 있다.

$$\gamma = \alpha + j\beta$$

위의 식에서 α는 감쇠정수를 나타내며 β는 위상정수를 나타낸다. 따라서 전파 정수의 기본 수식은 다음과 같다.

$$\gamma = \sqrt{Z \cdot Y} = \sqrt{(R + jwL)(G + jwC)}$$

위의 전파정수 정의 식을 근사 화 시키면 다음과 같다.

$$\gamma \approx \frac{1}{2} \sqrt{LC} \left(\frac{R}{L} + \frac{G}{C}\right) + jw \sqrt{LC}$$

여기서 감쇠정수 α는 $\frac{1}{2} \sqrt{LC} \left(\frac{R}{L} + \frac{G}{C}\right)$가 되고, 단위는 [neper/m]를 사용하며, 또한 β는 $w\sqrt{LC}$가 되며, 단위는 [rad/m]를 사용한다.

$$감쇠정수(\alpha) \;=\; \frac{1}{2}\sqrt{LC}\left(\frac{R}{L}+\frac{G}{C}\right) \;=\; \frac{1}{2}\left(\frac{R}{Zo}+GZo\right)[\text{Neper/m}]$$

$$위상정수(\beta) \;=\; \omega\sqrt{LC} \;=\; \frac{2\pi}{\lambda}[\text{rad/m}]$$

마. 선로의 상수

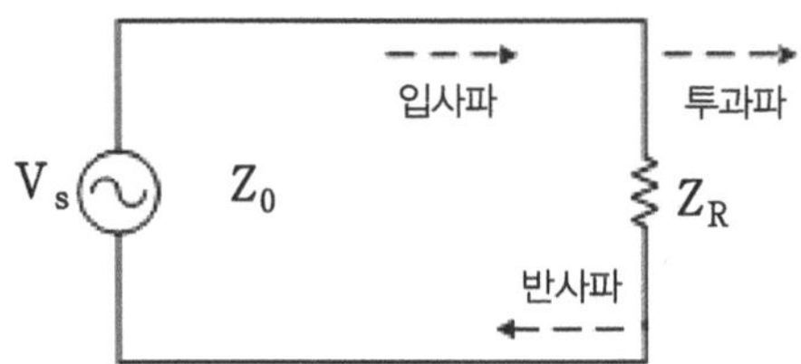

※ 진행파

무한정 선로일 때, 송전단을 출발한 파는 선로상의 R과 G에 의해 일부 감쇠되나 반사파 없이 진행하여 나아가게 된다. 이를 진행파라 한다.

선로 상에 진행파가 존재하기 위한 조건은 다음과 같다.

- 선로의 길이가 무한한 경우(무한정 선로)
- 유한정 선로일때는 임피던스 정합이 이루어진 경우($Z_0 = Z_R$)

→ 선로의 길이 변화에 따라 전압, 전류의 **진폭**은 일정하나 **위상**이 변한다.

※ 정재파

유한정 선로에서 $Z_0 \neq Z_R$인 경우 선로 상에 진행파와 반사파가 동시에 존재한다. 이들 두 파가 서로 간섭하여 두 파가 동위상으로 만나는 곳에서는 최대점(파복), 역위상으로 만나는 곳에서는 최소점(파절)이 생긴다.

정재파가 존재하기 위한 조건은 다음과 같다.

- 선로의 길이가 짧은 경우(유한정 선로)
- 임피던스 정합이 이루어지지 않은 경우, 즉 임피던스 부정합인 경우

→ 선로의 길이 변화에 따라 전압, 전류의 **위상**은 일정하나 **진폭**이 변한다.

◆ VSWR (Voltage Standing Wave Ratio : 전압 정재파비)

정재파(Standing Wave)는 진행파가 반사되어 돌아온 반사파와 합쳐지면서 발생한 정지된 파동을 의미한다. 반사가 전혀 없다면, 정재파비는 1이 되고 반사량이 아주 크다면 정재파비는 무한대로 가게 될 것이다. 그러므로 선로 상에서 **정재파비(S)는 1에 가**

까울수록 이상적이다.

$$S = \frac{\text{정재파비의 최대전압 or 전류}}{\text{정재파비의 최소전압 or 전류}} = \frac{|V_{\max}|}{|V_{\min}|} = \frac{1+|\Gamma|}{1-|\Gamma|} \geq 1$$

※ S=1인 의미?

① 반사파가 없다.　　　　　② $\Gamma = 0$이다.

③ $Z_0 = Z_R$이다.　　　　　④ Z_n(정규화 임피던스)$= \dfrac{Z_R}{Z_o} = 1$

◈ Reflection Coefficient (반사계수, Γ)

반사계수는 파가 얼마나 반사되느냐를 나타내는 지표로서 [반사되어 나오는 전압(전류)/ 입력된 전압(전류)]로 정의된다.

$$\Gamma = \frac{\text{수단의 반사전압 or 전류}}{\text{수단의 입사전압 or 전류}} = \left|\frac{V_r}{V_f}\right| = \left|\frac{Z_R - Z_0}{Z_R + Z_0}\right| = \left|\frac{S-1}{S+1}\right|$$

◈ Transmission Coefficient (투과계수, T)

부정합된 선로 상의 임의의 점에는 반사계수가 나타나며, 수전단에 흘러 들어가는 에너 지양을 표시하기 위한 입사파와 투과파의 비를 투과계수(Transmission Coefficient)라 한다.

$$T = \frac{\text{투과전압 or 전류}}{\text{입사전압 or 전류}} = \left|\frac{V_t}{V_f}\right| = 1 + \Gamma$$

바. 선로의 임피던스

수단에서 l 떨어진 지점에서 부하 측을 본 선로의 임피던스(Z_s)는

$$Z_s = Z_0 \frac{Z_R + jZ_0\tan\beta l}{Z_0 + jZ_R\tan\beta l}[\Omega] \text{ 이다.}$$

① 수전단 단락($Z_R = 0$)인 경우

$$Z_{ss} = jZ_0\tan\beta l \,[\Omega]$$

② 수전단 개방($Z_R = \infty$)인 경우

$$Z_{so} = -jZ_0\cot\beta l \,[\Omega]$$

$$\therefore Z_o = \sqrt{Z_{ss}Z_{so}} \text{ 가 된다.}$$

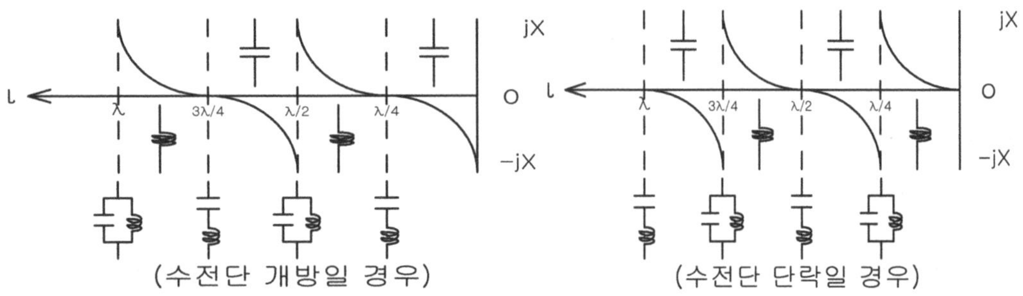

[그림 2-2] 선로의 길이에 따른 등가회로

2-2. 급전선의 종류 및 특성

1. 평행 2선식 급전선

가. 구 조

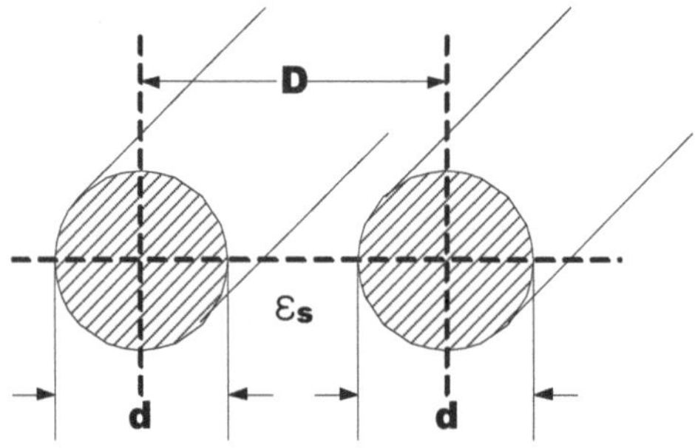

[그림 2-3] 평행2선식 급전선

나. 단위 길이당 인덕턴스 및 정전용량

$$L = \frac{\mu_0}{\pi}\log_e\frac{2D}{d}\,[\text{H}/\text{m}], \quad C = \frac{\pi\epsilon_0\epsilon_s}{\log_e\dfrac{2D}{d}}\,[F/m]$$

다. 특성 임피던스

$$Z_0 = \sqrt{\frac{L}{C}} = \frac{120}{\sqrt{\epsilon_s}}\log_e\frac{2D}{d} = \frac{276}{\sqrt{\epsilon_s}}\log_{10}\frac{2D}{d}\,[\Omega]$$

즉, 평행 2선식 급전선의 특성 임피던스는 **선의 굵기(d)와 선간의 거리(D)**에 의해 결정된다.

라. 특 징

① **정합회로 필요없이 folded dipole과 직결하여 사용한다.**
② 동축 급전선에 비해 특성 임피던스가 200~600[Ω]으로 높다.
③ 나선 상태(open wire)로 공기 중에 설치하므로 외부로부터 유도방해를 받을 수 있다.
④ **내압이 높아 대전력에도 사용할 수 있다.**
⑤ 설치비가 싸고 유지 보수가 용이하다.
⑥ 용도: 주로 중파 또는 단파대의 송신용, TV 수신용

2. 동축 급전선(coaxial cable)

가. 구 조

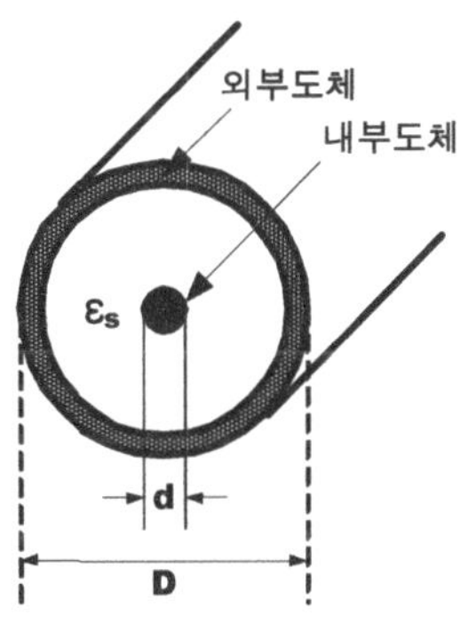

[그림 2-4] 동축 급전선

나. 단위 길이당 인덕턴스 및 정전용량

$$L = \frac{\mu_0}{2\pi}\log_e\frac{D}{d}\,[\mathrm{H/m}], \quad C = \frac{2\pi\epsilon_o\epsilon_s}{\log_e\dfrac{D}{d}}\,[F/m]$$

다. 특성 임피던스

$$Z_0 = \sqrt{\frac{L}{C}} = \frac{60}{\sqrt{\epsilon_s}}\log_e\frac{D}{d} = \frac{138}{\sqrt{\epsilon_s}}\log_{10}\frac{D}{d}\,[\Omega]$$

$$\mathrm{if})\ \epsilon_s = 1(공기),\ \frac{D}{d} = 3.6일\ 때\ Z_0 = 75[\Omega]$$

$$\epsilon_s = 2.26(폴리에틸렌),\ \frac{D}{d} = 3.6일\ 때\ Z_0 = 50[\Omega]$$

라. 특 징

① VHF대에서 가장 널리 사용된다.

② 평행 2선식 급전선에 비해 특성 임피던스가 50~75[Ω]으로 낮다.

③ 외부도체를 접지하여 사용하므로 외부로부터 유도방해를 거의 받지 않는다.

④ 내압에 약하여 대전력 전송에 부적합하다.

⑤ 감쇠량을 줄이기 위한 내경과 외경의 **최적비**($\frac{D}{d}$)**는 약** 3.6이다.

3. 동조 급전선과 비동조 급전선

가. 동조 급전선

급전선의 길이가 사용파장과 일정한 비례관계를 갖는 급전선으로 다음과 같은 특징을 갖는다.

① 급전선상에 **정재파**가 존재한다.

② 반사파로 인해 급전선에서의 손실이 크고 전송효율이 낮아 **장거리 전송에 부적합**하다.

③ **정합장치가 불필요**하다.

④ 평형형 급전선만 사용할 수 있다.

나. 비동조 급전선

급전선의 길이가 사용파장과 일정한 비례관계를 갖지 않는 급전선으로 다음과 같은 특징을 갖는다.

① 급전선상에 **진행파**만 존재한다.

② 진행파만 존재하므로 급전선에서의 손실이 적고 전송효율이 높아 **장거리 전송에 적**

합하다.

③ **정합장치가 필요**하다.

④ 평형형 급전선, 불평형 급전선 모두 사용할 수 있다.

4. 전압급전과 전류급전

가. 전압급전

① 급전점 위치에서 전압의 최대치가 나타나도록 급전하는 방식.

② $\frac{\lambda}{2}$ 안테나의 끝단에서 급전하는 방식.

③ 제펠린 안테나가 전압급전 방식의 대표적인 안테나이다.

나. 전류급전

① 급전점 위치에서 전류의 최대치가 나타나도록 급전하는 방식.

② $\frac{\lambda}{2}$ dipole 안테나의 중간에서 급전하는 방식.

③ $\frac{\lambda}{2}$ dipole 안테나 전류급전 방식의 대표적인 안테나이다.

다. 결합회로

송·수신기의 결합회로와 급전선과의 연결점으로 전류의 최대치(전류 파복)가 나타나면 직렬 공진회로, 전압의 최대치(전압 파복)가 나타나면 병렬 공진회로를 사용한다.

라. 급전선의 길이

(a) 급전방식은 **전압급전**을 사용하며 수전단의 공진회로는 **직렬 공진회로**를 사용할 때 급전선 길이는 $\frac{\lambda}{4}$의 기수배(즉, $\frac{\lambda}{4}$)로 사용한다.

(b) 급전방식은 전압급전을 사용하며 수전단의 공진회로는 병렬 공진회로를 사용할 때 급전선 길이는 $\frac{\lambda}{4}$의 우수배(즉, $\frac{\lambda}{2}$)로 사용한다.

(c) 급전방식은 전류급전을 사용하며 수전단의 공진회로는 병렬 공진회로를 사용할 때 급전선 길이는 $\frac{\lambda}{4}$의 기수배(즉, $\frac{\lambda}{4}$)로 사용한다.

(d) 급전방식은 전류급전을 사용하며 수전단의 공진회로는 직렬 공진회로를 사용할 때 급전선 길이는 $\frac{\lambda}{4}$의 우수배(즉, $\frac{\lambda}{2}$)로 사용한다.

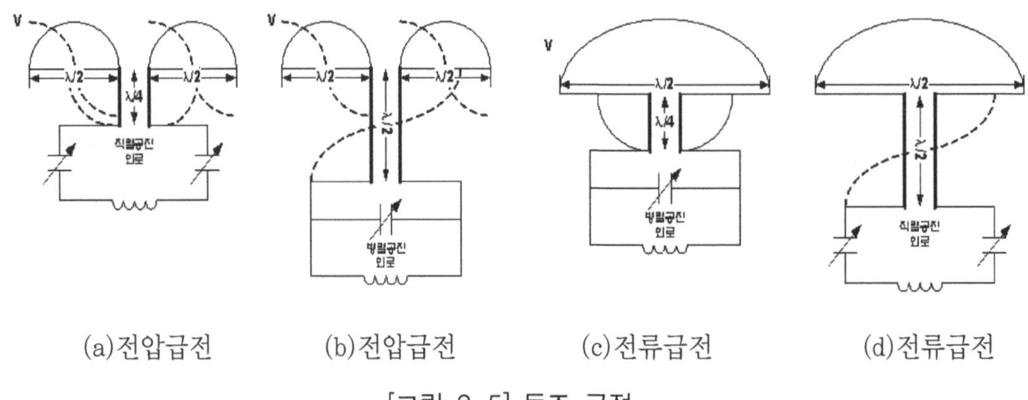

[그림 2-5] 동조 급전

5. 도파관(Wave guide)

사용 주파수가 증가함에 따라 동축급전선은 특성이 열화 되어 마이크로파 전송로에서는 사용하기 곤란하게 되었다. 이런 결점을 해결하기 위하여 도파관을 만들게 되었는데 동축케이블의 외부도체 내경이 1.7λ 이상 되면 내부도체 없이도 전자파가 잘 전송되고 주파수가 높아짐에 따라 오히려 손실이 감소하게 된다는 걸 알게 되었다. 이와 같이 내부도체를 제거시킨 형태가 원형 도파관이며 다시모양을 직사각형 형태로 바꾼 것이 구형 도파관이다.

가. 도파관의 종류

(1) 원형 도파관(circular waveguide)과 구형 도파관(rectangular waveguide)

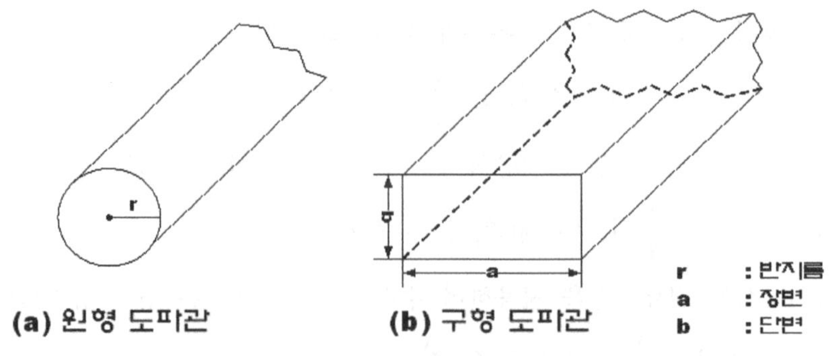

[그림 2-6] 원형 도파관과 구형 도파관

※ 도파관이 마이크로파의 전송선로로서 우수한 이유

① 도체에 의한 저항 손실이 적다.(관내 내면 벽이 전도도가 높은 금, 은 등을 사용한다.)

② 유전체 손실이 적다.(관내에 따로 절연물을 사용하지 않는다.)

③ 복사(방사) 손실이 적다.

④ 대전력 전송이 가능하다.

⑤ 외부의 신호와 완전 격리가 가능하다.

⑥ **고역 여파기(HPF)의 역할을 한다.(특유의 차단파장(λ_c)이 있다.)**

  → 도파관은 단면적의 크기에 따라 전송 가능한 최저 주파수가 정해지는데 이를 차단주파수라 하며 도파관은 이 차단 주파수 이상의 주파수만 통과 시키므로 HPF로 동작한다.

※ 표피 효과(skin effect)

도체에 교류 전류를 흘리면 중심부일수록 주위의 자속변화가 많기 때문에 그 변화에 의한 역기전력이 커져 전류가 흐르기 어렵게 된다. 이러한 현상을 **표피효과**라 하며 **주파수가 높을수록 현저해져** 전류가 거의 표면으로만 흐르게 되기 때문에 전류가 흐르는 실효 단면적이 줄어든 것과 같은 현상이 나타나 저항이 증가하게 된다.

나. 도파관내 전자계

도파관 내를 전송하는 전자계는 크게 TE mode와 TM mode가 있다.
(도파관 내에는 TEM mode(횡전자파, $E_z = 0$, $H_z = 0$)는 전파될 수 없다. 왜냐하면 중심도체가 없는 등전위 상태의 도체벽으로 둘러싸인 공간 내에서는 정전계가 존재할 수 없고 TEM파의 전계분포는 정전계의 전계분포와 동일하기 때문이다.)

※ mode란 전자계가 분포한 고유한 상태로서 자태라고도 한다.

  가. TE(transverse electric) mode : 횡전자파

  전파의 진행방향(Z방향)에 전계가 존재하지 않는 전자계로($E_z = 0$), 전계는 Z방향의 직각에 존재하고 Z방향에는 자계가 존재하는 파로 H파(M파)라 한다.

  나. TM(transverse magnatic) mode : 횡전자파

  전파의 진행방향(Z 방향)에 자계가 존재하지 않는 전자계로($H_z = 0$), 자계는 Z방

향의 직각에 존재하고 Z방향에는 전계가 존재하는 파로 E파라한다.

다. 구형 도파관과 원형 도파관 내의 전자계

(1) 구형 도파관 내의 전자계

1) TE_{mn}

    m : 장변 (a)에 나타나는 전계분포가 반주기의 몇 배인가를 의미

    n : 단변 (b)에 나타나는 전계분포가 반주기의 몇 배인가를 의미

2) TM_{mn}

    m : 장변 (a)에 나타나는 자계분포가 반주기의 몇 배인가를 의미

    n : 단변 (b)에 나타나는 자계분포가 반주기의 몇 배인가를 의미

(2) 원형 도파관 내의 전자계

1) TE_{mn}

    m : 중심각이 2π[rad] 회전하는 동안에 전계분포가 몇 번 변화했는가를 의미

    n : 중심에서 관벽까지의 반지름상에서 전계분포가 몇 번 변화했는가를 의미

2) TM_{mn}

    m : 중심각이 2π[rad] 회전하는 동안에 자계분포가 몇 번 변화했는가를 의미

    n : 중심에서 관벽까지의 반지름상에서 자계분포가 몇 번 변화했는가를 의미

라. 도파관의 특성

(1) 차단파장과 기본 모드

1) 구형 도파관의 차단 파장

차단 주파수에 대한 파장을 차단 파장이라 하며 일반적으로 λ_c로 나타낸다.

$$\lambda_c = \frac{2\sqrt{\epsilon_s \mu_s}}{\sqrt{\left(\dfrac{m}{a}\right)^2 + \left(\dfrac{n}{b}\right)^2}}$$

여기서 a : 장변, b : 단변

예를들면 TE_{10} mode의 경우 $\lambda_c = 2a(\epsilon_s = \mu_s = 1$인 경우)이고 TM_{11} mode의 경우

$$\lambda_c = \frac{2ab}{\sqrt{a^2 + b^2}}$$ 가 된다.

2) 원형 도파관의 차단파장

$$\lambda_c = \frac{2\pi r}{K}$$

여기서 r : 원형 도파관의 반지름

K : 모드에 따라 정해지는 상수

예를들면 TE_{11} mode의 경우 $\lambda_c = 3.41r$이고 TE_{10} mode의 경우 $\lambda_c = 2.61r$이다.

3) 기본 모드(dominant mode : 주모드)

차단 **파장이 가장 긴 mode**를 기본모드라 한다.

※ 기본 mode를 고려하는 이유

구형 도파관에 있어 TE_{10} mode의 차단 파장은 $\lambda_c = 2a$이고 TE_{20} mode의 차단 파장은 $\lambda_c = a$이다. 즉, TE_{10} mode로 전파시키기 위해서는 장변의 길이가 차단 파장의 반($a = \frac{1}{2}\lambda_c$)이면 되지만 TE_{20} mode로 전파시키기 위해서는 장변의 길이가 차단 파장만큼($a \approx \lambda_c$) 되어야 하므로 기본 mode로 전파시킬 때 도파관의 크기를 가장 작게 할 수 있는 것이다.

종류	기본 모드	차단 파장(λ_c)
구형 도파관	TE_{10}	2a
	TM_{11}	$\dfrac{2ab}{\sqrt{a^2 + b^2}}$
원형 도파관	TE_{11}	3.41r
	TM_{01}	2.61r

[표 2-1] 기본 모드와 차단 파장

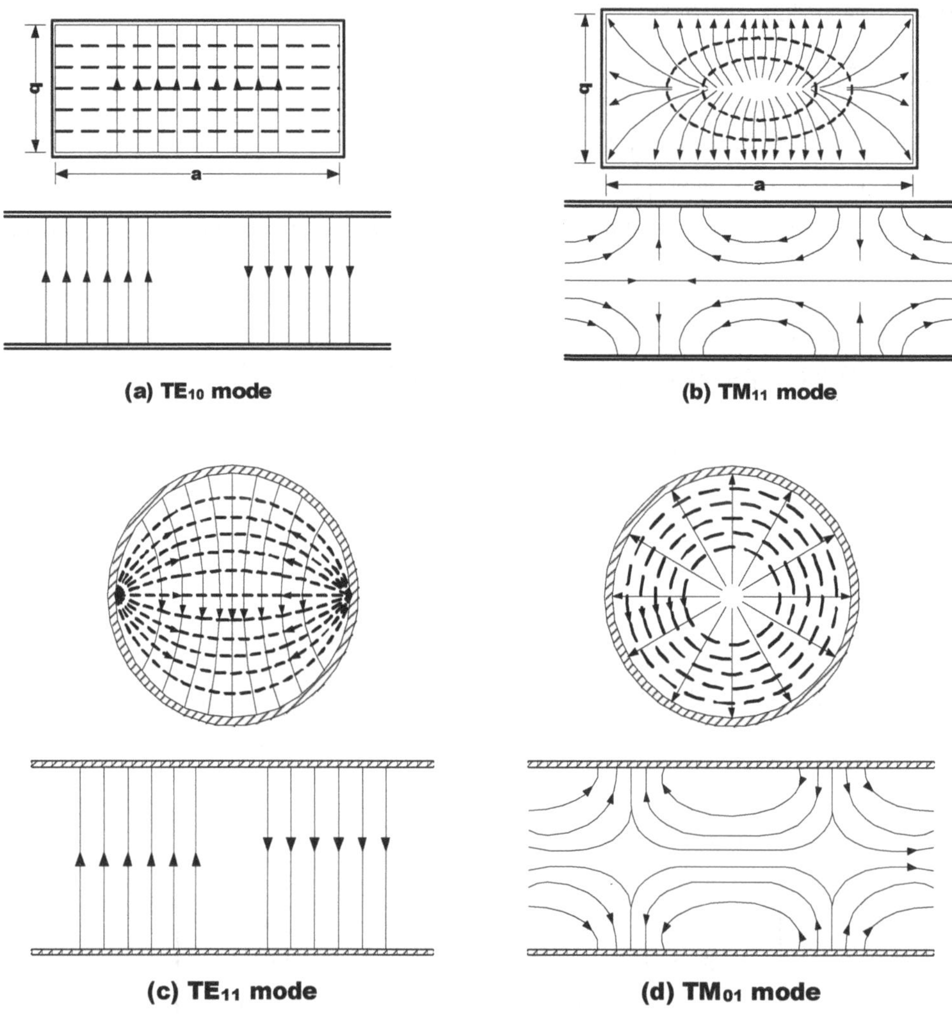

[그림 2-7] 구형 도파관과 원형 도파관의 전자계 모드

(2) 위상속도와 군속도

1) 위상속도(phase velocity)

도파관 내에서 전자계 pattern이 전파하는 속도로 V_p로 표시한다.

$$V_p = \frac{C}{\sqrt{1 - \left(\frac{\lambda}{\lambda_c}\right)^2}} \, [\text{m/s}]$$

즉, $V_p > C$가 되어 도파관 내의 전파속도는 광속보다 빠르게 된다.

2) 군속도(group velocity)

도파관 내에서 에너지가 전달되는 속도로 V_g로 표시한다.

$$V_g = C\sqrt{1-\left(\frac{\lambda}{\lambda_c}\right)^2}\,[\mathrm{m/s}]$$

즉, $V_g < C$가 되어 도파관 내에서 에너지가 전달되는 속도는 광속보다 느리게 된다.

3) 위상속도, 군속도와 광속과의 관계

$$V_p \cdot V_g = C^2$$

위상속도와 군속도의 곱은 항상 광속도의 제곱과 같다.

(3) 관내파장(λ_g)

도파관 내의 파장으로 λ_g로 표시하며, 관내파장(겉보기 파장)은 자유공간에서의 파장보다 길다.

(도파관 내의 전파속도인 위상속도는 자유공간에서의 전파속도인 광속보다 빠르므로 $\lambda = \dfrac{V}{f}$에 의거 V가 크면 파장이 길어진다.)

$$\lambda_g = \frac{\lambda}{\sqrt{1-\left(\dfrac{\lambda}{\lambda_c}\right)^2}}[\mathrm{m}]$$

(4) 특성 임피던스

$$Z_o = \frac{377}{\sqrt{1-\left(\dfrac{\lambda}{\lambda_c}\right)^2}}[\Omega]$$

마. 도파관의 여진방법

도파관에 신호전력을 급전하거나 신호전력을 공급 받는 경우 동축급전선을 사용하게 되는데 이때 도파관과 동축급전선 간의 정합방법을 도파관의 여진이라 한다.

(1) 정전적 결합에 의한 여진

도파관 내에서 whip 안테나 방향으로 전계를 발생시키고 안테나에서 약 $\frac{\lambda_g}{4}$ 만큼 떨어진 후방에 단락 판을 설치하여 앞쪽 방향으로 에너지를 집중시킨다.

(2) 전자적 결합에 의한 여진

동축급전선의 심선은 도파관을 통과하여 단락판 stub에 종단시키고 stub의 길이를 조정하여 안테나에서 방사되는 에너지를 최대가 되도록 한다.

(3) 작은 루프 안테나에 의한 여진

동축급전선의 내부도체에 작은 loop 안테나를 설치하여 도파관의 측면에서 여진하는 방법으로, 자계에 의해 여진된다.(정전적 결합에 의한 여진이나 전자적 결합에 의한 여진은 전계에 의해 여진된다.)

바. 도파관의 임피던스 정합 방법

특성 임피던스가 다른 두 개의 도파관을 접속하는 경우나, 도파관의 특성 임피던스와 그 종단에 접속된 부하(안테나 등)의 임피던스가 다른 경우, 최대 전력이 전송되기 위해서는 평행 2선식 급전선이나 동축 급전선에서와 같이 정합을 시켜야 하며 다음과 같은 방법을 사용한다.

(1) $\frac{\lambda}{4}$ 임피던스 변환기에 의한 정합

일명 Q matching 또는 Q 변성기에 의한 정합이라 하며, 특성 임피던스가 서로 다른 두 개의 도파관을 접속하는 경우 두 사이에 길이가 $\frac{\lambda_g}{4}$ 인 도파관을 삽입하는 방식을 말한다.

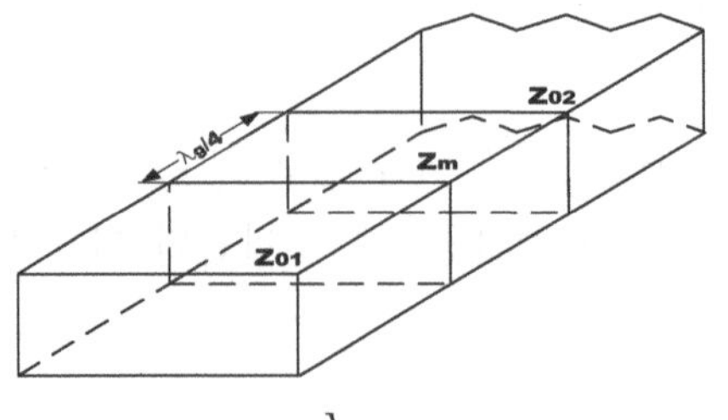

[그림 2-8] $\frac{\lambda}{4}$ 임피던스 변환기

이때 $Z_m = \sqrt{Z_{01} \cdot Z_{02}}$ 가 된다.

(2) stub(분기)에 의한 정합

도파관과 병렬로 stub를 접속하고 내부에 단락판을 설치하여 임피던스 정합을 취하는 방법으로 H면 stub와 E면 stub가 있으며 stub의 삽입위치 및 단락판의 조정에 의해 정합을 잡을 수 있다.

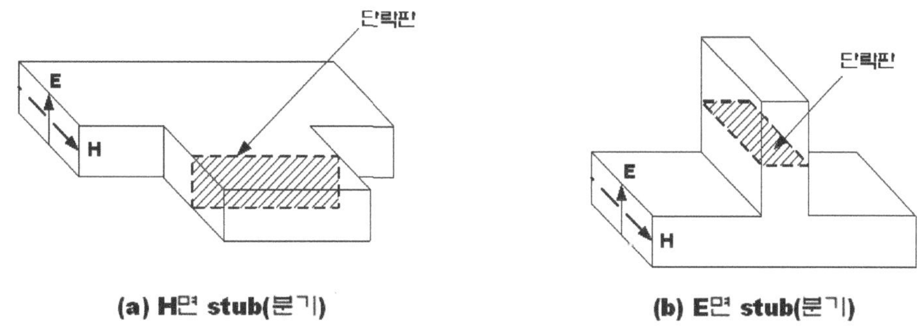

[그림 2-9] stub에 의한 정합

(3) 도파관 창(window)에 의한 정합

도파관의 축과 직각으로 공극이 있는 얇은 도체판(slot)을 삽입하는 방법으로 도파관 창에서 부하까지의 거리와 창의 폭을 조절하여 정합을 취할 수 있다.

한편, 공극부에는 전계 또는 자계 에너지가 집중되어 전계나 자계 에너지를 축적시킬 수 있으며 (a)의 경우는 자계 에너지가 축적되는 경우이고 (b)의 경우는 전계 에너지가 축적되는 경우이며 (c)의 경우는 전계 에너지와 자계 에너지가 모두 축적되게 된다.

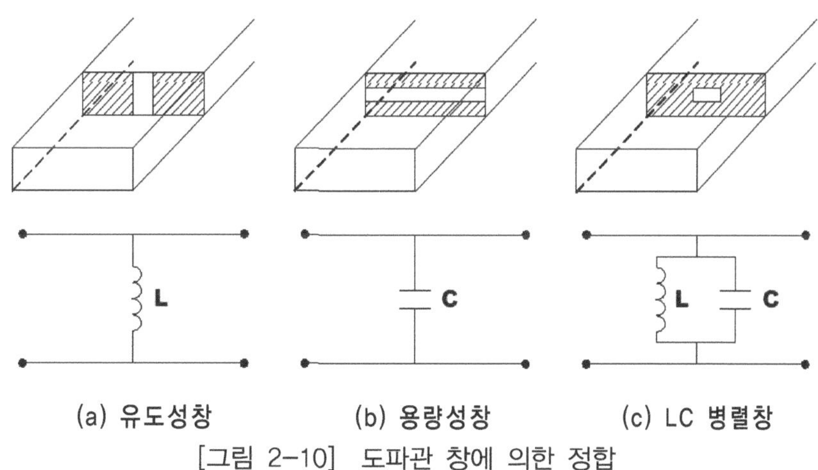

[그림 2-10] 도파관 창에 의한 정합

(4) 도체봉(post)에 의한 정합

도파관의 넓은 면에서 도파관 내로 도체봉(post) 또는 나사(screw)를 삽입하면 도체봉에 의하여 전자계 분포가 변하게 되고, 도파관 내에 반사파가 존재하는 경우 도체봉에 의한 전자계로 상쇄되도록 하여 정합을 취하는 방식이다. 도파관 내에 삽입된 도체봉의 길이 l에 따라 도파관 내의 리액턴스가 변화하게 되며 $l > \dfrac{\lambda}{4}$이면 유도성을, $l < \dfrac{\lambda}{4}$이면 용량성을, $l = \dfrac{\lambda}{4}$이면 LC 직렬 공진 상태가 된다.

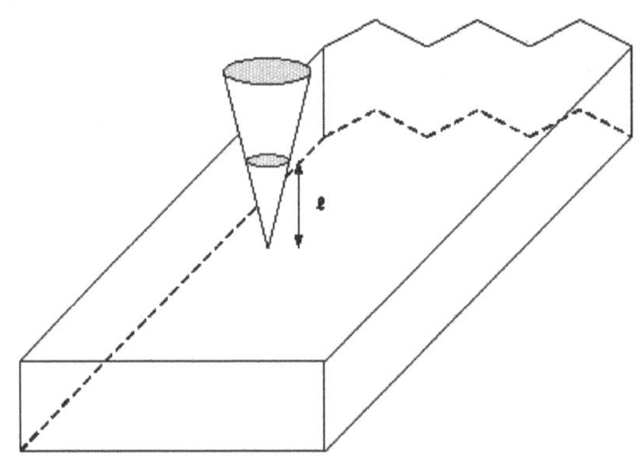

[그림 2-11] 도체봉(post)에 의한 정합

(5) isolator에 의한 정합

개구 a에서 개구 b로 진행하는 파는 감쇠되지 않지만, 개구 b에서 개구 a로 진행하는 파는 크게 감쇠되는 비가역성 회로를 isolator라 한다. 이 방법도 무반사 종단회로에 의한 정합처럼 반사가 생기지 않도록 한다는 의미에서의 임피던스 정합방법이다.

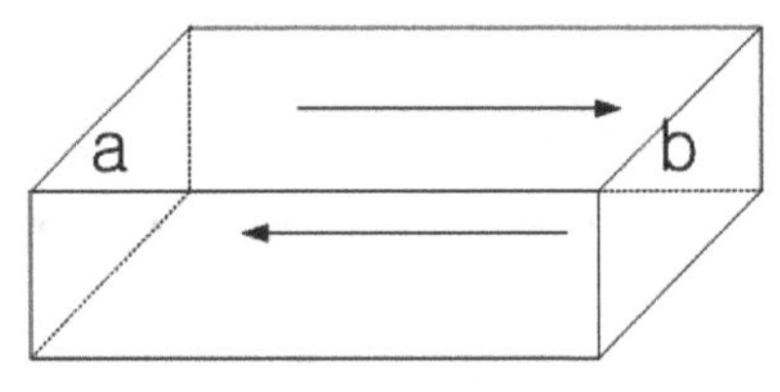

[그림 2-12] isolator

(6) 무반사 종단기

도파관의 임피던스 정합방법 중 반사파를 흡수하는 방법

2-3. 임피던스 정합

어떤 하나의 출력단과 입력 단을 연결할 때, 서로 다른 두 연결단의 임피던스 차에 의한 반사를 줄이려는 모든 방법을 임피던스 매칭(matching)이라 한다. 어떤 전원으로부터 부하에 최대 전력을 전송하기 위헤서는 부히의 전원 내부 임피던스가 정합되어야 한다. 즉 내부 임피던스가 $Z_s = R_s + jX_s$ [Ω]이고 부하 임피던스가 $Z_R = R_R + jX_R$ [Ω]이면 $R_s = R_R$ 및 $X_s = -X_R$의 조건을 만족하여야 한다. 즉, Z_s와 Z_R는 공액 복소수의 관계가 있어야 한다. 비동조 급전선을 사용하는 경우 급전선상에는 진행파만 존재해야 하는데 그러기 위해서는 임피던스 정합이 이루어져야한다.

임피던스 정합이 이루어지지 않아(즉, 부정합) 정재파가 발생한 경우에는 다음과 같은 현상이 일어난다.

① 급전선의 손실이 증가한다. 또한 불평형 급전선의 경우 전파가 복사된다.

② 전력이 클 경우에는 정재파의 전압 파복 점에서 전압이 비정상적으로 커지고 절연이 파괴될 염려가 있다.

③ 급전선 송단 임피던스 중 허수부가 커져서 송신기 출력 회로의 조정이 곤란하여진다.

④ 반사 전류가 급전선 상을 여러 차례 왕복하기 때문에 TV 방송에서는 이중상(ghost)이 여러 개 생기고 FM 방송일 때는 왜율이 나빠진다.

1. 집중 정수 회로에 의한 정합

급전선의 임피던스(Z_0)와 안테나 임피던스(R)가 서로 다른 임피던스 부정합의 경우 L, C 등의 소자를 사용하여 정합회로를 만들어 이용하는데 이를 집중정수 소자에 의한 정합이라 하며 L형 정합회로가 일반적으로 사용된다.

가. 평행 2선식의 경우

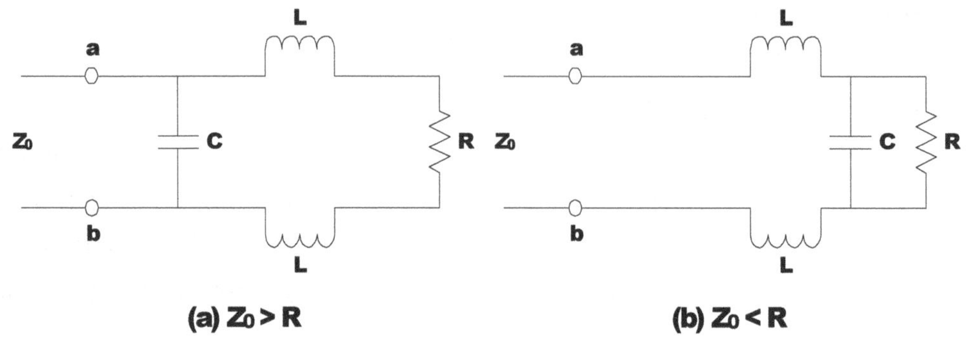

[그림 2-13] 평행2선식인 경우의 정합 회로

① $Z_0 > R$인 경우

C는 항상 큰쪽에 위치하며($Z_0 > R$의 경우 Z_0쪽에)L과 C 값은 다음과 같다.

$$L = \frac{1}{2\omega} \sqrt{R(Z_0 - R)}, \quad C = \frac{1}{Z_0 \omega} \sqrt{\frac{Z_0 - R}{R}}$$

② $Z_0 < R$ 인 경우

C는 항상 큰쪽에 위치하며($Z_0 < R$의 경우 R 쪽에)L과 C 값은 다음과 같다.

$$L = \frac{1}{2\omega} \sqrt{Z_0(R - Z_0)}, \quad C = \frac{1}{R \omega} \sqrt{\frac{R - Z_0}{Z_0}}$$

나. 동축케이블의 경우

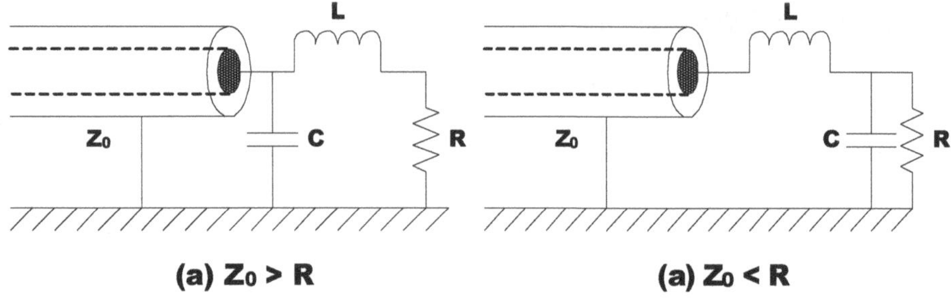

[그림 2-14] 동축 급전선인 경우의 정합 회로

① $Z_0 > R$ 인 경우

C는 항상 큰쪽에 위치하며($Z_0 > R$의 경우 Z_0쪽에) L과 C 값은 다음과 같다.

$$L = \frac{1}{\omega}\sqrt{R(Z_0 - R)}, \quad C = \frac{1}{Z_0 \omega}\sqrt{\frac{Z_0 - R}{R}}$$

② $Z_0 < R$ 인 경우

C는 항상 큰쪽에 위치하며($Z_0 < R$의 경우 R 쪽에)L과 C 값은 다음과 같다.

$$L = \frac{1}{\omega}\sqrt{Z_0(R - Z_0)}, \quad C = \frac{1}{R\omega}\sqrt{\frac{R - Z_0}{Z_0}}$$

2. 분포 정수 회로에 의한 정합

가. $\frac{\lambda}{4}$ 임피던스 변환기

급전선과 안테나 사이에 길이가 $\frac{\lambda}{4}$인 도선을 삽입하여 임피던스를 정합시키는 방법으로 평행 2선식 급전선과 동축 급전선 모두에 사용되며, 일명 Q-matching, Q 변성기, $\frac{\lambda}{4}$ 변성기 방법이라 하며 다음과 같은 경우가 있다.

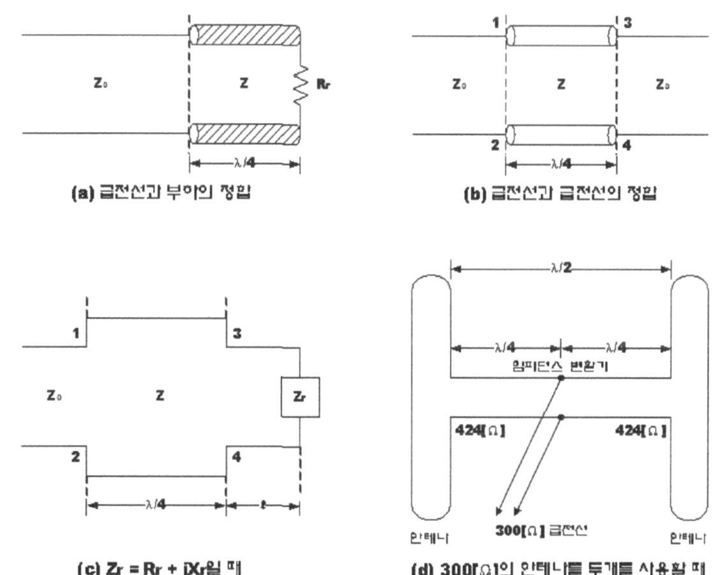

(a) 급전선과 부하의 정합

(b) 급전선과 급전선의 정합

(c) $Z_r = R_r + jX_r$일 때

(d) 300[Ω]의 안테나를 두개를 사용할 때

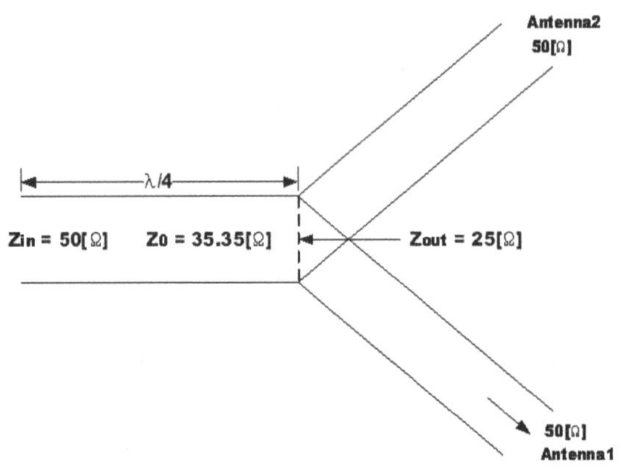

[그림 2-15] Q 변성기

나. trap 회로(stub 정합)

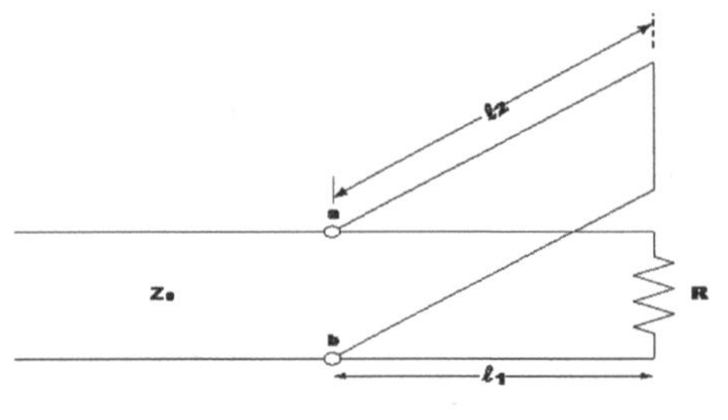

[그림 2-16] stub 정합의 원리

선단을 단락한 길이 l의 급전선을 stub 또는 단락 trap이라 하며, 이것을 부하로부터 $0 \sim \dfrac{\lambda}{4}$ 떨어진 어떤 곳에 연결시켜 급전선과 부하를 정합시키는 방법으로 평행 2선식 급전선과 안테나 정합에 주로 이용된다.

A점에서의 임피던스는 $Z = \dfrac{V}{I}$에서 최소, 전압이 최대이므로 무한대가 얻어지고, B점에서의 임피던스는 $Z = \dfrac{V}{I}$에서 전류가 최대가, 전압이 최소이므로 0이 얻어진다. 즉 $l = \dfrac{\lambda}{4}$ 구간에서 임피던스는 $0 \sim \infty$까지 변화되므로 이 구간안의 어떤 점에서의 임피던스 정합시킨다. stub에 의한 정합은 다음과 같은 특성을 갖는다.

① stub는 단락되어 있으므로 리액턴스 성분만을 갖고 있어 유도성 또는 용량성으로 만들

수 있으며 급전선이 유도성을 가지면 stub는 용량성을 갖도록 하고, 급전선이 용량성을 가지면 stub는 유도성을 갖도록 한다.

② 협대역성을 가진다.(즉, stub 정합회로는 주파수에 민감하다.)

다. Y형 정합(delta matching)

급전점 위치에 따라 급전선 임피던스가 변화되는 원리를 이용하여 안테나와 급전선과의 결합위치를 적당히 잡아 정합을 행하는 방법으로 평행 2선식 급전선과 결합 위치를 적당히 잡아 정합을 행하는 방법으로 평행 2선식 급전선과 안테나 정합시 주로 이용된다.

Y형 정합방법은 정합장치를 삽입하지 않고도 정합을 이룰 수 있기 때문에 단파대에서 주로 이용되며 정합 조건은 다음과 같다.

$$l = \frac{150}{f[\text{MHz}]} \times K, \ Z_0 = 277\log_{10}\frac{2D}{d}, \ Y = \frac{45}{f[\text{MHz}]}$$

여기서 K는 주파수에 따라 주어지는 상수

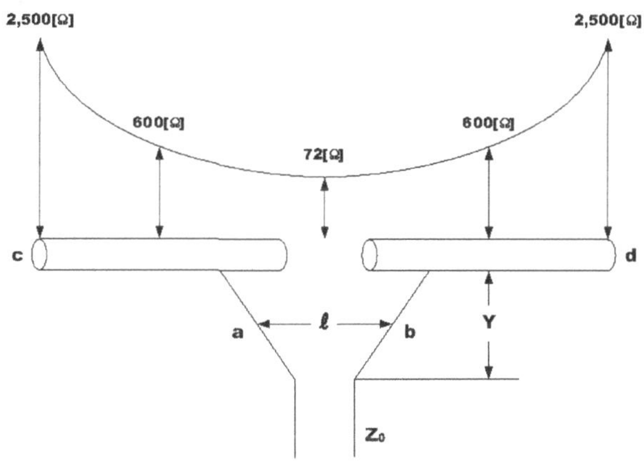

[그림 2-17] Y형 정합 회로

라. 테이퍼 선로

급전선의 파동 임피던스를 선로상에서 연속적으로 변화하게 하여 급접선과 안테나를 정합시키는 방법으로 평행 2선식 급전선과 안테나와의 정합 또는 동축급전선과 안테나와의 정합에 모두 사용된다.

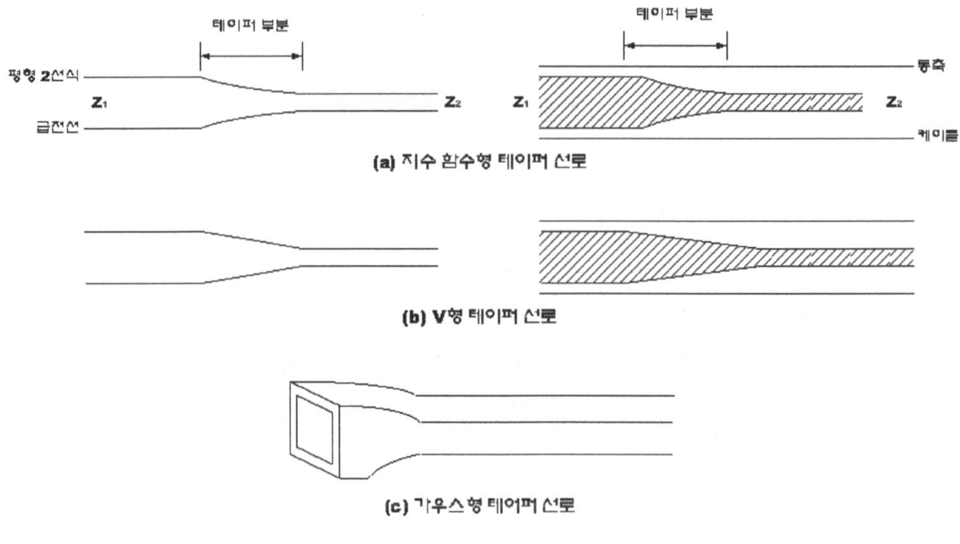

[그림 2-18] 테이퍼 선로

마. T형 정합

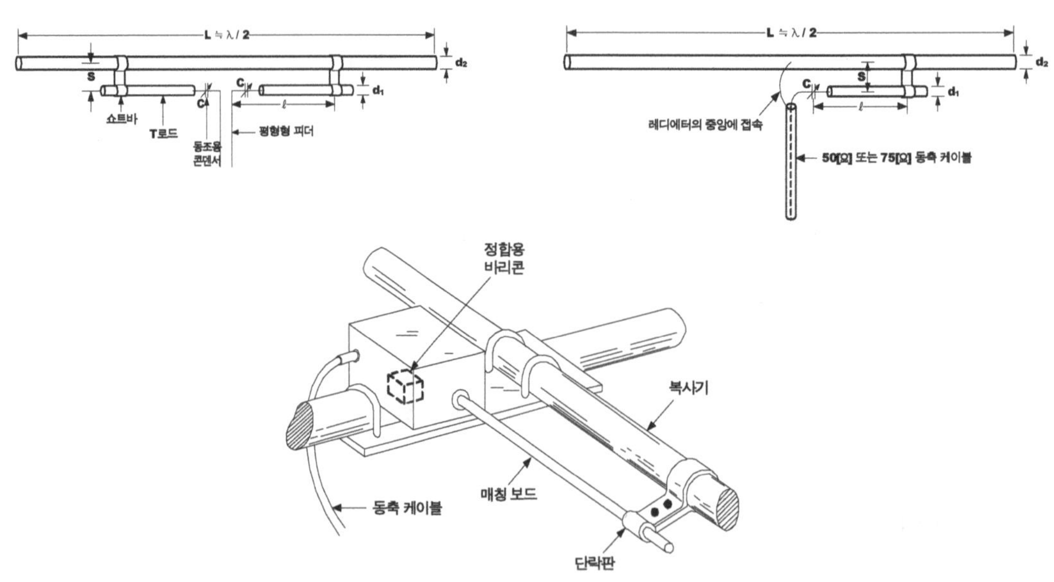

[그림 2-19] T형 정합과 gamma 정합

T로드 또는 T로드와 안테나와의 간격(d)을 조절하여 급전선과 안테나를 임피던스 정합시키는 방법으로, 평행 2선식 급전선과 안테나의 정합에 사용된다.

바. gamma 정합

T형 정합의 반만을 사용하여 급전선과 안테나와의 정합에 이용하는 방법으로, 동축급전선
과 안테나와의 정합에 사용된다.

사. omega 정합

gamma형 정합의 방법 중 short bar를 고정시켜 사용하는 방법으로 동축급전선과 안데니
와의 정합에 사용된다.

2-4. 평형·불평형 변환회로(Balun)

두 개의 전기회로를 접속하여 한쪽 회로의 전력이 다른쪽 회로에 최대로 전달되기 위해서
는 두 전기회로 사이에 임피던스 정합이 이루어져야 함은 물론이고, 두 전기회로의 접속접
에서 전자계 분포가 완전히 일치해야 한다. 이렇게 하기 위해서는 불평형 전류의 흐름을 저
지하고 평형형 전류만 흐르도록 해야 하는데 이러한 역할을 수행하는 것을 BALUN
(BALance and UNbalance)이라 하며 불평형형 선로와 평형형 선로를 접속하고 정합시키는
데 사용한다.

BALUN의 종류로는 L과 C를 이용하는 집중정수형 BALUN과 도체, 도선 등을 이용하는 분
포정수형 BALUN이 있다.

1. 집중정수형 BALUN

집중정수형 BALUN에는 크게 전자결합형과 위상변환형이 있으며 전자결합형은 다음과 같
은 구조를 갖는다.

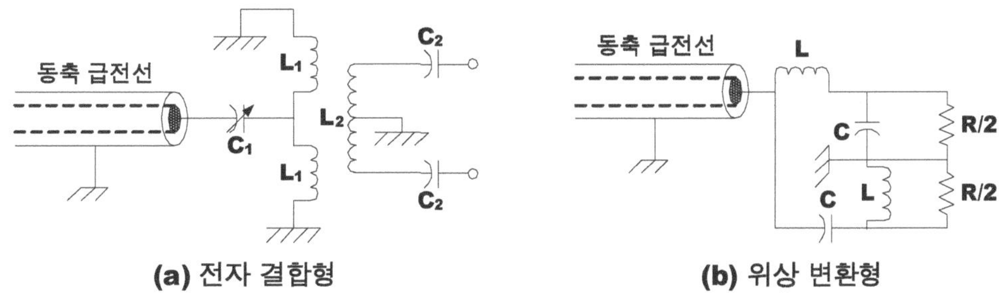

[그림 2-20] 집중 정수형 BALUN형

2. 분포정수형 BALUN

가. sperrtopf(저지투관) – 임피던스 변환비 1:1

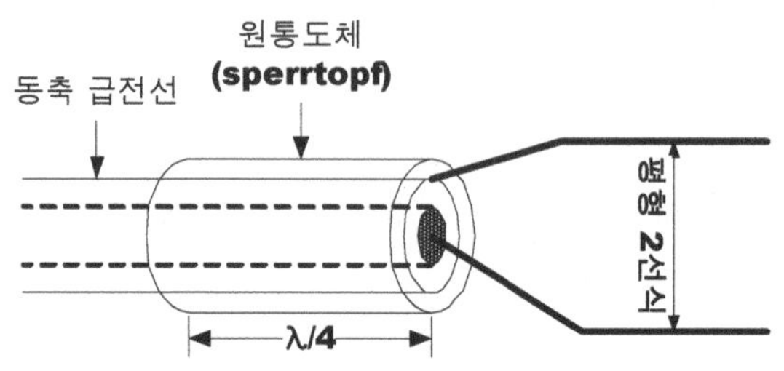

[그림 2-21]   sperrtopf(저지투관)

나. 분기 도체에 의한 BALUN – 임피던스 변환비 1:1

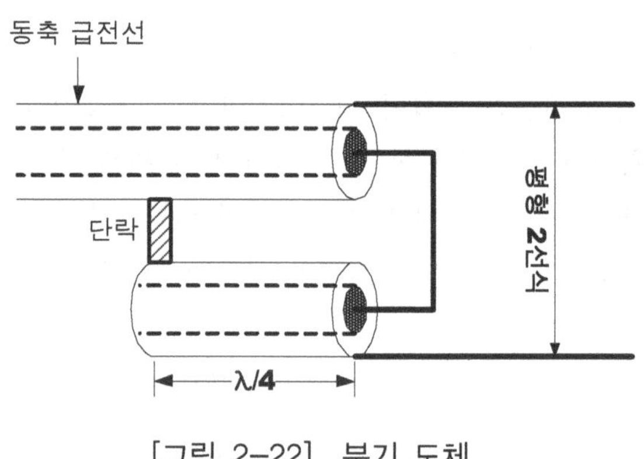

[그림 2-22] 분기 도체

다. U자형 BALUN(반파장 우선회로 BALUN) – 임피던스 변환비 1:4

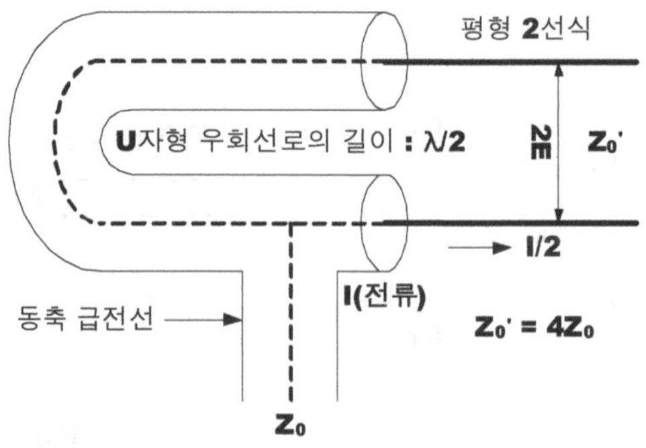

[그림 2-23] 반파장 우선회로

단원별 요약정리

2.1. 급전선의 기본성질

1. 급전선의 필요조건

① 전송 효율이 좋을 것
② 급전선의 파동 임피던스가 적당할 것
③ 송신용의 경우 절연 내력이 클 것
④ 유도 방해를 주거나 받지 않을 것
⑤ 가격이 저렴하고 유지보수가 용이할 것

2. 전송선로의 기초

가. 특성 임피던스(characteristic impedance)(Z_o) ★

선로상의 임의의 한 점에서의 전압과 전류의 비를 의미하며 <u>선로의 길이에 관계없이 항상 일정한 값을 갖는다.</u>

$$Z_0 = \sqrt{\frac{Z}{Y}} = \sqrt{\frac{R + j\omega L}{G + j\omega C}}\,[\Omega]$$

여기서 고주파 선로(R≪ωL, G≪ωC)이면 $Z_0 = \sqrt{\dfrac{L}{C}}$ 가 된다.

※ 무손실 조건 ★★★   ※ 무왜 조건 ★★★

  ① R = G = 0   LG = RC

  ② 고주파 선로(R≪ωL, G≪ωC)

나. 전파정수(propagation constant)

$$\gamma = \alpha + j\beta = \sqrt{ZY} = \sqrt{(R + j\omega L)(G + j\omega C)} \approx \frac{1}{2}\sqrt{LC}\left(\frac{R}{L} + \frac{G}{C}\right) + j\omega\sqrt{LC}$$

$$감쇠정수(\alpha) = \frac{1}{2}\sqrt{LC}\left(\frac{R}{L} + \frac{G}{C}\right) = \frac{1}{2}\left(\frac{R}{Zo} + GZo\right)[\text{Neper/m}]$$

$$위상정수(\beta) = \omega \sqrt{LC} = \frac{2\pi}{\lambda}\,[\text{rad/m}]$$

다. 선로의 상수

※ 진행파 ★★★

선로가 무한선로일 때 송단을 출발한 전압과 전류는 감쇠하면서도 반사파가 없이 진행한다. 이 때의 파를 진행파라 한다.

선로 상에 진행파가 존재하기 위한 조건?

- 선로의 길이가 무한한 경우(무한정 선로)
- 임피던스 정합이 이루어진 경우($Z_0 = Z_R$)

→ 특징: 선로의 길이 변화에 따라 전압, 전류의 진폭은 일정하나 위상이 변한다.

※ 정재파

유한선로에서 $Z_0 \neq Z_R$인 경우 선로상에 진행파와 반사파가 동시에 존재한다.

정재파가 존재하기 위한 조건?

- 선로의 길이가 짧은 경우(유한정 선로)
- 임피던스 정합이 이루어지지 않은 경우, 즉 임피던스 부정합인 경우($Z_0 \neq Z_R$)

→ 특징: 선로의 길이 변화에 따라 전압, 전류의 위상은 일정하나 진폭이 변한다.

※ VSWR (Voltage Standing Wave Ratio : 전압 정재파비) ★★★

정재파(Standing Wave)는 진행파와 반사되어 돌아온 파가 합쳐져 발생된 정지된 파동을 의미한다. 회로나 시스템에 입력된 에너지의 반사량을 나타내는 지표로서 선로 상에서 정재파비(S)는 1에 가까울수록 이상적이다.

$$S = \frac{|V_{\max}|}{|V_{\min}|} = \frac{1+|\Gamma|}{1-|\Gamma|} \geq 1$$

※ S=1인 의미?

① 반사파가 없다. ② $\Gamma = 0$이다.

③ $Z_0 = Z_R$ ④ Z_n(정규화 임피던스)$= \dfrac{Z_R}{Z_o} = 1$

※ Reflection Coefficient (반사계수, Γ)

반사계수(Γ, Gamma)는 특정 위치에서의 출력 전압(전류)/입력 전압(전류)이다.

$$\Gamma = \frac{\text{수단의 반사전압 or 전류}}{\text{수단의 입사전압 or 전류}} = \left| \frac{V_r}{V_f} \right| = \left| \frac{Z_R - Z_0}{Z_R + Z_0} \right| = \left| \frac{S-1}{S+1} \right|$$

※ Transmission Coefficient (투과계수, T)

부하에 흘러 들어가는 에너지양을 표시하기 위하여, 입사파와 투과파의 비를 투과계수 (Transmission Coefficient)라 한다.

$$T = \frac{\text{투과 전압 or 전류}}{\text{입사 전압 or 전류}} = \left| \frac{V_t}{V_f} \right| = 1 + \Gamma$$

라. 선로의 임피던스

수단에서 l 떨어진 지점에서 부하측을 본 선로의 임피던스(Z_s)는

$$Z_s = Z_0 \frac{Z_R + jZ_0 \tan \check{z} l}{Z_0 + jZ_R \tan \check{z} l} [\text{œ}]$$

① 수전단 단락($Z_R = 0$)인 경우

$$Z_{ss} = jZ_0 \tan \check{z} l \,[\text{œ}]$$

② 수전단 개방($Z_R = \infty$)인 경우

$$Z_{so} = -jZ_0 \cot \check{z} l \,[\text{œ}]$$

$$Z_0 = \sqrt{Z_{ss} Z_{so}} \text{ 가 된다. } ★$$

2.2. 급전선의 종류 및 특성

1. 평행 2선식 급전선

가. 구조

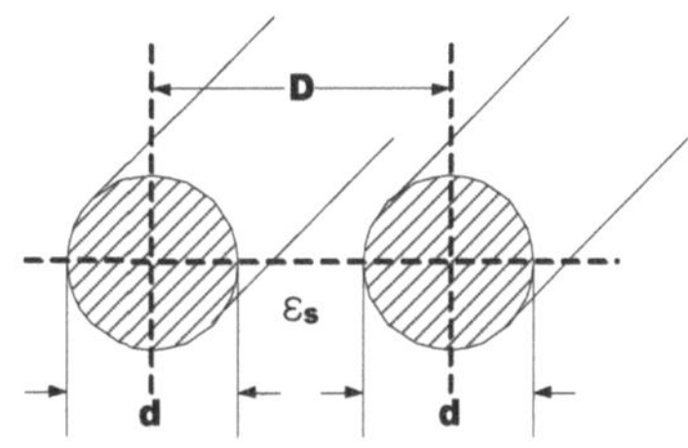

나. 특성 임피던스

$$Z_0 = \sqrt{\frac{L}{C}} = \frac{120}{\sqrt{\epsilon_s}}\log_e\frac{2D}{d} = \frac{276}{\sqrt{\epsilon_s}}\log_{10}\frac{2D}{d}\,[\Omega] \quad ★★★$$

다. 특징

① folded dipole과 정합회로 필요 없이 직결하여 사용한다.
② 동축 급전선에 비해 특성 임피던스가 높다. (200~600[Ω])
③ 내압이 높아 대전력에도 사용할 수 있다.
④ 나선 상태(open wire)로 설치하므로 외부로부터 유도방해를 받을 수 있다.
⑤ 건설비가 싸고 유지 보수가 용이하다.

2. 동축 급전선(coaxial cable)

가. 구 조

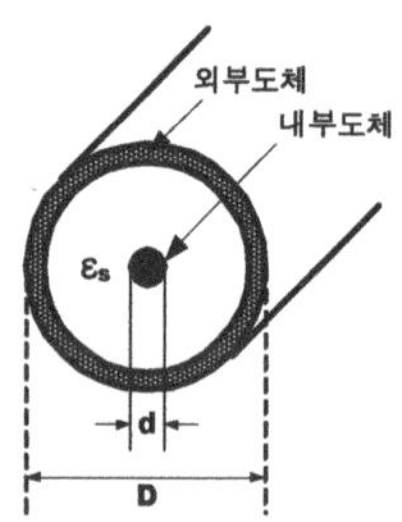

나. 특성 임피던스

$$Z_0 = \sqrt{\frac{L}{C}} = \frac{60}{\sqrt{\epsilon_s}}\log_e\frac{D}{d} = \frac{138}{\sqrt{\epsilon_s}}\log_{10}\frac{D}{d}\,[\Omega] \quad ★★★$$

$i\,f)\ \epsilon_s = 1\,(공기),\ \dfrac{D}{d} = 3.6$ 일 때 $Z_0 = 75\,[\Omega]$,

$\epsilon_s = 2.26\,(폴리에틸렌),\ \dfrac{D}{d} = 3.6$ 일 때 $Z_0 = 50\,[\Omega]$

다. 특 징

① VHF대에서 가장 널리 사용된다.
② 평행 2선식 급전선에 비해 특성 임피던스가 낮다.(50[Ω], 75[Ω])

③ 외부도체를 접지하여 사용하므로 외부로부터 유도방해를 거의 받지 않는다.

④ 내압에 약하여 대전력 전송에 부적합하다.

⑤ 감쇠를 가장 적게 하기 위한 최소 손실조건은 **내경과 외경의 비($\frac{D}{d}$)를 3.6**으로 할 때이다. ★★

3. 동조 급전선과 비동조 급전선 ★★★

가. 동조 급전선

급전선의 길이가 사용파장과 일정한 비례관계를 갖는 급전선을 말한다.

① 급전선상에 **정재파**가 존재한다.

② 반사파로 인해 급전선에서의 손실이 크고 전송효율이 낮아 **장거리 전송에 부적합**하다.

③ **정합장치가 불필요**하다.

④ 평형형 급전선만 사용할 수 있다.

⑤ 전압 정재파비(VSWR)는 1보다 크다.

⑥ 급전선 길이에 제약을 받는다.

나. 비동조 급전선

급전선의 길이가 사용파장과 일정한 비례관계를 갖지 않는 급전선을 말한다.

① 급전선상에 **진행파**가 존재한다.

② 진행파만 존재하므로 급전선에서의 손실이 적고 전송효율이 높아 **장거리 전송에 적합**하다.

③ **정합장치가 필요**하다.

④ 평형형 급전선, 불평형 급전선 모두 사용할 수 있다.

⑤ 전압 정재파비(VSWR)는 1이다.

⑥ 급전선 길이에 제약을 받지 않는다.

4. 전압급전과 전류급전

가. 전압급전

급전점에서 전압의 파고점이 나타나도록 급전하는 방식.

나. 전류급전

급전점에서 전류의 파고점이 나타나도록 급전하는 방식.

다. 동조급전에서의 급전선의 길이 ★

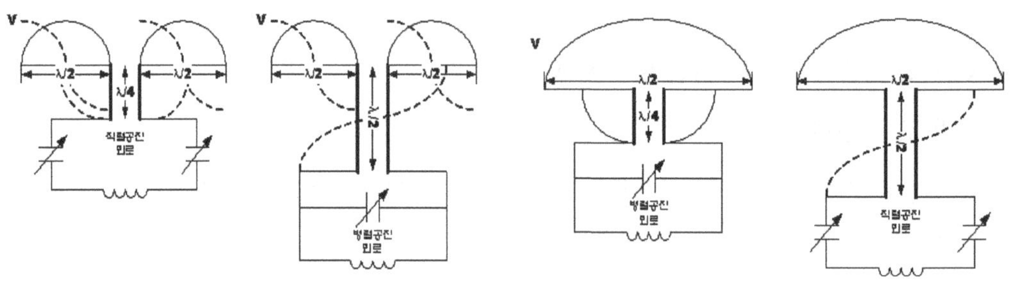

(a) 전압급전($\frac{\lambda}{4}$의 기수배)　　(b) 전압급전($\frac{\lambda}{4}$의 우수배)　　(c) 전류급전($\frac{\lambda}{4}$의 기수배)　　(d) 전류급전($\frac{\lambda}{4}$의 우수배)

① 전압(전류)급전–직렬(병렬) 공진회로 : 급전선 길이는 $\frac{\lambda}{4}$의 기수배

② 전압(전류)급전–병렬(직렬) 공진회로 : 급전선 길이는 $\frac{\lambda}{4}$의 우수배

5. 도파관(Wave guide)

※ 도파관이 마이크로파의 전송선로로서 우수한 이유 ★★★
- 도체에 의한 저항 손실이 적다.
- 유전체 손실이 적다.
- 복사(방사) 손실이 적다.
- 대전력 전송이 가능하다.
- 외부의 신호와 완전 격리가 가능하다.
- **고역 여파기(HPF)의 역할을 한다.(특유의 차단파장(λ_c)이 있다.)**

가. 도파관내 전자계

도파관 내에 존재하는 전자계는 크게 TE mode와 TM mode가 있다.
→ 도파관 내에는 TEM mode는 전파될 수 없다.

나. 도파관의 특성

(1) 차단파장과 기본 모드 ★★★

 1) 구형 도파관의 차단 파장

차단 주파수에 대한 파장을 차단 파장이라 하며 일반적으로 λ_c로 나타낸다.

$$\lambda_c = \frac{2\sqrt{\epsilon_s \mu_s}}{\sqrt{\left(\frac{m}{a}\right)^2 + \left(\frac{n}{b}\right)^2}}$$ 여기서 a : 장변, b : 단변

예를들면 TE10 mode의 경우 $\lambda_c = 2a(\epsilon_s = \mu_s = 1$인 경우)이고 TM11 mode의 경

우 $\lambda_c = \frac{2ab}{\sqrt{a^2 + b^2}}$가 된다.

 2) 원형 도파관의 차단파장

$$\lambda_c = \frac{2\pi r}{K}$$ 여기서 r : 원형 도파관의 반지름, K : 모드에 따라 정해지는 상수

 3) 기본 모드(dominant mode)(=주모드)

차단 파장이 가장 긴 mode를 기본모드라 한다.

종류	기본 모드	차단 모드
구형 도파관	TE$_{10}$	2a
	TM$_{11}$	$\dfrac{2ab}{\sqrt{a^2 + b^2}}$
원형 도파관	TE$_{11}$	3.41r
	TM$_{01}$	2.61r

(2) 위상속도와 군속도

 1) 위상속도(phase velocity)

→ 도파관내의 전파속도는 광속(C)보다 빠르게 된다.$(V_p > C)$

 2) 군속도(group velocity)

→ 도파관내에서 군속도는 광속보다 느리다.$(V_g < C)$

3) 위상속도, 군속도와 광속과의 관계

$$V_p \cdot V_g = C^2$$

(3) 관내파장

도파관 내의 파장으로 λ_g로 표시하며, **관내파장(겉보기 파장)은 자유공간에서의 파장보다 길다.**

$$\lambda_g = \frac{\lambda}{\sqrt{1-\left(\dfrac{\lambda}{\lambda_c}\right)^2}} \, [\text{m}]$$

(4) 특성 임피던스

$$Z_o = \frac{377}{\sqrt{1-\left(\dfrac{\lambda}{\lambda_c}\right)^2}} \, [\Omega]$$

다. 도파관의 여진방법

(1) 정전적 결합에 의한 여진

(2) 전자적 결합에 의한 여진

(3) 작은 루프 안테나에 의한 여진

라. 도파관의 임피던스 정합 방법 ★★★

(1) $\dfrac{\lambda}{4}$ 임피던스 변환기에 의한 정합

(2) stub(일명 trap)에 의한 정합

(3) **도파관 창(window)에 의한 정합 ★★**

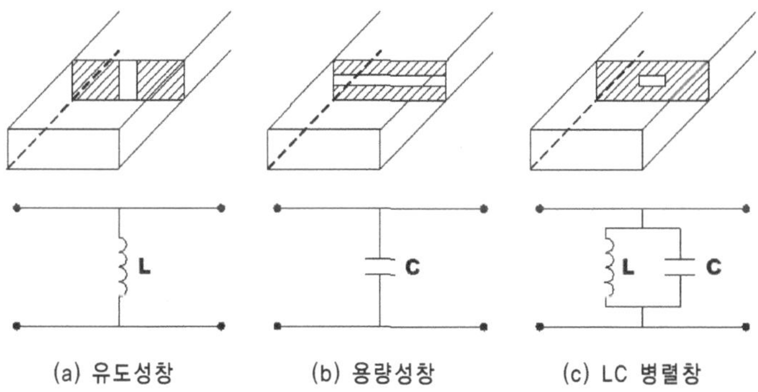

(a) 유도성창　　　　(b) 용량성창　　　　(c) LC 병렬창

(4) 도체봉(post)에 의한 정합 ★

도파관 내에 삽입된 도체봉의 길이 l에 따라 도파관 내의 리액턴스가 변화하게 되며 $l > \dfrac{\lambda}{4}$ 이면 유도성을, $l < \dfrac{\lambda}{4}$ 이면 용량성을, $l = \dfrac{\lambda}{4}$ 이면 LC 직렬 공진 상태가 된다.

2.3. 임피던스 정합

임의의 입력 단과 출력 단을 연결할 때, 서로 다른 두 임피던스 차에 의한 반사를 줄이려는 방법을 임피던스 매칭(matching)이라 한다. 어떤 송전단으로부터 부하에 최대 전력을 전송하기 위해서는 부하와 송전단 내부 임피던스가 정합되어야 한다.

1. 분포 정수 회로에 의한 정합 ★★★

(가) $\dfrac{\lambda}{4}$ 임피던스 변환기(Q변성기)　　　(나) trap 회로(stub 정합)

(다) Y형 정합(delta matching)　　　(라) 테이퍼 선로

(마) T형 정합　　　(바) gamma 정합

(사) omega 정합

2.4. 평형·불평형 변환회로(Balun)

불평형형 선로와 평형형 선로를 정합시키는데 사용 하는 것을 BALUN(BALance and UNbalace)이라 한다.

1. 집중정수형 변환회로(Balun)

집중정수형 BALUN에는 크게 전자결합형과 위상변환형이 있다.

2. 분포정수형 변환회로(Balun)

가. sperrtopf(저지투관) – 임피던스 변환비 1:1

나. 분기 도체에 의한 BALUN – 임피던스 변환비 1:1

다. U자형 BALUN(반파장 우선회로 BALUN) – **임피던스 변환비 1:4**

핵심기출문제 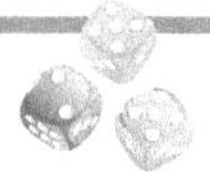

01. 급전선의 1차정수가 R, L, G, C 일 때 무왜(distortion)의 조건이 되면서 극소 감소의 조건이 되는 것은? (단, R:저항, L:인덕턴스, C:캐퍼시턴스, G:인덕턴스)

  ㉮ $\dfrac{C}{R} = \dfrac{L}{G}$ ㉯ $\dfrac{R}{C} = \dfrac{L}{G}$ ㉰ $\dfrac{R}{G} = \dfrac{C}{L}$ ㉱ $\dfrac{R}{G} = \dfrac{L}{C}$

해설
※ 무손실 조건
① R = G = 0
② 고주파 선로(R≪ωL, G≪ωC)

※ 무왜 조건
⇒ LG = RC

답: ㉱

02. 다음 중 무손실 선로에서 얻어지는 조건은 어느 것인가?

  ㉮ R=0, G=∞   ㉯ R=∞, G=0   ㉰ R=∞, G=∞   ㉱ R=0, G=0

답: ㉱

03. 무손실 선로의 등가 회로로서 옳은 것은?

㉮ 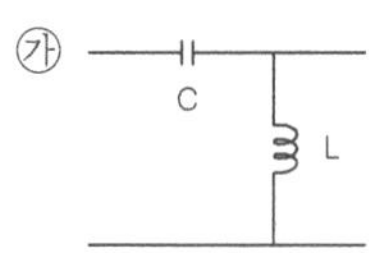

㉯

㉰ 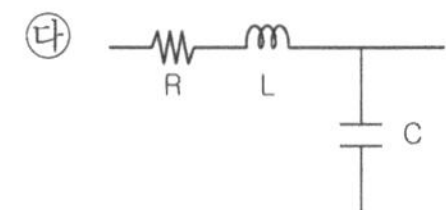

㉱

해설 분포정수회로의 등가회로는 다음과 같다.

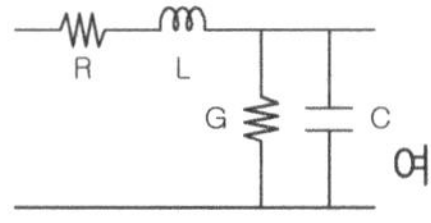 여기서 무손실 선로(R = G = 0) 조건을 만족한다면 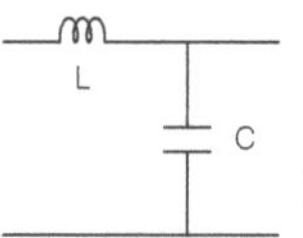 가 된다.

회로상에서 직렬 저항(R) = 0은 단락을 의미하고, 병렬저항(G) = 0은 개방을 의미한다.

답: ㉯

04. 전송 선로에서 R = G = 0 일 때 특성 임피던스는?

  ㉮ $jw\sqrt{\dfrac{L}{G}}$ ㉯ $\dfrac{1}{jw}\sqrt{\dfrac{R}{C}}$ ㉰ $\sqrt{\dfrac{L}{C}}$ ㉱ $\sqrt{\dfrac{C}{L}}$

 해설 선로의 특성 임피던스는

$$Z_0 = \sqrt{\frac{Z}{Y}} = \sqrt{\frac{R+j\omega L}{G+j\omega C}}\,[\Omega]$$ 여기서, $R = G = 0$ 이면 $Z_0 = \sqrt{\frac{L}{C}}$ 로 순저항 성분만 갖게 된다. 답: ㉰

05. 무손실 선로인 경우 특성 임피던스는 얼마인가?

㉮ $j\omega\sqrt{\dfrac{L}{G}}$ ㉯ $\dfrac{1}{j\omega}\sqrt{\dfrac{R}{C}}$ ㉰ $\sqrt{\dfrac{L}{C}}$ ㉱ $\sqrt{\dfrac{C}{L}}$

답: ㉰

06. 전송 회로에서 무손실인 경우 L=96[mH], C=0.6[μF]일 때의 특성 임피던스[Ω]는?

㉮ 100   ㉯ 200   ㉰ 300   ㉱ 400

해설 $Z_0 = \sqrt{\dfrac{L}{C}} = \sqrt{\dfrac{96\times 10^{-3}}{0.6\times 10^{-6}}} = 400[\Omega]$

답: ㉱

07. $R \ll \omega L$, $G \ll \omega C$가 성립되는 분포 정수 회로에서 감쇠 정수 α 의 근사치는?

㉮ $\dfrac{R}{2}\sqrt{\dfrac{C}{L}} + \dfrac{G}{2}\sqrt{\dfrac{L}{C}}$ ㉯ $\dfrac{L}{2}\sqrt{\dfrac{C}{L}} + \dfrac{C}{2}\sqrt{\dfrac{G}{L}}$

㉰ $2\left(R\sqrt{\dfrac{C}{L}} + G\sqrt{\dfrac{L}{C}}\right)$ ㉱ $\dfrac{R}{2}\sqrt{\dfrac{L}{C}}$

해설 감쇠정수$(\alpha) = \dfrac{1}{2}\sqrt{LC}\left(\dfrac{R}{L}+\dfrac{G}{C}\right) = \dfrac{1}{2}\left(\dfrac{R}{Z_0}+GZ_0\right)$[Neper/m]

답: ㉮

08. 고주파의 분포정수 회로에서 $R \ll L$, $G \ll C$라고 할 경우 위상정수의 표시로 옳은 식은?

㉮ $\beta = \sqrt{LC}$ ㉯ $\beta = \omega\sqrt{LC}$

㉰ $\beta = \dfrac{1}{\sqrt{LC}}$ ㉱ $\beta = \omega\dfrac{1}{\sqrt{LC}}$

해설 위상정수$(\beta) = \omega\sqrt{LC} = \dfrac{2\pi}{\lambda}$[rad/m]

답: ㉯

09. 무한정 전송선로에 고주파 전압을 가한 경우 전송선에는 어떻게 되는가?

㉮ 반사파만 존재한다.   ㉯ 진행파만 존재한다.

㉰ 반사파와 진행파가 존재한다.   ㉱ 반사파와 진행파가 존재하지 않는다.

해설 무한정 전송선로에는 반사파는 존재하지 않고 진행파성분만이 흐른다. 답: ㉯

10. 급전선의 반사계수를 나타내는 식중 옳은 것은? (단, Z_0: 특성임피던스, Z: 부하임피던스)

   ㉮ $\dfrac{Z-Z_0}{Z+Z_0}$ ㉯ $\dfrac{Z+Z_0}{Z-Z_0}$ ㉰ $2\dfrac{Z_0}{Z+Z_0}$ ㉱ $2\dfrac{Z_0}{Z-Z_0}$

해설 Z_0 : 특성임피던스, Z_R : 부하임피던스 일 때, Γ(반사계수)$=\left|\dfrac{Z_R-Z_0}{Z_R+Z_0}\right|$ 이다.   답: ㉮

11. 특성 임피던스가 $100[\varOmega]$의 급전선에 부하 임피던스 $200[\varOmega]$이 연결되었을 때 수전단에서의 전압 반사계수는?

   ㉮ 0.33   ㉯ 0.5   ㉰ 30   ㉱ 33

해설 $\Gamma=\left|\dfrac{Z_R-Z_0}{Z_R+Z_0}\right|$ 에서 $Z_0=100[\Omega]$, $Z_R=200[\Omega]$이므로 $\Gamma=\left|\dfrac{200-100}{200+100}\right|=\dfrac{1}{3}$ 이 된다.   답: ㉮

12. 특성 임피던스 $Z_0=120[\Omega]$인 급전선에 부하 임피던스 $Z_R=340[\Omega]$을 접속할 때 반사계수는 얼마인가?

   ㉮ 0.39   ㉯ 0.45   ㉰ 0.48   ㉱ 0.53

 $\Gamma=\left|\dfrac{Z_R-Z_0}{Z_R+Z_0}\right|$ 에서 $Z_0=120[\Omega]$, $Z_R=340[\Omega]$이므로 $\Gamma=\left|\dfrac{340-120}{340+120}\right|\fallingdotseq0.48$이 된다.   답: ㉰

13. 그림과 같은 무손실 급전선에서 정재파 전압의 최대치가 600[V]라면 최소 전압은 얼마인가?

   ㉮ 200[V]

   ㉯ 300[V]

   ㉰ 400[V]

   ㉱ 600[V]

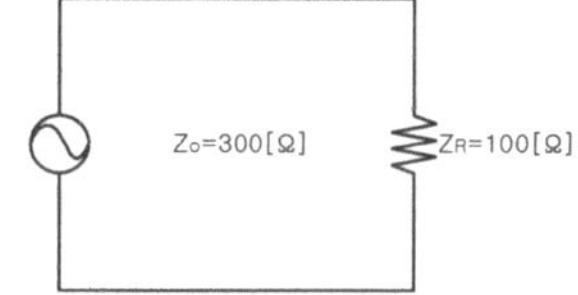

해설 $S=\dfrac{|V_{max}|}{|V_{min}|}=\dfrac{1+|\Gamma|}{1-|\Gamma|}=\dfrac{Z_0}{Z_R}$ (단, $Z_R<Z_0$), $S=\dfrac{|600|}{|V_{min}|}=\dfrac{Z_0}{Z_R}=\dfrac{300}{100}=3$, $\therefore V_{min}=200[v]$ 답: ㉮

14. 송신기에서 급전선으로 공급되는 전력이 100[W]일 때 반사되어 들어오는 전력은 4[W]이었다. 이 때의 전압 정재파비는 대략 얼마인가?

   ㉮ 1

   ㉯ 1.2

   ㉰ 1.5

   ㉱ 2

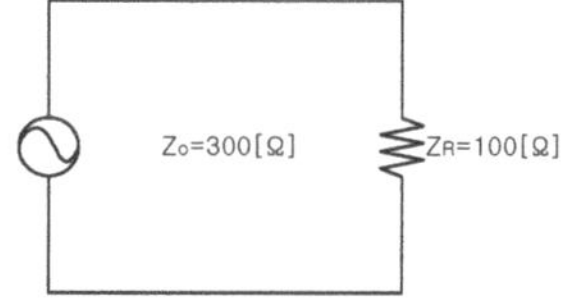

 $\Gamma=\dfrac{\text{수단의반사전압or 전류}}{\text{수단의입사전압or 전류}}=\left|\dfrac{V_r}{V_f}\right|=\sqrt{\dfrac{4}{100}}=0.20$이며, $S=\dfrac{1+|\Gamma|}{1-|\Gamma|}=\dfrac{1+|0.2|}{1-|0.2|}=1.5$이다.   답: ㉰

15. 안테나를 전송선으로 급전할 때 안테나의 임피던스 $Z_a = 300[\Omega]$이고 급전선로의 특성임피던스 $Z_0 = 200[\Omega]$이라고 하면 부정합에 의하여 전송선에 정재파가 생긴다. 이때의 전압 정재파비(VSWR)는?

㉮ 1/5

㉯ 5

㉰ 2/3

㉱ 3/2

> **해설** $\Gamma(반사계수) = \left| \dfrac{Z_a - Z_0}{Z_a + Z_0} \right| = \left| \dfrac{300 - 200}{300 + 200} \right| = 0.2$이며, $S = \dfrac{1 + |\Gamma|}{1 - |\Gamma|} = \dfrac{1 + |0.2|}{1 - |0.2|} = \dfrac{3}{2}$ 이 된다.　　　답 : ㉱

16. 선로의 특성 임피던스 $Z_0 = 5[\Omega]$, 부하 임피던스 $Z_R = 10[\Omega]$인 선로에서 정재파비는 얼마인가?

㉮ 1　　　　　㉯ 1.2　　　　　㉰ 1.4　　　　　㉱ 2

> **해설** $S = \dfrac{|V_{max}|}{|V_{min}|} = \dfrac{1 + |\Gamma|}{1 - |\Gamma|} = \dfrac{Z_R}{Z_0} (단, Z_R > Z_0) = \dfrac{10}{5} = 2$　　　답 : ㉱

17. 파동 임피던스가 $75[\Omega]$인 급전선상의 전압 정재파비가 4라면, 전압 정재파의 파복에서 부하측을 본 임피던스는?

㉮ $18.75[\Omega]$　　　　　㉯ $75[\Omega]$　　　　　㉰ $300[\Omega]$　　　　　㉱ $600[\Omega]$

> **해설** $S = \dfrac{|V_{max}|}{|V_{min}|} = \dfrac{Z_R}{Z_0}(단, 전압정재파비) = \dfrac{Z_R}{75} = 4, \therefore Z_R = 300[\Omega]$　　　답 : ㉰

18. 특성임피던스가 $50[\Omega]$인 급전선에 복사 임피던스가 $70 + j\,40[\Omega]$인 안테나를 연결하였다. 급전선상의 전압 정재파비의 크기는 약 얼마인가?

㉮ 2　　　　　㉯ 1.5　　　　　㉰ 1　　　　　㉱ 0.5

> **해설** $S = \dfrac{|V_{max}|}{|V_{min}|} = \dfrac{Z_R}{Z_0}(단, 전압정재파비) = \dfrac{Z_R}{50}, (Z_R = \sqrt{70^2 + 40^2} \fallingdotseq 80.6) \fallingdotseq 1.6$　　　답 : ㉯

19. 선로의 특성 임피던스(Impedance)를 Z_0, 부하 임피던스를 Z_R이라고 할 경우 정재파비가 1이라고 한다면 다음 중 어느 경우인가?

㉮ 반사파가 없을 경우　　　　　　　㉯ 반사계수가 1인 경우

㉰ $Z_0 \neq Z_R$인 경우　　　　　　　㉱ 진행파와 반사파의 크기가 같은 경우

> **해설** ※ S=1인 의미?
> ① 반사파가 없다.(진행파만 존재한다) ② Γ=0 이다. ③ $Z_0 = Z_R$ 이다.　　　답 : ㉮

20. 정재파비(S.W.R) = 1일 때 도선에는 어떤 성분의 파가 실리게 되는가?

㉮ 정재파 ㉯ 반사파 ㉰ 진행파 ㉱ 원편파

답: ㉰

21. 전압 정재파비가 S인 급전선에서 부하의 입사전력 P_i와 부하에 공급되는 전력 P_L 과의 비 P_i/P_L 는 얼마인가?

㉮ $1/S^2$ ㉯ $(S-1)^2/S$ ㉰ $(S+1)^2/4S$ ㉱ $(S+1)^2/S$

해설
$$S = \frac{1+|\Gamma|}{1-|\Gamma|}, |\Gamma| = \frac{S-1}{S+1}, |\Gamma| = \sqrt{\frac{P_i - P_L}{P_i}} \Rightarrow \therefore \frac{P_i}{P_L} = \frac{1}{1-\Gamma^2} = \frac{(S+1)^2}{4S}$$

답: ㉰

22. 부하의 정규화 임피던스가 Z_n인 경우 무손실 급전선의 반사계수를 구하는 식은? (단, Z_0:선로의 특성 임피던스, Z_R:종단 부하 임피던스)

㉮ $m = \dfrac{Z_n - 1}{Z_n + 1}$

㉯ $m = \dfrac{Z_n}{Z_n + Z_R}$

㉰ $m = \dfrac{Z_0 + Z_n}{Z_0 + Z_R}$

㉱ $m = \dfrac{Z_n}{Z_R + Z_0}$

해설
$$m = \left| \frac{Z_R - Z_0}{Z_R + Z_0} \right| = \left| \frac{\frac{Z_R}{Z_0} - 1}{\frac{Z_R}{Z_0} + 1} \right| = \left| \frac{Z_n - 1}{Z_n + 1} \right| \left(\because \frac{Z_R}{Z_0} = Z_n \right)$$

답: ㉮

23. 다음 중 진행파에 관한 특징으로서 옳지 않은 것은?

㉮ 선로의 특성 임피던스와 부하가 정합되어 있을 때 진행파가 발생한다.
㉯ 전류, 전압의 분포는 선로상의 어느 위치에서나 대체로 동일하다.
㉰ 전송 손실이 매우 적다.
㉱ 전류, 전압의 위상은 선로상의 어느 위치에서나 동일하다.

해설

답: ㉱

진행파가 존재하기 위한 조건 및 특징	정재파가 존재하기 위한 조건 및 특징
①정 의:한방향으로만 진행하여 나아가는 파	진행파와 반사파가 섞인파
②조건1:선로의 길이가 무한한 경우	선로의 길이가 짧은 경우
③조건2:임피던스 정합이 이루어진 경우($Z_0=Z_R$)	임피던스 정합이 이루어지지 않은 경우($Z_0 \neq Z_R$)
④특징1:선로의 길이 변화에 따라 전압, 전류의 진폭은 일정하나 위상이 변한다.	선로의 길이 변화에 따라 전압, 전류의 위상은 일정하나 진폭이 변한다.
⑤특징2:전송 손실이 적다.	전송 손실이 크다.

24. 정재파를 설명하는데 옳지 못한 것은?

㉮ 한방향으로 진행하는 파이다.

㉯ 정합이 되어 있지 않았을 때 생긴다.

㉰ 정재파가 크면 클수록 전송 손실이 크다.

㉱ 전류·전압의 위상은 선로상 어느점에서도 동일하다.

답: ㉮

25. 진행파와 반사파가 있는 급전선은 어느 것인가?

㉮ 무한정 급전선

㉯ VSWR = 1 인 급전선

㉰ 정규화 부하 임피던스가 1인 급전선

㉱ 반사계수 1인 급전선

> **해설** ㉮ 무한정 급전선 ⇒ 진행파만 존재
>
> ㉯ VSWR = 1 인 급전선 ⇒ 정재파비가 1이다는 의미는 임피던스 정합이 이루어진 경우($Z_0 = Z_R$)이다.
>
> ㉰ 정규화 부하 임피던스가 1인 급전선 ⇒ $Z_n = \dfrac{Z_R}{Z_0} = 1, \therefore Z_R = Z_0$
>
> ㉱ 반사계수 1인 급전선 ⇒ 전반사를 의미한다.

답: ㉱

26. 무손실 전송 신호(loss less transmission line)의 끝이 단락(short)된 경우 이 선로의 입력 임피던스는 얼마인가?

㉮ $Z_1 = -jZ_0\tan\beta l$

㉯ $Z_1 = jZ_0\tan\beta l$

㉰ $Z_1 = jZ_0\cot\beta l$

㉱ $Z_1 = -Z_0\cot\beta l$

> **해설** 수단에서 l 떨어진 지점에서 부하측을 본 선로의 임피던스(Z_s)는
>
> $$Z_s = Z_0 \frac{Z_R + jZ_0\tan\beta l}{Z_0 + jZ_R\tan\beta l} [\text{Ω}]$$
>
> ① 수전단 단락($Z_R = 0$)인 경우
>
> $Z_{ss} = jZ_0\tan\beta l [\text{Ω}]$
>
> ② 수전단 개방($Z_R = \infty$)인 경우
>
> $Z_{so} = -jZ_0\cot\beta l [\text{Ω}]$
>
> $\therefore Z_0 = \sqrt{Z_{ss}Z_{so}}$ 가 된다.

답: ㉯

27. 분포 정수 회로에서 수전단을 단락 또는 개방하였을 때 송전단에서 본 임피던스를 각각 Z_{ss}, Z_{so}라고 한다면 이 선로의 특성 임피던스 Z_0는 얼마인가?

㉮ $Z_0 = \dfrac{Z_{ss}}{Z_{so}}$

㉯ $Z_0 = \dfrac{Z_{so}}{Z_{ss}}$

㉰ $Z_0 = \sqrt{Z_{ss} \cdot Z_{so}}$

㉱ $Z_0 = Z_{ss} \cdot Z_{so}$

답: ㉰

28. Z_0=60[Ω]의 $\dfrac{\lambda}{4}$ 길이 선로 송단에 80[Ω]의 순저항 부하가 접속 되었을 때 이 선로의 입력측에서 본 송단 임피던스는?

㉮ 12[Ω]   ㉯ 25[Ω]   ㉰ 35[Ω]   ㉱ 45[Ω]

 송단에서 l 떨어진 지점에서 부하측을 본 선로의 임피던스(Z_s)는

$$Z_s = Z_0 \frac{Z_R + jZ_0\tan\beta l}{Z_0 + jZ_R\tan\beta l}[\Omega] = 60\frac{80 + j60\tan\left(\frac{2\pi}{\lambda}\cdot\frac{\lambda}{4}\right)}{60 + j80\tan\left(\frac{2\pi}{\lambda}\cdot\frac{\lambda}{4}\right)} = \frac{3600}{80} = 45[\Omega]$$

답: ㉱

29. 급전선의 필요 조건이 아닌 것은?

㉮ 전송 효율이 좋을 것   ㉯ 급전선의 파동 임피던스가 클 것
㉰ 송신용일 때는 절연 내력이 클 것   ㉱ 유도 방해를 받거나 주지 말 것

※ 급전선의 필요조건
    ① 전송 효율이 좋을 것   ② 급전선의 파동 임피던스가 적당할 것
    ③ 송신용의 경우 절연 내력이 클 것   ④ 유도 방해를 주거나 받지 않을 것
    ⑤ 가격이 저렴하고 유지보수가 용이할 것

답: ㉯

30. 평행 2선로에서 단위 길이당의 인덕턴스 L이 12[μH]이고, 정전용량 C가 500[pF]라 할 때 이 선로의 특성 임피던스는 어느 것인가? (단, 선로의 저항과 누설 컨덕턴스를 무시한다.)

㉮ 125[Ω]   ㉯ 135[Ω]   ㉰ 145[Ω]   ㉱ 155[Ω]

$$Z_0 = \sqrt{\frac{L}{C}} = \sqrt{\frac{12\times 10^{-6}}{500\times 10^{-12}}} \fallingdotseq 155[\Omega]$$

답: ㉱

31. 아래 그림과 같은 무한히 긴 평행 2선식에서 D》d라 할 때 이 급전선의 특성 임피던스 식은?

㉮ $277\log_{10}\dfrac{D}{2d}[\Omega]$

㉯ $138\log_{10}\dfrac{2D}{d}[\Omega]$

㉰ $138\log_{10}\dfrac{D}{2d}[\Omega]$

㉱ $277\log_{10}\dfrac{2D}{d}[\Omega]$

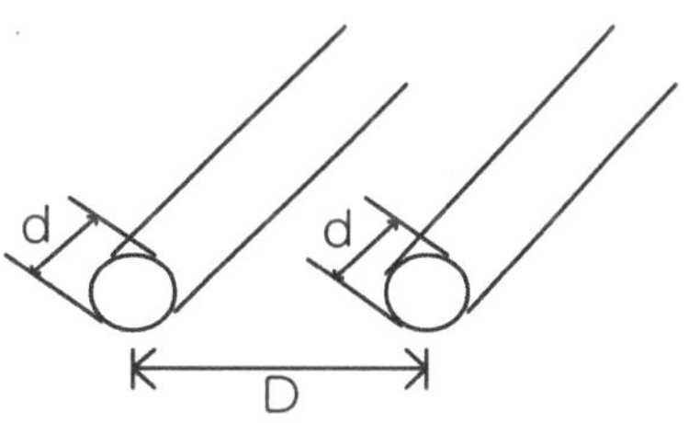

$$Z_0 = \sqrt{\frac{L}{C}} = \frac{120}{\sqrt{\epsilon_s}}\log_e\frac{2D}{d} = \frac{276}{\sqrt{\epsilon_s}}\log_{10}\frac{2D}{d}[\Omega]\,(D: 두도선의중심간의거리, d: 도선의직경)$$

답: ㉱

32. 평행 2선식 급전선의 특성 임피던스는 다음 중 무엇에 의해서 정해지는가?

㉮ 선로의 길이   ㉯ 선간 거리와 선의 굵기

㉲ 선의 굵기   ㉴ 선간 거리

답: ㉴

33. 평행2선식 급전선 중 특성임피던스가 가장 큰 것은?

㉮ 심선의 직경 1.2[mm], 선간격 10[cm]   ㉯ 심선의 직경 1.2[mm], 선간격 20[cm]

㉲ 심선의 직경 2.9[mm], 선간격 10[cm]   ㉴ 심선의 직경 2.9[mm], 선간격 20[cm]

해설 $Z_0 = \dfrac{276}{\sqrt{\epsilon_s}} \log_{10} \dfrac{2D}{d} [\Omega]$ (D : 두도선의중심간의거리, d : 도선의직경), $\dfrac{2D}{d}$ 가클수록 Z_0 가 크다.   답: ㉯

34. 평행 2선식의 급전선의 감쇠 정수 α [dB/km]는?

㉮ $\alpha = 732 \dfrac{\sqrt{f}}{d\,Z_0}$ ㉯ $\alpha = 276 \dfrac{\sqrt{f}}{d\,Z_0}$

㉲ $\alpha = 732 \dfrac{d}{Z_0}$ ㉴ $\alpha = 276 \dfrac{d\sqrt{f}}{Z_0}$

답: ㉮

35. 다음 조건이 정해졌을 때 동축 케이블의 특성 임피던스는 어느 것인가? (단, D:외부 도체의 직경, d:내부 도체의 직경)

㉮ $Z_0 = \dfrac{276}{\sqrt{\epsilon_s}} \log_{10} \dfrac{D}{d} [\Omega]$

㉯ $Z_0 = \dfrac{376}{\sqrt{\epsilon_s}} \log_{10} \dfrac{D}{d} [\Omega]$

㉲ $Z_0 = \dfrac{138}{\sqrt{\epsilon_s}} \log_{10} \dfrac{D}{d} [\Omega]$

㉴ $Z_0 = \dfrac{238}{\sqrt{\epsilon_s}} \log_{10} \dfrac{D}{d} [\Omega]$

해설 $Z_0 = \sqrt{\dfrac{L}{C}} = \dfrac{60}{\sqrt{\epsilon_s}} \log_e \dfrac{D}{d} = \dfrac{138}{\sqrt{\epsilon_s}} \log_{10} \dfrac{D}{d} [\Omega]$ (D : 외부도체의 내경. d : 내부도체의 외경)   답: ㉲

36. 동축 케이블에 손실이 최소로 되는 조건을 구하면?

㉮ $\dfrac{D}{d} = 1.6$ ㉯ $\dfrac{D}{d} = 2.6$ ㉲ $\dfrac{D}{d} = 3.6$ ㉴ $\dfrac{D}{d} = 4.6$

해설 감쇠를 가장 적게 하기 위한 내경과 외경의 비, 즉 최적비 $\dfrac{D}{d}$ 는 3.60이다.   답: ㉲

37. 다음 그림은 동축케이블 급전선에 비유전율 2.3인 폴리 에틸렌을 절연물로 사용하였다. 이 급전선의 파동 임피던스는 얼마인가? (단, d=5.5[mm], D=19.8[mm])

㉮ 50[Ω] ★   ㉯ 75[Ω]   ㉲ 300[Ω]   ㉴ 600[Ω]

해설 $Z_0 = \dfrac{138}{\sqrt{\epsilon_s}}\log_{10}\dfrac{D}{d} = \dfrac{138}{\sqrt{2.3}}\log_{10}\dfrac{19.8}{5.5} \fallingdotseq 50[\Omega]$

답: ㉮

38. 동축케이블의 특성 임피던스는?

(단, D : 외부도체의 지름 , d : 내부도체의 지름)

㉮ D가 클수록, d는 적을수록 커진다.

㉯ D기 적을수록, d는 클수록 키진다.

㉰ D와 d가 클수록 커진다.

㉱ D와 d가 적을수록 커진다.

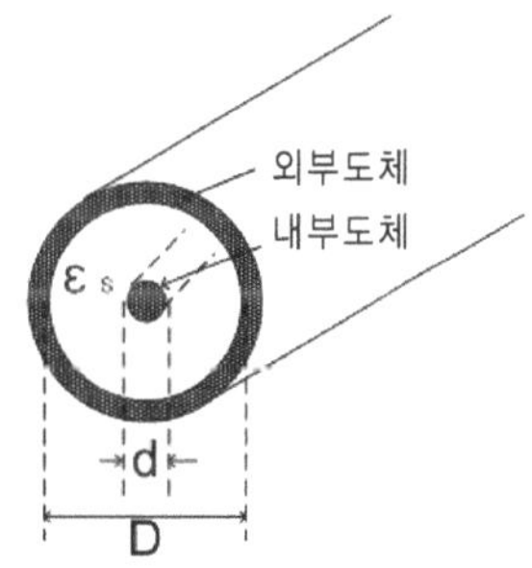

답: ㉮

39. 다음 중 동축급전선의 특징으로 옳은 것은?

㉮ 외부도체가 차폐역할을 하므로 복사손실은 없으나 외부전파의 영향은 막을 수 없다.

㉯ 외부도체 내경과 내부도체 직경의 비를 2.6으로 하면 전송손실을 최소화할 수 있다.

㉰ 극초단파 이하에서 주로 사용한다.

㉱ 적어도 두 개의 도체로 구성되어 있으므로 TEM모드의 전송이 불가능하다.

해설 ※ 동축급전선의 특징

① VHF대에서 가장 널리 사용된다.(50Ω , 75Ω)

② 평행 2선식 급전선에 비해 특성 임피던스가 낮다.

③ 특성 임피던스가 낮으므로 동일전력을 전송하는 경우 평행2선식 급전선보다 선간 전압이 낮도 된다.

④ 외부도체를 접지하여 사용하므로 외부로부터 유도방해를 거의 받지 않는다.

⑤ 내압을 높여 대전력에도 사용할 수 있으나 이때는 내경과 외경을 크게 하거나 특수하게 만들어야 한다.(내압에 약하여 대전력 전송에 부적합하다.)

⑥ 감쇠를 가장 적게 하기 위한 내경과 외경의 비, 즉 최적비 $\dfrac{D}{d}$ 는 3.6이다.

⑦ 특성 임피던스 Z_0 와 전파속도 v 를 이용하여 단위길이당 인덕턴스와 정전용량을 구할 수 있다. 답: ㉰

40. 급전선에 관한 설명중 옳지 않은 것은?

㉮ 특성임피이던스는 주파수와 관계가 없다.

㉯ 동축급전선이 평행 2선식 보다 특성임피이던스가 적다.

㉰ 평행 2선식이 동축급전선보다 단위 길이당 손실이 더 크다.

㉱ 길이에 따라 특성임피이던스가 달라진다.

해설 선로의 특성 임피던스는

$Z_0 = \sqrt{\dfrac{Z}{Y}} = \sqrt{\dfrac{R+j\omega L}{G+j\omega C}}\,[\Omega]$ 여기서, R = G = 0 이면 $Z_0 = \sqrt{\dfrac{L}{C}}$ 로 길이에 따라 달라지지 않는다.

답: ㉱

41. 동축케이블 급전선의 감쇠 정수 α 는?

㉮ $\dfrac{\sqrt{f}}{d\,Z_0}$ 에 비례

㉯ $\dfrac{\sqrt{f}}{D}$ 에 비례

㉰ $\dfrac{\sqrt{f}}{d\,Z_0}$ 에 반비례

㉱ $\dfrac{\sqrt{f}}{D}$ 에 반비례

답: ㉯

42. 도선의 고주파에 대한 표피작용의 깊이(skin depth)는 주파수(f)와 어떤 관계가 있는가?

㉮ f에 비례

㉯ f의 1/2승에 비례

㉰ f에 반비례

㉱ f의 1/2승에 반비례

 $skin\ depth\,(\delta) = \sqrt{\dfrac{2}{\omega\mu\sigma}}\,,\,(\omega = 2\pi f, \mu : 투자율, \sigma : 도전율)$

답: ㉱

43. 다음 중 잘못된 것은?

㉮ 동축 케이블은 불평형형이고 외부도체는 접지한다.

㉯ 평행 2선식은 folded dipole과 직접 연결하여 사용할 수 있다.

㉰ 동축 케이블은 평행 2선식보다 높은 주파수를 사용할 수 있다.

㉱ 평행 2선식 급전선의 특성 임피던스는 $Z_0 = 277\log_{10}\dfrac{D}{2d}[\Omega]$이다. (D는 간격, d는 선로의 직경이다.)

 평행2선식 급전선의 특성 임피던스는 $Z_0 = 277\log_{10}\dfrac{2D}{d}[\Omega]$이다.

답: ㉱

44. 평행2선식 급전선이 동축급전선 보다 잘 사용되지 않고 있다. 그 이유로 가장 적합한 것은?

㉮ 건설비가 비싸고 수리가 어렵다.

㉯ 특성임피던스가 낮아서 정합회로가 복잡해진다.

㉰ 유도방해가 있으며 간격의 유지 등 취급이 불편하다.

㉱ 대전력용으로 매우 부적합하다.

해설

답: ㉰

평행2선식 급전선	동축 급전선
특성 임피던스가 높다 (200~600Ω)	특성 임피던스가 낮다 (50~80Ω)
유도 방해에 약하다.	유도 방해에 강하다.
충격에 약하다.	충격에 강하다.
복사 손실이 크다.	복사 손실이 적다.
설치비가 싸고 고장수리가 간단하다.	설치비가 비싸고 고장수리가 어렵다.
내압에 강하다.	내압에 약하다.

45. 안테나와 송신기와의 거리가 멀리 떨어져 있을 때 사용하는 급전선으로 가장 타당한 것은?

㉮ 평행 2선식 ㉯ 평행4선식

㉰ 동축 케이블식 ㉱ 동조형 급전선식 답: ㉰

46. 동축케이블에 비하여 도파관의 특징으로서 옳지 않은 것은?

㉮ 차단 파장이 없다. ㉯ 전송 전력이 크다.

㉰ 방사 손실이 없다. ㉱ 유전체 손실이 적다.

> **해설** ※ 도파관의 특징
> ①도체에 의한 저항 손실이 적다. ②유전체 손실이 적다.
> ③복사(방사) 손실이 적다. ④대전력 전송이 가능하다.
> ⑤외부의 신호와 완전 격리가 가능하다.
> ⑥고역 여파기(HPF)의 역할을 한다.(특유의 차단파장(λc)이 있다.) 답: ㉮

47. 도파관의 설명 중 틀린 것은?

㉮ 주파수가 높을수록 저항손실과 유전체 손실이 커진다.

㉯ 고역통과필터의 일종으로 볼 수 있다.

㉰ 전송할 수 있는 파장은 모드에 따라 다르다.

㉱ 각 모드마다 대응하는 하나의 차단파장이 존재한다.

> **해설** 주파수가 높을수록 저항손실과 유전체 손실이 적다. 답: ㉮

48. TE(Transverse Electronic)파의 설명 중 잘못 된 것은?

㉮ 전계 E만이 진행 방향에 대해서 완전히 직각이다.

㉯ 자계 H는 진행 방향의 성분이 있는 파이다.

㉰ E파라고도 한다.

㉱ 도파관에 있어서 전송 자태(mode)이다.

> **해설** ※ 도파관 내에 존재하는, 즉 도파관 내를 전송하는 전자계는 크게 TE mode와 TM mode가 있다.
> 가. TE mode
> 전파의 진행방향(Z 방향)에 전계가 존재하지 않는 전자계로($E_Z = 0$), 전계는 Z 방향의 직각에 존재하고 Z 방향에는 자계가 존재하는 파로 H 파(M파)라 한다.
> 나. TM mode
> 전파의 진행방향(Z 방향)에 자계가 존재하지 않는 전자계로($H_Z = 0$), 자계는 Z 방향의 직각에 존재하고 Z 방향에는 전계가 존재하는 파로 E 파라 한다. 답: ㉰

49. 차단 파장 λ_c가 10[cm]인 구형 도파관 5,000[MHz]의 전파를 전송할 때 관내 파장 λ_g는 얼마인가?

㉮ 5.0[cm] ㉯ 7.5[cm] ㉰ 6.0[cm] ㉱ 10.0[cm]

해설 $\lambda_c = 0.1[m], \lambda = \dfrac{C}{f} = \dfrac{3 \times 10^8}{5000 \times 10^6} = 0.06[m], \therefore \lambda_g = \dfrac{\lambda}{\sqrt{1 - \left(\dfrac{\lambda}{\lambda_c}\right)^2}} = \dfrac{0.06}{\sqrt{1 - \left(\dfrac{0.06}{0.1}\right)^2}} = 0.075[m]$ 답: ㉯

50. 구형 도파관의 단면 양변이 a, b일 때 TE₁₁파의 차단 파장 λ_c는?

㉮ $2a$ ㉯ $\dfrac{2a}{a^2 + b^2}$ ㉰ $\dfrac{2ab}{\sqrt{a^2 + b^2}}$ ㉱ ab

해설 구형도파관의 차단파장은 $\lambda_c = \dfrac{2\sqrt{\epsilon_s \mu_s}}{\sqrt{\left(\dfrac{m}{a}\right)^2 + \left(\dfrac{n}{b}\right)^2}}$ (a:장변, b:단변) 이므로

TE₁₁의 차단파장은 m=1,n=1 이므로 $\lambda_c = \dfrac{2ab}{\sqrt{a^2 + b^2}}$ 가 된다.   답: ㉰

51. 단면이 a× b인 구형 도파관이 있다. 주 모드(dominant mode)에 대한 차단 파장 λ_c는? (단, a 〉 b 이다.)

㉮ ab/2   ㉯ 2ab   ㉰ 2a   ㉱ 4a

해설 구형도파관의 주모드는 TE₁₀모드와 TM₁₁모드 이므로 $\lambda_c = \dfrac{2}{\sqrt{\left(\dfrac{m}{a}\right)^2 + \left(\dfrac{n}{b}\right)^2}}$ 에서

TE₁₀ mode의 경우 $\lambda_c = 2a$이고 TM₁₁ mode의 경우 $\lambda_c = \dfrac{2ab}{\sqrt{a^2 + b^2}}$ 가 된다.   답: ㉰

52. 가로 10[cm], 세로 5[cm]의 구형 도파관을 TE₁₀모드에 사용할 때 차단주파수는 얼마인가?

㉮ 100[MHz]   ㉯ 1,000[MHz]   ㉰ 1,500[MHz]   ㉱ 3,000[MHz]

해설 구형도파관의 TE₁₀모드의 차단파장은 $\lambda_c = 2a$이다.

a:장변이므로 $\lambda_c = 20[cm] = 0.2[m], \therefore f_c = \dfrac{C}{\lambda_c} = \dfrac{3 \times 10^8}{0.2} = 1,500[MHz]$ 답: ㉰

53. 구형도파관의 장변 (a)과 단변 (b)의 길이가 각각 그림과 같을 때 기본 모드의 차단 주파수 f_c는 몇 [Hz]인가? (단, a = 6[cm], b = 3[cm])

㉮ 2.5[GHz]   ㉯ 20[GHz]

㉰ 50[GHz]   ㉱ 250[GHz]

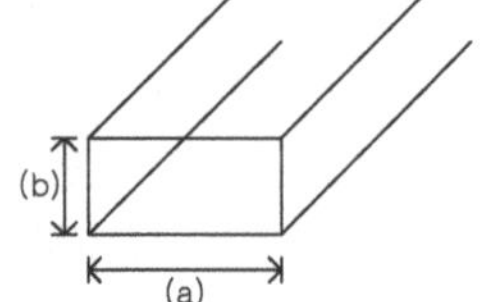

해설 구형도파관의 TE₁₀모드의 차단파장은 $\lambda_c = 2a$이다.

a:장변이므로 $\lambda_c = 2 \times 6[cm] = 0.12[m], \therefore f_c = \dfrac{C}{\lambda_c} = \dfrac{3 \times 10^8}{0.12} = 2.5[GHz]$ 답: ㉮

54. 다음 중 차단파장이 가장 긴 모드는?

㉮ TE_{01} 모드 　　　　　　　㉯ TE_{11} 모드

㉰ TM_{11} 모드 　　　　　　　㉱ TM_{01} 모드

[해설] 　　　　　　　　　　　　　　　　　　　　　　　　　　답: ㉯

종 류	기본 모드	차단 모드
원형 도파관	TE_{01}	1.64r
	TM_{11}	1.64r
	TE_{11}	3.41r
	TM_{01}	2.61r

55. 도파관의 특성 임피던스는? (단, 관내는 매질이 공기이고 TE_{10}이다.)

㉮ $Z_0 = \dfrac{377}{\sqrt{1-(\frac{\lambda}{\lambda_c})^2}}$ 　　　　　　　㉯ $Z_0 = 377\sqrt{1-(\frac{\lambda}{\lambda_c})^2}$

㉰ $Z_0 = \dfrac{377}{\sqrt{1-(\frac{\lambda_c}{\lambda})^2}}$ 　　　　　　　㉱ $Z_0 = 377\sqrt{1-(\frac{\lambda_c}{\lambda})^2}$

[해설] 도파관의 특성임피던스(Z_0)는 ① H파(TE모드): $Z_0 = \dfrac{377}{\sqrt{1-(\frac{\lambda}{\lambda_c})^2}}$

② E파(TM모드): $Z_0 = 377\sqrt{1-(\frac{\lambda}{\lambda_c})^2}$ 이다. 　　　　　　　답: ㉮

56. 도파관에 관한 설명으로 옳지 않은 것은?

㉮ 도판관은 차단 주파수 이하의 주파수는 모두 통과시키지 않는다.

㉯ 구형 도파관의 기본 자태는 TE_{01}모드이다.

㉰ 원형 도파관의 기본 모드는 TE_{11}모드이다.

㉱ 관내 파장은 자유 공간에서의 파장보다 길다.

[해설] ※ 구형 도파관의 기본 자태(모드)는 TE_{10}모드와 TM_{11}모드이다. 　　답: ㉯

57. 극초단파 이상의 전송선로로 도파관이 쓰이는 이유는?

㉮ 동축케이블 보다 감쇠가 적기 때문에

㉯ 관내 파장이 자유공간 파장 보다 길기 때문에

㉰ 차단 주파수 이하의 신호는 통과시키지 않기 때문에

㉱ 부정합 상태에서 정재파가 생기지 않기 때문에

해설 ※ 극초단파 이상의 전송선로로 도파관이 쓰이는 이유는
① 도체에 의한 저항 손실이 적다.
② 유전체 손실이 적다.
③ 복사(방사) 손실이 적다.
④ 대전력 전송이 가능하다. ⑤ 외부의 신호와 완전 격리가 가능하다.
(참고) 고역 여파기(HPF)의 역할을 한다(특유의 차단파장(λ_c)이 있다.)는 도파관의 특징이긴 하나 극초단파 이상의 전송선로로 도파관이 쓰이는 이유는 아니다.　　　　　답: ㉮

58. 다음 동조 급전선의 설명 중 잘못 된 것은?

㉮ 급전선상에 정재파를 실어 급전한다.

㉯ 송신기와 안테나의 거리가 가까울 경우 사용한다.

㉰ 장거리 전송에도 손실이 적고 전송 효율이 높다.

㉱ 정합 장치가 필요 없다.

해설　　　　　　　　　　　　　　　　　　　　　　　　답: ㉰

동조급전	비동조급전
① 정의:급전선의 길이와 사용파장과 일정한 비례 관계를 갖게하여 급전하는 방법	급전선의 길이에 제약을 받지 않고 급전하는 방법으로 급전점에 정합회로를 설치한다.
② 특징:정합장치가 불필요하다.	정합장치가 필요하다.
③ 특징:급전선상에 정재파가 존재한다.	급전선상에 진행파가 존재한다.
④ 특징:전송효율이 나빠 장거리 전송에 부적합하다.	전송효율이 높아 장거리 전송에 적합하다.
⑤ 특징:평형형 급전선만 사용할 수 있다.	평형형, 불평형 급전선 모두 사용할 수 있다.

59. 다음 그림과 같이 6[㎒]의 반파장 안테나의 끝에서 전압 급전을 하고자 한다. 급전선 l의 최소 길이는 얼마인가?

㉮ 10[m]

㉯ 15[m]

㉰ 25[m]

㉱ 30[m]

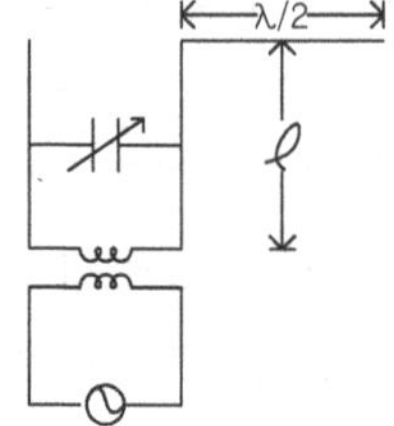

해설 ※ 동조급전의 경우 급전선의 길이는 다음과 같은 절차에 의하여 구한다.
① 안테나의 길이를 보고 전압급전인지 전류급전인지를 알아낸다.
◆ 안테나길이가 $\frac{\lambda}{4}$의 우수배(즉, $\frac{\lambda}{2}$)인점이 급전점 일때 ⇒ 전압급전
◆ 안테나길이가 $\frac{\lambda}{4}$의 기수배(즉, $\frac{\lambda}{4}$)인점이 급전점 일때 ⇒ 전류급전
② 수전단의 동조회로를 보고 급전선의 길이를 결정한다.
◆ 전압급전 – 직렬 공진회로 : 급전선 길이는 $\frac{\lambda}{4}$의 기수배(즉, $\frac{\lambda}{4}$)
　　병렬 공진회로 : 급전선 길이는 $\frac{\lambda}{4}$의 우수배(즉, $\frac{\lambda}{2}$)

◆전류급전 – 병렬 공진회로 : 급전선 길이는 $\frac{\lambda}{4}$의 기수배(즉, $\frac{\lambda}{4}$)

직렬 공진회로 : 급전선 길이는 $\frac{\lambda}{4}$의 우수배(즉, $\frac{\lambda}{2}$)

※ 다음 문제는 전압급전이며 병렬 공진회로 이므로 급전선의 길이는 $\frac{\lambda}{2}$가 된다.

$$l = \frac{\lambda}{2} = \frac{50}{2} = 25[\text{m}]\left(\because \lambda = \frac{C}{f} = \frac{3 \times 10^8}{6 \times 10^6} = 50[\text{m}]\right)$$
답: ㉯

60. 그림과 같은 반파장 안테나에서 급전선의 최소 길이 l은 얼마인가? (단, 파장은 10[m]이고 동조 급전 방식이다.)

㉮ 2.5[m]

㉯ 5[m]

㉰ 7.5[m]

㉱ 10[m]

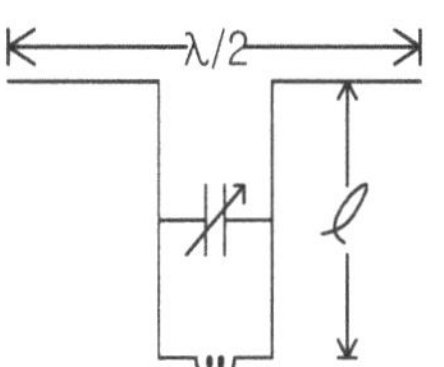

해설 ※ 다음 문제는 전류급전이며 병렬 공진회로 이므로 급전선의 길이는 $\frac{\lambda}{4}$가 된다.

$$l = \frac{\lambda}{4} = \frac{10}{4} = 2.5[\text{m}](\because \lambda = 10[\text{m}])$$
답: ㉮

61. 다음의 동조급전 방식에 대한 설명 중 옳은 것은?

㉮ 송신기와 안테나 사이의 거리가 멀수록 많이 사용한다.

㉯ 전압급전일 때 직렬공진의 급전회로를 사용하려면 급전선의 길이를 λ/4의 기수배로 사용한다.

㉰ 전류급전일 때 병렬공진의 급전회로를 사용하려면 급전선의 길이를 λ/4의 우수배로 사용한다.

㉱ 임피던스 정합회로를 사용하므로 진행파가 급전된다.

해설 ※ 동조급전의 경우

① 송신기와 안테나 사이의 거리가 가까울때 사용한다.

② 전압급전 – 직렬 공진회로 : 급전선 길이는 $\frac{\lambda}{4}$의 기수배(즉, $\frac{\lambda}{4}$)로 사용한다.

③ 전류급전 – 병렬 공진회로 : 급전선 길이는 $\frac{\lambda}{4}$의 기수배(즉, $\frac{\lambda}{4}$)로 사용한다.

④ 동조급전에서는 정합회로를 사용하지 않는다.
답: ㉯

62. 동조 급전선에서 송신기의 결합회로와 급전선과의 접속점이 정재파 전류의 파복이 되는 경우에는 결합 회로의 공진회로는 어떻게 해야 하나?

㉮ 직병렬 공진회로　　　　　　㉯ 병렬 공진회로

㉰ 직렬 공진회로　　　　　　　㉱ 직결합 회로

해설 ※ 동조급전의 경우

◆전류급전 – 병렬 공진회로 : 급전선 길이는 $\frac{\lambda}{4}$의 기수배(즉, $\frac{\lambda}{4}$)

직렬 공진회로 : 급전선 길이는 $\frac{\lambda}{4}$의 우수배(즉, $\frac{\lambda}{2}$)   답 : ㉐

63. 급전점이 전류 정재파의 파복이 되는 것은?

㉮ 동조급전   ㉯ 비동조급전

㉰ 전류급전   ㉱ 전압급전

답 : ㉰

64. 다음에서 비동조 급전선의 설명 중 맞지 않는 것은?

㉮ 정합장치가 필요하다.

㉯ 전송 효율이 좋고 구간이 긴 경우 적합하다.

㉰ 급전선의 길이에는 사용 파장과 무관하다.

㉱ 급전선상에 정재파를 실린다.

> **해설** ※ 비동조급전는 급전선상에 진행파만 존재한다.   답 : ㉱

65. 다음 중 동조 급전선과 비동조 급전선에 대한 설명 중 틀린 것은?

㉮ 정재파가 분포되어 있는 급전선을 동조 급전선이라고 한다.

㉯ 비동조 급전선은 동조 급전선보다 전력의 손실이 크다.

㉰ 진행파로 여진되는 급전선을 비동조 급전선이라 한다.

㉱ 비동조 급전선은 동조 급전선보다 전력의 손실이 적다.

> **해설** ※ 비동조 급전선은 동조 급전선보다 전력의 손실이 적다.   답 : ㉯

66. 급전선과 안테나 간을 정합하는 이유 중 맞지 않은 것은?

㉮ 최대 전력을 전송한다.   ㉯ 급전선의 손실 증가를 막는다.

㉰ 정재파비를 크게 한다.   ㉱ 부정합 손실이 적다.

> **해설** ※ 급전선과 안테나 간을 정합하는 이유는 최대 수신전력을 얻기위함이며 정재파비는 적을 수록 좋다.

답 : ㉰

67. 파동저항 $R_0[\Omega]$인 비동조 급전선으로 안테나에 전력을 공급하는 경우에 안테나 전력 P[W]은 어느 것인가? (단, 급전선의 고주파 전류의 최대치는 I_{max}, 최소치는 I_{min}이다.)

㉮ $I_{max} \cdot R_0 / I_{min}$ ㉯ $I_{max}^2 \cdot R_0$

㉰ $I_{max} \cdot I_{min} \cdot R_0$ ㉱ $(I_{max} \cdot I_{min}) / R_0$

> **해설** ※ $P = I^2 \cdot R_0 ≒ I_{max} \cdot I_{min} \cdot R_0$ 답 : ㉰

68. 특성 임피던스가 300[Ω]인 무손실 선로에 흐르는 전류의 최대값이 600[mA]이고 최소값이 200[mA]일 때, 이 선로에서 전송되고 있는 전력은 몇 [W]인가?

㉮ 20[W] 　　㉯ 36[W] 　　㉰ 46[W] 　　㉱ 56[W]

[해설] ※ $P = I_{\max} \cdot I_{\min} \cdot R_0 = 600 \times 10^{-3} \times 200 \times 10^{-3} \times 300 = 36[W]$

답: ㉯

69. 특성 임피던스 $Z_0 = 3 + j2[\Omega]$인 부하에 반사파 없이 최대전력을 전달하려면 다음 중 어떤 특징의 선로를 접속해야 하는가?

㉮ 저항이 10[Ω], 리액턴스가 $-10[\Omega]$인 선로

㉯ 저항이 3[Ω], 리액턴스가 $-10[\Omega]$인 선로

㉰ 저항이 10[Ω], 리액턴스가 $-2[\Omega]$인 선로

㉱ 저항이 3[Ω], 리액턴스가 $-2[\Omega]$인 선로

[해설] ※ 어떤 송전단으로부터 수전단으로 최대 전력을 전송하기 위해서는 수전단 임피던스($Z_R = R_R + jX_R$)와 송전단 내부 임피던스($Z_s = R_s + jX_s$)가 정합이 되어야 한다. 이때 정합조건은 $R_s = R_R$, $X_s = -X_R$ 이며, 최대 전력은 $P_{\max} = \dfrac{V_s^2}{4R_s} = \dfrac{V_s^2}{4R_R}[W]$이다.

답: ㉱

70. 그림과 같은 정합회로에서 정합시의 L, C의 값은 얼마인가? (단, 주파수는 5[MHz]이다.)

㉮ L=4.5[μ H], C=37.5[pF]

㉯ L=4.5[μ H], C=375[pF]

㉰ L=17.5[μ H], C=74.8[pF]

㉱ L=17.5[μ H], C=748[pF]

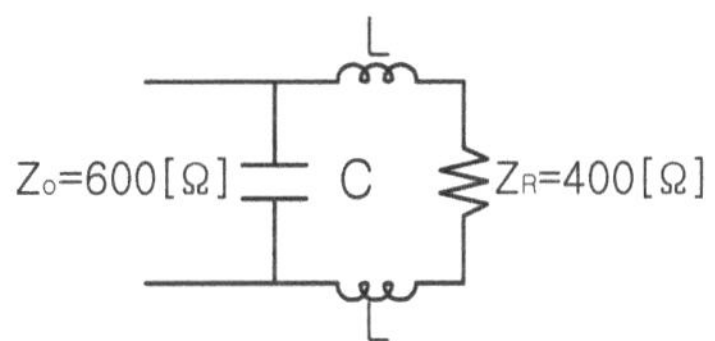

[해설] ① $Z_0 > Z_R$ 인 경우

C는 항상 큰쪽에 위치하며($Z_0 > Z_R$의 경우 Z_0쪽에) L과 C 값은 다음과 같다.

$$L = \frac{1}{2\omega}\sqrt{Z_R(Z_0 - Z_R)}, \quad C = \frac{1}{Z_0\omega}\sqrt{\frac{Z_0 - Z_R}{Z_R}}$$

위식에 $\omega = 2\pi f = 2 \times 3.14 \times 5 \times 10^6 = 31.4 \times 10^6, Z_0 = 600[\Omega], Z_R = 400[\Omega]$를 각각 대입하면, L=4.5[$\mu$ H], C=37.5[pF]가 된다.

② $Z_0 < Z_R$ 인 경우

C는 항상 큰쪽에 위치하며($Z_0 < Z_R$의 경우 Z_R쪽에) L과 C 값은 다음과 같다.

$$L = \frac{1}{2\omega}\sqrt{Z_0(Z_R - Z_0)}, \quad C = \frac{1}{Z_R\omega}\sqrt{\frac{Z_R - Z_0}{Z_0}}$$

답: ㉮

71. 그림과 같은 도선의 길이가 $\dfrac{\lambda}{4}$인 선단을 단락할 경우 ab점에서 본 임피던스는?

   (단, λ 는 전류의 파장임.)

   ㉮ 0

   ㉯ 유도성

   ㉰ 용량성

   ㉭ ∞

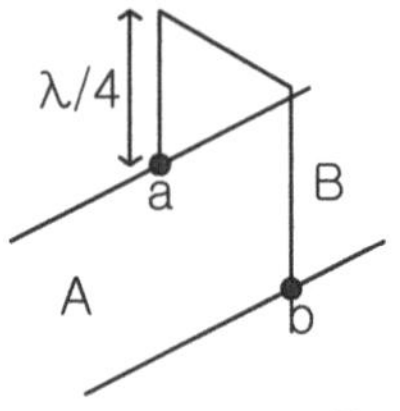

   해설   수단에서 l 떨어진 지점에서 부하측을 본 선로의 임피던스(Z_s)는 $Z_s = Z_0 \dfrac{Z_R + jZ_0 \tan\beta l}{Z_0 + jZ_R \tan\beta l}$ [℧] 이므로

   ⇒ 수전단 단락($Z_R = 0$)인 경우($\beta l = \dfrac{2\pi}{\lambda} \cdot \dfrac{\lambda}{4} = \dfrac{\pi}{2}$)

   $Z_{ss} = jZ_0 \tan\beta l$ [℧] = j

   답: ㉭

72. A점에서 f(파장 λ) 및 2f를 동시에 공급하면 B쪽에는 어떤 주파수의 파가 나타나는가?

   ㉮ f

   ㉯ 2f

   ㉰ f와 2f

   ㉭ 아무것도 나타나지 않는다.

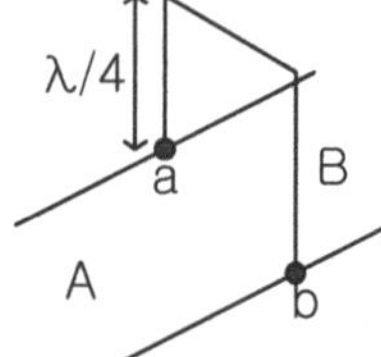

   해설   수전단 단락($Z_R = 0$)인 경우 수단에서 l 떨어진 지점에서 부하측을 본 선로의 임피던스(Z_s)는

   $Z_{ss} = jZ_0 \tan\beta l$ [℧] 이므로

   ① A점에서 f라는 신호를 B점으로 공급할때는 $\beta l = \dfrac{2\pi}{\lambda} \cdot \dfrac{\lambda}{4} = \dfrac{\pi}{2}$ 가 되므로 트랩쪽 저항은

   $Z_{ss} = jZ_0 \tan\beta l$ [℧] = j가 된다.

   ② A점에서 2f라는 신호를 B점으로 공급 할때는 $\beta l = \dfrac{2\pi}{\lambda} \cdot \dfrac{\lambda}{2} = \pi$가 되므로 트랩쪽 저항은

   $Z_{ss} = jZ_0 \tan\beta l$ [℧] = 0가 된다. 신호는 저항이 적은 쪽으로 흐르게 되므로 B점에서는 f만이 나타나게 된다.

   답: ㉮

73. 평행 2선식 선로에 λ/4단락 트랩을 설치하였을 때 출력측에서는 다음 어떤 전류의 성분이 제거되는가?

   ㉮ 평형 전류   ㉯ 불평형 전류   ㉰ 진행파 전류   ㉭ 정재파 전류

   해설   트랩의 설치목적은 급전선과 부하저항을 정합시켜 반사파를 없애 최대 수신전력을 얻는데 있다.   답: ㉭

74. 그림은 $\dfrac{\lambda}{4}$ 변성기를 나타낸 것이다. 알맞은 것은?

㉮ $Z_{01} = \sqrt{Z_{02} \cdot Z_{03}}$

㉯ $Z_{01} = \sqrt{Z_{02} + Z_{03}}$

㉰ $Z_{03} = \sqrt{Z_{01} \cdot Z_{02}}$

㉱ $Z_{02} = \sqrt{Z_{01} \cdot Z_{03}}$

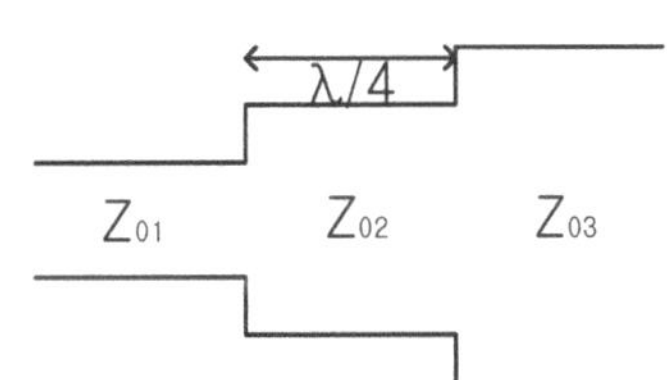

해설 급전선과 안테나 사이에 길이가 $\dfrac{\lambda}{4}$ 인 도선을 삽입하여 임피던스를 정합시키는 방법을 $\dfrac{\lambda}{4}$ 임피던스 변환기 (Q변성기)라 한다. Q변성기의 임피던스 값은 $Z_{02} = \sqrt{Z_{01} \cdot Z_{03}}$ 가 된다. 답: ㉱

75. 안테나의 급전점 임피던스가 75[Ω]인 반파장 안테나와 특성 임피던스가 600[Ω]인 평행 2선식 선로를 $\dfrac{\lambda}{4}$ 임피던스 변환기로서 정합시키고자 할 때 특성 임피던스는?

㉮ 110[Ω]   ㉯ 210[Ω]   ㉰ 310[Ω]   ㉱ 410[Ω]

해설 $\dfrac{\lambda}{4}$ 임피던스 변환기의 임피던스 값은 $Z_{02} = \sqrt{Z_{01} \cdot Z_{03}} = \sqrt{75 \times 600} \fallingdotseq 212.1[\Omega]$이 된다. 답: ㉯

76. 특성임피던스 600[Ω] 및 150[Ω]의 선로를 임피던스 변성기로 정합시키고자 한다. 파장이 λ 일 때 삽입해야 할 선로의 특성임피던스와 길이는?

㉮ 75[Ω], $\lambda/2$ ㉯ 300[Ω], $\lambda/3$

㉰ 300[Ω], $\lambda/4$ ㉱ 377[Ω], $\lambda/4$

해설 Q변성기의 길이는 $\dfrac{\lambda}{4}$ 이며 임피던스 값은 $Z_{02} = \sqrt{Z_{01} \cdot Z_{03}} = \sqrt{600 \times 150} = 300[\Omega]$이 된다. 답: ㉰

77. 다음 중 안테나의 정합 회로에 해당되지 않는 것은?

㉮ 전력 분배 회로   ㉯ 테이퍼 회로

㉰ T형 정합 회로   ㉱ Y형 정합 회로

해설 안테나의 정합방법은 ①집중정수회로에 의한 방법(L, C를 직접 회로에 삽입하여 정합하는 방법)과 ②분포 정수회로에 의한 방법(트랩에 의한 방법, $\dfrac{\lambda}{4}$ 임피던스 변환기에 의한 방법, 테이퍼 정합, T형 정합, Y형 정합, gamma 정합)등이 있다. 답: ㉮

78. 다음 임피던스 정합방법 중 평행 2선식 급전선에 사용할 수 없는 방법은?

㉮ Y형 정합   ㉯ stub에 의한 정합

㉰ taper에 의한 정합   ㉱ gamma 정합

해설 ※ gamma 정합 : T형 정합의 반만을 사용하여 급전선과 안테나와의 정합에 이용하는 방법으로, 동축 급전선과 안테나와의 정합에 사용된다.

답: ㉣

79. 안테나의 급전선(도파관)에 스터브(stub)를 다는 이유는?

㉮ 복사전력을 증폭시키기 위하여

㉯ 안테나의 지향성을 높이기 위하여

㉰ 안테나의 리액턴스 성분을 제거하여 임피던스를 정합시키기 위하여

㉱ 안테나의 서셉턴스 성분을 제거하여 대역폭을 증가시키기 위하여

해설 ※ 도파관 정합 방법으로는 ① $\frac{\lambda}{4}$ 임피던스 변환기에 의한 정합 ② stub(분기)에 의한 정합 ③ 도파관 창 (window)에 의한 정합 ④ 도체봉(post)에 의한 정합등이 있다.

답: ㉰

80. 분포 정수 회로를 이용한 평형·불평형 변환 회로에 해당되지 않는 것은?

㉮ 전자 결합형

㉯ 분기 도체

㉰ 저지투관(Sperrtopf)

㉱ 반파장 우회 선로(U자형)

해설 ※ 평형 불평형 변환(BALUN) 회로에는
① 집중정수회로에 의한 BALUN 회로(전자결합형,위상변환형)
② 분포정수회로에 의한 BALUN 회로(저지투관(Sperrtopf), 분기 도체, 반파장 우회 선로(U자형))등이 있다.

답: ㉮

81. 도파관의 정합 방법 중 도체봉(Post)에 의한 정합 방법이 있는데, 도체봉의 길이 l 를 $\frac{\lambda}{4}$ 보다 작게 할 경우 어떠한 성분이 되는가? (단, λ 는 파장이다.)

㉮ 유도성

㉯ 직렬 공진 상태

㉰ 병렬 공진 상태

㉱ 용량성

해설 ※ 도파관 내에 삽입된 도체봉의 길이 l에 따라 도파관 내의 리액턴스가 변화하게 되며 $l > \frac{\lambda}{4}$ 이면 유도성을, $l < \frac{\lambda}{4}$ 이면 용량성을, $l = \frac{\lambda}{4}$ 이면 LC 직렬 공진 상태가 된다.

답: ㉱

82. 다음은 도파관 창을 이용한 리액턴스 소자에 대한 회로와 그 등가 회로이다. 맞게 나타낸 것은?

㉮
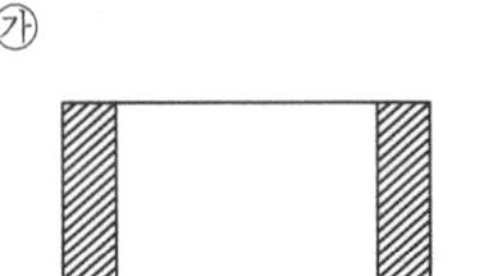

㉯
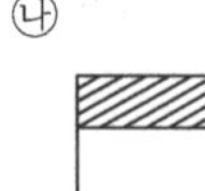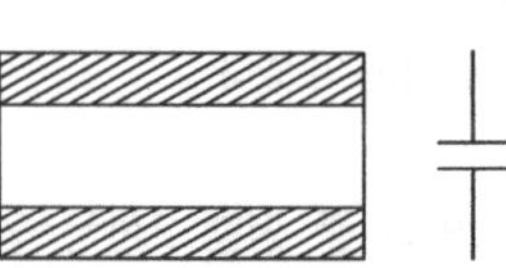

㉰

㉱

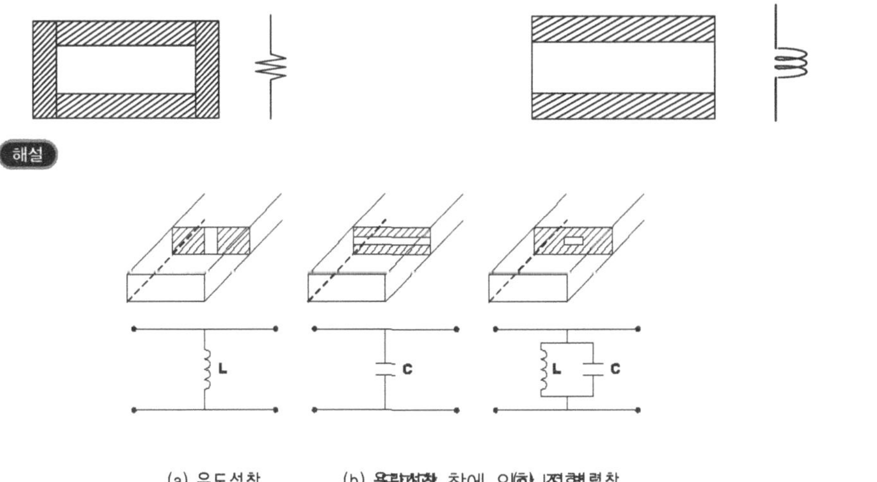

(a) 유도성창 　　(b) 용량성창 창에 의한 직렬공진형 병렬창

답: ㉯

83. 도파관 창(wave window)의 목적은?

㉮ 도파관내의 반사파를 감쇠시켜 정재파를 감소시킨다.

㉯ 도파관내의 임피던스를 변화시켜 정재파비를 1에 가깝게 한다.

㉰ 도파관내의 진행파를 방해하여 출력을 조절한다.

㉱ 도파관의 보호를 위한 차단망이다.

 ※ 도파관 창의 목적은 도파관내의 임피던스를 변화시켜 정합하는데 있다. 정합이 이루어지면 반사 파가 없어지고 정재파비는 1에 가깝게 된다.　　답: ㉯

84. 도파관의 임피던스 정합방법으로 맞지 않는 것은?

㉮ 스터브(stub)에 의한 방법　　　　㉯ 창(window)에 의한 방법

㉰ 금속막대(post)에 의한 방법　　　㉱ 1/2파장 변성기에 의한 방법

※ 도파관 정합 방법으로는 ① $\frac{\lambda}{4}$ 임피던스 변환기에 의한 정합 ② stub(분기)에 의한 정합 ③ 도파관 창 (window)에 의한 정합 ④도체봉(post)에 의한 정합 등이 있다.　　답: ㉱

85. 동축케이블에서 구형 도파관에 전력을 급전할 경우 여진 방법으로 해당되지 않는 것은 어느 것인가?

㉮ 스터브(stub)에 의한 여진　　　　㉯ 정전결합에 의한 여진

㉰ 작은 루프 안테나에 의한 여진　　㉱ 전자 결합에 의한 여진

※ 도파관 여진 방법으로는 ①정전적 결합에 의한 여진 ②전자적 결합에 의한 여진 ③작은 루프 안테나에 의한 여진 등이 있다.　　답: ㉮

86. 도파관창의 용도로서 맞지 않은 것은?

㉮ 임피던스 정합용 소자로서 사용한다.　　㉯ 도파관용 필터로 사용한다.

㉰ 공동공진기에서 출력을 얻는데 사용한다.　　㉱ 도파관의 여진용으로 사용한다.

[해설]　※ 도파관창은 여진용으로는 쓰이지 않는다.　　　　　　　　답: ㉱

Chapter 03

안테나 이론

3.1 임피던스 정합

1. 임피던스 정합

무한정 선로일 때, 송전단을 출발한 파는 선로상의 R과 G에 의해 일부 감쇠되나 반사파 없이 진행하여 나아가게 된다. 이를 진행파라 하며 이때는 반사파가 없기 때문에 전송효율이 좋아진다. 하지만 우리는 실제상 무한정 선로를 사용할 수 없고 유한정 선로를 사용하게 되는데 Z_0(특성 임피던스) $\neq Z_R$(수전단 임피던스)인 경우 선로 상에 진행파와 반사파가 동시에 존재하게 되어 서로 간섭하게 되므로 파의 손실이 커지게 되는 것이다.

유한정 선로에서도 전송선로가 가지는 특성 임피던스(Z_0)와 수전단임피던스(Z_R)가 같게 해주면 무한정 선로에서와 같이 선로 상에 반사파가 없게 되고 무효전력이 발생되지 않아 최대 전력이 전송된다. 이때 특성 임피던스(Z_0)와 수전단임피던스(Z_R)을 같도록 하는 방법을 임피던스 정합이라 한다.

가. 정합의 필요성

급전선에서 수전단으로 **최대 전송 효율을 얻기 위해서**는 급전선의 특성 임피던스와 수전단 임피던스가 정합되어야 한다.

나. 부정합 시 발생되는 문제점

① 공중선에 최대전력이 공급되지 않는다.
② 급전선상에 정재파가 존재하며 급전선에서의 손실이 증가한다.
③ 정재파의 파복이 일어나는 지점에서 고전압이 발생되므로 급전선의 절연이 파괴된다.
④ 급전선에서 방사가 발생한다.

⑤ 송신기의 동작이 불안정해진다.

다. 정합조건

송전단에서 수전단으로 최대 전력을 전송하기 위해서는 수전단 임피던스($Z_R = R_R + jX_R$)
와 송전단 내부 임피던스($Z_s = R_s + jX_s$)가 정합이 되어야 한다. 이 때 정합 조건은
$R_s = R_R$, $X_s = -X_R$ 이며, 최대전력(P_{max})은 $P_{\max} = \dfrac{V_s^2}{4R_s} = \dfrac{V_s^2}{4R_R}[W]$가 된다.

3.2 미소 다이폴(short-wire, short-dipole)

매우 작은 두 개의 금속 구를 사용파장에 비해 매우 짧고 얇은 도선으로 연결한 것으로 일
명 헤르츠 다이폴 (Hertz dipole, Hertz doublet)이라고도 한다.

1. 미소 다이폴 안테나의 방사전계

자유공간상에 미소 다이폴($\triangle l$) 인 도체에 전류 $I = I_0 e^{j\omega t}$를 가했을 때 거리 r인 P점에 대
한 벡터 포텐셜을 구하면

$$E_r = \frac{Z_o I_o \nabla l}{2\pi r^2}(1 + \frac{1}{j\beta r})\cos\theta e^{-j\beta r}$$

$$E_\theta = \frac{j Z_o I_o \nabla l}{2\lambda r}(1 + \frac{1}{j\beta r} - \frac{1}{\beta^2 r^2})\sin\theta e^{-j\beta r}$$

$$E_\phi = 0$$

이때, I_0 : 미소다이폴에 흐르는 전류, Z_o: 자유공간의 특성임피던스, ∇l : 미소다이폴의
길이, λ : 사용파장, β : 자유공간의 위상정수($= \dfrac{2\pi}{\lambda}$), r : 안테나 중심에서 P(r, θ, ϕ)점까
지 거리가 된다.

중심에서 멀리 떨어진 곳($\beta r \gg 1$)에서 E_r 성분은 복사계를 포함하지 않으므로 거의 존재하
지 않는다. 따라서 미소 다이폴에서 멀리 떨어진 점에서의 전계는 E_θ 성분만 존재하게 된
다.

길이가 l인 미소 다이폴로 부터 방사된 전자파가 거리 r만큼 떨어진 지점에서의 전계강도는

$E_\theta = j\dfrac{60\pi Il}{\lambda r}(1 + \dfrac{1}{j\beta r} - \dfrac{1}{\beta^2 r^2})\sin\theta\,[V/m]$가 된다. 이를 안테나에서 떨어진 거리(r)만에 관

계식으로 단순화 한다면 $E = K(\dfrac{1}{r} + \dfrac{1}{r^2} + \dfrac{1}{r^3})[V/m]$ (단, $K = j\dfrac{60\pi Il}{\lambda}sin\theta$)가 된다. 이 식

에서 전계강도는 거리(r)에 반비례 관계임을 알수있으며 여기서, $\dfrac{1}{r}$에 비례하는 성분을 **복사**

계라 하며 $\dfrac{1}{r^2}$에 비례하는 성분을 **유도계**라 하고 $\dfrac{1}{r^3}$에 비례하는 성분을 **정전계**라 한다.

① 안테나 부근($\beta r \ll 1$)일 때 → **정전계**가 주성분이 된다.(정전계 〉 유도계 〉 복사계)

② 안테나로부터 원거리($\beta r \gg 1$) 일 때 → **복사계**가 주성분이 된다.(복사계 〉 유도계 〉 정
  전계)

③ $\beta r = 1$ 일 때 (즉, r=$\dfrac{\lambda}{2\pi} \fallingdotseq 0.16\lambda$) → **복사계 = 유도계 = 정전계**인 점이된다.

  1) 전계강도(E)

$$E_\theta = \dfrac{60\pi Il}{\lambda r}sin\theta\,[V/m]\ (\theta = 90^\circ 일\ 때\ 최대복사\ 방향)$$

$$E = \dfrac{60\pi Il}{\lambda r}[V/m]\quad 이때,\ \text{I} : 도체상에\ 흐르는\ 전류$$

$$l : 도체의\ 길이$$

$$\lambda : (= \dfrac{c}{f})사용파장$$

$$r : 안테나\ 중심에서\ \text{P}점까지\ 거리$$

  2) 복사전력(P_r : 방사전력)

$$포인팅\ 전력(P_o) = \dfrac{E^2}{120\pi} = \dfrac{1}{120\pi}(\dfrac{60\pi Il}{\lambda r}sin\theta)2 = 30\pi(\dfrac{Il}{\lambda r})^2\sin^2\theta$$

$$P_r = \int_0^\pi p_o 2\pi r sin\theta r d\theta\ = 80\pi^2(\dfrac{Il}{\lambda})^2[W]$$

  3) 복사저항(R_r) $= \dfrac{P_r}{I^2}\ = 80\pi^2(\dfrac{l}{\lambda})^2[\Omega]$

  4) E와 P_r의 관계식

$$E = \dfrac{\sqrt{45P_r}}{r}\ = \dfrac{6.7\sqrt{P_r}}{r}[V/m]$$

3.3 각종 안테나 공식

1. Hertz dipole 안테나

① 실효길이(effective length, h_e)

$$h_e = l \ [m]$$

② 전계강도(E)

$$E_\theta = \frac{60\pi Il}{\lambda r} sin\theta \, [V/m] \ (\theta = 90° \ \text{일 때 최대복사 방향})$$

$$E_\theta = \frac{60\pi I h_e}{\lambda r} sin\theta \, [V/m] \ (\ l = h_e)$$

③ 복사전력 및 복사저항

$$P_r = 80\pi^2 \left(\frac{Il}{\lambda}\right)^2 [W]$$

$$R_r = 80\pi^2 \left(\frac{l}{\lambda}\right)^2 [\Omega]$$

④ E와 P_r의 관계식

$$E = \frac{\sqrt{45 P_r}}{r} = \frac{6.7\sqrt{P_r}}{r} [V/m]$$

2. $\frac{\lambda}{4}$ 수직접지 안테나

지상에 수직인 도체를 접지시키고 기저부에 고주파 전력을 공급하는 형태의 안테나를 수직 접지 안테나라고 한다.

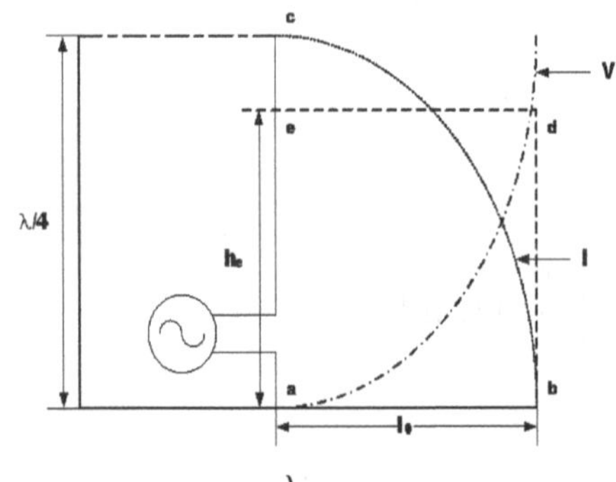

[그림 3-1] $\frac{\lambda}{4}$ 수직접지 안테나

안테나의 기저부를 $x = 0$로 하여 전류 분포를 나타내면 $I_x = I_o \cos \dfrac{2\pi}{\lambda} x$ (단, I_o:기저부의전류)가 되어 전류의 분포는 cosine분포를 이루며, 기저부의 전류는 최대(I_o), 선단에서의 전류는 최소값(o)을 갖는다.

가. 실효고(effective height)

실제 안테나에 흐르는 전류분포($\triangle$)와 기저부 전류I_o를 밑변으로 한 실제의 전류분포와 같은 면적($\square$)이 되도록 취한 높이 h_e를 실효고라 한다.

$$h_e \cdot I_0 = \int_0^{\frac{\lambda}{4}} I_x dx = \int_0^{\frac{\lambda}{4}} I_o \cos \frac{2\pi}{\lambda} x dx$$

$$h_e = \frac{\lambda}{2\pi} \left[\sin \frac{2\pi}{\lambda} x \right]_0^{\frac{\lambda}{4}} = \frac{\lambda}{2\pi} [m]$$

나. 전계강도(E)

미소 dipole 안테나 : $E = \dfrac{60\pi Il}{\lambda r} sin\theta \, [V/m]$

수직접지 안테나($l = 2h_e$) : $E = \dfrac{120\pi I h_e}{\lambda r} sin\theta \, [V/m]$

$\dfrac{\lambda}{4}$수직접지 안테나($h_e = \dfrac{\lambda}{2\pi}$) : $E = \dfrac{60I}{r} sin\theta \, [V/m]$

다. 복사전력 및 복사저항

미소 dipole 안테나 : $P_r = 80\pi^2 (\dfrac{Il}{\lambda})^2 [W]$

수직접지 안테나($l = 2h_e$ /반구면;$\dfrac{1}{2}$)

$$P_r = \frac{1}{2} \cdot 80\pi^2 (\frac{I \cdot 2h_e}{\lambda})^2 [W] = 160\pi^2 (\frac{I \cdot h_e}{\lambda})^2 [W]$$

$\dfrac{\lambda}{4}$수직접지 안테나($h_e = \dfrac{\lambda}{2\pi}$)

$$P_r = 36.56 I^2 [W]$$

$$R_r = 36.56 [\Omega]$$

다. E와 P_r의 관계식

$$E = \frac{7\sqrt{2P_r}}{r} = \frac{9.8\sqrt{P_r}}{r}\,[V/m]$$

3. $\frac{\lambda}{2}$ 수평비접지 안테나

$\frac{\lambda}{4}$ 안테나 2개를 회로 적으로 접속시킨 형태로서 두 직선도체를 축방 향으로 일치시켜놓고 그 중앙에서 급전하는 형태의 안테나로 dipole 혹은 doublet 안테나라고 한다.

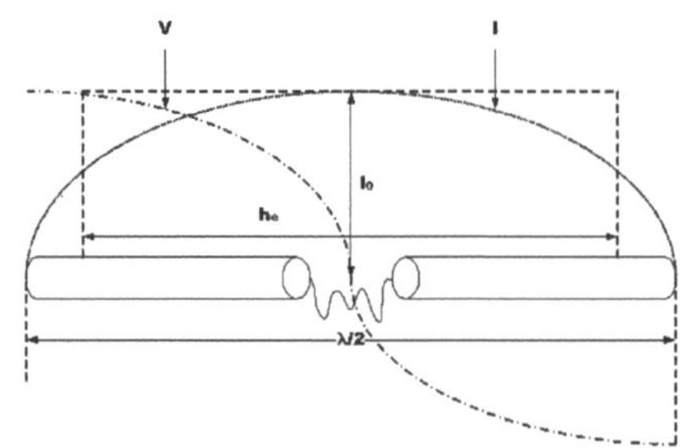

[그림 3-2] $\frac{\lambda}{2}$ 다이폴 안테나

가. 실효고(h_e)

$$h_e \cdot I_o = \int_{-\frac{\lambda}{4}}^{\frac{\lambda}{4}} I_x dx = \int_{-\frac{\lambda}{4}}^{\frac{\lambda}{4}} I_o \cos\frac{2\pi}{\lambda} x\, dx$$

$$h_e = \frac{\lambda}{2\pi}[\sin\frac{2\pi}{\lambda} x]_{-\frac{\lambda}{4}}^{\frac{\lambda}{4}} = \frac{\lambda}{\pi}\,[m]$$

나. 전계강도(E)

미소 dipole 안테나 : $E = \frac{60\pi Il}{\lambda r}\sin\theta\,[V/m]$

수평비접지 안테나($l = h_e$) : $E = \frac{60\pi I h_e}{\lambda r}\sin\theta\,[V/m]$

$\frac{\lambda}{2}$ 수평비접지 안테나($h_e = \frac{\lambda}{\pi}$) : $E = \frac{60I}{r}\sin\theta\,[V/m]$

다. 복사전력 및 복사저항

미소 dipole 안테나 : $P_r = 80\pi^2(\dfrac{Il}{\lambda})^2\,[\,W\,]$

수평비접지 안테나$(l = h_e)$

$$P_r = 80\pi^2(\dfrac{Ih_e}{\lambda})^2\,[\,W\,]$$

$\dfrac{\lambda}{2}$수평비접지 안테나$(h_e = \dfrac{\lambda}{\pi})$

$$P_r = 73.13 I^2[\,W\,]$$

$$R_r = 73.13\,[\varOmega]$$

라. E와 P_r의 관계식

$$E = \dfrac{7\sqrt{P_r}}{r}\,[\,V/m\,]$$

	Hertz dipole ANT	$\dfrac{\lambda}{4}$수직접지 ANT	$\dfrac{\lambda}{2}$수평비접지 ANT
실효고(h_e)	l [m]	$\dfrac{\lambda}{2\pi}$ [m]	$\dfrac{\lambda}{\pi}$ [m]
전계강도(E)	$\dfrac{60\pi Il}{\lambda r}sin\theta$ [v/m]	$\dfrac{60I}{r}sin\theta$ [v/m]	$\dfrac{60I}{r}sin\theta$ [v/m]
복사전력	$80\,\pi^2(\dfrac{Il}{\lambda})^2$[W]	$36.56\ I^2$ [W]	$73.13\ I^2$ [W]
복사저항	$80\,\pi^2(\dfrac{l}{\lambda})^2$ [Ω]	36.56 [Ω]	73.13 [Ω]
E//Pr관계식	$E = \dfrac{\sqrt{45P_r}}{r}$ $= \dfrac{6.7\sqrt{P_r}}{r}$	$E = \dfrac{7\sqrt{2P_r}}{r}$ $= \dfrac{9.8\sqrt{P_r}}{r}$	$E = \dfrac{7\sqrt{P_r}}{r}$

[표 3-1] 각 안테나의 주요공식

3.4 안테나의 고유 주파수

안테나가 공진하는 주파수 가운데서 최저의 것을 고유주파수라고 하고 이에 대응하는 파장을 고유파장이라고 한다.

1. 반파장 다이폴 안테나의 경우 공진 주파수(f_0)와 선택도(Q : Quality factor)

$$f_0 (공진\ 주파수) = \frac{1}{2\pi \sqrt{L_e C_e}}$$

$$Q (선택도) = \frac{\omega L_e}{R_e} = \frac{1}{\omega C_e R_e} = \frac{1}{R_e} \sqrt{\frac{L_e}{C_e}}$$

2. 안테나의 loading

안테나를 고유주파수 이외의 주파수에서 효과적으로 사용하기 위하여 안테나의 입력 리액턴스 성분이 0 이 되도록 L이나 C를 넣어 동조시키는 기술을 loading이라 한다.

가. base loading

안테나 길이를 연장이나 단축하는 효과를 갖기 위하여 안테나의 기저부에 L이나 C를 삽입하는 기술이다.

(1) 연장코일

$l < \dfrac{\lambda}{4}$인 경우 사용, 수전단 개방일 경우 분포정수회로의 입력 리액턴스는 $Zs = -jZ_o\cot$

$\beta l = -jZ_o\cot\dfrac{2\pi}{\lambda}l < 0$로 용량성이 되어 지금 사용파장($\lambda$)에 공진시키기 위해 직렬로 L_b를 넣었을 때 리액턴스 성분이 0이 되어야 하므로

$$Z_s = j(\omega L_b - Z_o\cot\frac{2\pi}{\lambda}l) = 0$$

$$\therefore L_b = \frac{Z_o}{\omega}\cot\frac{2\pi}{\lambda}l \quad (\omega = \beta\frac{1}{\sqrt{LC}})$$

$$= \frac{L_e}{\beta}\cot\beta l\,[H]$$

$$공진주파수(f) = \frac{1}{2\pi\sqrt{(L_e + L_b)C_e}}[\text{Hz}] \ < f_0 = \frac{1}{2\pi\sqrt{L_e C_e}}[\text{Hz}]$$

∴ f<f₀이다 → 기저부에 삽입한 L_b는 공진주파수를 낮게 하여 안테나를 길게 한 효과
를 가지므로 연장 코일이라 한다.

(2) 단축콘덴서

$l \ \rangle \ \dfrac{\lambda}{4}$인 경우 사용, 수전단 개방일 경우 분포정수회로의 입력 리액턴스는 Z_s

$=-jZ_o\cot \beta l = -j \ Z_o\cot\dfrac{2\pi}{\lambda}l \ \rangle \ 0$로 유도성이 되어 지금 사용파장($\lambda$)에 공진시키기

위해 직렬로 C_b를 넣었을 때 리액턴스 성분이 0이 되어야 하므로

$$Z_s = j\left(-\frac{1}{\omega C_b} - Z_o\cot\frac{2\pi}{\lambda}l\right) \fallingdotseq 0$$

$$\therefore \ C_b = -\frac{C_e}{\beta}\tan\beta l \ [\ \text{F}\ ]$$

$$공진주파수(f) = \frac{1}{2\pi\sqrt{L_e\left(\dfrac{C_e \cdot C_b}{C_e + C_b}\right)}}[\text{Hz}] \ > f_0 = \frac{1}{2\pi\sqrt{L_e C_e}}[\text{Hz}]$$

∴ f >f₀이다 → 기저부에 삽입한 C_b는 공진주파수를 높게 하여 안테나를 짧게 한 효
과를 가지므로 단축 콘덴서라 한다.

나. Top loading

안테나의 선단에 원형(구형, 타원형 등)모양의 정관을 설치함으로써 병렬형태의 C_t가 발생
하여 공진주파수를 낮추어 연장효과를 나타낸다.

$$공진주파수(f) = \frac{1}{2\pi\sqrt{L_e(C_e + C_t)}}[\text{Hz}]$$

다. Center loading

안테나 길이를 연장이나 단축하는 효과를 갖기 위하여 안테나의 중심에 L이나 C를 삽입하
는 기술이다.

3. 단축율(δ)

실제 반파장 다이폴의 복사 임피던스는 Z_r = 73.13 + j42.55 [Ω]으로 42.55의 리액턴스 성분이 존재하기 때문에 실제로 공진이 일어나지 않는다. 그러므로 실제 안테나의 길이(l) 은 $\frac{\lambda}{2}$보다 약간 짧아야한다. 이때 리액턴스 성분을 제거시키기 위해 단축하는 비율을 단축율이라 한다.

$$Zr' = 73.13 + j(42.55 - 2Z_o\cot\beta l)[\Omega]$$

δ (단축율)으로 놓으면 l = $\frac{\lambda}{4}(1-\delta)$에서 공진이므로

$$42.55 - 2Z_o\cot \{\frac{2\pi}{\lambda} \frac{\lambda}{4}(1-\delta)\} = 0 \ , \ \cot \{\frac{\pi}{2}(1-\delta)\} = \tan\frac{\pi}{2}\delta ≒ \frac{\pi}{2}\delta \ 이므로$$

$$\therefore \delta = \frac{42.55}{\pi z_o} \times 100 [\%]$$

3.5 안테나의 손실과 효율

1. 안테나의 손실 저항

가. 접지 저항에 의한 손실

대지와 안테나의 접촉 저항으로서 **접지 안테나에서 손실의 대부분을 차지하는 저항이**다.

나. 도체 저항에 의한 손실

안테나 도선자신의 표피효과에 의한 고주파 저항이다.

다. 유전체 손실

안테나의 지지물이나 안테나 주위의 유전체 물질 등에 의한 고주파손실이다.

라. 누설 저항 손실과 코로나 손실

애자의 절연불량으로 인한 누설전류기 발생되는 손실 및 안데나 끝의 고전압으로 국부

적으로 절연파괴되는 코로나 방전등이 생겨 발생되는 손실이다.

마. 와전류 손실

안테나 주변의 도체 내에 유기되어지는 고주파 와전류에 의한 손실이다.

2. 안테나의 효율(능률)

$$\eta = \frac{P_r(\text{복사전력})}{P_i(\text{입력전력})} \times 100\% = \frac{P_r(\text{복사전력})}{P_r + P_l(\text{손실전력})} \times 100\% = \frac{R_r(\text{복사저항})}{R_r + R_l(\text{손실저항})} \times 100\%$$

3.6 실효고와 실효면적

마이크로파대에서는 전력이 문제가 되므로 실효 고를 사용하지 않고 실효 면적을 사용한다.

1. 반 파장 다이폴의 실효 면적

[전력밀도×실효면적 = 수신전력]이므로

$$A_e = \frac{30\lambda^2}{R\pi} \fallingdotseq 0.131\lambda^2 [\text{m}^2]$$

2. 미소 다이폴의 실효 면적

$$A_e = 0.119\lambda^2 [\text{m}^2]$$

3.7 복사 전계 강도

1. Hertz dipole의 복사 전계 강도

$$E = \frac{60\pi Il}{\lambda d}\sin\theta = \frac{60\pi}{d}\frac{Il}{\lambda} = \frac{60\pi}{d}\sqrt{\frac{P}{80\pi^2}} = \frac{\sqrt{45P}}{d} \fallingdotseq \frac{6.7\sqrt{P}}{d}[\text{V}/\text{m}]$$

2. 반파장 다이폴의 경우

$$E = \frac{60\pi Ih_e}{\lambda d} = \frac{60I}{d} = \frac{7\sqrt{P}}{d}\,[\text{V}/\text{m}]$$

3. $\frac{\lambda}{4}$ 수직 접지 안테나의 경우

$$E = \frac{120\pi Ih_e}{\lambda d} = \frac{60I}{d} = \frac{7\sqrt{2P}}{d} \fallingdotseq \frac{9.8\sqrt{P}}{d}\,[\text{V}/\text{m}]$$

3.8 지향 특성

1. 지향성(directivity)

복사도체를 원점으로 하여 복사되는 전파의 분포 모양을 극좌표 형식으로 방향에 따른 상대적 크기를 나타낸 것을 지향성이라 한다.

2. 지향성 계수(directional coefficiency)

복사도체로부터 복사되는 전파의 최대 크기는 최대복사 방향의 값을 1로 하여 상대적인 크기로 나타내며 이를 지향계수라 한다. 지향성계수에 의하여 지향특성을 나타내는 경우에는 보통 극좌표(r,θ,ϕ)를 사용하며, 수평면내지향성 $D(\phi)_{(\theta=0)}$과 수직면내지향성 $D(\theta)_{(\phi=0)}$의 두가지로 나타낸다.

수직면내지향성계수 : $D(\theta) = \dfrac{E_\theta(\theta\text{방향의 전계강도})}{E(\text{최대복사 방향의 전계강도})}$

수평면내지향성계수 : $D(\phi) = \dfrac{E_\phi(\phi\text{방향의 전계강도})}{E(\text{최대복사 방향의 전계강도})}$

미소 dipole과 $\frac{\lambda}{2}$ dipole을 원점에 수직으로 놓았을 때 수직면내 지향성계수와 수평면내 지향성계수는 다음과 같다.

안테나	$D(\theta)$(수직면내지향성계수)	$D(\phi)$(수평면내지향성계수)
미소 dipole	$\sin\theta$	1(무지향성)
$\dfrac{\lambda}{2}$ dipole	$\dfrac{\cos\left(\dfrac{\pi}{2}\cos\theta\right)}{\sin\theta}$	1(무지향성)

[표 3-2] 안테나의 지향계수

3. 반치각(반치폭, 빔각, 빔폭)

지향성의 정도를 나타내는 물리량으로 주빔의 첨예도(날카로운 정도)를 나타내며, 이 값이 작을수록 예리한 지향성을 갖는다.

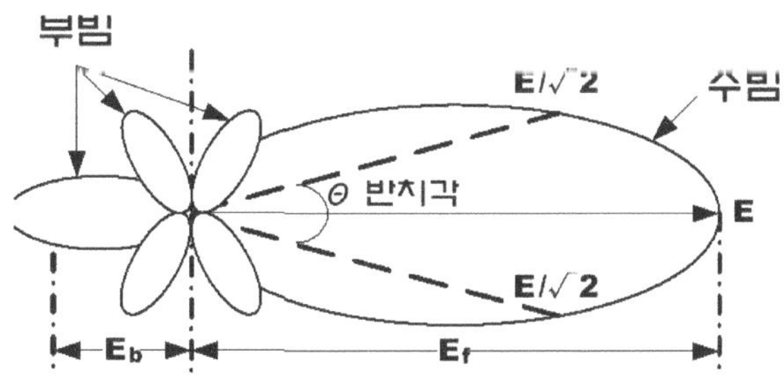

[그림 3-3] 주빔, 부빔 및 반치각

최대 복사 방향인 주빔에서 -3[dB](전계강도: $\dfrac{E}{\sqrt{2}}$, 복사전력: $\dfrac{P}{2}$)되는 두점을 이은 사이 각을 말한다.

4. 전후방비(전방 및 후방의 전계강도의 비)

FB 비 $= 20\log_{10}\dfrac{E_f}{E_b}[dB]\,,(E_f:$전방의 전계강도$, E_b:$후방의 전계강도$)$

3.9 안테나의 이득(Gain)

1. 이득의 정의

안테나에서 이득이란 안테나의 효율을 나타내는 한 가지 방법으로 사용되며 기준 안테나와 사용하는 안테나에 동일한 전력을 공급했을 때 최대 복사방향으로 복사하는 전력의 비로써 나타낸다.

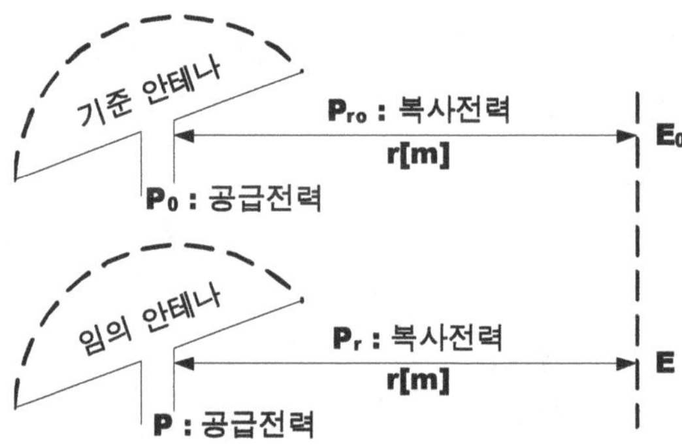

[그림 3-4] 안테나의 이득

$$G = \frac{임의안테나의복사전력}{기준안테나의복사전력} = \frac{\frac{P_r}{P}}{\frac{P_{r_o}}{P_o}} = \frac{P_r}{P_{r_o}}\Big|_{(P_o = P)} = \left(\frac{E}{E_o}\right)^2$$

$$G[dB] = 10\log_{10}\frac{P_r}{P_{r_o}} = 20\log_{10}\frac{E}{E_o}$$

2. 이득의 종류

가. 절대이득(G_a)

기준 안테나로 **등방성 안테나**를 사용하여 임의의 안테나 이득을 측정 했을 때 그 이득을 절대이득이라 하며 일반적으로 G_a라 표시하고 입체 안테나의 이득을 나타내는데 사용한다.

등방성 안테나: $E_o = \dfrac{\sqrt{30P_o}}{r}$ [v/m]

임의의 안테나: $E = E_o\sqrt{G_a} = \dfrac{\sqrt{30\,G_a\,P_o}}{r}$ [v/m]

나. 상대이득(G_h)

기준 안테나로 **무손실 반파장 dipole**을 사용하여 임의의 안테나 이득을 측정했을 때 그 이득을 상대이득이라 하며 일반적으로 G_h라 표시하고 선형 안테나의 이득을 나타내는 데 사용한다.

무손실 $\dfrac{\lambda}{2}$ 안테나 : $E_o = \dfrac{7\sqrt{P_o}}{r}$ [v/m]

임의의 안테나 : $E = E_o\sqrt{G_h} = \dfrac{7\sqrt{G_h P_o}}{r}$ [v/m]

다. 지상이득(G_v)

기준 안테나로 $\dfrac{\lambda}{4}$ **보다 극히 짧은 안테나**를 사용하여 임의의 안테나 이득을 측정했을 때 그 이득을 지상이득이라 하며 일반적으로 G_v라 표시하고 접지 안테나의 이득을 나타내는데 사용한다.

$l \ll \dfrac{\lambda}{4}$ 수직접지 안테나 : $E_o = \dfrac{\sqrt{90 P_o}}{r}$ [v/m]

임의의 안테나 : $E = E_o\sqrt{G_v} = \dfrac{\sqrt{90 G_v P_o}}{r}$ [v/m]

※ G_a, G_h, G_v의 관계 : $G_a = 1.64 G_h = 3 G_v$

3.10 수신 안테나의 특성

가. 수신개방전압(V_o)

$V_0 = h_e \cdot E \cdot D(\theta) = h_e \cdot E \cdot \sin\theta$

$V_0 = h_e \cdot E(\theta = 90°$일 때 최대$)$

나. 수신전력(P_a)

$P_a = \dfrac{V_0^2}{4R}$ [W]

단원별 요약정리

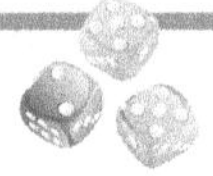

3.1 임피던스 정합 ★★★

1. 정합의 필요성

급전선에서 수전단으로 **최대 전송 효율을 얻기 위함이다.** (최대 수신 전력을 얻기 위함이다.)

2. 정합조건

수전단 임피던스($Z_R = R_R + jX_R$)와 송전단 내부 임피던스($Z_s = R_s + jX_s$)의 정합 조건은 $R_s = R_R$, $X_s = -X_R$ 이며, 최대전력(Pmax)은 $P_{\max} = \dfrac{V_s^2}{4R_s} = \dfrac{V_s^2}{4R_R}[W]$가 된다.

3.2 미소 다이폴(short-wire, short-dipole)

1. 미소 다이폴 안테나의 방사전계 ★★

길이 l 인 미소 다이폴로 부터 복사된 전자파가 거리 r만큼 떨어진 지점에서의 전계는

$$E_\theta = j\frac{60\pi Il}{\lambda r}(1 + \frac{1}{j\beta r} - \frac{1}{\beta^2 r^2})\sin\theta\,[V/m]$$

① $\beta r \ll 1 \Rightarrow$ **정전계**가 주성분 (정전계 〉 유도계 〉 복사계)

② $\beta r \gg 1 \Rightarrow$ **복사계**가 주성분 (복사계 〉 유도계 〉 정전계)

③ $\beta r = 1$ 일 때 (즉, r=$\dfrac{\lambda}{2\pi}$=0.16λ) → **복사계 = 유도계 = 정전계**인 점이된다.

3.3 각종 안테나 공식 ★★★

	Hertz dipole ANT	$\dfrac{\lambda}{4}$ 수직접지	$\dfrac{\lambda}{2}$ 수평비접지
실효고(h_e)	l	$\dfrac{\lambda}{2\pi}$	$\dfrac{\lambda}{\pi}$
전계강도(E_θ)	$\dfrac{60\pi Il}{\lambda r}sin\theta$	$\dfrac{60I}{r}sin\theta$	$\dfrac{60I}{r}sin\theta$
복사전력(P_r)	$80\pi^2(\dfrac{Il}{\lambda})^2$	$36.56I^2$	$73.13I^2$
복사저항(R_r)	$80\pi^2(\dfrac{l}{\lambda})^2$	36.56	73.13
E//P_r 관계식	$E=\dfrac{\sqrt{45P_r}}{r}$	$E=\dfrac{7\sqrt{2P_r}}{r}$	$E=\dfrac{7\sqrt{P_r}}{r}$

3.4 안테나의 공진 주파수와 선택도

1. 공진 주파수

공진 주파수(f_0) $\rightarrow$ $f_0 = \dfrac{1}{2\pi\sqrt{L_e C_e}}$

안테나의 선택도(Q) $\rightarrow$ $Q = \dfrac{\omega L_e}{R_e} = \dfrac{1}{\omega C_e R_e} = \dfrac{1}{R_e}\sqrt{\dfrac{L_e}{C_e}}$

2. 안테나의 loading(base loading ★★★)

안테나 길이를 연장이나 단축하는 효과를 갖기 위하여 안테나의 기저부에 L이나 C를 삽입하는 기술이다.

가. 연장코일

공진주파수 $(f) = \dfrac{1}{2\pi\sqrt{(L_e + L_b)C_e}}[Hz] \ < f_0 = \dfrac{1}{2\pi\sqrt{L_e C_e}}[Hz]$

∴ $f < f_0$이다 → 기저부에 삽입한 L_b는 공진주파수를 낮게 하여 안테나를 길게 한 효과를 가지므로 연장코일이라 한다.

나. 단축콘덴서

$$공진주파수(f) = \frac{1}{2\pi\sqrt{L_e\left(\dfrac{C_e \cdot C_b}{C_e + C_b}\right)}}[\text{Hz}] \quad > \quad f_0 = \frac{1}{2\pi\sqrt{L_e C_e}}[\text{Hz}]$$

∴ $f > f_0$이다 → 기저부에 삽입한 C_b는 공진주파수를 높게하여 안테나를 짧게한 효과를 가지므로 단축콘덴서라 한다.

3. 단축율(δ) ★

$$\delta = \frac{42.55}{\pi z_o} \times 100[\%], \quad Z_o : 안테나 특성임피던스$$

3.5 복사 저항과 안테나의 효율 ★★★

※ 손실 저항의 종류

① **접지 저항 : 접지 안테나에서 손실의 대부분을 차지하는 저항**으로서 대지와 안테나의 접촉 저항이다.
② 도체 저항
③ 유전체 손실
　안테나의 지지물이나 안테나 주위의 유전체 쌍극자의 변위에 의한 고주파손실이다.
④ 누설 저항 손실과 코로나 손실
⑤ 와전류 손실

※ 안테나의 효율(능률)

$$\eta = \frac{P_r(복사전력)}{P_i(입력전력)} \times 100\% = \frac{R_r(복사저항)}{R_r + R_l(손실저항)} \times 100\%$$

3.6 실효면적 ★

반파장 다이폴의 실효 면적 : $A_e = \dfrac{30\lambda^2}{R\pi} = 0.131\lambda^2 \, [\text{m}^2]$

미소 다이폴의 실효 면적 : $A_e = 0.119\lambda^2 \, [\text{m}^2]$

3.7 지향 특성

지향성계수(지향계수) ★★

수직면내지향성계수 : $D(\theta) = \dfrac{E_\theta(\theta \text{방향의 전계강도})}{E(\text{최대복사 방향의 전계강도})}$

수평면내지향성계수 : $D(\phi) = \dfrac{E_\phi(\phi \text{방향의 전계강도})}{E(\text{최대복사 방향의 전계강도})}$

안테나	$D(\theta)$(수직면내지향성계수)	$D(\phi)$(수평면내지향성계수)
미소 dipole	$\sin\theta$	1(무지향성)
$\dfrac{\lambda}{2}$ dipole	$\dfrac{\cos\left(\dfrac{\pi}{2}cos\theta\right)}{\sin\theta}$	1(무지향성)

※ 반치각(반치폭, 빔각, 빔폭) ★★★

지향성의 정도, 주엽의 날카로운 정도(첨예도)를 나타내며, 이 값이 작을수록 예리한 지향성을 갖는다.

최대 복사 방향인 주빔에서 $-3[\text{dB}]$(전계강도 : $\dfrac{E}{\sqrt{2}}$, 복사전력 : $\dfrac{P}{2}$)되는 두점 사이의 각도

※ 전후방비(전방 및 후방의 전계강도의 비)

$FB \; \text{비} = 20\log_{10}\dfrac{E_f}{E_b}[dB]$ (E_f : 전방의 전계강도, E_b : 후방의 전계강도)

3.8 안테나의 이득 ★★★

※ 이득의 정의

안테나에서 이득이란 기준 안테나와 사용하는 안테나에 동일한 전력을 공급했을 때 최대 복사방향으로 **복사하는 전력의 비(전계강도의 제곱비)**로써 나타낸다.

$$G = \frac{임의안테나의복사전력}{기준안테나의복사전력} = \frac{P_r}{P_{r_o}} = \left(\frac{E}{E_o}\right)^2$$

$$G[dB] = 10\log_{10}\frac{P_r}{P_{r_o}} + 20\log_{10}\frac{E}{E_o}$$

※ 이득의 종류

1) 절대이득(G_a) : 기준 안테나로 **등방성 안테나**를 사용

2) 상대이득(G_h) : 기준 안테나로 **무손실 반파장 dipole**을 사용

3) 지상이득(G_v) : 기준 안테나로 $\frac{\lambda}{4}$보다 극히 **짧은 안테나**를 사용

※ G_a, G_h, G_v의 관계

$$G_a = 1.64\,G_h = 3\,G_v$$

3.9 수신 안테나의 특성 ★

1) 수신개방전압(V_o)

$$V_o = h_e\cdot E \ (\theta = 90°일 \ 때 \ 최대)$$

2) 수신전력(P_a)

$$P_a = \frac{V_o^2}{4R}[W]$$

핵심기출문제

01. 다음 중 틀린 것을 고르시오.

㉮ 정전계와 유도 전계가 같아지는 거리는 $0.16\,\lambda$ 이다.

㉯ UHF란 파장이 10 〔cm〕 ~100 〔cm〕 인 범위를 말한다.

㉰ 복사 전계의 크기는 거리에 비례한다.

㉱ 정전계에 수반하는 자계는 없다.

 $E_\theta = j\dfrac{60\pi Il}{\lambda r}(1+\dfrac{1}{j\beta r}-\dfrac{1}{\beta^2 r^2})\sin\theta$ [v/m], 복사전계의 크기는 거리(r)에 반비례한다.　　　　답: ㉰

02. 헤르츠 다이폴 안테나에 고주파 전류가 흐르면 전파가 발생한다. 안테나 부근에서 가장 주가되는 성분부터 차례로 쓴 것은?

㉮ 복사계, 유도계, 정전계　　　　　　㉯ 유도계, 정전계, 복사계

㉰ 정전계, 유도계, 복사계　　　　　　㉱ 복사계, 정전계, 유도계

 ① $\beta r \ll 1$ 일 때 $\Rightarrow$ 정전계가 주성분

② $\beta r \gg 1$ 일 때 $\Rightarrow$ 복사계가 주성분

③ $\beta r = 1$ 일 때 (즉, $r = \dfrac{\lambda}{2\pi} \fallingdotseq 0.16\,\lambda$) $\Rightarrow$ 복사계 = 유도계 = 정전계인 점이된다.

그러므로 안테나 부근에서 가장 주가 되는 성분의 순서는 정전계, 유도계, 복사계 순이다.　　　　답: ㉰

03. 헤르츠 다이폴에서 발생하는 세 가지 전자계에 관한 설명으로 옳지 않은 것은?

㉮ 복사전계는 파장과 관계가 있다.

㉯ 0.16λ 이내의 거리에서는 복사전계의 크기가 가장 크다.

㉰ 정전계는 수반하는 자계가 없으며 에너지 이동이 없다.

㉱ 복사계는 통신에 이용되고 있다.

 ① $r \langle 0.16\,\lambda \Rightarrow$ 정전계 성분이 주가된다.

② $r = 0.16\,\lambda \Rightarrow$ 복사계 = 유도계 = 정전계인 점이된다.

③ $r \rangle 0.16\,\lambda \Rightarrow$ 복사계 성분이 주가된다.　　　　답: ㉯

04. 주파수 1[㎒]에 대한 전기적 미소다이폴의 복사전계가 고정전계보다 이론상 커지는 것은 송신 안테나에서 대략 얼마만큼 떨어진 것에서 부터인가?

㉮ 50[m] ㉯ 300[m] ㉰ 1000[m] ㉱ 1500[m]

해설 ※ $\beta r = 1$ 일 때(즉, $r = \dfrac{\lambda}{2\pi} \fallingdotseq 0.16\lambda = 0.16 \times 300 = 48[m], (\because \lambda = \dfrac{C}{f} = \dfrac{3 \times 10^8}{1 \times 10^6} = 300[m]))$

$\beta r \gg 1$ 일 때 $\Rightarrow$ 복사계가 주성분이 되므로 r=48[m]이상 이면 복사계성분이 가장 커진다. 답: ㉮

---

05. 주파수 10[MHz]에 대한 전기적 미소다이폴의 복사전계가 그 정전계보다 이론상 커지는 것은 송신 안테나에서 대략 얼마만큼 떨어진 곳에서 부터인가?

㉮ 5[m] ㉯ 10[m] ㉰ 15[m] ㉱ 30[m]

해설 ※ $\beta r = 1$ 일 때(즉, $r = \dfrac{\lambda}{2\pi} \fallingdotseq 0.16\lambda = 0.16 \times 30 = 4.8[m], (\because \lambda = \dfrac{C}{f} = \dfrac{3 \times 10^8}{10 \times 10^6} = 30[m]))$

$\beta r \gg 1$ 일 때 $\Rightarrow$ 복사계가 주성분이 되므로 r=4.8[m]이상 이면 복사계성분이 가장 커진다. 답: ㉮

---

06. 자유 공간에 놓인 미소 Dipole에 의한 임의의 점 P의 방사 전계 강도의 절대치 E_θ는? (단, l : 안테나의길이 [㎝] ($\lambda \gg l$), I:안테나의 전류(실효치)[A], r:중심에서 P점까지의 거리[m] ($\lambda \gg l$), Θ: 안테나 축에서 P에의 각도이다.)

㉮ $E_\theta = \dfrac{60\pi Il}{\lambda r}sin\theta\,(V/m)$ ㉯ $E_\theta = \dfrac{60\pi Il}{\lambda r}cos\theta\,(V/m)$

㉰ $E_\theta = \dfrac{120\pi Il}{\lambda r}sin\theta\,(V/m)$ ㉱ $E_\theta = \dfrac{120\pi Il}{\lambda r}sin\theta\,(V/m)$ 답: ㉮

---

07. 헤르츠 다이폴의 길이 l [m], 사용 파장 λ[m], 안테나에 공급되는 전류를 I [A]라고 할 때, 전방사 전력 P_r[W]는?

㉮ $P_r = 80\pi^2\left(\dfrac{Il}{\lambda}\right)^2$ ㉯ $P_r = 60\pi^2\left(\dfrac{Il}{\lambda}\right)^2$

㉰ $P_r = 60\pi^2\left(\dfrac{I\lambda}{l}\right)^2$ ㉱ $P_r = 80\pi^2\left(\dfrac{I\lambda}{l}\right)^2$ 답: ㉮

---

08. 길이 3[cm]인 헤르츠(Hertz) 쌍극자에 주파수 1,000[MHz]의 5[A]의 흐를 때의 복사 전력은 얼마인가?

㉮ 98 [W] ㉯ 197 [W] ㉰ 294 [W] ㉱ 394 [W]

해설 $\lambda = \dfrac{C}{f} = \dfrac{3 \times 10^8}{1000 \times 10^6} = 0.3[m],\ P_r = 80\pi^2\left(\dfrac{Il}{\lambda}\right)^2 = 80\pi^2\left(\dfrac{5 \times 0.03}{0.3}\right)^2 = 197[w]$ 답: ㉯

---

09. 공급전력 1[kW]에 대하여 공중선 전류가 10[A]인 공중선에 4[kW]를 공급하면 공중선 전류는?

㉮ 2.5[A] ㉯ 10[A] ㉰ 20[A] ㉱ 40[A]

[해설] $\dfrac{P_r}{I^2} = 80\pi^2\left(\dfrac{l}{\lambda}\right)^2 = \dfrac{10^3}{10^2} = 10,\ I^2 = \dfrac{P_r}{80\pi^2\left(\dfrac{l}{\lambda}\right)^2} = \dfrac{4000}{10} = 400,\ \therefore I = \sqrt{400} = 20[A]$ 답: ㉰

10. 미소 다이폴(short dipole) 안테나의 복사저항은?

㉮ $R_r = 60\pi^2\left(\dfrac{l}{\lambda}\right)^2$ ㉯ $R_r = 80\pi^2\left(\dfrac{l}{\lambda}\right)^2$ ㉰ $R_r = 30\pi^2\left(\dfrac{l}{\lambda}\right)^2$ ㉱ $R_r = 40\pi^2\left(\dfrac{l}{\lambda}\right)^2$ 답: ㉯

11. 미소 다이폴 안테나에서 발생된 전계 강도를 계산하는 식은?   (P_r : 급전 전력, R : 안테나로 부터 떨어진 거리)

㉮ $7\sqrt{P_r}/R$ ㉯ $7\sqrt{45P_r}/R$ ㉰ $49\sqrt{P_r}/R$ ㉱ $\sqrt{45P_r}/R$ 답: ㉱

12. 100[kW]의 전력이 안테나에서 사방으로 균일하게 방사될 때 안테나에서 1[km] 떨어진 점의 전계의 실효값은 얼마인가?

㉮ 0.23 [V/m]   ㉯ 1.73 [V/m]   ㉰ 2.12 [V/m]   ㉱ 4.32 [V/m]

[해설] $E = \dfrac{\sqrt{45P_r}}{r} = \dfrac{\sqrt{45\times100\times10^3}}{1\times10^3} = 2.12[V/m]$ 답: ㉰

13. 자유공간내에 Hertz dipole이 있다. 그 복사전력이 40[W]라 할 때 최대 복사방향 1[km]에서의 전계강도는?

㉮ 0.03 [V/m]   ㉯ 0.04 [V/m]   ㉰ 0.05 [V/m]   ㉱ 0.07 [V/m]

[해설] $E = \dfrac{\sqrt{45P_r}}{r} = \dfrac{\sqrt{45\times40}}{1\times10^3} = 2.12[V/m] \fallingdotseq 0.042[V/m]$ 답: ㉯

14. 출력 100[kW]로써 방송되고 있는 라디오가 안테나로부터 20[km] 떨어진 장소에서의 전계강도는 얼마인가? (단, 1[km] 떨어진 곳에서는 1.73[V/m]이다.)

㉮ 0.086[V/m]   ㉯ 1.73[V/m]   ㉰ 5.47[V/m]   ㉱ 54.7[V/m]

[해설] 안테나의 복사 전계강도는 거리(r)에 반비례 하므로 1[km]거리에서 1.73[V/m]였다면 20[km]인 점에서는 $\dfrac{1.73}{20} = 0.0865[V/m]$가 된다.   답: ㉮

15. 실효 정전 용량 $C_e = 5[\mu F]$, 실효 인덕턴스 $L_e = 2[\mu H]$ 되는 수직 접지 안테나의 고유주파수 (f_0)는?

㉮ 25 [kHz]   ㉯ 50 [kHz]   ㉰ 100 [kHz]   ㉱ 150 [kHz]

해설 $f_0 = \dfrac{1}{2\pi\sqrt{L_e C_e}} = \dfrac{1}{2\pi\sqrt{2\times10^{-6}\times5\times10^{-6}}} = 50\,[\text{kHz}]$

답: ④

16. 다음 중에서 수직 접지 안테나의 고유파장은 어느 것인가?

㉮ 안테나 길이의 1/4배   ㉯ 안테나 길이의 4배

㉰ 안테나 길이의 1/4배   ㉱ 안테나 길이의 2배

해설 고유파장은 공진파장 중에서 가장 긴 파장을 말한다.

① $\dfrac{\lambda}{4}$ 수직접지 안테나의 고유파장 $(\lambda_0) = 4l$, (l : 안테나의 길이)

② $\dfrac{\lambda}{2}$ 수평 비접지 안테나의 고유파장 $(\lambda_0) = 2l$, (l : 안테나의 길이)

답: ④

17. 길이 30[m]의 λ/4수직 접지안테나의 고유파장과 고유주파수는 얼마인가?

㉮ λ : 120[m], f: 2.5[MHz]   ㉯ λ : 80[m], f: 3.75[MHz]

㉰ λ : 120[m], f: 7.5[MHz]   ㉱ λ : 80[m], f: 2.5[MHz]

해설 $\dfrac{\lambda}{4}$ 수직접지 안테나의 고유파장 $(\lambda_0) = 4l = 4\times30 = 120\,[m]$, $f_0 = \dfrac{C}{\lambda_0} = \dfrac{3\times10^8}{120} = 2.5\,[\text{MHz}]$

답: ㉮

18. $\dfrac{\lambda}{4}$ 수직접지 안테나의 길이가 15[m]일 때 고유주파수는 얼마인가?

㉮ 4[MHz]   ㉯ 4.5[MHz]   ㉰ 5[MHz]   ㉱ 5.5[MHz]

해설 $\dfrac{\lambda}{4}$ 수직접지 안테나의 고유파장 $(\lambda_0) = 4l = 4\times15 = 60\,[m]$, $f_0 = \dfrac{C}{\lambda_0} = \dfrac{3\times10^8}{60} = 5\,[\text{MHz}]$

답: ㉰

19. 수직 접지 안테나의 실효고 설명중 잘못된 것은?

㉮ 대지에 수직으로 세운 접지 안테나로서 기저부의 전류는 최대이다.

㉯ 전류는 선단이 0인 $\cos\theta$분포 상태를 나타낸다.

㉰ $\dfrac{\lambda}{4}$ 접지 안테나의 실효고는 $\dfrac{\lambda}{2\pi}$이다.

㉱ 실제의 안테나 높이를 h라고 할 때 실효고는 $\dfrac{h}{\pi}$가 된다.

해설 고유파장 $(\lambda_0) = 4l = 4h$, $\dfrac{\lambda}{4}$ 수직접지 안테나의 실효고$(h_e) = \dfrac{\lambda}{2\pi} = \dfrac{4h}{2\pi} = \dfrac{2h}{\pi}\,[m]$가 된다.

답: ㉱

20. 길이가 λ/4인 수직 접지 안테나가 공진하고 있을 경우의 실효 높이를 나타내는 식은?

㉮ λ/π ㉯ $\lambda/2\pi$ ㉰ π/λ ㉱ $2\pi/\lambda$

해설 ※ $\dfrac{\lambda}{4}$ 수직접지 안테나의 실효고$(h_e) = \dfrac{\lambda}{2\pi}\,[m]$

답: ㉯

21. 주파수 1000(㎑)용의 1/4파장 수직접지 안테나의 실효길이는 얼마인가?

㉮ 37.7[m] ㉯ 47.7[m] ㉰ 57.7[m] ㉱ 67.7[m]

 ※ $\frac{\lambda}{4}$ 수직접지 안테나의 실효고(h_e) $= \frac{\lambda}{2\pi} = \frac{300}{2\pi} \fallingdotseq 47.7[m] \left(\because \lambda = \frac{C}{f} = \frac{3\times10^8}{1000\times10^3} = 300\right)$

답: ㉯

22. 실효고에 관한 설명으로 맞는 것은?

㉮ 실효고는 작은 것이 좋다.

㉯ 연장선륜을 사용하면 실효고를 감소시킬 수 있다.

㉰ 복사전력은 실효고의 자승에 반비례한다.

㉱ $\lambda/4$ 수직접지 안테나의 전계강도는 실효고에 비례한다.

 ※ $\frac{\lambda}{4}$ 수직접지 안테나의 전계강도(E): $E = \frac{60I}{r}sin\theta = \frac{9.8\sqrt{P}}{r}[V/m]$

답: ㉱

23. $\frac{\lambda}{4}$ 수직 접지 안테나로부터 d[m]떨어진 점의 전계 강도 E는?

㉮ $E = \frac{7\sqrt{P}}{d}[V/m]$ ㉯ $E = \frac{9.8\sqrt{P}}{d}[V/m]$

㉰ $E = \frac{222\sqrt{P}}{d}[V/m]$ ㉱ $E = \frac{300\sqrt{P}}{d}[V/m]$

답: ㉯

24. 복사전력 P[W]인 수직 접지 안테나에서 최대 복사방향으로 d[m]만큼 떨어진 점의 전계의 세기는?

㉮ $\frac{7\sqrt{P}}{d}[V/m]$ ㉯ $\frac{9.9\sqrt{P}}{d}[V/m]$ ㉰ $\frac{222\sqrt{P}}{d}[V/m]$ ㉱ $\frac{313\sqrt{P}}{d}[V/m]$ 답: ㉯

25. $\lambda/4$ 수직접지 Antenna의 전류가 5[A]일 때 30[km] 지점에서 생기는 전계강도는 얼마인가? (단, 주파수를 1[㎒]라고 한다.)

㉮ 1.2[mV/m] ㉯ 2.5[mV/m] ㉰ 5.0[mV/m] ㉱ 10[mV/m]

※ $E = \frac{60I}{r}sin\theta = \frac{60\cdot5}{30\times10^3} = 0.01[V/m]$ (∵ 단, $sin\theta = 1$ 이라고할때)

답: ㉱

26. 주파수 30[㎒],전계강도 40[mV/m]인 전파를 $\lambda/4$ 수직 접지 안테나로 수신했을 때 안테나에 유기되는 기전력은? (단, 대지는 완전도체로 가정한다.)

㉮ 0.318[mV] ㉯ 6.36[mV] ㉰ 31.8[mV] ㉱ 63.6[mV]

※ V_0(유기 기전력) $= E\cdot h_e = 40\times10^{-3}\times\frac{\lambda}{2\pi} = 63.6[mV] \left(\because \lambda = \frac{3\times10^8}{30\times10^6} = 10[m]\right)$

답: ㉱

27. 무선송신 설비에 있어서 안테나의 기저부에 코일(L)을 삽입 하였을 때의 효과는?

㉮ 등가연장　　　　　㉯ 등가단축　　　　　㉰ 영향무　　　　　㉱ 정합

 ※ 공진주파수$(f) = \dfrac{1}{2\pi\sqrt{(L_e + L_b)\,C_e}}$ [Hz] $< f_0 = \dfrac{1}{2\pi\sqrt{L_e C_e}}$ [Hz]

⇒ 기저부에 삽입한 Lb는 공진주파수를 낮게하여 안테나를 길게 한 효과를 가지므로 연장코일이라 한다.

답: ㉮

28. 사용 파장을 λ, 동조 파장을 λ_0로 할 때 $\lambda > \lambda_0$ 조건일 때 무엇을 삽입하여 안테나를 공진시키는가?

㉮ 연장코일　　　　　㉯ 단축 콘덴서　　　　　㉰ R, L, C　　　　　㉱ 의사 안테나

해설 $\lambda > \lambda_0$ 조건일 때, 안테나의 기저부에 L를 삽입함으로써 공진주파수를 낮게하여 안테나를 길게한 효과를 가지므로 연장코일이라 한다.

답: ㉮

29. 연장 선륜은 어느 때 사용하는가?

㉮ 사용 안테나가 고유 파장보다 긴 파장의 전파를 발사할 때
㉯ 사용 안테나가 고유 파장보다 짧은 파장의 전파를 발사할 때
㉰ 사용 안테나가 고유 파장보다 같은 전파를 발사할 때
㉱ 사용 안테나가 고유 파장보다 길거나 짧은 전파를 발사할 때

해설 사용하고자 하는 신호의 파장이 고유파장보다 길 때 연장선륜을 사용한다.

답: ㉮

30. 안테나에 사용되는 연장선륜(loading coil)을 사용하는 목적은?

㉮ 안테나의 고유파장보다 짧은 파장의 전파에 공진시키기 위하여
㉯ 안테나의 고유파장보다 긴 파장의 전파에 공진시키기 위하여
㉰ 지향성을 개선하기 위하여
㉱ 방사저항을 개선하기 위하여

답: ㉯

31. 다음은 단축 콘덴서의 설명이다. 틀린 것은?

㉮ 안테나를 고유 파장보다 짧은 파장에 공진시키고자 할 때 사용된다.
㉯ 안테나에 병렬로 적당한 콘덴서를 삽입한다.
㉰ 안테나의 인덕턴스 성분의 일부가 상쇄된다.
㉱ 콘덴서의 삽입으로 안테나의 공진 파장이 달라진다.

해설 ※ base loading
안테나 길이를 연장이나 단축하는 효과를 갖기 위하여 안테나의 기저부에 직렬로 L이나 C를 삽입하는 기술이다.
① 연장코일: 안테나 길이를 연장하기 위하여 안테나의 기저부에 직렬로 L를 삽입하는 기술이다.
② 단축콘덴서: 안테나 길이를 단축하기 위하여 안테나의 기저부에 직렬로 C를 삽입하는 기술이다.

답: ㉯

32. λ/4수직 접지 안테나의 길이(ℓ)가 $\lambda/4 < \ell < \lambda/2$일 때 무엇을 삽입하여 안테나를 공진시키는가?

㉮ 연장 코일(coil)

㉯ 단축콘덴서(condenser)

㉰ 안테나는 분포정수 회로이므로 항상 공진되어 있다.

㉱ 저항과 코일(coil)을 직렬로 연결한다.

> **해설**   사용하고자 하는 안테나의 길이를 단축시키고자 할 때는 안테나의 기저부에 직렬로 C를 삽입한다. 답: ㉯

33. 안테나의 고유 주파수를 높게 하려면 다음 중 어느 방법을 사용하면 되는가?

㉮ 안테나와 직렬로 coil을 접속한다.

㉯ 안테나와 병렬로 coil을 접속하다.

㉰ 안테나와 직렬로 condenser를 접속한다.

㉱ 안테나와 병렬로 condenser를 접속한다.

> **해설**   사용주파수가 높아지면 안테나 길이는 짧아져야 함으로 안테나 기저부에 직렬로 C를 첨가해 주는 단축콘덴서 방법을 사용한다. 답: ㉰

34. 길이 20[m]되는 안테나에 주파수 10[㎒]를 발사시켜 반파장 다이폴 안테나로 사용하고자 한다. 송신기의 출력 회로와 안테나사이에 어떠한 것을 접속시키면 되는가?

㉮ 단축 콘덴서   ㉯ 저항

㉰ 연장 코일   ㉱ 단축콘덴서와 연장코일

> **해설** $\lambda = \dfrac{C}{f} = \dfrac{3 \times 10^8}{10 \times 10^6} = 30[m], l = \dfrac{\lambda}{2} = \dfrac{30}{2} = 15[m]$가 된다. 현재 안테나길이는 20[m]이고 공진 길이는 15[m]이므로 안테나의 길이를 짧게 해야 된다. 답: ㉮

35. 인덕턴스가 30[μ H], 정전용량이 40[pF]인 안테나가 있다. 이 안테나를 6[MHz]로 사용하기 위해 직렬로 연결된 단축 콘덴서는 얼마인가?

㉮ 36.7 [pF]   ㉯ 46.7 [pF]   ㉰ 56.7 [pF]   ㉱ 66.7 [pF]

> **해설**   단축콘덴서(C_b)를 직렬로 연결했을 때 공진주파수$(f) = \dfrac{1}{2\pi \sqrt{L_e \left(\dfrac{C_e \cdot C_b}{C_e + C_b} \right)}}$[Hz]가 된다.
>
> 그러므로 $f = \dfrac{1}{2\pi \sqrt{30 \times 10^{-6} \left(\dfrac{40 \times 10^{-12} \cdot C_b}{40 \times 10^{-12} + C_b} \right)}} = 6 \times 10^6$[Hz]가 성립하기 위한 C_b는 약 56.7 [pF]가 된다.
>
> 답: ㉰

36. 다음 중 톱 로오딩(top loading)의 효과는?

㉮ 고유주파수의 증가   ㉯ 실효길이의 감소

    ⓒ 복사저항의 감소   ⓓ 복사효율의 증가

해설 Top loading : 안테나의 선단에 원형(구형,타원형등)모양의 정관을 설치함으로써 병렬형태의 C_t가 발생하여 공진주파수를 낮추어 연장효과를 나타냄.

$$공진주파수(f) = \frac{1}{2\pi\sqrt{L_e(C_e + C_t)}}[Hz]$$

답 : ⓓ

---

37. 주파수 3[MHz]의 전파에 사용하는 반파장 다이폴 안테나의 길이는?

    ㉮ 32 [m]   ㉯ 50 [m]   ㉰ 80 [m]   ㉱ 150 [m]

해설 $\lambda = \dfrac{C}{f} = \dfrac{3\times10^8}{3\times10^6} = 100[m], l = \dfrac{\lambda}{2} = \dfrac{100}{2} = 50[m]$

답 : ㉯

---

38. 반파장 다이폴(dipole) 안테나의 실효길이는? (단, λ 는 파장)

    ㉮ $\dfrac{\lambda}{\pi}$ ㉯ $\dfrac{\pi}{\lambda}$ ㉰ $\dfrac{2\lambda}{\pi}$ ㉱ $\dfrac{2\pi}{\lambda}$

답 : ㉮

---

39. 주파수 60[MHz]인 반파장 다이폴 안테나의 실효 길이는?

    ㉮ 1.6 [m]   ㉯ 3 [m]   ㉰ 4 [m]   ㉱ 5 [m]

해설 $\lambda = \dfrac{C}{f} = \dfrac{3\times10^8}{60\times10^6} = 5[m], h_e = \dfrac{\lambda}{\pi} = \dfrac{5}{\pi} \fallingdotseq 1.6[m]$

답 : ㉮

---

40. 다음 중 길이 l [m]인 반파장 안테나의 실효고는?

    ㉮ $0.32l$ [m]   ㉯ $0.42l$ [m]   ㉰ $0.54l$ [m]   ㉱ $0.64l$ [m]

해설 $l = \dfrac{\lambda}{2}, \ h_e = \dfrac{\lambda}{\pi} = \dfrac{2l}{\pi} \fallingdotseq 0.64l[m]$

답 : ㉱

---

41. 반파장 안테나에서 5[A]의 전류가 흐를 때 300[km]점에서 최대 복사 방향에서의 전계강도는?

    ㉮ 1 [mV/m]   ㉯ 2 [mV/m]   ㉰ 4 [mV/m]   ㉱ 10 [mV/m]

해설 $E = \dfrac{60I}{r}sin\theta = \dfrac{60\times5}{300\times10^3}sin90° = 1[mV/m]$

답 : ㉮

---

42. $\dfrac{\lambda}{2}$ 안테나로부터 d[m]떨어진 점의 전계 강도(E)는?

    ㉮ $E = \dfrac{3.6\sqrt{P}}{d}[V/m]$ ㉯ $E = \dfrac{5\sqrt{P}}{d}[V/m]$

    ㉰ $E = \dfrac{7\sqrt{P}}{d}[V/m]$ ㉱ $E = \dfrac{9.8\sqrt{P}}{d}[V/m]$

답 : ㉰

43. 자유공간에 수평으로 놓인 반파 다이폴 안테나의 중앙 급전점의 전류가 10[A]이다. 안테나와 직각인 방향으로 10[km]떨어진 점의 전계강도는?

㉮ $43[mV/m]$ ㉯ $47[mV/m]$ ㉰ $60[mV/m]$ ㉱ $84[mV/m]$

해설 ※ $E_\theta = \dfrac{60I}{r}\sin\theta = \dfrac{60\cdot 10}{10^4}\sin 90° \fallingdotseq 60[mV/m]$ (즉, $r = 10\times 10^3[m], I = 10[A], \theta = 90°$)   답: ㉰

44. 자유공간에 있는 반파장 다이폴 안테나에서 최대 방사 방향으로 10[km] 지점에서 전계강도가 5 [mV/m]일 때 안테나의 방사 전력은?

㉮ 약 $51[W]$ ㉯ 약 $101[W]$ ㉰ 약 $151[W]$ ㉱ 약 $201[W]$

해설 $E = \dfrac{7\sqrt{P}}{d}[V/m] \Rightarrow P = (\dfrac{Ed}{7})^2 = (\dfrac{5\times 10^{-3}\times 10\times 10^3}{7})^2 \fallingdotseq 51[W]$ 답: ㉮

45. 동일 주파수를 사용하고 있는 $\dfrac{\lambda}{2}$ 다이폴 안테나와 $\dfrac{\lambda}{4}$ 수직 접지 안테나의 방사 전력이 동일할 때 실효고의 비 및 전계 강도의 비는?

㉮ $(2:1), (1:\sqrt{2})$ ㉯ $(2:1), (\sqrt{2}:1)$

㉰ $(1:2), (1:\sqrt{2})$ ㉱ $(1:2), (\sqrt{2}:1)$

해설   답: ㉮

	$\dfrac{\lambda}{4}$ 수직접지 ANT	$\dfrac{\lambda}{2}$ 수평비접지 ANT
실효고(h_e)	$h_e = \dfrac{\lambda}{2\pi}[m]$	$h_e = \dfrac{\lambda}{\pi}[m]$
E//P_r관계식	$E = \dfrac{7\sqrt{2P_r}}{r} = \dfrac{9.8\sqrt{P_r}}{r}$	$E = \dfrac{7\sqrt{P_r}}{r}$

46. 반파장 다이폴 안테나의 길이를 감소해가면, 입력 임피던스의 저항과 리액턴스는 어떻게 변하는가?

㉮ 저항은 증가하고 리액턴스는 감소한다.

㉯ 저항과 리액턴스 모두 증가한다.

㉰ 저항과 리액턴스 모두 감소한다.

㉱ 저항은 감소하고 리액턴스가 증가한다.   답: ㉰

47. 반파장 더플렛(doublet)의 단축률 δ의 표시로써 옳은 것은 어느 것인가? (단, $Z_0 = 138\log_{10}\dfrac{2D}{d}$ 이다.)

㉮ $\delta \fallingdotseq 42.55/Z_0$ ㉯ $\delta \fallingdotseq 42.55/\pi Z_0$

㉯ $\delta \fallingdotseq 73.13/Z_0$　　　　　　　　㉰ $\delta \fallingdotseq 73.13/\pi Z_0$　　　답 : ㉰

48. 반파장 더블렛 안테나의 복사 임피던스는?

㉮ 75.24+j46.24[Ω]　　　　　　　㉯ 300+j50[Ω]

㉰ 73.12+j42.55[Ω]　　　　　　　㉱ 100+j21.5[Ω]　　　답 : ㉰

49. 주파수 15[MHz]용 $\dfrac{\lambda}{2}$ 다이폴 안테나의 길이는 몇 [m]인가? (단, 단축률은 5[%]이다.)

㉮ 5 [m]　　　　㉯ 9.5 [m]　　　　㉰ 12 [m]　　　　㉱ 20 [m]

해설 $\lambda = \dfrac{C}{f} = \dfrac{3 \times 10^8}{15 \times 10^6} = 20[m],\ l = \dfrac{\lambda}{2}(1-\delta) = \dfrac{20}{2}(1-0.05) = 9.5[m]$　　　답 : ㉯

50. 지향성계수의 식은?　(단, E는 최대 방사 방향의 전계강도, E_θ는 θ방향의 전계강도이다.)

㉮ $D(\theta) = \dfrac{E}{E_\theta}$　　　　　　　　㉯ $D(\theta) = \dfrac{E_\theta}{E}$

㉰ $D(\theta) = \left(\dfrac{E}{E_\theta}\right)^2$　　　　　　　㉱ $D(\theta) = \left(\dfrac{E_\theta}{E}\right)^2$

해설 수직면내지향성계수 : $D(\theta) = \dfrac{E_\theta(\theta방향의\ 전계강도)}{E(최대복사\ 방향의\ 전계강도)}$　　　답 : ㉯

51. 미소 다이폴 공중선의 지향성 계수는?

㉮ $\sin\theta$　　　　　　　　　　㉯ $\cos\theta$

㉰ $\dfrac{\cos\left(\dfrac{\pi}{2}\cos\theta\right)}{\sin\theta}$　　　　　　　㉱ $\dfrac{\cos\left(\dfrac{\pi}{2}\sin\theta\right)}{\sin\theta}$

해설

안테나	$D(\theta)$(수직면내지향성계수)	$D(\phi)$(수평면내지향성계수)
미소 dipole	$\sin\theta$	1(무지향성)
$\dfrac{\lambda}{2}$ dipole	$\dfrac{\cos\left(\dfrac{\pi}{2}\cos\theta\right)}{\sin\theta}$	1(무지향성)

답 : ㉮

52. 반파장 다이폴 안테나의 지향성 계수는?

㉮ $\dfrac{\sin(\pi\sin\theta)}{\cos\theta}$　　　㉯ $\dfrac{\cos\left(\dfrac{\pi}{2}\cos\theta\right)}{\sin\theta}$　　　㉰ $\dfrac{\cos(\pi\cos\theta)}{\sin\theta}$　　　㉱ $\dfrac{\sin(\pi\cos\theta)}{\sin\theta}$　　　답 : ㉯

53. 그림과 같은 반파장 다이폴 안테나의 지향성계수 D(θ)를 나타내는 식은?

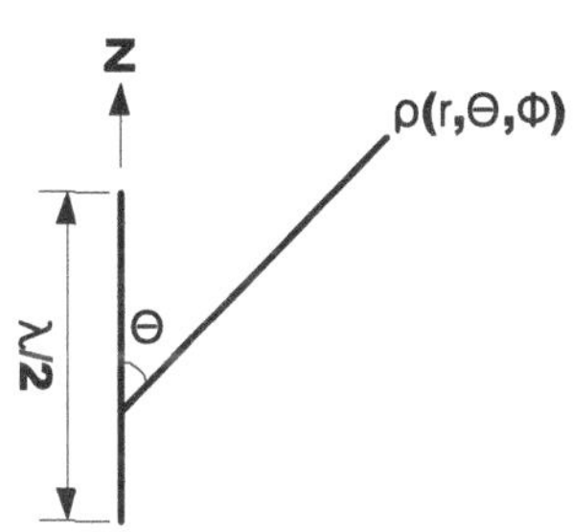

㉮ $\dfrac{\cos(\frac{\pi}{2}\cos\theta)}{\cos\theta}$

㉯ $\dfrac{\sin(\frac{\pi}{2}\cos\theta)}{\sin\theta}$

㉰ $\dfrac{\cos(\frac{\pi}{2}\cos\theta)}{\sin\theta}$

㉱ $\dfrac{\sin(\frac{\pi}{2}\sin\theta)}{\cos\theta}$

답: ㉰

54. 안테나의 지향성을 나타내는 식은?　(여기서 P_{av} : 평균 복사전력 밀도, P_{max} : 최대 복사전력 밀도, W_r : 총 복사전력)

㉮ $D = P_{av}P_{max}$

㉯ $D = P_{max}W_r/4\pi$

㉰ $D = P_{max}Wr/(4\pi)^2$

㉱ $D = P_{av}W_r/2\pi$

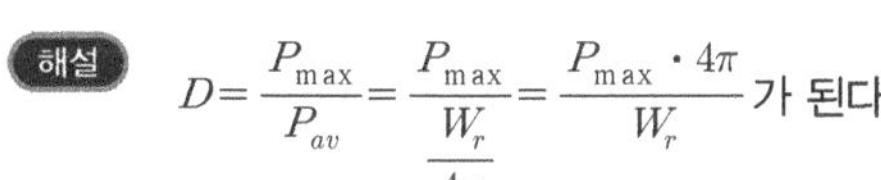

해설 $D = \dfrac{P_{\max}}{P_{av}} = \dfrac{P_{\max}}{\dfrac{W_r}{4\pi}} = \dfrac{P_{\max}\cdot 4\pi}{W_r}$ 가 된다.

답: ㉯

55. 안테나의 빔 폭에 관한 설명으로써 맞는 것은?

㉮ 복사 전력 밀도가 최대 복사 방향의 $\frac{1}{2}$ 이 되는 두 방향 사이각

㉯ 복사 전계가 0이 되는 두 방향 사이각

㉰ 복사 전계가 최대 복사 전계 강도의 $\frac{1}{2}$ 이 되는 두 방향 사이각

㉱ 최대 복사 방향을 중심으로 총복사 전력의 90%를 포함하는 범위의 사이각

해설　※ 반치각(반치폭, 빔각, 빔폭)

지향성의 정도를 나타내는 물리량으로 주엽의 날카로운 정도(첨예도)를 나타내며, 이 값이 작을수록 예리한 지향성을 갖는다.

① 최대 복사 방향인 주빔에서 −3dB되는 두점사이의 각도

② 최대 복사 방향인 주빔에서 전계강도의 크기가 $1/\sqrt{2}$ 되는 두점사이의 각도

③ 최대 복사 방향인 주빔에서 복사전력의 크기가 1/2되는 두점사이의 각도

답: ㉮

56. 복사전력밀도가 최대복사 방향의 1/2로 감소되는 값을 갖는 각도로 지향특성의 첨예도를 표시하는 것은?

㉮ 전후방비
㉯ 주엽(main lobe)
㉰ 부엽(side lobe)
㉱ 빔폭

답: ㉱

57. 다음 중에서 안테나의 전후방비(front to ratio)를 나타내는 식은?   (단, E_f: 전방으로 복사되는 전계, E_b: 후방으로 복사되는 전계)

㉮ $10\log_e\left(\dfrac{E_b}{E_f}\right)$ 　㉯ $10\log_{10}\left(\dfrac{E_b}{E_f}\right)$ 　㉰ $20\log_{10}\left(\dfrac{E_f}{E_b}\right)$ 　㉱ $20\log_e\left(\dfrac{E_b}{E_f}\right)$

> **해설**　※ 전후방비(전방 및 후방의 전계강도의 비)
> $$FB비 = 20\log_{10}\frac{E_f}{E_b}\,[dB], \ (E_f : 전방의 전계강도, \ E_b : 후방의 전계강도)$$

답: ㉰

58. 안테나의 지향성을 높이는 방법이 아닌 것은?

㉮ 반사기를 사용한다.
㉯ 반파장 다이폴을 평면상에 배열한다.
㉰ 가능한 한 연장선륜을 여러 개 사용한다.
㉱ 도파기를 사용한다.

> **해설**　안테나에 연장선륜을 연결하는 것은 공진 주파수를 낮추어 실효고를 높이기 위함이다.

답: ㉰

59. 다음 중 혼신의 방해를 가장 적게 하는 방법은?

㉮ 안테나의 접지를 완전하게 한다.
㉯ 안테나의 도체 저항을 적게 한다.
㉰ 지향성 안테나를 사용한다.
㉱ 안테나의 높이를 높게 한다.

답: ㉰

60. 안테나의 이득에 관한 설명 중 잘못된 것은?

㉮ 수신 전계 강도를 일정하게 하기 위한 입력 전력의 비
㉯ 입력 전력을 동일하게 했을 때 전계 강도의 제곱의 비
㉰ 출력 전력을 동일하게 했을 때 전계 강도의 비
㉱ 안테나 길이와 이득은 무관하다.

> **해설**　※ 이득의 정의
> 안테나에서 이득이란 안테나의 효율을 나타내는 한 가지 방법으로 사용되며 기준 안테나와 사용하는 안테나에 동일한 전력을 공급했을 때 최대 복사방향으로 복사하는 전력의 비(전계강도의 제곱비)로써 나타낸다.

답: ㉰

61. 임의의 안테나 입력전력을 P라 할 때 거리 r에서 최대 전계강도를 E라 하고, 이에 대응해서 기준 안테나의 입력전력을 P_0, 전계강도를 E_0라 할때 안테나의 이득을 나타내는 식은 어느 것인가?

㉮ $G[dB] = 10(\log\dfrac{E}{E_0} + \log\dfrac{P_0}{P})$　　　　㉯ $G[dB] = 20\log\dfrac{E}{E_0} + 10\log\dfrac{P_0}{P}$

㉰ $G[dB] = 20\log\dfrac{E_0}{E} + 10\log\dfrac{P_0}{P}$　　　　㉱ $G[dB] = 20\log\dfrac{E_0}{E} + 10\log\dfrac{P}{P_0}$

해설

$$G = \frac{임의안테나의복사전력}{기준안테나의복사전력} = \frac{\frac{P_r}{P}}{\frac{P_{r_0}}{P_0}} = \frac{P_r}{P_{r_0}} \cdot \frac{P_0}{P} = \left(\frac{E}{E_o}\right)^2 \cdot \frac{P_0}{P} \; 가 \; 되므로$$

$$\therefore G[dB] = 20\log\frac{E}{E_0} + 10\log\frac{P_0}{P} \; 가 \; 된다.$$

답: ㉯

62. 안테나의 이득의 정의를 나타낸 것이다. 잘못된 것은 어느 것인가?

㉮ 절대 이득: 기준 안테나를 등방성 안테나를 기준으로 사용

㉯ 상대 이득: $\dfrac{\lambda}{2}$ 다이폴 안테나를 기준으로 사용

㉰ 지상 이득: $\dfrac{\lambda}{4}$ 단소 수직 안테나를 사용

㉱ 지상 이득: $\dfrac{\lambda}{4}$ 수직 안테나를 기준 안테나로 사용

해설　※ 이득의 종류

　　㉮ 절대 이득: 기준 안테나를 등방성 안테나를 기준으로 사용

　　㉯ 상대 이득: $\dfrac{\lambda}{2}$ 다이폴 안테나를 기준으로 사용

　　㉰ 지상 이득: $\dfrac{\lambda}{4}$ 단소 수직 안테나를 사용

답: ㉱

63. 등방성 안테나의 방사 전력을 P_0라고 한다면 안테나로부터 d[m]되는 전계강도 E_0는?

㉮ $E_0 = \dfrac{\sqrt{30P_0}}{d}[V/m]$　　　　　　㉯ $E_0 = \dfrac{\sqrt{30P_0}}{d^2}[V/m]$

㉰ $E_0 = \dfrac{\sqrt{30}\,P_0}{d}[V/m]$　　　　　　㉱ $E_0 = \dfrac{\sqrt{30}\,P_0}{d}[V/m]$

해설　※ 각 안테나의 방사전력(P_r)과 전계강도(E)의 관계식　　　　답: ㉮

미소 dipole 안테나	$E = \dfrac{\sqrt{45P_r}}{d}[V/m]$	$\dfrac{\lambda}{4}$ 수직 접지 안테나	$E = \dfrac{7\sqrt{2P_r}}{d}[V/m]$
$\dfrac{\lambda}{2}$ 수평 비접지 안테나	$E = \dfrac{7\sqrt{P_r}}{d}[V/m]$	등방성 안테나	$E = \dfrac{\sqrt{30P_r}}{d}[V/m]$

64. 반파장 안테나와 피측정 안테나에 같은 전력을 급전한다. 같은 거리 떨어진 값에서 측정된 전계 강도가 각각 100[$\mu V/m$], 500[$\mu V/m$]일 때 피측정 안테나의 상대이득은 몇[dB]인가?

㉮ 14　　　　㉯ 15　　　　㉰ 16　　　　㉱ 17

해설

$$G_h[dB] = 20\log\frac{E}{E_0} = 20\log\frac{500\times10^{-6}}{100\times10^{-6}} ≒ 14[dB]$$

답: ㉮

65. 등방성 안테나의 상대 이득은?

㉮ 0　　　　㉯ 1.64　　　　㉰ 1　　　　㉱ $\frac{1}{1.64}$

해설　※ G_a, G_h, G_v의 관계

$G_a = 1.64$, $G_h = 3$, G_v에서 등방성 안테나는 $G_a = 1$이므로 $G_h = \frac{1}{1.64}$가 된다.

답: ㉱

66. $\frac{\lambda}{4}$ 수직 접지 안테나의 상대 이득은 같은 전력의 반파장 안테나의 상대이득에 비하여 몇 배가 되는가?

㉮ 2배　　　　㉯ 1배　　　　㉰ 1/2 배　　　　㉱ 1/4배

해설

$$G_h = \frac{\frac{\lambda}{4}\,안테나의복사전력}{\frac{\lambda}{2}\,안테나의복사전력} = \frac{P_r}{P_{r_o}} = \left(\frac{E}{E_o}\right)^2 = \left(\frac{\frac{7\sqrt{2P_r}}{r}}{\frac{7\sqrt{P_{r_o}}}{r}}\right)^2\Big|_{(P_{r_s}=P_r)} = 2$$

답: ㉮

67. 복사전력 2[kW]의 반파장 다이폴 안테나에서 거리 1[km]인 점의 전계강도가 700[mV/m]가 되게 하자면 상대이득이 얼마인 안테나를 사용해야 하는가?

㉮ 2　　　　㉯ 3　　　　㉰ 4　　　　㉱ 5

해설

$$E = \frac{7\sqrt{G_h P_o}}{r} = \frac{7\sqrt{G_h \times 2\times10^3}}{1\times10^3} = 700\times10^{-3}, \therefore G_h = 5$$

답: ㉱

68. 어떤 안테나의 복사전력이 100[W]이고, 최대 복사 방향으로 거리 r인 점의 전계강도가 300[$\mu V/m$]이었고 같은 송신점에 반파장다이폴 안테나를 세워 복사전력 200[W]일 때 동일지점 r점에서 100[$\mu V/m$]의 전계강도가 측정 되었다면 피측정 안테나의 상대이득은 몇[dB]인가?

㉮ 9.54　　　　㉯ 12.55　　　　㉰ 15.03　　　　㉱ 20.14

해설

$$※\ G[dB] = 20\log\frac{E}{E_0} + 10\log\frac{P_0}{P} = 20\log\frac{300\times10^{-6}}{100\times10^{-6}} + 10\log\frac{200}{100} ≒ 12.55[dB]$$

답: ㉯

69. 복사저항을 R_r, 안테나의 손실저항을 R_0라 할 때 안테나 효율은?

㉮ $\eta = \dfrac{R_r + R_0}{R_r} \times 100\,[\%]$

㉯ $\eta = \dfrac{R_r}{R_r + R_0} \times 100\,[\%]$

㉰ $\eta = \dfrac{R_0}{R_r + R_0} \times 100\,[\%]$

㉱ $\eta = \dfrac{R_r + R_0}{R_0} \times 100\,[\%]$

답: ㉯

70. 방사 저항이 100[Ω]이고 손실 저항이 25[Ω]이라고 할 때 안테나의 복사 효율이 몇 [%]인가?

㉮ 60 [%]   ㉯ 70 [%]   ㉰ 80 [%]   ㉱ 90 [%]

해설 $\eta = \dfrac{P_r(복사전력)}{P_i(입력전력)} \times 100\% = \dfrac{R_r(복사저항)}{R_r + R_l(손실저항)} \times 100\% = \dfrac{100}{100+25} \times 100\% = 80\%$

답: ㉰

71. 접지안테나의 복사저항은 40.6[Ω]이고, 접지저항은 4.4[Ω]이라면 이 안테나의 효율은 얼마인가?

㉮ 10.8[%]   ㉯ 63.7[%]   ㉰ 75.4[%]   ㉱ 90.2[%]

해설 $\eta = \dfrac{P_r(복사전력)}{P_i(입력전력)} \times 100\% = \dfrac{R_r(복사저항)}{R_r + R_l(손실저항)} \times 100\% = \dfrac{40.6}{40.6+4.4} \times 100\% \fallingdotseq 90.2\%$

답: ㉱

72. 접지 안테나의 복사저항이 36.6[Ω]이고 접지저항이 4.4[Ω]이며 그 외의 손실저항이 10[Ω]이다. 이 안테나의 효율은?

㉮ 63[%]   ㉯ 72[%]   ㉰ 78[%]   ㉱ 89[%]

해설 $\eta = \dfrac{P_r(복사전력)}{P_i(입력전력)} \times 100\% = \dfrac{R_r(복사저항)}{R_r + R_l(손실저항)} \times 100\% = \dfrac{36.6}{36.6+4.4+10} \times 100\% \fallingdotseq 72\%$

답: ㉯

73. 접지저항이 5[Ω]인 $\dfrac{\lambda}{4}$ 수직접지 안테나의 복사능률 η는 얼마인가? (단, 안테나의 저항은 무시한다.)

㉮ 94 [%]   ㉯ 80 [%]   ㉰ 88 [%]   ㉱ 75 [%]

해설 $\dfrac{\lambda}{4}$안테나의 복사저항(R_r) = 36.56 [Ω], $\eta = \dfrac{R_r(복사저항)}{R_r + R_l(손실저항)} \times 100\% = \dfrac{36.56}{36.56+5} \times 100\% \fallingdotseq 88\%$ 답: ㉰

74. 복사 저항 20[Ω], 손실 저항 5[Ω]인 안테나에 100[W]의 전력이 공급되고 있을 때 방사 전력은 얼마인가?

㉮ 80 [W]   ㉯ 90 [W]   ㉰ 100 [W]   ㉱ 110 [W]

해설 $\eta = \dfrac{R_r(복사저항)}{R_r + R_l(손실저항)} = \dfrac{20}{20+5} = 0.8, \eta = \dfrac{P_r(복사전력)}{P_i(입력전력)} \times 100\% \Rightarrow P_r = \eta P_i = 0.8 \times 100 = 80\,[W]$ 답: ㉮

75. 수직 접지 안테나의 급전점 있어서 방사 저항을 20[Ω], 도체 저항 및 기타 손실로 되는 저항을 5[Ω], 안테나의 입력 전력을 500[W]로 했을 때 안테나로부터 98[km]떨어진 점의 전계 강도는 얼마인가?

   ㉮ 2.02 [mV/m]   ㉯ 2.94 [mV/m]   ㉰ 3.94 [mV/m]   ㉱ 4.94 [mV/m]

 $P_r = \eta P_i = \dfrac{20}{20+5} \times 500 = 400[W], E = \dfrac{9.8\sqrt{P_r}}{r} = \dfrac{9.8\sqrt{400}}{98 \times 10^3} = 2[mV]$ 답: ㉮

76. 주파수 600[kHz], 안테나 입력이 800[W]의 $\dfrac{\lambda}{4}$ 수직 접지 안테나에서 방사되고 있는 전파의 전계 강도를 3[km] 떨어진 점에서 측정하였더니 80[mV/m]이었다. 이 안테나의 방사 효율은?

   ㉮ 50 [%]   ㉯ 60[%]   ㉰ 75 [%]   ㉱ 85 [%]

해설 $P_r = \eta P_i$, $E = \dfrac{9.8\sqrt{P_r}}{r} = \dfrac{9.8\sqrt{\eta P_i}}{r} \Rightarrow \eta = (\dfrac{Er}{9.8})^2 \times \dfrac{1}{P_i} = 0.75$ 답: ㉰

77. 안테나의 손실 저항을 설명한 것이다 틀린 것은?

   ㉮ 도체 저항: 안테나의 도선 자신이 갖는 저항

   ㉯ 접지 저항: 접지 안테나에서 도선과 대지 사이의 접촉 저항

   ㉰ 유전체 손실 저항: 안테나 주의의 유전체에 의한 손실에 상당하는 저항

   ㉱ 누설 저항: 전계에 의한 안테나 주의의 유전체내의 손실

해설 ※ 누설 저항 손실과 코로나 손실: 애자의 절연불량으로 누설전류가 생겨 발생되는 손실 및 안테나 끝단의 고전압으로 첨단 또는 굴곡부의 공기가 국부적으로 절연파괴되는 코로나 방전이 생겨 발생되는 손실이다.
※ 와전류 손실: 안테나 주위의 도체내에 유기되어 지는 고주파 와전류에 의해 주울 열로 발생된 손실이다.
    답: ㉱

78. 안테나 도선 자신의 고주파 저항 및 연장 코일등의 저항에 따른 손실저항은?

   ㉮ 접지저항   ㉯ 도체저항   ㉰ 유전체손   ㉱ 코로나손   답: ㉯

79. 안테나의 손실 저항이 발생하는 원인이 아닌 것은?

   ㉮ 접지 저항에 의한 손실   ㉯ 복사 저항의 증가에 따른 손실
   ㉰ 도체 저항에 의한 손실   ㉱ 유전체에 의한 손실   답: ㉯

80. 다음 중 접지안테나의 능률을 나쁘게 하는 것은?

   ㉮ 복사 저항을 작게 한다.   ㉯ 코로나 손을 작게한다.
   ㉰ 접지 저항을 작게 한다.   ㉱ 실효고를 높인다.   답: ㉮

81. 접지 안테나의 손실의 대부분을 차지하는 것은?

  ⑦ 도체 저항   ④ 유전체 손실 저항

  ⑭ 코로나 손실 저항   ㉑ 접지 저항

해설 접지 안테나에서 손실의 대부분을 차지하는 저항은 접지 저항이다.   답: ㉑

82. 파장 λ인 전파의 전계 강도가 E [$\mu V/m$] 되는 지점에 $\dfrac{\lambda}{2}$ 더블렛 안테나를 설치 하였을 때 이것에 유기되는 기전력은 다음 어느 것인가? (단, 안테나는 수직 더블렛으로 하고, 전파는 수평 방향에서 오는 수직 편파로 한다.)

  ⑦ $\dfrac{\lambda}{2}E[\mu V]$ ④ $\dfrac{2}{\pi}E[\mu V]$ ⑭ $\dfrac{\lambda}{\pi}E[\mu V]$ ㉑ $E[\mu V]$

해설 $V_o = h_e \cdot E = \dfrac{\lambda}{\pi} \cdot E \left(\because \dfrac{\lambda}{2} \text{안테나의} h_e = \dfrac{\lambda}{\pi} \right)$ 답: ⑭

83. 주파수 3[MHz]의 전파를 전계 강도 2.3[mV/m]인 지점에서 $\dfrac{\lambda}{4}$ 수직 접지 안테나로 수신했을 때 이 안테나에 유기되는 전압은 얼마인가?

  ⑦ 24 [mV]   ④ 25.6 [mV]   ⑭ 33.6 [mV]   ㉑ 37 [mV]

해설 $V_o = h_e \cdot E = \dfrac{\lambda}{2\pi} \cdot E = \dfrac{100}{2\pi} \cdot 2.3[mV] = 37[mV] \left(\because \dfrac{\lambda}{4} \text{안테나의} h_e = \dfrac{\lambda}{2\pi}, \lambda = \dfrac{C}{f} = \dfrac{3 \times 10^8}{3 \times 10^6} = 100[m] \right)$ 답: ㉑

84. 전계강도가 10[mV/m]인 전파를 유호 길이 1.5[m]인 안테나로 수신했다. 수신안테나의 복사 저항 및 수신기의 입력 임피던스가 각각 300[Ω]일 때 수신 전력은 얼마인가?

  ⑦ 0.19 [μW]   ④ 2.5 [μW]   ⑭ 27 [μW]   ㉑ 360 [μW]

해설 $P_a = \dfrac{V_o^2}{4R} = \dfrac{(h_e \times E)^2}{4R} = \dfrac{(1.5 \times 10 \times 10^{-3})^2}{4 \times 300} = 0.19[\mu W]$ 답: ⑦

85. 안테나의 방사 효과를 나타내는 것 중 틀린 것은?

  ⑦ 장파 안테나 – 미터 · 암페어($h_e \cdot I$)   ④ 중파 안테나 – 이득

  ⑭ 단파 안테나 – 이득   ㉑ 초단파 안테나 – 실효 개구 면적

해설 ※ 안테나의 방사 효과

    ① 장 · 중파 안테나 – 미터 · 암페어($h_e \cdot I$)

    ② 단파 안테나 – 이득

    ③ 초단파 이상의 안테나 – 실효 개구 면적   답: ④

86. 안테나의 m-A(meter-Ampere)에 대한 설명 중 틀린 것은?

㉮ 안테나의 실효고와 기저부 전류의 곱이다.

㉯ 안테나의 복사 능력을 나타낸다.

㉰ 수신 전계 강도는 m-A에 반비례한다.

㉱ 안테나의 복사 전력은 m-A의 자승에 비례한다.

답: ㉰

87. 길이 2π [m]의 $\dfrac{\lambda}{4}$ 수직접지 안테나의 Ampere- meter를 20[A · m]로 하고자 할 때 기저부에 공급해야 할 전류는 얼마로 해야 할까?

㉮ 5[A] ㉯ 10[A] ㉰ 20[A] ㉱ 40[A]

[해설] 미터 암페어$(h_e \cdot I) = 20, I = \dfrac{20}{h_e} = \dfrac{20}{\dfrac{\lambda}{2\pi}} (\because \dfrac{\lambda}{4}$ 안테나의 $h_e = \dfrac{\lambda}{2\pi}, \lambda = 4l = 4 \times 2\pi) = 5[A]$

답: ㉮

88. 미소 다이폴 안테나의 실효면적은?

㉮ $0.119\ \lambda^2$ ㉯ $0.119\ \lambda$ ㉰ $0.113\ \lambda^2$ ㉱ $0.113\ \lambda$

[해설] ① 반파장 다이폴의 실효 면적

$$A_e = \frac{30\lambda^2}{R\pi} \fallingdotseq 0.131\lambda^2\,[\text{m}^2]$$

② 미소 다이폴의 실효 면적

$$A_e = 0.119\lambda^2\,[\text{m}^2]$$

답: ㉮

89. 주파수 100[MHz]용 반파장 다이폴 안테나의 실효면적은?

㉮ $1.178[\text{m}^2]$ ㉯ $2.238[\text{m}^2]$ ㉰ $3.256[\text{m}^2]$ ㉱ $4.167[\text{m}^2]$

[해설] ※ 반파장 다이폴의 실효 면적: $A_e = \dfrac{30\lambda^2}{R\pi} \fallingdotseq 0.131\lambda^2 \fallingdotseq 1.178[\text{m}^2]$, $(단, \lambda = \dfrac{3 \times 10^8}{100 \times 10^6} = 3)$

답: ㉮

90. 주파수 15[MHz]에서 미소 다이폴 안테나의 실효면적은 몇[㎡]인가?

㉮ $12.5[\text{m}^2]$ ㉯ $27.4[\text{m}^2]$ ㉰ $35.4[\text{m}^2]$ ㉱ $47.7[\text{m}^2]$

[해설] 미소 다이폴의 실효 면적

$$A_e = 0.119\lambda^2 = 0.119 \times 20^2 = 47.7[\text{m}^2] (\because \lambda = \frac{C}{f} = \frac{3 \times 10^8}{15 \times 10^6} = 20[m])$$

답: ㉱

91. 초단파 이상에 사용하는 안테나의 실효 개구 면적은?

㉮ $G\dfrac{\lambda^2}{4\pi}$ ㉯ $G\dfrac{\lambda}{4\pi}$ ㉰ $G\dfrac{\lambda^2}{2\pi}$ ㉱ $G\dfrac{\lambda}{2\pi}$

해설 $G_a = \dfrac{4\pi A_e}{\lambda^2} \Rightarrow A_e = G\dfrac{\lambda^2}{4\pi}$ 답: ㉮

92. 개구면이 있는 안테나의 절대이득이 1이고, 사용주파수가 10[GHz]일 때 이 안테나의 실효면적은 얼마인가?

㉮ 0.716[cm²]   ㉯ 2.39[cm²]   ㉰ 7.16[cm²]   ㉱ 22.5[cm²]

해설 $G_a = \dfrac{4\pi A_e}{\lambda^2} \Rightarrow A_e = G\dfrac{\lambda^2}{4\pi} = 1 \times \dfrac{0.03^2}{4\pi} = 0.716[\text{cm}^2]\,(\because \lambda = \dfrac{3\times10^8}{10\times10^9} = 0.03)$ 답: ㉮

Chapter 04

안테나 종류 및 특성

4.1. 안테나의 분류

1. 사용 주파수대에 의한 분류

가. 장·중파용 안테나(LF·MF) : 30[KHz]~3[MHz]

① $\frac{\lambda}{4}$ 수직 접지 안테나　② 원정관 안테나　③ Wave 안테나
④ Loop 안테나　⑤ Adcock 안테나　⑥ Bellini-tosi 안테나

나. 단파용 안테나(HF) : 3[MHz]~30[MHz]

① $\frac{\lambda}{2}$ 다이폴 안테나　② Zeppeline 안테나　③ Beam 안테나
④ Rhombic 안테나　⑤ v형 안테나　⑥ Fish bone 안테나
⑦ Comb 안테나

다. 초 단파용 안테나(VHF) : 30[MHz]~300[MHz]

① Folded 안테나　② Yagi 안테나　③ Helical 안테나
④ Coner reflector 안테나　⑤ Wip 안테나　⑥ Turnstile 안테나
⑦ Super turnstile 안테나　⑧ Super gain 안테나
⑨ 대수주기(Log periodic) 안테나

라. 극초 단파대 이상 안테나(UHF) : 300[MHz]~3[GHz]이상

① 전자 나팔 안테나　② Horn Reflector 안테나
③ Slot 안테나　④ Parabolar 안테나　⑤ Cassegrain 안테나
⑥ Lens 안테나　⑦ 유전체 안테나

2. 용도별 분류

용 도	종 류
방송용 안테나	정관용 안테나, Turnstile 안테나, Super turnstile 안테나, Super gain 안테나 등
통신용 안테나	Beam 안테나, Rhombic 안테나, Yagi 안테나, Helical 안테나 등
방향 탐지용 안테나	Loop 안테나, Adcock 안테나, Bellini-tosi 안테나 등
우주 통신용 안테나	Cassegrain 안테나

[표 4-1] 안테나의 용도별 분류

3. 동작 원리별 분류

가. 정재파 안테나

① 다이폴 안테나   ② 수직 접지 안테나

③ Beam 안테나   ④ 정재파 v형 안테나

나. 진행파 안테나

① Wave 안테나   ② Rhombic 안테나

③ 진행파 v형 안테나   ④ Fish bone 안테나

⑤ Comb 안테나   ⑥ Helical 안테나

4. 구조별 분류

가. 선상 안테나

① $\frac{\lambda}{4}$ 수직 접지 안테나   ② 역L형 안테나

③ Wave 안테나 등

나. 판상 안테나

① Coner reflector 안테나   ② Super turnstile 안테나

③ Slot 안테나 등

다. 개구면 안테나

① 전자 나팔 안테나 ② Horn Reflector 안테나
③ Parabolar 안테나 ④ Cassegrain 안테나
⑤ Lens 안테나 ⑥ 유전체 안테나 등

5. 주파수 특성에 의한 분류

가. 광대역 안테나

① 대수주기(Log periodic) 안테나 ② Helical 안테나
③ 원추형 안테나 등

나. 협내역 안테나

① 수직접지 안테나 ② 역L형 안테나 등

4.2. 장·중파(LF · MF : 30KHz ~ 3MHz)용 안테나

사용주파수가 낮고 파장이 길기 때문에 고유 파장에 맞는 안테나를 제작 또는 설치하기 곤란한 문제가 발생한다. 그러므로 안테나 길이를 짧게 하여 실효고(h_e)를 높이는 모양의 안테나가 만들어 지는데 대표적 안테나로 역L형 안테나와 정관형 안테나가 있다.

※ 장·중파대 통신의 특징
① 고유 파장의 안테나를 얻기 어려워 복사 효율이 낮고 이득이 낮다.
② 주요 전파: 지표파
③ 주요 편파: 수직 편파
④ 기본 안테나: $\frac{\lambda}{4}$ 수직 접지 안테나
⑤ 설치비가 비싸고 광대역성을 얻기 어렵다.

※ 접지 방식

장·중파대 안테나는 대전력을 공급하는 경우가 많으므로 손실저항을 경감시켜 안테나 효율을 높여야 한다. 장·중파대에서 주로 사용되는 수직 접지 안테나에서의 손실저항의 대부분은 접지저항이므로 이를 감소시키는 것이 중요하며 다음과 같은 여러 가지 접지 방법들이 사용되고 있다.

가. 심굴식 접지(지중 동판식)

- 안테나 가까운 지점에서 물이 나올 정도의 깊이에 동판을 매설하고 그 주위에 수분을 잘 흡수하는 목탄을 넣어 접촉저항을 감소시킨다.
- 접지저항은 10[Ω] 전후이다.
- 수분이 많고 대지의 도전율이 양호한 경우의 접지방식으로 소전력국의 송신용에 이용한다.

나. 방사상접지(지선망 접지)

- radial earth라 하며 지표면 하에 동선(60~240개)을 방사상으로 접지하여 안테나에서 대지로 흐르는 전류를 효율적으로 형성하여 접지 저항을 낮추는 방식이다.
- 접지 저항은 약 5[Ω] 정도이다.
- 중전력국의 송신용 안테나 접지에 이용한다.

다. 다중 접지

- 한 점의 접지로 불충분한 경우 여러 점에서 병렬로 접지시켜 접지 저항을 감소시키는 접지방식으로 공중선 전류를 기저부 부근에 밀집하는 것을 피하고 접지저항의 감소를 도모하고자할 때 사용한다.
- 접지저항은 1~2[Ω] 정도이다.
- 대전력 방송국의 안테나 접지에 이용한다.

라. Counter poise(가상접지)

- 지상고 2.5[m] 이상에 도체망을 설치하여 도체망과 대지 사이에 변위 전류가 흐르게 하여 접지하는 접지방식으로 일명 가상접지라고도 한다.
- **대지의 도전율이 극히 나쁜 곳**(건조지, 암반, 건물옥상, 지면요철이 심한 곳, 수목이

가득한 곳 등)에서 사용된다.

+ 도체망의 가설면적을 크게 해야 좋은 효과를 얻을 수 있으며 중전력용으로 사용한다.

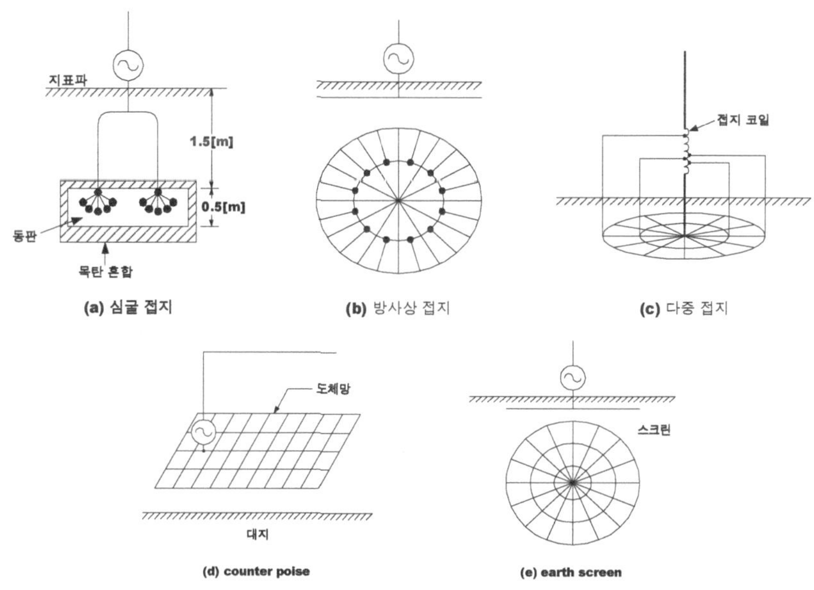

[그림 4-1] 접지 방식의 종류

1. 수직 접지 안테나

길이가 $\dfrac{\lambda}{4}$인 도선을 수직으로 세워 선단은 개방시키고 기저부는 송신기를 통해 접지하거나 직접 접지하는 방식으로 다음과 같은 구조와 지향성을 갖는다.

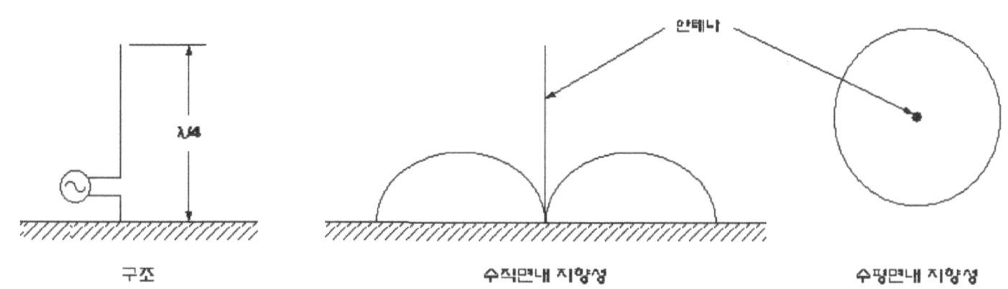

[그림 4-2] $\dfrac{\lambda}{4}$ 수직 접지 안테나

$\dfrac{\lambda}{4}$ 수직접지 안테나는 다음과 같은 특성을 갖는다.

① 실효고 : $\dfrac{\lambda}{2\pi}\,[\text{m}]$

② 복사전력 : $P_r = 160\pi^2 I^2 \left(\dfrac{h_e}{\lambda}\right)^2 \fallingdotseq 36.56 I^2 [\text{W}]$

③ 복사저항 : $R_r = 160\pi^2 \left(\dfrac{h_e}{\lambda}\right)2 \fallingdotseq 36.56 [\Omega]$

④ 전계강도 : $E = \dfrac{120\pi I h_e}{\lambda d} = \dfrac{60 I}{d} = \dfrac{9.8\sqrt{P_r}}{d} [\text{V/m}]$

효율을 고려하면 $E = \dfrac{9.8\sqrt{P_r \cdot \eta}}{d}$

⑤ 장·중파대 방송용 안테나에 사용된다.

⑥ 수직면내 지향성은 **쌍반구형**이며, 수평면내 지향성은 **무지향성**이다.

2. 역 L형 안테나

지형적으로 수직접지 안테나를 설치할 수 없는 경우 수직 안테나의 선단(정상)에서 수평으로 한 개 또는 여러 개의 도선을 설치하고 상부 정전용량을 증대시켜 실효 고를 높이는 방법으로 설치한 안테나로 선박 등의 이동국에서 고정항로의 항해용으로 사용된다.

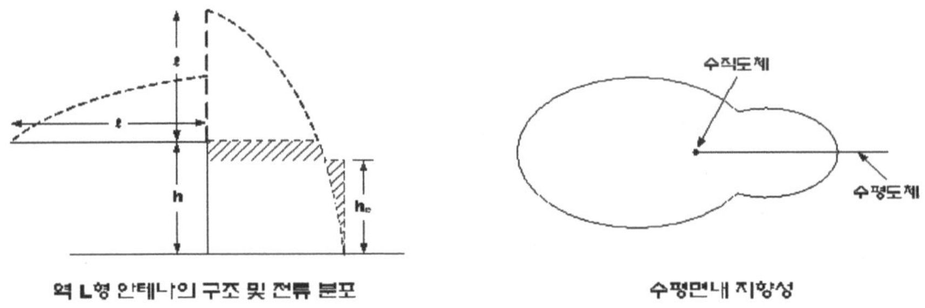

[그림 4-3] 역L형 안테나

역 L형 안테나는 다음과 같은 특징을 갖는다.

① 수평도체는 실제 전파복사에서 아무런 도움을 주지 못하므로 무효복사부라 한다.

② 수평도체와 대지 사이에는 stray capacitance(표유용량)이 병렬로 존재하게 되므로 공진주파수가 낮아진다. 즉, $f = \dfrac{1}{2\pi\sqrt{L_e C_e}}$ 이 $f = \dfrac{1}{2\pi\sqrt{L_e(C_e + C)}}$ 이 되어 공진주파수가 낮아

진다.

(여기서 C는 표유용량 값)

③ 공진주파수가 낮아지므로 긴 파장에 공진하게 된다.

④ 상부 정전용량이 증대되어 실효고가 증대된다.

⑤ 수평도체 때문에 실효 인덕턴스가 증대되며, 수직부 전류분포가 균일화 된다.

⑥ 지향특성은 수평도체의 반대방향에서 최대가 얻어진다.

⑦ **수평부(l)의 역할**: 수평도체와 대지와의 정전용량에 의해 **실효고를 높이는 역할**을 한다.

⑧ **실효고**는 $h_e = \dfrac{h(h+2l)}{2(h+l)}$ 이다.

⑨ **용도**: 지형적인 조건이 수직접지 안테나를 설치할 수 없는 경우나 선박 등의 이동국에서 고정항로의 항해용으로 사용된다.

3. 원정관(圓頂冠) 안테나

중파방송용 안테나에서는 주어진 전력으로 최대의 양청구역(service area)을 갖게 하는 것이 필요하다. 중파의 경우 주요 전파는 지표파이고 그 외의 전파는 전리층 E층에서 반사되어 수신점에 도달하게 된다. 따라서 수신점에서는 지표파와 E층 전리층 반사파가 서로 간섭을 일으켜 fading을 일으키게 되는데 이를 **근거리 fading**이라 하며 이것이 양청구역[2]을 제한하게 된다. 원관 철주나 삼각 철탑을 수직으로 설치하여 철탑자체를 도선 대신사용하고, 근거리 fading이 일어나지 않게 하기 위해서 안테나 꼭대기에 거미줄 모양의 도선을 친 원정관(top ring)을 설치한 구조의 안테나를 정관형 안테나라 한다.

정관형 안테나는 다음과 같은 특성을 갖는다.

① 정관형 안테나는 **중파대 페이딩 방지 방송용 안테나**이다.

② 정관(원정관)을 설치하므로써 **고각도 복사가 억제되어 근거리 fading을 경감시켜 양청 구역을 넓힌다.**

③ 정관과 대지 사이에는 표유용량이 병렬로 존재하게 되어 공진주파수가 낮아진다.

④ 공진 주파수가 낮아지므로 긴 파장에 공진하게 되어 실효고의 증가효과를 갖는다.

---

2) 양청구역(service area) : 지표파의 전계강도와 E층 전리층 반사파와의 전계강도가 같아지는 지점까지의 구역

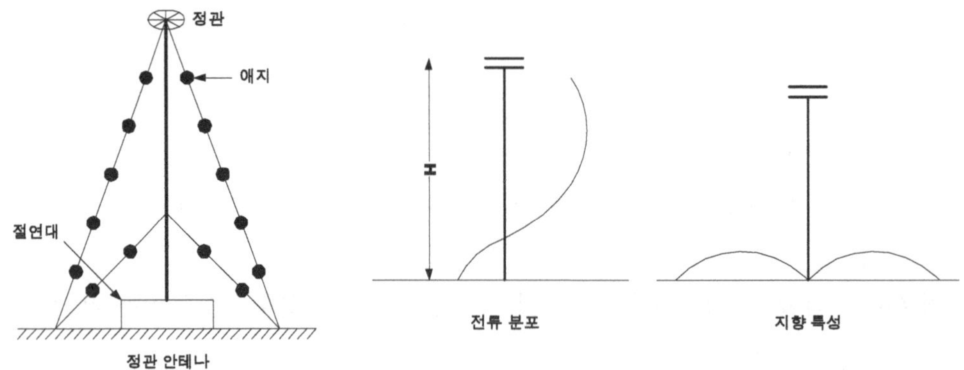

[그림 4-4] 원정관 안테나

4. 미소 Loop 안테나

그림과 같이 도선을 원형, 정사각형(정방형), 직사각형(장방형), 마름모형 등으로 1회 또는 수회 감은 구조의 안테나로 중파대의 방위 측정용으로 사용한다.

Loop 안테나는 다음과 같은 특성을 갖는다.

① 소형으로 이동이 용이하다.

② 수평면내 지향특성은 **8자 지향특성**을 나타내며, 수직면내 지향 특성은 **반원형**을 갖는다.

③ **실효고(he)**는 $\dfrac{2\pi AN}{\lambda}$[m]이며 비교적 낮다. (N:권선수, A:안테나의 단면적)

④ 전파의 도래 방향을 탐지할 수 있으나, 전후대칭이므로 전방 도래전파인지 후방 도래전파인지 결정할 수 없다.(180°**불확실성**) → **대책 안테나: Bellini-Tosi 안테나**

⑤ 야간에는 전리층 반사파의 수평 편파성분이 안테나의 수평도선에 유기되어 측정오차(**야간오차**)가 발생한다. → **대책 안테나: Adcock 안테나**

⑥ 정합이 어렵고 효율이 나쁘다.

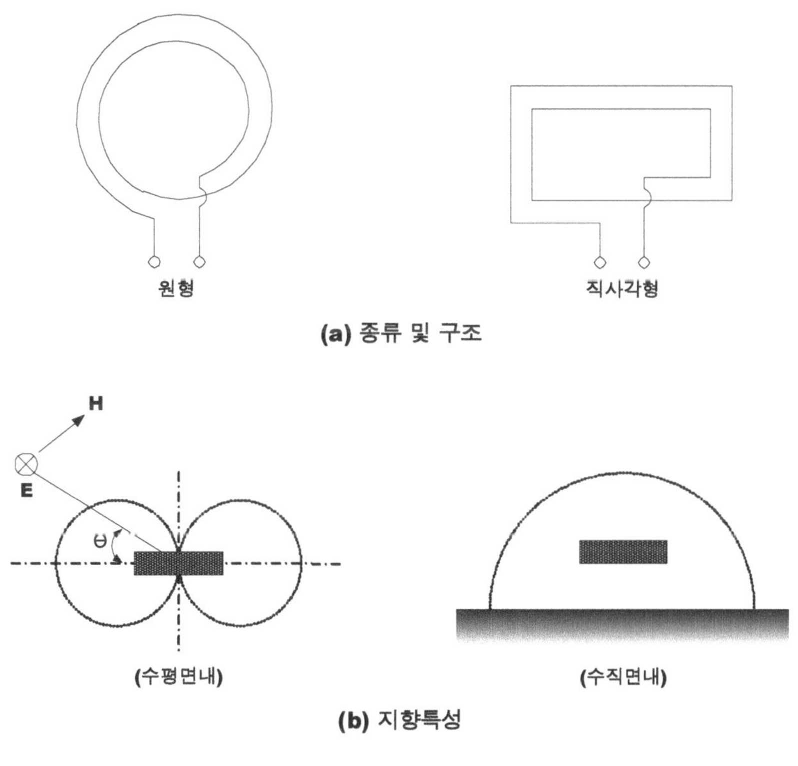

[그림 4-5] Loop 안테나

5. Bellini-Tosi 안테나

두개의 루프안테나(쌍 loop)를 서로 직각으로 고정시키고 그 각각의 안테나에 서로 직각으로 놓은 두개의 코일(고정코일)을 연결하고 이 고정 코일 내에 움직일 수 있는 코일(search coil)을 넣게 되면 안테나를 회전시키지 않고서도 회전시킨 것과 동일한 효과를 얻을 수 있다. 고정코일과 탐색코일(search coil)로 구성된 장치를 고니오미터(Goniometer)라 하고 직교 안테나와 고니오미터로 구성된 것을 Bellini-Tosi 안테나라고 한다. Bellini- Tosi에 의해 설계된 것으로 loop 안테나로서 방향을 탐지할 때 감도를 좋게 하기 위해서는 단면적이 커져야 하는데 이때는 안테나를 회전시키기가 곤란하기 때문에 안테나를 회전시키지 않고서 회전한 것과   마찬가지 기능을 갖도록 고안된 안테나이다.

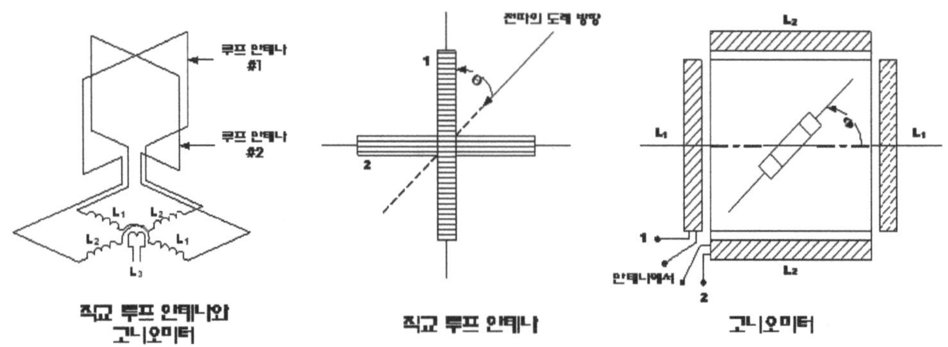

[그림 4-6] Bellini-Tosi 안테나

Bellini-Tosi 안테나는 다음과 같은 특성을 갖는다.

① 쌍 loop와 Goniometer(고니오미터)를 조합한 것으로 전파의 전·후방을 포착할 수 있다.

② $(\theta - \phi) = 90°, 270°$ 때 영감도가 되고, $(\theta - \phi) = 0°, 180°$ 때 최대감도가 되며, 감도가 최대일 때 탐색 코일과 전파 도래 방향이 일치할 때 이다.

③ 완전한 방탐용 안테나로 사용하기 위해 수직안테나와 조합해서 사용한다.

④ 용도: 자동 방향 탐지기(ADF : Automatic Direction Finding)에 사용된다.

6. Adcock 안테나

루프 안테나를 장, 중파대의 방향 탐지에 사용하는 경우 발생되는 문제점의 하나는 야간오차이다. 이는 수직편파가 전리층에 반사되는 경우 타원편파가 되고, 이 타원편파의 수평성분이 루프 안테나의 수평도체에 유기되어 방향 탐지에 오차가 생긴다. 그러므로 야간오차를 방지하려면 루프안테나의 수평도체를 제거해야한다. 따라서 루프안테나의 수평 부분을 제거한 형태(한 쌍의 수직 더블릿 안테나를 설치한 형태)또는 두 상의 수직접지안테나를 설치한 형태의 안테나로서 영국의 Adcock에 의해 설계된 안테나이다. 야간오차를 방지하기 위하여 루프안테나의 직각 방향으로 전파가 유기되면 도선에서는 동위상으로 전류가 흐르고 수신기측 코일에는 역위상이 되어 상쇄되며, 도선과 같은 방향으로 전파가 유기되면 도선에서는 역위상으로 유기 전류가 흐르며, 수신기측 코일에는 동위상이 되어 수신된다.

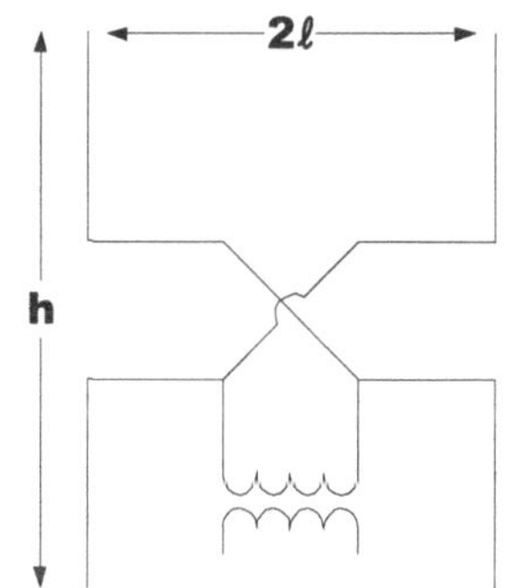

[그림 4-7] Adcock 안테나

Adcock 안테나는 다음과 같은 특성을 갖는다.

① 실효고(he)는 $\dfrac{2\pi AN}{\lambda} = \dfrac{2\pi \times 2lh \times 1}{\lambda} = \dfrac{4\pi lh}{\lambda}$ [m]이다. (N:권선수, A:안테나의 단면적)

② **수평도체가 없다.**

③ **수평편파를 수신할 수 없다.**

④ 방향탐지의 **야간오차 경감효과를** 갖는다.

7. Wave 안테나(Beverage 안테나)

지상 수미터 높이(약 5~10[m])에 사용파장 또는 수파장의 길이를 갖는 도선을 지면과 수평하게 설치하고 그 끝단에 도선의 특성 임피던스(300~500[Ω])와 같은 값을 갖는 종단저항으로 대지에 접속시킨 형태의 안테나를 Wave(Beverage) 안테나라 한다.

Wave 안테나의 특징은 다음과 같다.

① 지향성은 단향성이다.

② 주로 수백[㎑] 이하의 수신용 공중선에 쓰인다.

③ 광대역성이다.**(진행파형 공중선)**

④ 다중 수신이 가능하다.

⑤ 효율이 낮다.

⑥ 간단한 구조에 비해 이득이 크다.

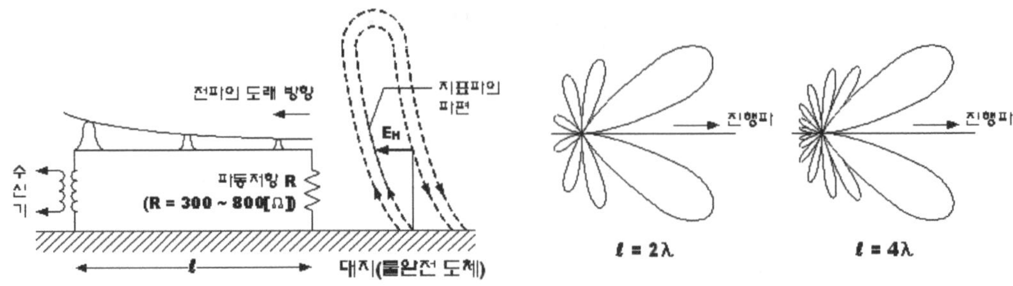

[그림 4-8] Wave 안테나

	진행파 안테나	정재파 안테나
지향성	단일 지향성	쌍방향성
이득	고이득	저이득
대역폭	광대역성	협대역성
효율	낮다	높다
부엽	많다	적다
면적	넓다	좁다
종단저항	있다	없다

[표 4-2] 진행파 안테나와 정재파 안테나의 특징 비교

4.3. 단파(HF:3∼30㎒)용 안테나

단파용 기본 안테나로는 접지할 필요가 없는 다이폴 안테나로서 대표적인 것이 반파장 다이폴 안테나이다.

※ 단파대 통신의 특징
  ① 고유 파장의 안테나를 얻기 쉽고 복사 효율이 좋다.
  ② 주요 전파: 전리층 반사파(F층)
  ③ 주요 편파: 수평 편파
  ④ 기본 안테나: $\frac{\lambda}{2}$ 수평 비접지 안테나

1. 반파장 다이폴 안테나

길이가 반파장 또는 1파장인 도선의 중앙에 급전하는 형식의 안테나를 각각 반파장 다이폴 안테나, 1파장 다이폴 안테나라고 한다.

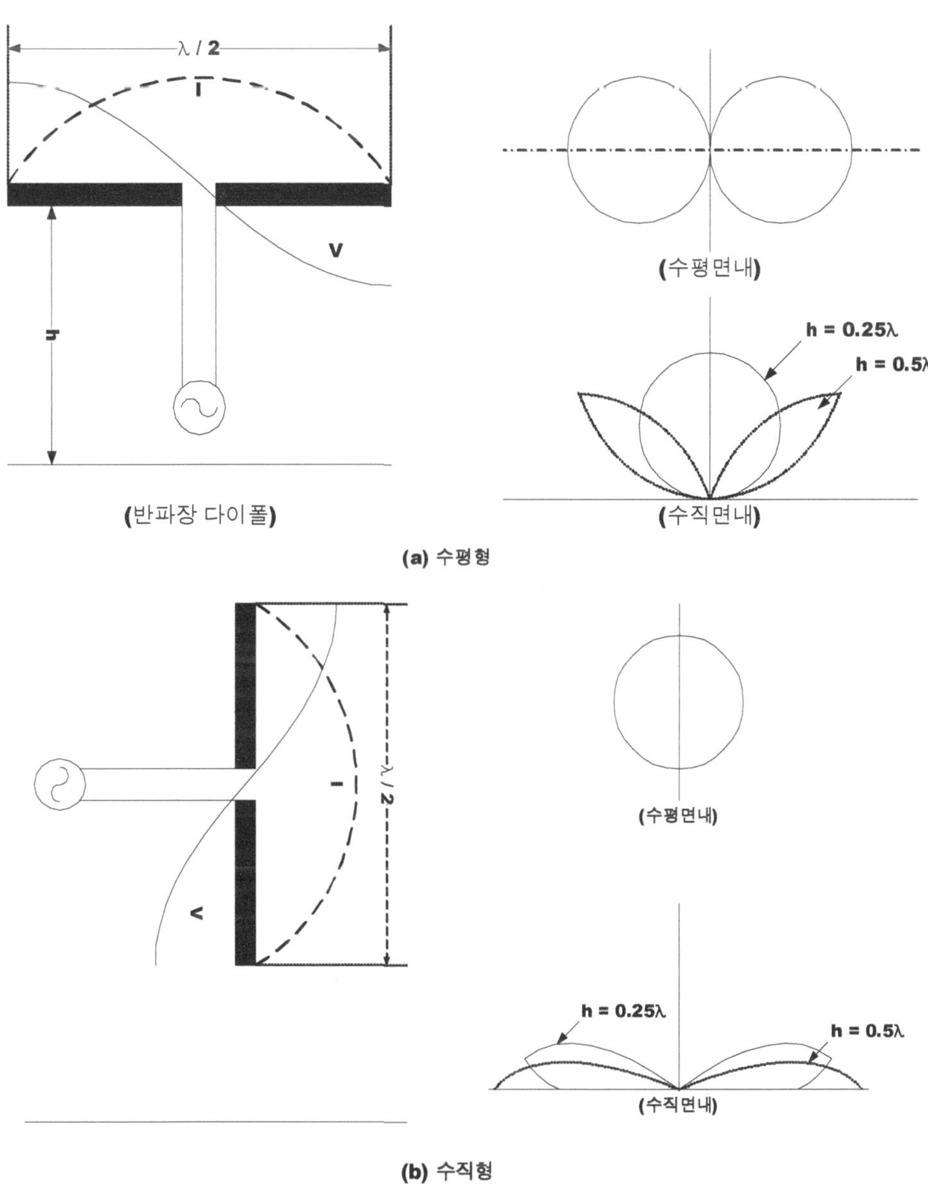

$$[\text{그림 } 4-9] \quad \frac{\lambda}{2} \text{다이폴 안테나}$$

① 실효 길이 : $\dfrac{\lambda}{\pi}$

② 전계 강도 : $E = \dfrac{60\pi Ih_e}{\lambda r} = \dfrac{60I}{r} = \dfrac{7\sqrt{P_r}}{r}\,[\text{V}/\text{m}]$

③ 반치각 : 약 $78\,^\circ$

④ 상대 이득 : $1(0[\text{dB}])$

⑤ 절대 이득 : 1.64

⑥ 실효 면적 : $0.131\lambda^2$

비교 사항	수평 다이폴	수직 다이폴
안테나 높이	비교적 낮다.	지면으로부터 방사 방해를 고려하여 높게 설치한다.
급전선의 영향	급전선과 공중선이 직각이므로 방사의 방해가 적다.	급전선과 공중선이 평행하므로 방사의 방해가 많게 되며 지향성을 교란시킨다.
수평면 지향성	8자형	무지향성
혼신 방해	적다.	크다.
잡음 방해	적다.	크다.
정합 회로	정합 회로 사용이 편리하다.	정합 회로 사용이 불편하다.

[표 4-3] 수평 다이폴과 수직 다이폴의 특성 비교

2. 제펠린(Zeppeline) 안테나

안테나의 중앙에서 급전하지 않고 안테나의 끝부분에서 급전하여 한쪽 도체만으로 반파장 다이폴 안테나의 특성을 나타내는 안테나로 일명 Zeppeline 안테나라 하며 구조가 간단하므로 반파장 다이폴 안테나의 설치 곤란한 간이 시설에 주로 사용한다.

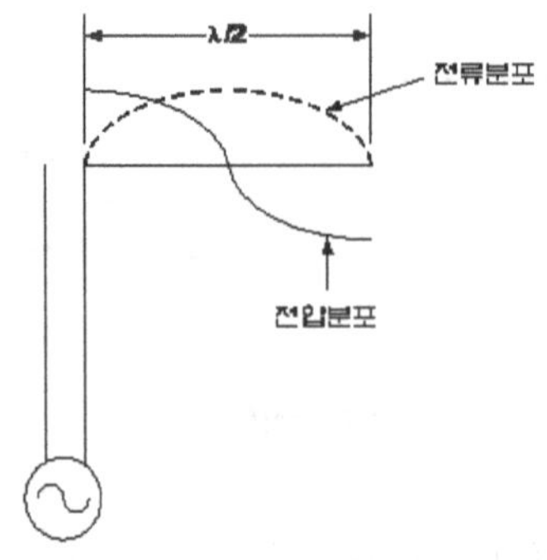

[그림 4-10] Zeppeline 안테나

① 전압급전 방식이다.

② 평형형 동조급전선을 이용한다.

③ 임피던스 정합회로는 필요 없다.

④ 정재파형 안테나이다.

⑤ 수평면내 지향특성은 8자 지향성을 나타낸다.

⑥ 용도: 구조가 간단하므로 $\dfrac{\lambda}{2}$ dipole 안테나의 설치 곤란한 간이 시설에 주로 사용한다.

3. 빔(Beam) 안테나

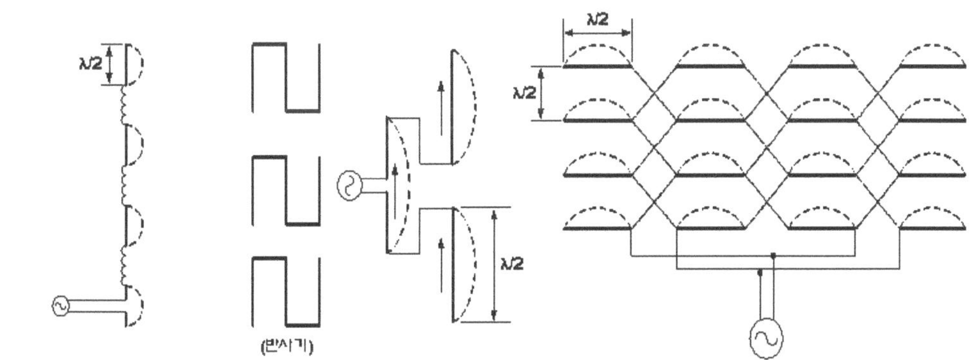

(a) 디탄형 beam antenna　　**(b) Marconi 형 beam antenna**　　**(c) Telefunken 형 beam antenna**

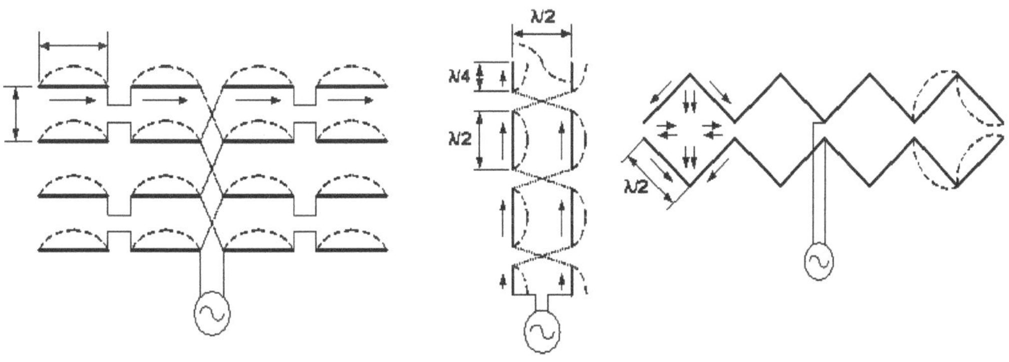

(d) 일체신성형 beam antenna　　**(e) 스텔비형 beam antenna**　　**(f) SFR형 beam antenna**

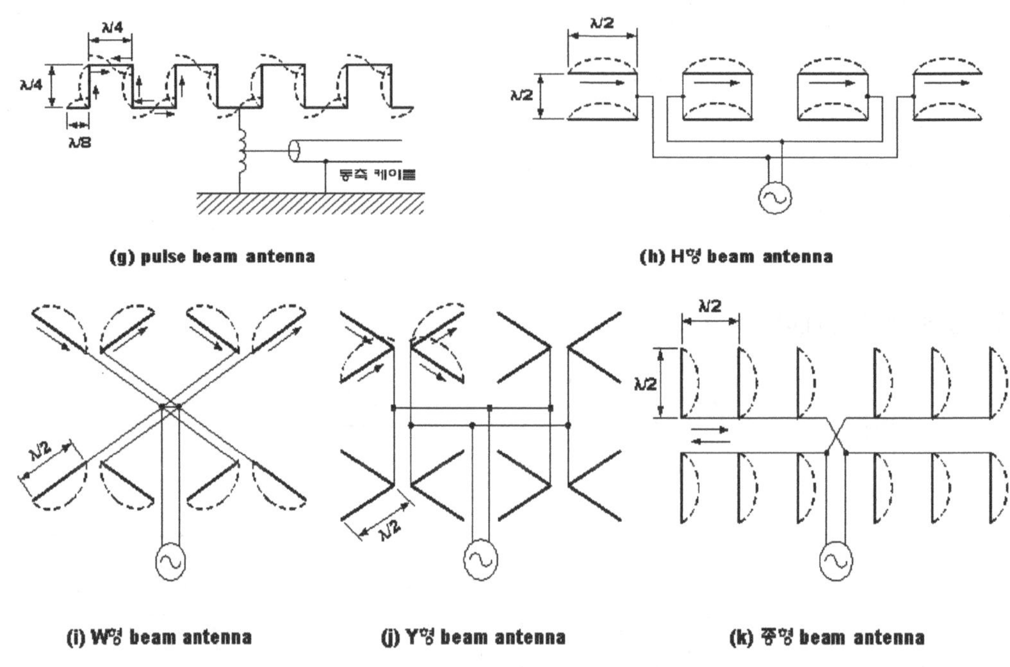

[그림 4-11] Beam 안테나

반파장 dipole 안테나 하나로는 전파 복사범위가 작고 이득도 작기 때문에 원거리 통신에는 부적당하다. 그러므로 여러 개의 소자를 평면 또는 공간상에 세로, 가로 방향으로 배열(array)하여 전자파를 어떤 특정 방향으로 집중하여 발사하거나, 수신하도록 지향성을 강조한 안테나로서 **array 안테나**라 한다. 이러한 안테나는 각각의 안테나에서 방사되는 전파 방향에 따라 합성 또는 상쇄되어 **고이득, 고지향성**을 얻을 수 있으며 크게 broadside array(가로형 배열), end-fire array(세로형 배열), phased array가 있다. 이중 broadside array의 일종인 대표적 안테나가 beam 안테나이다.

① **고이득과 고지향성**을 얻을 수 있다.

$$G(\text{이득}) = n^2 \cdot \frac{R_r}{R_o}(n : \text{소자수, } R_r : \frac{\lambda}{2}\text{안테나의 복사저항, } R_o : beam \text{ 안테나의 복사저항})$$

② 개별소자의 송신출력은 작지만 큰 복사전력을 낼 수 있다.

③ 주파수 이용도가 넓어진다.

④ 근접 주파수의 혼신, 공전 및 인공잡음의 방해가 적다.

⑤ 용도 : 단파대 고정통신에 사용된다.

4. 롬빅(Rhombic) 안테나

4개의 비 공진 도선을 다이아몬드 형으로 배치하고 종단에 도선의 특성저항과 같은 종단저항을 삽입하여 진행파만 존재하도록 한 안테나를 롬빅 안테나라고 한다.

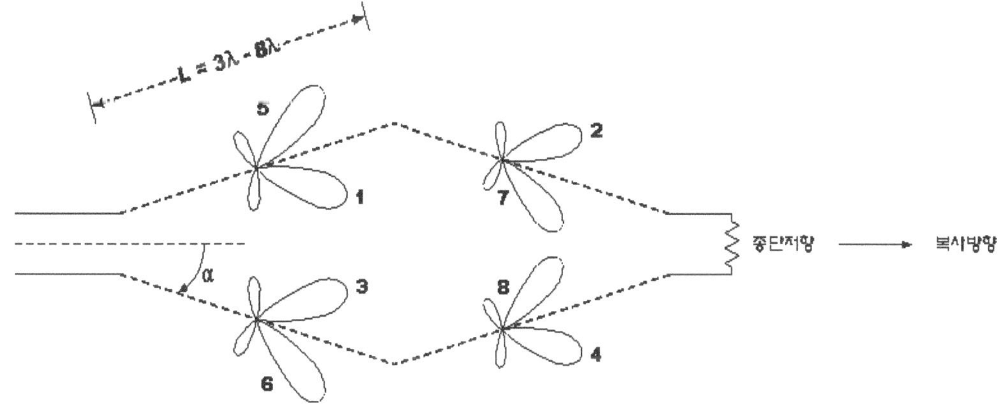

[그림 4-12] Rhombic 안테나

① 방사 빔 1,2,3,4는 합성되고 5,6 및 7,8은 상쇄되어 단향성의 예리한 지향특성을 갖는다.
② 수평편파용 안테나이다.
③ **진행파 안테나**이다.
  - 단방향성
  - 광대역성
  - 효율이 낮다.
  - sidelobe가 많다.
  - 구조는 간단하지만 이득이 크다.
④ 넓은 설치장소가 필요로 한다.
⑤ 이득은 8~13[dB]이다.
⑥ 용도 : 주로 단파 고정국 또는 해안국의 송·수신용에 사용한다.

5. 진행파 V형 안테나

롬빅 안테나의 수평부분 반만을 사용한 안테나로 각 도선의 종단에 각 도선의 파동저항과 같은 종단저항을 따로 설치한 안테나이다.

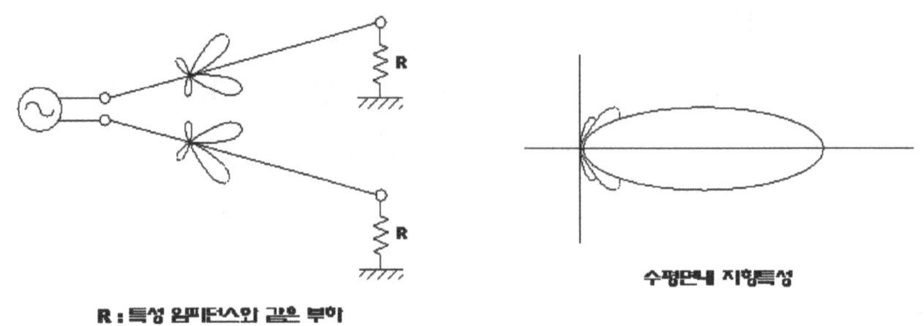

[그림 4-13] 진행파 V형 안테나

① 롬빅 안테나와 유사하나 이득은 롬빅 안테나에 비해 3[dB] 적다.

② **진행파 안테나**이다.

③ 용도: 간이형 광대역 안테나로 사용된다.

6. 정재파 V형 안테나

길이가 반파장의 n배인 고조파 안테나를 V형으로 배열한 후 한쪽은 개방하고 다른 쪽에서 여진 시키는 형태의 안테나로 단파대의 단향성, 고이득 안테나로 사용된다.

7. Fish bone 안테나(어골형 안테나)

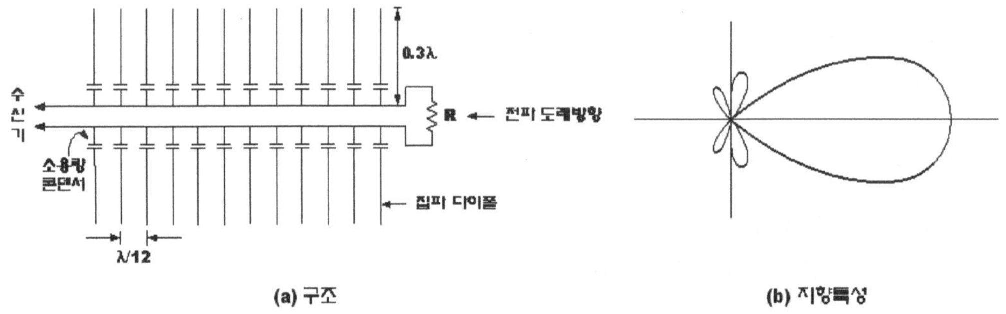

[그림 4-14] 어골형 안테나

평행2선식 급전선의 양측에 다량의 비공진소자(집파 dipole)를 미소 용량을 통하여 소결합 시키고, 종단에 파동임피던스와 같은 종단저항을 접속하여 집파 dipole에서 모은 전파와 종단저항 쪽에서 오는 전파가 급전선상에서 더해져 큰 유기기전력이 수신기 측에 전달되도록 만든 안테나이다. 집파다이폴의 배열간격은 λ/12정도이며, 양쪽에 수십 개의 집파다이폴을 설치하여 물고기의 뼈 모양을 한 형상이므로 어골형 안테나라 한다.

① **진행파형**이다.
② 광대역이다.
③ 효율이 낮은 편이다.
④ 집파다이폴을 너무 밀 결합하면 오히려 이득이 떨어진다.
⑤ 단향성이다.
⑥ 수평 편파용 안테나이다.
⑦ 용도: 단파대 수신용 안테나로 사용된다.

8. 빗형(comb) 안테나

어골형 안테나의 반을 수직으로 세워 사용하는 안테나로 효율은 나쁘지만 주로 단파대의 수신안테나로 사용되며 진행파 안테나로 수직편파를 사용한다.

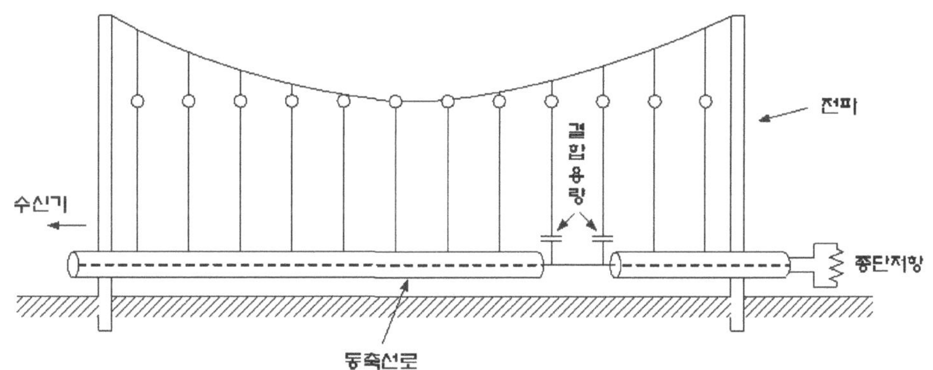

[그림 4-15] comb 안테나

4.4. 초단파(VHF:30~300㎒)용 안테나

단파대의 선형 안테나 보다 안테나 길이가 짧아지므로 복사도체를 확실한 구조로 만들어야 한다.

※ 초단파대 통신의 특징

① 초단파대는 파장이 짧기 때문에 안테나 길이가 짧아 취급하기 편리하다.

② 안테나 길이가 짧아지므로 복사도체를 확실한 구조로 만들어야 한다.(판상 안테나가 나타난다.)

③ FM 통신 방식, TV 방송 등 주파수 대역이 넓은 통신에 사용되므로 광대역성 안테나가 나타난다.

1. 접어진 안테나(Folded dipole)

반파장 dipole 안테나의 수평도체를 2중으로 만든 다음 양단을 접속시켜 복사부분을 2중으로 만든 안테나로서 단일직선 안테나에 비하여 실효면적과 복사저항이 크게 되어 광대역 특성이 되고 다소자로 구성된 안테나에서 선형안테나대신 사용하는 경우 그 안테나의 복사특성을 변화시키지 않고 입력임피던스만을 적당히 변화 시킬 수 있기 때문에 초단파대 기본안테나로 folded dipole 안테나라 한다.

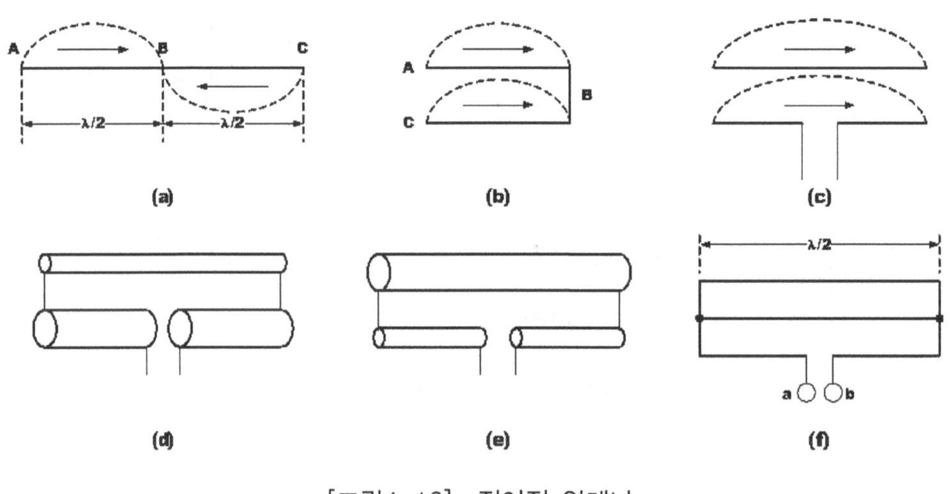

[그림4-16]   접어진 안테나

※ folded dipole의 특징

① $P = I^2 R$에 의거 $\dfrac{\lambda}{2}$ dipole의 경우 $P = 73.13 I^2$인데 folded dipole은 $\dfrac{\lambda}{2}$ dipole 전류분포의 2배가 생기므로 $P = (2I)^2 R = 4I^2 R = 4 \times 73.13 I^2 = 293 I^2$이 되어 급전점 임피던스가 293Ω(약 300Ω)이 되어 $\dfrac{\lambda}{2}$ dipole의 4배가 된다.

② 급전점 임피던스가 약 300Ω이므로 **정합회로 필요없이 평행 2선식 급전선과 직결할 수 있다.**

③ 전계강도(E), 이득(G_h), 지향성(수평면내 8자 지향성), 수신최대 유효전력은 반파장 dipole과 같다.

④ **실효길이**(h_e)는 반파장 dipole의 약 2배이며 수신안테나로 사용할 때 **개방전압**(V_o)은 반파장 dipole의 2배가 된다.

⑤ 반파장 dipole에 비해 유효단면적이 크므로 특성 임피던스가 낮아져 Q가 작아지므로써 광대역성을 갖는다.

⑥ folded dipole 안테나의 **급전점 임피던스**는 다음과 같이 구한다.

$R = 73.13 \times n^2$ (여기서, n:수평 도체의 소자 수)

2. Whip 안테나

$\dfrac{\lambda}{4}$의 수직도선을 동축케이블에 접속하고 이동체(차량, 선작, 항공기)의 외장판을 접지로 사용한 안테나로 자동차, 항공기, 선박 등의 이동통신용, 지주에 부착하여 기지국용으로 사용한다.

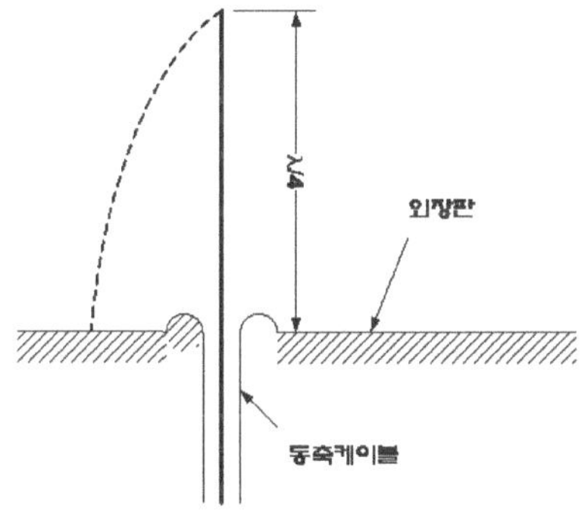

※ Whip 안테나의 특징

① 용도 : 주로 차량용 안테나로 사용하며 항공기, 선박 등 이동 통신용 안테나이다.

② 수직편파

③ 수직면내 지향특성 : 쌍반구형

수평면내 지향특성 : 무지향성

④ 복사 저항이 36[Ω] 정도로 50[Ω]의 동축케이블에 직접 접속하여 사용할 수 있다.

⑤ loading 기술을 이용하여 안테나 길이를 짧게 할 수 있다.

3. Braun 안테나

수직접지 안테나의 변형으로 동축케이블의 심선에 수직도체를 $\frac{\lambda}{4}$ 만큼 접속하고 동축 케이블의 외부도체에 길이가 $\frac{\lambda}{4}$ 인 지선을 대지에 평행하게 2~4개 부가한 것이다. 급전선의 불요파 복사가 적고 수신용으로 사용하는 경우 잡음방해가 적기 때문에 VHF대 기지국용, 옥상에 설치하여 육상이동국과의 통신용으로 많이 이용한다.

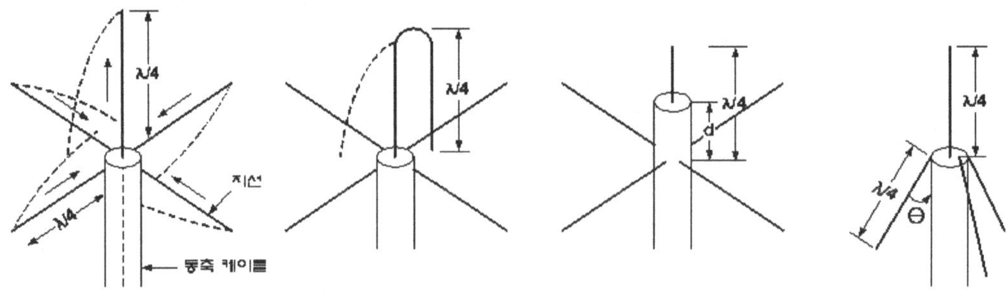

Brown 안테나는 다음과 같은 특성을 가진다.
① 지선은 대지와의 사이에 존재하는 포유용량을 통해 접지되므로 가상접지로 동작한다.
② $\frac{\lambda}{4}$ 수직접지 안테나와 등가이다(복사저항이 36.56[Ω]).
③ 구조가 간단하다.
④ 동축케이블과 임피던스 정합을 위한 방법으로 다음과 같은 방법을 사용한다.
　– 수직복사 도체를 접혀진 형태로 한다.
　– 지선의 위치를 변경한다.
　– 지선을 수직보다 지면 쪽에 경사지게 한다.
⑤ 용도: 잡음 방해가 적어서 VHF대 기지국용 안테나로 많이 사용한다.

4. 동축 다이폴(Sleeve 안테나)

동축 케이블의 심선에 수직도체를 $\frac{\lambda}{4}$ 만큼 접속한 후 외부 도체에 $\frac{\lambda}{4}$ 길이의 원통형 도체(Sleeve)를 씌워 접속하고 수직도체 선단은 개방 시킨 구조로 $\frac{\lambda}{4}$ 길이의 분기선을 사용해 반파장 다이폴처럼 만든 안테나이다. 원통형 도체의 모양이 소매(Sleeve)모양이라고 해서 Sleeve 안테나라고하며 기지국 또는 이동국용으로 사용되지만 무겁고 협대역이라는 단점이 있다.

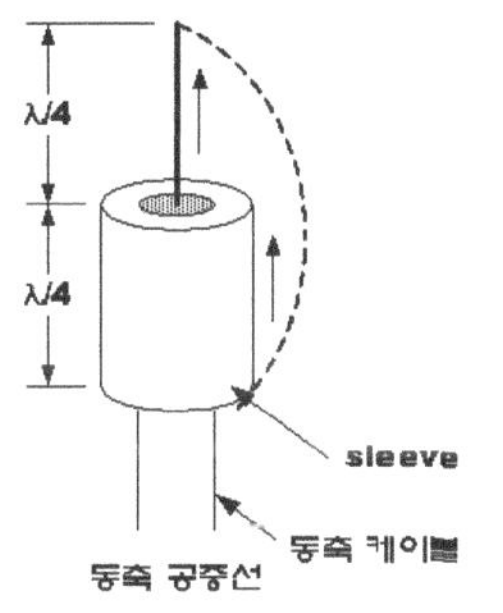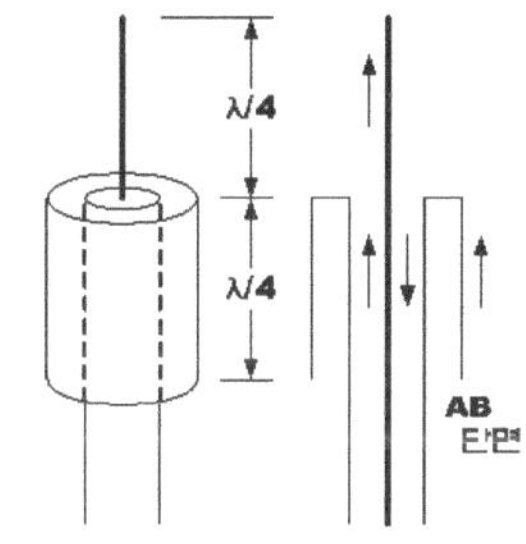

※ Sleeve 안테나의 특징

① 반파장 dipole과 동작원리가 같다.

② 급전점 임피던스가 75[Ω]이므로 동축 급전선과의 연결 시 임피던스 정합 장치가 필요 없다.

③ 수직면내 지향특성 : 8자 지향성

   수평면내 지향특성 : 무지향성

④ 협대역성을 가진다.

⑤ 슬리브가 동축케이블의 내측에서 바깥쪽으로 흐르는 불평형 전류를 저지함으로 불요 복사가 적다.

5. Yagi 안테나

급전 소자(투사기)와 무급전 소자(반사기, 도파기)로 구성되며 전방의 전계강도와 이득이 큰 단향성 안테나가로 구조가 간단하면서도 이득이 크나 협대역이라는 단점이 있다. 발명자의 이름을 따서 Yagi 안테나라고 한다.

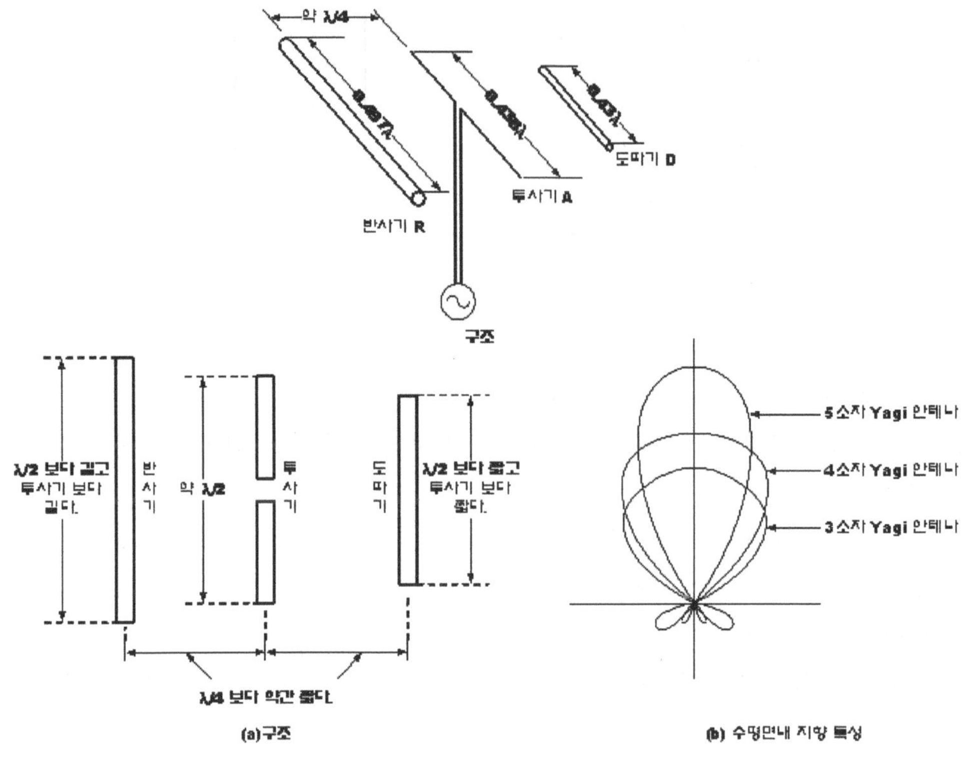

Yagi 안테나

◆ 반사기(Reflector)

$\dfrac{\lambda}{2}$ 보다 길어서 유도성분을 갖으며 전파를 반사시켜 투사기에 보내는 역할을 담당한다.

◆ 투사기(Radiator)

복사기로서 약 $\dfrac{\lambda}{2}$ 길이로 공진시켜 전파를 수신한다.

◆ 도파기(Director)

$\dfrac{\lambda}{2}$ 보다 짧아서 용량성을 갖으며 전파를 유도한다.

※ 야기 안테나의 특징

① 지향특성은 단향성이다.

② 구조가 간단하나 이득이 크다.

③ 방송 수신용 안테나로 사용된다.

④ 도파기 수를 증가시키면 이득을 높일 수 있다.

⑤ 임피던스 정합을 용이하게 하기 위하여 투사기로 folded dipole을 사용한다.

6. TV 수신용 광대역 야기 안테나

VHF TV 채널 주파수는 low band(54~88[㎒])와 high band(174~216[㎒])로 이루어져 있다. 이와 같은 두 개의 band 주파수를 하나의 안테나로 수신하려면 안테나는 광대역성을 가져야 한다.

TV 수신용 광대역 야기 안테나에는 다음과 같은 안테나가 있다.

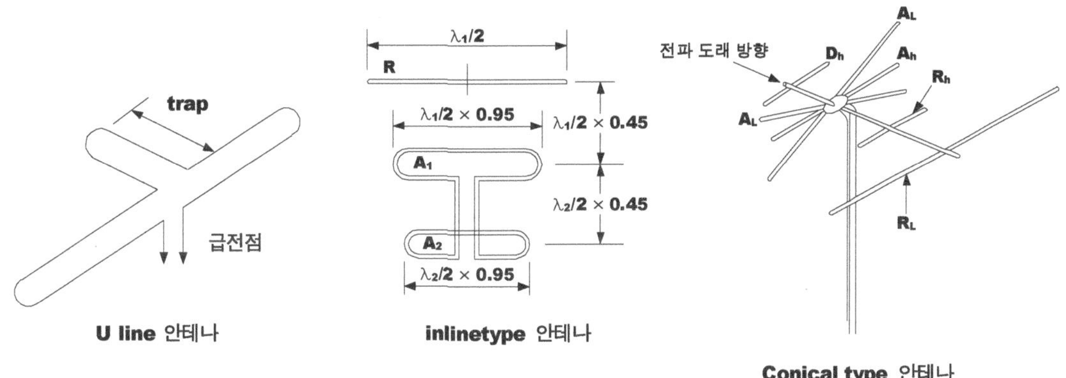

가. U line 안테나

폴디드 다이폴 안테나에 $\dfrac{\lambda}{4}$ 의 U자형 트랩을 사용하여 광대역성을 얻도록 한 안테나로 반사기 및 도파기를 설치하여 TV 수신용으로 사용한다.

나. inline형 안테나

low band에서는 R이 반사기, A_1이 수신기용 안테나, A_2가 도파기로 작용하여 6[dB] 이득을 얻을 수 있는 3소자 야기 안테나가 되고, high band에서는 A_1이 반사기 A_2가 수신용 안테나로 작용하여 3[dB] 이득을 얻을 수 있는 2소자 야기 안테나가 된다. 이와 같이 inline형 안테나는 low band에서 고이득이 되는 안테나이다.

다. conical형 안테나

low band에서는 R_L이 반사기, A_L이 수신기용 안테나로 작용하여 4[dB] 이득을 얻을 수 있는 2소자 야기 안테나가 되고, high band에서는 R_h가 반사기 A_h가 수신용 안테나, D_h가 도파기로 작용하여 6[dB] 이득을 얻을 수 있는 3소자 야기 안테나가 된다. 이와 같이 conical형 안테나는 high band에서 고이득이 되는 안테나이며, 일반적으로 주파수가 높을수록 감쇠가 커 high band TV 수상기의 감도가 저하하므로 high band에서 이득이 높은 conical형이 유리하다.

라. 복합형 안테나

투사기는 3선식 folded dipole과 유사한 구조의 복합형을 사용하고 도파기에도 광대역 특성을 갖는 특수 비 여진소자를 사용한 안테나를 사용한 안테나이다.

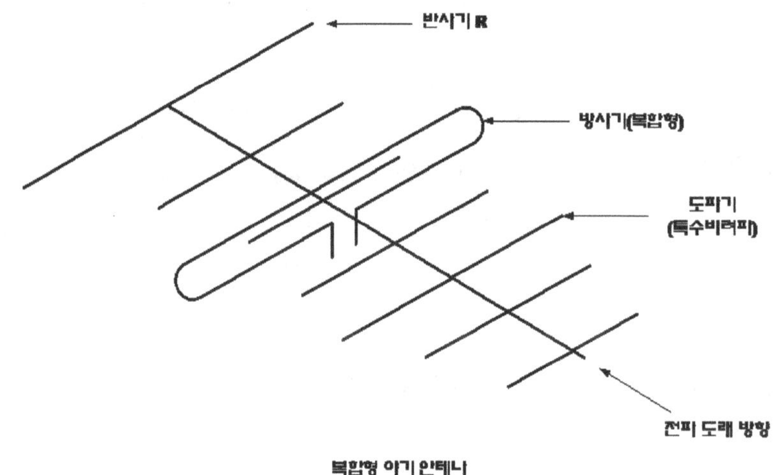

7. Coner reflector 안테나

평면반사판을 접어서 그 안의 corner 부분에 반파장 다이폴 안테나를 d만큼 떨어진 위치에 설치한 형태의 안테나로서 전파의 다중 반사가 일어나 이득이 비교적 크고 광대역성을 갖는 판상안테나의 일종으로 코너 리플렉터 안테나라고 한다.

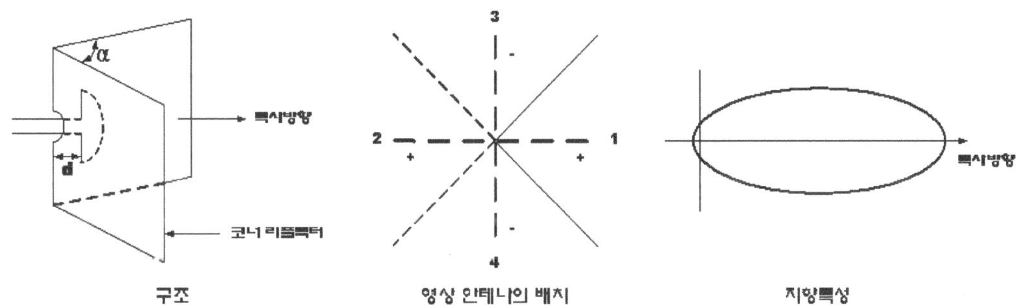

※ corner reflector 안테나의 특징

① 복사원이 되는 안테나 외에 여러 개의 영상 안테나가 생기며 이들로부터의 복사전계의 합이 전체 복사전계가 된다.

② α가 작을수록 고 이득이 된다.

③ α는 보통 $90°, 60°$를 사용하며 거리 d는 $\dfrac{\lambda}{4} \sim \dfrac{3\lambda}{4}$ 사이가 주로 선택된다.

④ **판상 안테나의** 일종이다.

⑤ **FB비가 극히 우수하다.**

⑥ 용도: 100~1000[㎒]대의 고정통신용으로 사용된다.

8. Helical 안테나

동축급전선의 중심도체에 나선형의 도체를 연결하고 동축 케이블의 외부도체는 접지평면과 연결한 형태의 안테나로 UHF, VHF대에서 고효율의 투사기로 사용한다. helical 안테나는 크게 end-fire helical 안테나와 broadside helical 안테나로 나누어진다.

가. end-fire helical(앤드 파이어 헤리컬 안테나)

동축 급전선의 중심도체에 loop 안테나를 나선형으로 배열시킨 형태의 안테나로 배열축과 나란한 방향에서 최대복사가 일어나는 helical 안테나를 end-fire helical 안테나라 하며 다음과 같은 특성을 갖는다.

① **진행파 안테나**이다.

　　가) 단향성이다.　　　　나) 광대역성이다.　　　　다) 부엽이 많다.

　　라) 효율이 낮다.　　　　마) 고 이득이다

② **나선형 안테나**라 한다.

③ **직선편파, 원편파, 타원편파** 안테나로 사용 가능하다.

④ 용도: 100~1,000[㎒]대의 고 이득 송·수신 안테나로 사용된다.

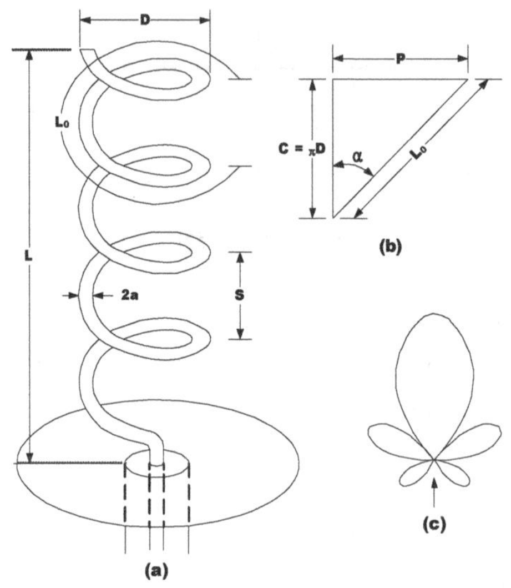

나. Broadside helical(브로드 사이드 헤리컬 안테나)

도체 원관의 중심에서 상하 반대방향으로 나선을 감고 끝을 도체 원관에 직접 단락시키고 중앙에서 급전시킨 형태의 안테나로 배열축과 직각방향에서 최대복사가 일어나는 helical 안테나를 Broadside helical 안테나라 한다. 100~1000[㎒]정도의 범위에서 사용, 수평면내 무지향성이 되므로 FM방송이나 TV의 수평편파 안테나로 사용된다.

9. 대수 주기 안테나(log periodic 안테나)

안테나 소자의 크기가 비례적으로 커지는 여러 개의 안테나 소자가 대칭으로 구성되어 광대역성을 나타내는 안테나로 Log Periodic 안테나라 한다.

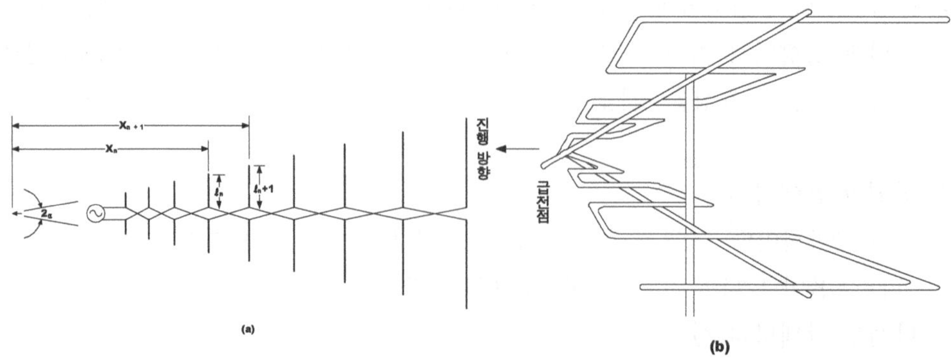

※ 대수주기 안테나의 특징
① 정 임피던스 안테나이다.
② 초 광대역성을 갖는다.
③ 자기상사 원리를 사용한다.
④ 안테나의 크기가 비례적으로 커지는 여러 개의 소자가 대칭으로 구성된다.
⑤ 용도: 단파대에서 마이크로파대까지 사용되며, 주로 초단파대에 널리 사용된다.

10. turnstile 안테나

반파장 다이폴 안테나 두 개를 대지로 부터 수평으로 직교시켜, 서로 90°의 위상차를 갖는 진폭이 같은 전류로 여진하는 안테나로 VHF대 기지국용, 초단파대 FM방송용으로 사용한다.

※ turnstile 안테나의 특징
① 수평면내 무지향성에 가깝다.(완전 무지향성은 아님)
② 이득을 증가시키기 위하여 적립하여 사용하며 적립간격 d와 이득 G는 다음과 같다.

$$d = \frac{N}{N+1}\lambda$$

$$G \fallingdotseq 1.22N\frac{d}{\lambda}$$

여기서 N : 적립단 수
③ 용도: VHF대 기지용 및 초단파대 FM 방송용 등에 사용된다.

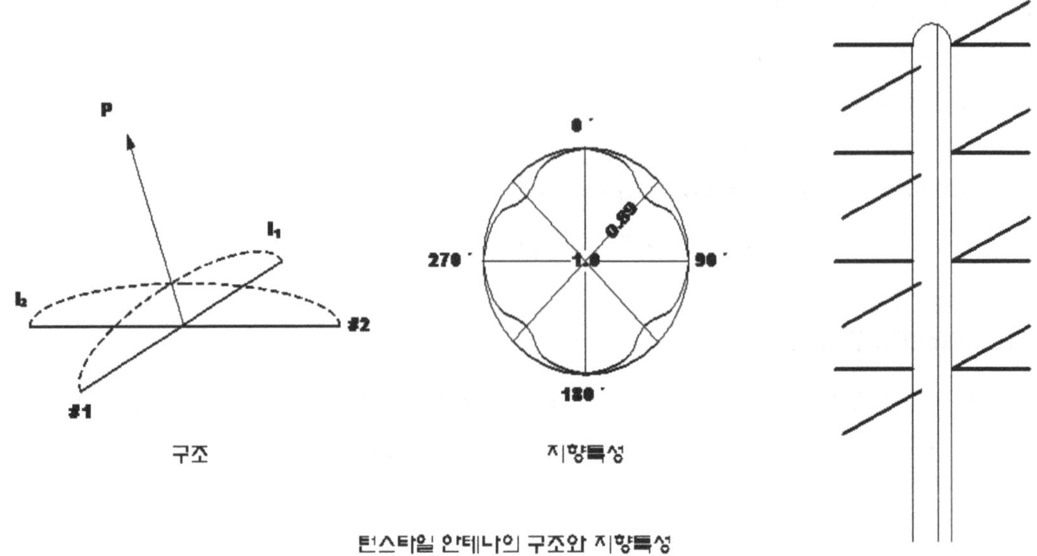

턴스타일 안테나의 구조와 지향특성

11. Super-turnstile 안테나

박쥐 날개형 안테나 2개를 직각으로 교차시켜 90°위상차를 주어 중앙에서 급전하는 안테나로 이득을 높이기 위하여 수직방향으로 6~12단 정도 적립하여 사용하며 VHF대의 TV방송용으로 사용한다.

※ Super-turnstile 안테나의 특징
  ① 수평면내 무지향성을 갖는다.
  ② 이득을 증가시키기 위하여 적립하여 사용하며 적립간격 d와 이득 G는 다음과 같다.

$$d = \frac{N}{N+1}\lambda$$

$$G \doteqdot 1.22N\frac{d}{\lambda}$$

  여기서 N : 적립단 수
  ③ 용도: VHF대 TV 방송용으로 사용된다.

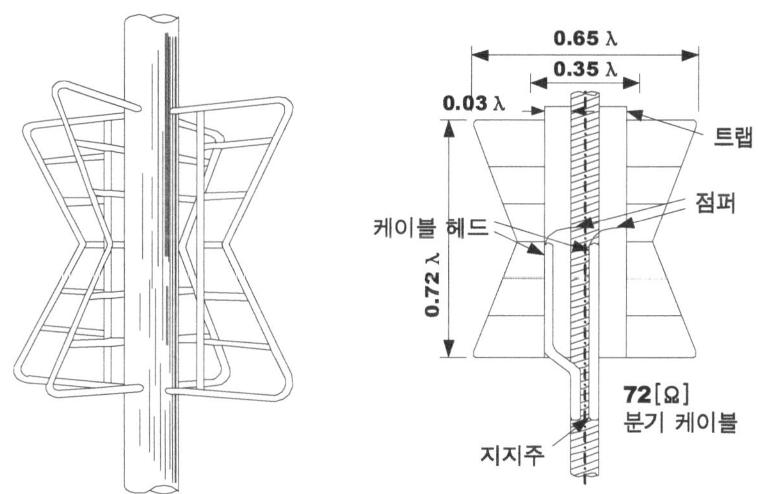

12. Super-gain 안테나

반파장 다이폴 안테나를 그대로 사용하는 경우 중심주파수에서는 리액턴스 성분을 없게 할 수 있으나 TV방송과 같은 광대역이 필요한 경우에는 반파장 다이폴 안테나를 그대로 사용할 수 없다. 따라서 광대역 특성이 요구되는 경우 원통 dipole이나 taper형 dipole을 이용하여 안테나의 Q를 낮춤으로써 광대역성을 갖게 하거나, 여기에 부가적으로 trap 회로를 사용하여 더욱 광대역성을 갖게 한다. 트랩회로와 연결된 원통형 다이폴이나 테이퍼형 다이폴소자에 후방에 반사판이 부가된 것을 슈퍼 게인 안테나라고 한다.

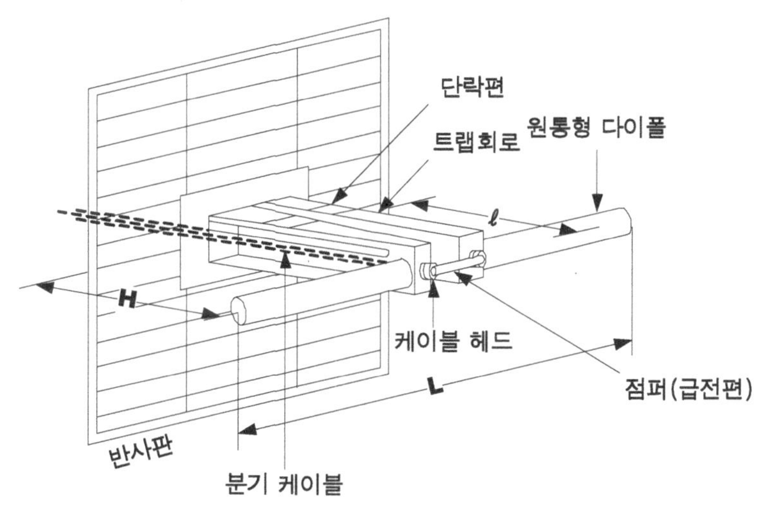

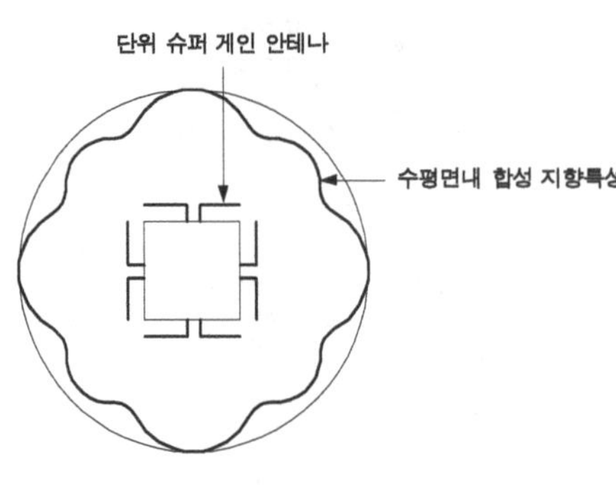

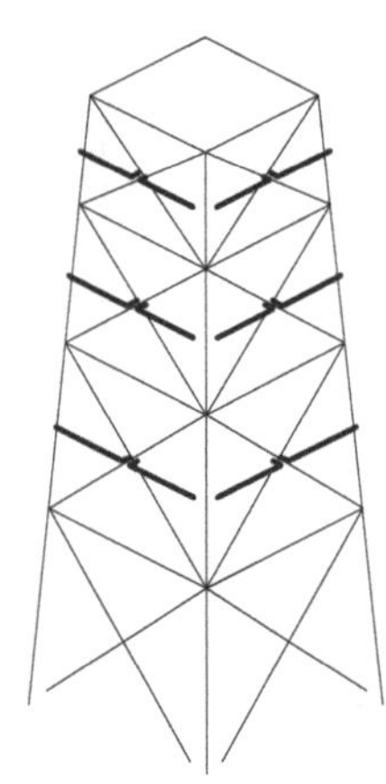

※ super-gain 안테나의 특징

① 수평면내 무지향성을 갖는다.

② 급전방식으로 동위상 급전방식과 위상차 급전방식을 사용한다.

  - 동위상 급전방식 : 사각철탑의 4면에 안테나 소자를 설치하고 notch duplexer를 이용하여 동진폭, 동위상의 전류를 급전하는 방식

  - 위상차 급전방식 : 급전전류의 위상차와 진폭을 변화시켜서 지향성을 바꿀수 있도록 철탑 4면에 설치한 이웃하는 안테나 소자를 90°씩 순차적으로 위상을 늦게하여 급전한다.

③ 이득을 증가시키기 위하여 적립하여 사용하며 적립간격 d와 이득 G는 다음과 같다.

$$d = \frac{N}{N+1}\lambda$$

$$G \fallingdotseq 1.22 N \frac{d}{\lambda}$$

여기서 N : 적립단 수

④ 한 개의 철탑을 두 방송국이 같이 사용할 때 적합하다.

⑤ 용도: 수평면내 지향 특성을 바꾸는 것이 용이하므로 현재 VHF대 TV 방송용으로 가장 많이 사용된다.

4.5. 극초단파대(UHF:300$_{MHz}$~3$_{GHz}$) 이상의 안테나

극초단파대 이상의 주파수에서는 전파의 전파손실이 아주 크게 된다. 하지만 이러한 손실에 비례해서 송신기의 출력을 증가시키기는 곤란하므로 **고이득, 고지향성**의 안테나가 필요하다. 따라서 극초단파대 이상의 파는 파장이 매우 짧고 그 성질이 빛과 매우 비슷하므로 광학의 원리와 메가폰이 음파를 일정방향으로 집중시키는 작용을 이용하여 포물형 반사기, 전자 혼, 렌즈 안테나 등을 이용 고이득, 고지향성을 얻고 있다. 또한 극초단파대 이상에서의 안테나 해석은 전력밀도, 개구면적, 개구효율, 수신전력, 절대이득 등을 이용한다.

※ 마이크로파용 안테나의 특징
① 파장이 짧기 때문에 크기를 소형화할 수 있고 **고이득**을 얻을 수 있다.
② **고지향성**이며 부엽이 적다.
③ 이득과 지향성은 안테나의 개구면적에 비례한다.

1. 전자나팔(Electromagnetic horn) 안테나

가. 구조

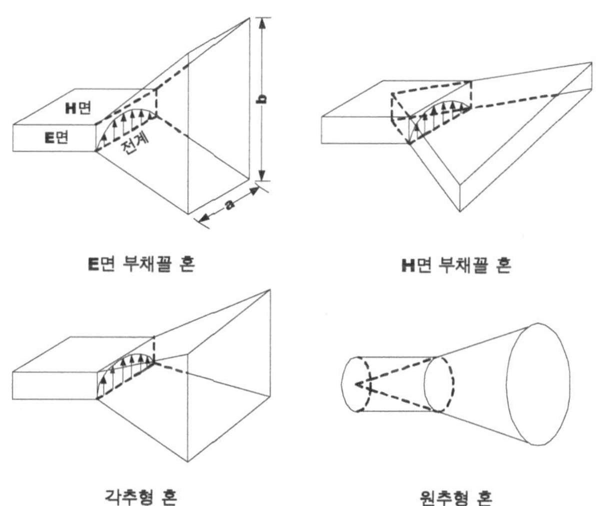

나. 원리

도파관의 한 쪽 끝에서 여진시키고 다른 쪽을 개방시키면 도파관을 전파하는 에너지는 개구단에서 공간으로 방사된다. 이때 도파관과 공간은 임피던스 정합이 되어있지 않기 때문에 에너지의 일부가 반사되어 모든 에너지가 공간으로 복사되지 않는다. 따라서 메가폰과 같이 도파관의 단면을 서서히 넓히면, 도파관의 특성임피던스는 자유공간의 특성 임피던스에 가까워 경계면에서의 반사가 적어지고, 복사 전자계에 예리한 지향성과 이득을 갖게 할 수 있다. 이때 복사되는 전자파는 구면파이나 거의 평면파로 간주해도 된다. 파라볼라 안테나 등의 1차 복사기, 전파 시험용등 으로 사용된다.

다. 특성

① 구조가 간단하고 광대역성이다.

② 부엽이 적다.

③ **절대이득**(G_a)는 $G_a = \dfrac{4\pi A_e}{\lambda^2} = \dfrac{4\pi\eta_a A}{\lambda^2}$ 이다.

④ **parabola 안테나의 1차 복사기**에 사용된다.

⑤ 지향성이 예리하다.

　　개구각(개구면적)을 일정하게 하고 혼의 길이를 길게 하는 경우.

　　혼의 길이를 일정하게 하고 개구각을 크게 하는 경우.

　　(단, 어떤 각도에서 이득이 최대가 되지만 그 개구 각을 넘으면 나빠진다.)

2. 혼 리플렉터(Horn reflector) 안테나

가. 구조

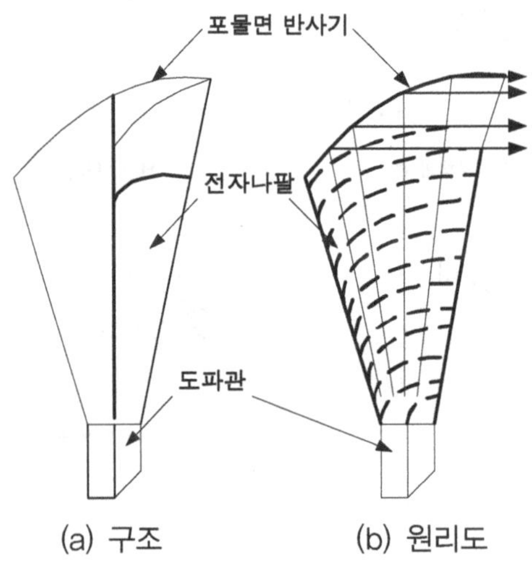

나. 원리

전자 Horn 안테나만으로 높은 이득을 얻기 어려움으로 각추 또는 원추형 전자나팔과 파라볼라 반사기의 일부를 조합한 것으로 1차 복사기의 정점과 반사기의 초점을 일치시킨 형태의 안테나로 **고이득, 저잡음성 안테나**이다.

다. 특성

① 초 광대역성이다. ② 고이득, 저잡음성 안테나이다. ③ 부엽이 적다. ④ casegrain 안테나의 1차 복사기로 쓰인다.

3. 슬롯(slot) 안테나

가. 구조

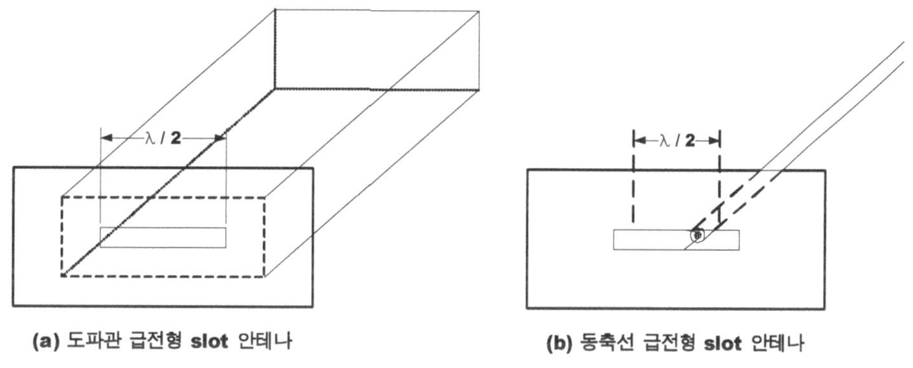

(a) 도파관 급전형 **slot** 안테나　　(b) 동축선 급전형 **slot** 안테나

나. 원리

넓은 금속판에 가늘고 긴 구멍을 뚫고 이것을 여진시켜 전파를 방사하게 만든 안테나로 Slot 또는 Slit 안테나라 한다.

다. 특성

① 급전은 평행2선식이나 동축급전선을 사용할 수 있고 동축 급전선으로 급전할 때는 정합시키기 위하여 **중앙부**에서 조금 끝쪽으로 움직인 점에서 급전한다.

② slot 길이가 $\dfrac{\lambda}{2}$에 가깝게 되면 반파 다이폴과 동일하게 효율이 좋고 강한 전파가 복사된다. 반파 다이폴과 다른 점은 전계방향이 축과 직각인 방향이다.(수평 slot에서는 수

직편파가, 수직 slot에서는 수평편파가 복사된다.)

③ **parabola 안테나의 1차복사기로 이용**된다.

④ **판상 안테나**이다.

⑤ 용도 : UHF대의 TV 방송, 선박용 레이더 안테나로 사용한다.

4. 파라볼라(Parabola) 안테나

가. 구조

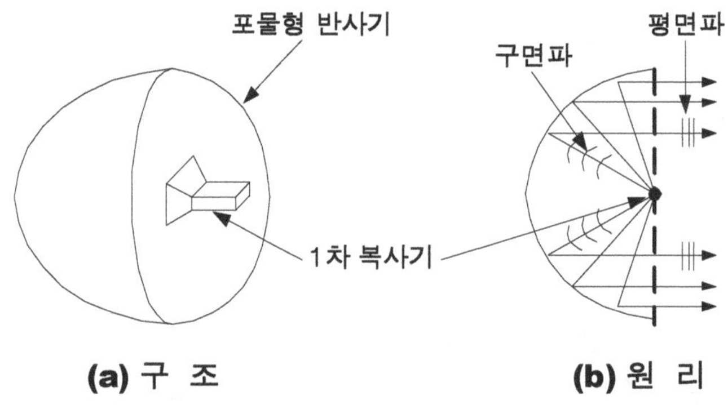

나. 원리

포물면 반사기의 초점 위치에 **1차 복사기(반사기가 붙은 반파장 다이폴, 전자나팔, 슬롯 등)**를 부가한 안테나이다. 일명 접시형(dish) 안테나라고 한다.

다. 특성

① 비교적 소형이며 구조가 간단하다.

② 부엽이 많고 협대역성이다.

③ 지향성이 예민하며 이득이 크다.

$$이득(G_a)는 \quad G_a = \frac{4\pi A_e}{\lambda^2} = \frac{4\pi\eta_a A}{\lambda^2} = (\frac{\pi D}{\lambda})^2\eta_a \, 이다.$$

여기서, η_a : 개구효율, $A(= (\frac{D}{2})^2\pi)$: 개구면적, D : 포물면의 직경

④ 1차 복사기로 반사기가 붙은 반파장 다이폴, 전자나팔, 슬롯 등이 사용된다.

⑤ 용도 : 극초단파(마이크로파)고정 통신용, 선박용 레이다(RADAR)송신기용, 위성통신용으로 사용된다.

5. 카세그레인(Cassegrain) 안테나

가. 구조

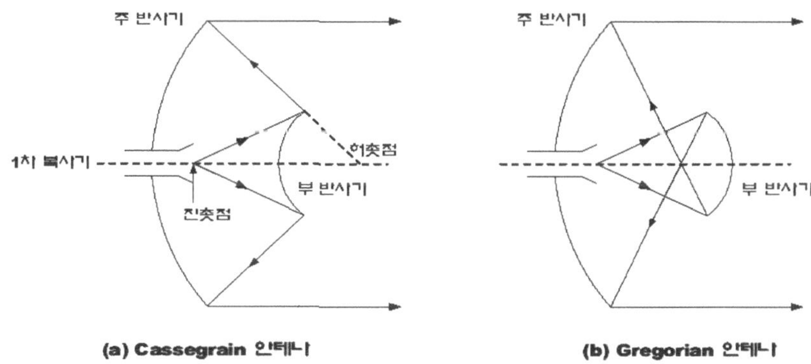

나. 원리

광학의 Cassegrain 망원경의 원리를 이용한 것으로, 1개의 1차 복사기와 2개의 반사기로 구성된 안테나로 1차 복사기는 주 반사기쪽에 부 반사기는 초점보다 조금 앞쪽에 설치한다. 부 반사기를 볼록 렌즈를 사용하면 카세그레인(Cassegrain) 안테나, 오목 쌍곡면을 사용하면 그레고리(Gregorian) 안테나라고 한다.

다. 특성

① 1차 복사기와 송수신가 직결되기 때문에 전송 손실이 적다.
② 부엽이 적다.
③ 용도: **고이득 저잡음** 특성을 이용한 **위성 통신 지구국용 안테나**로 사용된다.

6. 기타 안테나

※ 렌즈(Lens) 안테나
파라볼라 안테나는 길이를 짧게 하기위해 포물면 반사기를 사용하여 평면파로 바꾸고 필요한 이득을 얻었으나 렌즈 안테나는 반사기를 사용하지 않고 동위상의 평면파와 필요한 이득을 얻는 안테나이다.
　(1) 유전체 렌즈(dielectric lens, metalic delay lens)
　(2) 금속(metal) 렌즈

※ 유전체 안테나

※ 반사판 안테나

◆ 안테나의 방사효과를 표현하는 방법

① 장·중파대 안테나 ⇨ 미터·암페어($h_e \cdot I$)

② 단파대 안테나 ⇨ 이득(G)

③ 초단파대이상 안테나 ⇨ 실효개구 면적(A_e)

※ 마이크로 스트립 안테나(microstrip antenna)

마이크로스트립 선로가 개방된 윗면을 통해 고주파를 방사하는 원리를 이용한 소형 평면 안테나.

마이크로스트립은 유전체 판의 한 면을 접지 판으로 하고 다른 면은 스트립 선로나 슬롯 선로로 회로를 구성하는 것으로 인쇄기판으로 제작하기 때문에 제작이 쉽고, 대량 생산에 적합하며 높이가 낮고 견고하다는 등의 여러 가지 특징이 있다. 마이크로스트립 안테나는 대역이 좁고 이득이 낮은 단점은 있으나, 같은 기판 위에 다른 마이크로 집적 회로(IC) 소자들과 쉽게 결합할 수 있어 휴대폰과 같은 밀리미터 대역의 소형기기에 많이 사용된다. 정 방향으로 한 마이크로스트립 안테나를 네모형 패치 안테나, 원으로 한 것을 원형 패치 안테나라고 하며, 배열 안테나(어레이 안테나)의 개별 안테나 소자로도 이용된다.

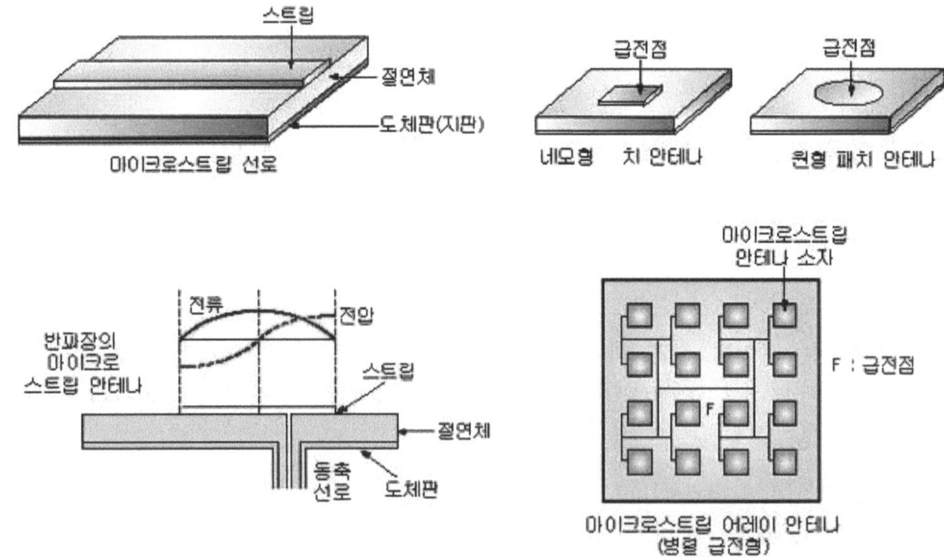

특징

① TEM파에 가까운 전송모드가 되어 파형왜곡이 매우작다.

② 높은 주파수까지 사용가능하며 제작이 용이하고 제작비용이 적게 든다.

③ 손실이 비교적 크고 이득이 작다.

④ 효율이 낮다.

⑤ 대역폭이 좁다.

⑥ 선형 및 원형편파가 가능하다.

단원별 요약정리

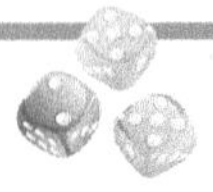

4.1. 안테나의 분류

1. 사용 주파수대에 의한 분류 ★★★

가. 장·중파용 안테나(LF·MF) : 30[KHz]~3[MHz]

① $\frac{\lambda}{4}$ 수직 접지 안테나　　② 원정관 안테나　　③ Wave 안테나
④ Loop 안테나　　⑤ Adcock 안테나　　⑥ Bellini-tosi 안테나

나. 단파용 안테나(HF) : 3[MHz]~30[MHz]

① $\frac{\lambda}{2}$ 다이폴 안테나　　② Zeppeline 안테나　　③ Beam 안테나
④ Rhombic 안테나　　⑤ v형 안테나　　⑥ Fish bone 안테나
⑦ Comb 안테나

다. 초 단파용 안테나(VHF) : 30[MHz]~300[MHz]

① Folded 안테나　　② Yagi 안테나　　③ Helical 안테나
④ Coner reflector 안테나　　⑤ Wip 안테나　　⑥ Turnstile 안테나
⑦ Super turnstile 안테나　　⑧ Super gain 안테나
⑨ 대수주기(Log periodic) 안테나

라. 극초 단파대 이상 안테나(UHF) : 300[MHz]~3[GHz]이상

① 전자 나팔 안테나　　② Horn Reflector 안테나
③ Slot 안테나　　④ Parabolar 안테나　　⑤ Cassegrain 안테나
⑥ Lens 안테나　　⑦ 유전체 안테나

2. 용도별 분류

용 도	종 류
방송용 안테나	정관용 안테나, Turnstile 안테나,Super turnstile 안테나, Super gain 안테나 등
통신용 안테나	Beam 안테나, Rhombic 안테나, Yagi 안테나, Helical 안테나 등
방향 탐지용 안테나 ★★★	Loop 안테나, Adcock 안테나, Bellini-tosi 안테나 등
우주 통신용 안테나 ★★★	Cassegrain 안테나

3. 동작 원리별 분류

가. 전재파 안테나

① 다이폴 안테나　　　　　　② 수직 접지 안테나
③ Beam 안테나　　　　　　④ 정재파 v형 안테나

나. 진행파 안테나 ★★★

① Wave 안테나　　　　　　② Rhombic 안테나
③ 진행파 v형 안테나　　　　④ Fish bone 안테나
⑤ Comb 안테나　　　　　　⑥ Helical 안테나

4. 구조별 분류

가. 선상 안테나

① $\frac{\lambda}{4}$ 수직 접지 안테나　　　　② 역L형 안테나
③ Wave 안테나 등

나. 판상 안테나

① Coner reflector 안테나　　② Super turnstile 안테나
③ Slot 안테나 등

다. 개구면 안테나 ★★

① 전자 나팔 안테나 　　② Horn Reflector 안테나

③ Parabolar 안테나 　　④ Cassegrain 안테나

⑤ Lens 안테나 　　⑥ 유전체 안테나 등

5. 주파수 특성에 의한 분류

가. 광대역 안테나

① 대수주기(Log periodic) 안테나 ★★★

② Helical 안테나 　　③ 원추형 안테나 등

나. 협대역 안테나

① 수직접지 안테나 　　② 역L형 안테나 등

4.2. 장·중파(LF·MF:30KHz ~ 3MHz)용 안테나

※ 장·중파대 통신의 특징 ★★★

① 고유 파장의 안테나를 얻기 어려워 복사 효율이 낮고 이득이 낮다.

② 주요 전파: 지표파

③ 주요 편파: 수직 편파

④ 기본 안테나: $\frac{\lambda}{4}$ 수직 접지 안테나

⑤ 설치비가 비싸고 광대역성을 얻기 어렵다.

※ 접지 방식

장·중파대에서 주로 사용되는 수직 접지 아테나에서의 손실저항의 대부분은 접지저항
이므로 이를 감소시키는 것이 중요하며 다음과 같은 접지방식들이 사용되고 있다.

① 심굴식 접지(지중동판식) 　　② 방사상접지(지선망접지)

③ 다중 접지 　　④ Counter poise(가상접지) ★★

- 지상고 2.5[m] 이상에 도체 망을 설치하는 방식으로 도체 망과 대지 사이에 변위 전류가 흐르게 하여 접지하는 접지 방식으로 일명 가상접지라고도 한다.
- **대지의 도전율이 극히 나쁜 곳**(건조지, 암반, 건물옥상, 지면요철이 심한 곳, 수목이 가득한 곳 등)에서 사용된다.

1. 수직 접지 안테나 ★★★

※ $\dfrac{\lambda}{4}$ 수직접지 안테나 특징

① 실효고 : $\dfrac{\lambda}{2\pi}$ [m]

② 복사전력 : $P_r = 160\pi^2 I^2 \left(\dfrac{h_e}{\lambda}\right)^2 \fallingdotseq 36.56 I^2 [\mathrm{W}]$

③ 복사저항 : $R_r = 160\pi^2 \left(\dfrac{h_e}{\lambda}\right)^2 \fallingdotseq 36.56 [\Omega]$

④ 전계강도 : $E = \dfrac{120\pi I h_e}{\lambda d} = \dfrac{60 I}{d} = \dfrac{9.8 \sqrt{P_r}}{d}$ [V/m]

⑤ 장·중파대 방송용 안테나에 사용된다.

⑥ 수직면내 지향성은 **쌍반구형**이며, 수평면내 지향성은 **무지향성**이다.

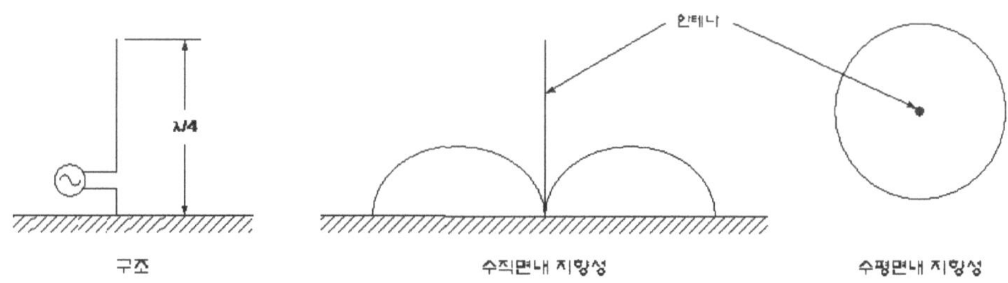

2. 역 L형 안테나 ★★

※ 역 L형 안테나 특징

① **수평부(l)의 역할**: 수평도체와 대지와의 정전용량에 의해 **실효고를 높이는** 역할을 한다.

② 수평도체는 실제 전파복사에서 아무런 도움을 주지 못하므로 무효 복사부라 한다.

③ **실효고**는 $h_e = \dfrac{h(h+2l)}{2(h+l)}$ 이다.

④ **용도**: 수직접지 안테나를 설치 곤란한 경우나 선박 등의 이동국에서 고정항로의 항해

용으로 사용된다.

3. 원정관(圓頂冠) 안테나 ★★★

※ 정관형 안테나 특징
① **중파대 페이딩 방지 방송용 안테나이다.**
② 정관을 설치하므로 써 **고각도 복사가 억제되어 근거리 fading을 경감시켜 양청구역을 넓힌다.**
③ 정관과 대지 사이에는 표유용량이 병렬로 존재하게 되어 **공진주파수가 낮아진다.**
④ 공진파장이 증가하므로 **실효고의 증가효과를 갖는다.**
⑤ **복사저항이 증가한 결과가 되어 효율이 증가한다.**

4. 미소 Loop 안테나 ★★★

※ Loop 안테나 특징
① 소형으로 이동이 용이하다.
② 수평면내 지향특성은 **8자 지향특성**을 나타내며, 수직면내 지향 특성은 **반원형**을 갖는다.

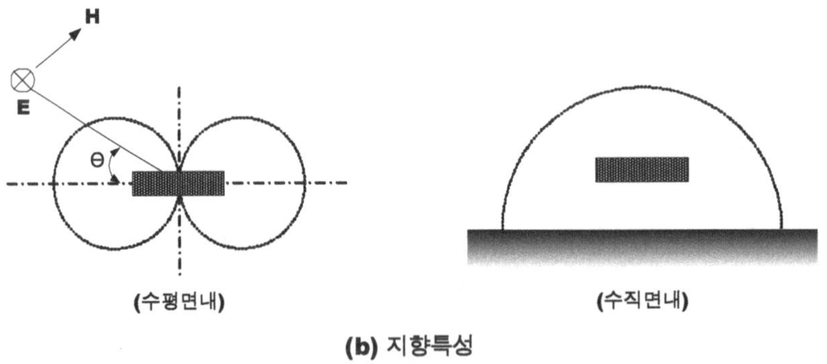

(b) 지향특성

③ **실효고(he)는** $\dfrac{2\pi AN}{\S_r}$ [m]이며 비교적 낮다. (N:권선수, A:안테나의 단면적)
④ 전파의 도래 방향을 탐지할 수 있으나, 전후대칭이므로 전방 도래전파인지 후방 도래전파인지 정확히 알 수 없다.(180° **불확실성**) → **대책 안테나: Bellini-Tosi 안테나**
⑤ 야간에는 전리층 반사파(E층)의 수평 편파성분이 안테나의 수평도선에 유기되어 측정오차**(야간오차)**가 발생한다. → **대책 안테나: Adcock 안테나**

5. Bellini-Tosi 안테나 ★★

※ Bellini-Tosi 안테나 특징

① 쌍 loop와 Goniometer(고니오미터)를 조합한 것으로 전파의 전·후방을 포착할 수 있다.

② $(\theta-\phi)=90°,270°$ 때 영감도, $(\theta-\phi)=0°,180°$ 때 최대감도가 되며, 감도가 최대일 때 탐색 코일과 전파 도래 방향이 일치할 때 이다.

③ 완전한 방탐용 안테나로 사용하기 위해 수직안테나와 조합해서 사용한다.

6. Adcock 안테나 ★★

※ Adcock 안테나 특징

① 실효고(he)는 $\dfrac{2\pi AN}{\lambda}=\dfrac{2\pi \times 2lh \times 1}{\lambda}=\dfrac{4\pi lh}{\lambda}$ [m] 이다. (N:권선수, A:안테나의 단면적)

② 수평도체가 없다.

③ 수평편파를 수신할 수 없다.

④ 야간오차 경감효과를 갖는다.

7. Wave 안테나(Beverage 안테나) ★★★

※ Wave 안테나의 특징

① 진행파 안테나

② 주로 수백[㎑] 이하의 수신용 공중선에 쓰인다.

③ 광대역성이다.

④ 다중 수신이 가능하다.

⑤ 효율이 낮다.

⑥ 간단한 구조에 비해 이득이 크다.

	진행파 안테나	정재파 안테나
지향성	단일 지향성	쌍방향성
이득	고이득	저이득
대역폭	광대역성	협대역성
효율	낮다	높다
부엽	많다	적다
면적	넓다	좁다
종단 저항	있다	없다

4.3. 단파(HF:3∼30㎒)용 안테나

※ 단파대 통신의 특징 ★★★

① 고유 파장의 안테나를 얻기 쉽고 복사 효율이 좋다.

② 주요 전파: 전리층 반사파(F층)

③ 주요 편파: 수평 편파

④ 기본 안테나: $\frac{\lambda}{2}$ 수평 비접지 안테나

1. 반파장 다이폴 안테나 ★★★

※ $\frac{\lambda}{2}$ dipole 안테나 특징

① 실효 길이 : $\frac{\lambda}{\pi}$

② 전계 강도 : $E = \dfrac{60\pi I h_e}{\lambda r} = \dfrac{60I}{r} = \dfrac{7\sqrt{P_r}}{r}\,[\text{V/m}]$

③ 실효 면적 : $0.131\lambda^2$

비교 사항	수평 다이폴	수직 다이폴
안테나 높이	비교적 낮다.	지면으로부터 방사 방해를 고려하여 높게 설치한다.
급전선의 영향	급전선과 공중선이 직각이므로 방사의 방해가 적다.	급전선과 공중선이 평행하므로 방사의 방해가 많게 되며 지향성을 교란 시킨다.
수평면 지향성	8자형	무지향성
혼신 방해	적다.	크다.
잡음 방해	적다.	크다.
정합 회로	정합 회로 사용이 편리하다.	정합 회로 사용이 불편하다.

2. Zeppeline 안테나 ★★

※ Zeppeline 안테나 특징

① **전압급전 방식**이다.

② 평형형 동조급전선을 이용한다.

③ 임피던스 정합회로는 필요 없다.

④ 정재파형 안테나이다.

⑤ 수평면내 지향특성은 8자 지향성을 나타낸다.

⑥ 용도: 구조가 간단하므로 $\frac{\lambda}{2}$ dipole 안테나의 설치 곤란한 간이 시설에 주로 사용한다.

3. Beam 안테나 ★★

※ beam 안테나의 특징
① **고이득과 고지향성**을 얻을 수 있다.
$$G(\text{이득}) = n^2 \cdot \frac{R_r}{R_o} \ (n : \text{소자수}, \ R_r : \frac{\lambda}{2}\text{의 복사저항}, \ R_o : beam\text{의 복사저항})$$
② 개별소자의 송신출력은 작아도 큰 복사전력을 낼 수 있어 경제적이다.
③ 주파수 이용도가 넓다.
④ 근접 주파수의 혼신, 공전 및 인공잡음의 방해가 적다.

4. 롬빅(Rhombic) 안테나 ★★

4개의 도선을 다이아몬드 형으로 배치하고, 종단에 종단저항을 달아 진행파만 존재하도록 한 안테나로 **다이아몬드형 안테나**라 한다.

※ 롬빅 안테나의 특징
① **진행파 안테나**이다.
　-단방향성 -광대역성 -효율이 낮다 -부엽이 많다 -이득이 크다 -설치 면적 넓다
　-종단저항 필요

5. 진행파 V형 안테나

진행파 안테나이다.

6. 정재파 V형 안테나

7. Fish bone 안테나(어골형 안테나)

집파 dipole에서 모은 전파와 종단저항 쪽에서 오는 전파가 급전선상에서 더해져 큰 유기 기전력이 수신기 측에 유기된다. 그러나 반대 방향에서 도래되는 전파는 종단저항에 흡수되므로 파가 한 방향으로만 진행하는 **진행파 안테나**가 된다.

8. comb 안테나(빗형 안테나)

진행파 안테나이다.

4.4. 초단파(VHF:30~300㎒)용 안테나

1. 접어진 안테나(Folded dipole) ★★

※ folded dipole 특징

① $P = I^2 R$에 의거 $\frac{\lambda}{2}$ dipole의 경우 $P = 73.13 I^2$인데 folded dipole $\frac{\lambda}{2}$ dipole 전류분포의 2배가 생기므로 $P = (2I)^2 R = 4I^2 R = 4 \times 73.13 I^2 = 293 I^2$이 되어 급전점 임피던스가 293Ω(약 300Ω)이 된다.

② **급전점 임피던스가 약 300Ω 이므로 평행 2선식 급전선과 정합회로 필요 없이 직결할 수 있다.**

③ 전계강도, 이득, 지향성 수신최대 유효전력은 반파장 dipole과 같다.

④ 수평부 도체가 2개인 경우 **실효길이, 개방전압**은 반파장 dipole의 2배가 된다.

⑤ 광대역성을 갖는다.

⑥ **급전점 임피던스**는 다음과 같이 구한다. $R = 73.13 \times n^2$ (여기서, n:수평 도체의 소자 수)

2. Whip 안테나

※ Whip 안테나 특징

① 주로 이동체의 안테나로 사용한다.(**차량용 안테나**)

② $\frac{\lambda}{4}$ 수직접지 안테나와 등가이다.

3. Braun 안테나

4. 동축 다이폴(Sleeve 안테나)

5. Yagi 안테나 ★★★

투사기와 반사기, 도파기로 구성되며 단향성 안테나가로 구조가 간단하면서도 이득이 크나 협대역이라는 단점이 있다.

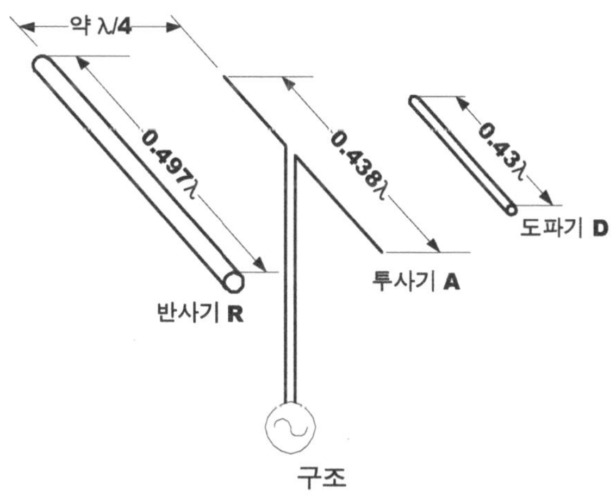

◈ 반사기(Reflector)

$\dfrac{\lambda}{2}$ 보다 길어서 **유도성분**을 갖으며 전파를 반사시켜 투사기에 보내는 역할을 담당한다.

◈ 투사기(Radiator)

복사기로서 약 $\dfrac{\lambda}{2}$ 길이로 공진시켜 전파를 수신한다.

◈ 도파기(Director)

$\dfrac{\lambda}{2}$ 보다 짧아서 **용량성**을 갖으며 전파를 유도한다.

※ 야기 안테나의 특징

① 지향성은 단향성이다.
② 구조가 간단하면서 이득은 크나 협대역이다.
③ 수신용 안테나로 사용된다.
④ 임피던스 정합을 용이하게 하기 위하여 투사기로 folded dipole을 사용하기도 한다.

6. TV 수신용 광대역 야기 안테나 ★★

① U line 안테나 ② inline형 안테나 ③ conical형 안테나 ④ 복합형 안테나

7. Coner reflector 안테나

※ corner reflector 안테나 특징
   ① **판상 안테나**의 일종이다.
   ② **FB비가 극히 우수하다.**

8. Helical 안테나 ★★★

※ helical 안테나 특징
   ① **진행파 안테나**이다.
   ② **나선형 빔 안테나**
   ③ **직선편파, 원편파, 타원편파 안테나로 사용 가능하다.**
   ④ 반치각은 $\theta = \dfrac{52}{\dfrac{c}{\lambda}\sqrt{\dfrac{np}{\lambda}}}$, [여기서 c : 원둘레(πD), n : 권수, p : πtch]

9. 대수 주기 안테나(log periodic 안테나) ★★★

※ 대수주기 안테나 특징
   ① 정 임피던스 안테나이다.
   ② 광대역성을 갖는다.(진행파 안테나가 아니면서도 광대역임에 유의)
   ③ 자기상사 원리를 사용한다.
   ④ 안테나의 크기와 모양이 비례적으로 커지는 여러 개의 소자로 구성된다.

10. turnstile 안테나

두 개의 반파장 다이폴 안테나를 대지에 수평으로 직교시켜 만든 안테나이다.

※ turnstile 안테나 특징
   ① 수평편파 수평면내 거의 무지향성을 갖는다.
   ② 이득을 증가시키기 위하여 적립하여 사용하며 적립간격 d와 이득 G는 다음과 같다.
   $d = \dfrac{N}{N+1}\lambda$, $G \fallingdotseq 1.22N\dfrac{d}{\lambda}$,   여기서 N : 적립단 수
   ③ VHF대 기지용 및 초단파 FM 방송용 등에 사용된다.

11. Super-turnstile 안테나 ★★

박쥐 날개형(batwing) **안테나** 2개를 직각으로 교차시킨 것으로 이득을 크게 하기 위하여 수직방향으로 6~12단 정도 적립하여 사용한다.

※ Super-turnstile 안테나 특징
① 수평면내 무지향성을 갖는다.
② 이득을 증가시키기 위하여 적립하여 사용하며 적립간격 d와 이득 G는 다음과 같다.
$$d = \frac{N}{N+1}\lambda, \quad G \fallingdotseq 1.22N\frac{d}{\lambda}, \quad \text{여기서 N : 적립단 수}$$
③ VHF대 TV 방송용으로 사용된다.

12. Super-gain 안테나

※ super-gain 안테나 특징
① 수평면내 무지향성을 갖는다.
② 이득을 증가시키기 위하여 적립하여 사용하며 적립간격 d와 이득 G는 다음과 같다.
$$d = \frac{N}{N+1}\lambda, \quad G \fallingdotseq 1.22N\frac{d}{\lambda}, \quad \text{여기서 N : 적립단 수}$$
③ 수평면내 지향 특성을 바꾸는 것이 용이하므로 현재 VHF대 TV 방송용으로 가장 많이 사용된다.

4.5. 극초단파대(UHF:300[㎒]~3[㎓]) 이상의 안테나

※ 마이크로파용 안테나의 특징 ★★★
① 파장이 짧기 때문에 크기를 소형화할 수 있고 **고이득**을 얻을 수 있다.
② **고지향성**이다.
③ 이득이나 지향성은 안테나의 **개구면적**에 비례한다.

1. **전자나팔**(Electromagnetic horn) 안테나

가. 특징

① 구조가 간단하고 광대역성이다.

② 부엽이 적다.

③ 절대이득(Ga)는 $G_a = \dfrac{4\pi A_e}{\lambda^2} = \dfrac{4\pi \eta_a A}{\lambda^2}$ 이다.

④ parabola 안테나의 1차 복사기에 사용된다.

⑤ 지향성이 예리하다.

개구각(개구면적)을 일정하게 하고 혼의 길이를 길게 하는 경우.

혼의 길이를 일정하게 하고 개구각을 크게 하는 경우.

(단, 어떤 각도에서 이득이 최대가 되지만 그 개구각을 넘으면 나빠진다.)

2. 혼 리플렉터(Horn reflector) 안테나

파라볼라 반사면과 전자 나팔을 조합시킨 안테나로써 **고이득 저잡음성 안테나**이다.

가. 특징

① 초 광대역성이다.　　　　　② 고이득, 고효율의 저잡음성 안테나이다.

③ 부엽이 적다.　　　　　④ casegrain 안테나의 1차 복사기로 쓰인다.

3. 슬롯(slot) 안테나 ★★★

가. 특징

① 동축 급전선으로 급전할 때는 **중심부**에서 급전한다.

② slot 길이가 $\dfrac{\lambda}{2}$에 가깝게 되면 반파 다이폴과 동일하게 효율이 좋고 강한 전파가 복사된다.

③ **parabola 안테나의 1차복사기로 이용**된다.

④ 면을 이용한 **판상 안테나**이다.

4. 파라볼라(Parabola) 안테나 ★★★

가. 원리

포물면 반사기부 안테나로서, 포물면 반사기의 초점에 **1차 복사기(반사기가 붙은 반파장 다이폴, 전자나팔, 슬롯 등)**를 부가한 초단파 및 극초단파용 안테나이다.

나. 특징

① 비교적 소형이며 구조가 간단하다.

② 부엽이 비교적 많고 협대역성이다.

③ 효율이 나쁘다.

④ 지향성이 예민하며 이득이 크다.

이득(G_a)은 $G_a = \dfrac{4\pi A_e}{\lambda^2} = \dfrac{4\pi \eta_a A}{\lambda^2} = (\dfrac{\pi D}{\lambda})^2 \eta_a$ 이다.   여기서, η_a :   개구효율   ,

$A(-(\dfrac{D}{2})^2 \pi)$: 개구면적, D : 포물면의 직경

5. 카세그레인(Cassegrain) 안테나 ★★★

가. 원리

1개의 1차 복사기와 2개의 반사기(주반사기, 부반사기)로 구성된 안테나이다.

나. 용도

고이득 저잡음 특성을 이용한 **위성 통신 지구국용 안테나**로 사용된다.

◆ 안테나의 방사효과를 표현하는 방법

① 장·중파대 안테나 ⇨ 미터·암페어($h_e \cdot I$)

② 단파대 안테나 ⇨ 이득(G)

③ 초단파대이상 안테나 ⇨ 실효개구 면적(A_e)

핵심기출문제

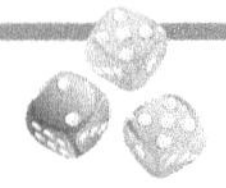

01. 안테나의 구조에 의한 분류에 들지 않는 것은?

㉮ 선상 안테나   ㉯ 판상 안테나

㉰ 개구면 안테나   ㉱ 정재파 안테나

> **해설** 구조별 분류: ①선상 안테나 ②판상 안테나 ③개구면 안테나
> 동작 원리별 분류: ①정재파 안테나 ②진행파 안테나   답: ㉱

02. 대지의 도전율이 나쁜 경우(건조지, 암산, 건물의 옥상)에 적용되는 접지 방식은?

㉮ 지선망 방식   ㉯ 카운터 포이즈 방식

㉰ 다중 접지 방식   ㉱ 동판을 지하에 매설하는 방식

> **해설** ※ Counter poise(가상접지)
> - 지상고 2.5[m] 이상에 도체망을 설치하는 방식으로, 도체망과 대지 사이에 변위 전류가 흐르게 하여 접지하는 용량 접지 방식이다.
> - 대지의 도전율이 극히 나쁜 곳(건조지, 암반, 건물옥상, 지면요철이 심한 곳, 수목이 가득한 곳 등)에서 사용된다.
> - 도체망의 가설면적을 크게 해야 좋은 효과를 얻을 수 있다.
> - 중전력용으로 사용된다.   답: ㉯

03. 다음은 접지와 관련된 것이다. 틀린 설명은?

㉮ 대지의 도전율이 나쁜 곳에서는 카운터 포이즈를 사용한다.

㉯ 중소규모의 중파 방송국에서는 방사상 접지를 많이 사용하는데 보통 120줄 정도를 매설한다.

㉰ 대규모 방송국에서는 어스 스크린(Earth Screen)이 가장 적합하다.

㉱ 안테나전류가 기저부에 밀집하는 것을 피하여 접지 저항을 줄이는 방식을 다중접지라고 한다.

> **해설** ※ 대규모 방송국에서는 다중접지가 가장 적합하다.
> ※ Earth Screen : 동선을 방사상으로 치는 대신 안테나 투영 면적 아래 및 그 주위에 대략 실효고와 같은 폭의 면적에 스크린을 묻어 접지하는 방식이다.   답: ㉰

04. 장·중파용 안테나의 특징 중 옳지 못한 것은?

㉮ 고유 파장의 안테나를 얻기 어려우므로 복사 능률이 낮다.

㉯ 설치비가 저렴하고 광대역성이다.

㉰ 주로 수직 편파에 의한 지표파를 이용하여 접지가 필요하다.

㉱ 안테나 이득도 낮다.

> **해설** ※ 장·중파대 통신의 특징
> ① 고유 파장의 안테나를 얻기 어려워 복사 효율이 낮고 이득이 낮다.
> ② 주요 전파: 지표파
> ③ 주요 편파: 수직 편파
> ④ 기본 안테나: $\frac{\lambda}{4}$ 수직 접지 안테나
> ⑤ 장·중파용 안테나는 설치비가 비싸다.
>
> 답: ㉯

05. 장·중파대에서 주가되는 지상파는?

㉠ 직접파　　　㉡ 대지 반사파　　　㉢ 지표파　　　㉣ 회절파　　　답: ㉢

06. 수직 접지 안테나에 대한 설명 중 틀린 것은?

㉠ 안테나의 길이는 $\lambda/4$이다.
㉡ 방사 저항은 거의 36[$\varOmega$]이다.
㉢ 전류 분포는 선단에서 최소, 접지점에서 최대이다.
㉣ 선박 통신용으로 많이 쓴다.

> **해설** ※ 수직 접지 안테나는 장·중파 방송용 안테나이다.
>
> 답: ㉣

07. 수직 접지 안테나에 대한 설명 중 틀린 것은?

㉠ 방송업무용으로 많이 쓰인다.　　　㉡ 방사 저항은 거의 36.56[$\varOmega$]이다.
㉢ 발사전파는 수직편파이다.　　　㉣ 선박 통신용으로 많이 사용된다.　　　답: ㉣

08. 수직 접지 안테나의 설명으로 옳지 않은 것은?

㉠ 발사 전파가 수직 편파다.
㉡ 높이는 반드시 $\lambda/4$이어야 한다.
㉢ 수평면내에서는 무지향성이다.
㉣ 안테나의 길이가 긴 경우에는 직렬로 콘덴서를 삽입해서 공진시킨다.　　　답: ㉡

09. 지향성 안테나가 아닌 것은?

㉠ 헬리컬 안테나 (Helical Antenna)　　　㉡ 파라볼라 안테나(Parabola Antenna)
㉢ 야기 안테나 (Yagi Antenna)　　　㉣ 수직 안테나(Rod Antenna)

> **해설** ※ 수직 접지 안테나는 장·중파 방송용 안테나로 수평면내 무지향성을 갖는다.
>
> 답: ㉣

10. 수직 접지 안테나의 수직면내 지향 특성은?

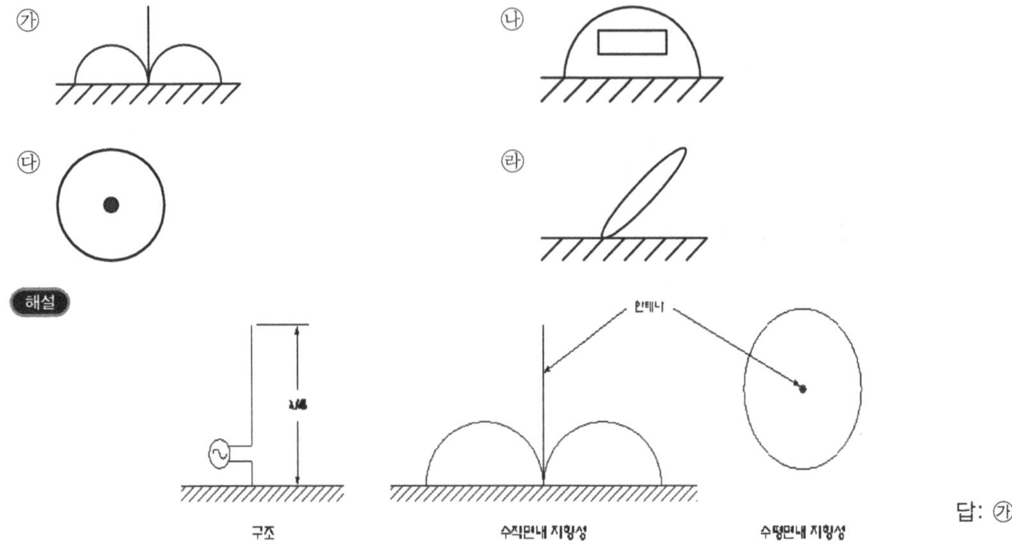

11. 다음은 역L형 안테나에 대한 설명이다. 틀린 것은?

㉮ 지형적 조건이 수직접지 안테나를 설치할 수 없는 경우에 쓰인다.

㉯ 선박과 같은 고정항로를 이동하는 무선국에 쓰인다.

㉰ 방송 업무용으로 쓰인다.

㉱ 수평도체는 실효고를 높이는 역할을 한다.

해설 ※ 역L형 안테나 용도: 지형적인 조건이 수직접지 안테나를 설치할 수 없는 경우나 선박 등의 이동국에서
사용된다.
답: ㉰

12. 역L형 안테나는 어느 때 사용되는가?

㉮ 수직부의 높이가 충분하지 못할 때 방사 전계를 크게 하기 위하여

㉯ 사용 주파수가 고유 주파수보다 적을 때

㉰ 사용 파장이 고유 파장보다 길 때

㉱ 손실이 많을 때
답: ㉮

13. 역 L형 안테나의 수평부분의 기능 중 틀린 것은?

㉮ top loading의 일종이다.　　　　㉯ 수신전압을 최대로 유지시킨다.

㉰ 안테나의 대지 용량을 증가한다.　　㉱ 안테나의 실효고를 크게 한다.

해설 ※ 역L형 안테나의 수평부 기능
① 수평부와 대지의 용량을 증가시킨다.　② 증가된 용량에 의하여 공진 주파수가 낮아진다.

③ 안테나의 실효고는 길어진다.　　　④ top loading의 일종이다.　　　답: ④

14. 역L형 공중선의 실효 길이 h_1은 다음 중 어느 것인가? (수직으로)

㉮ $h_1 = \dfrac{h(h+2l)}{(h+l)}$　　　　　　　㉯ $h_1 = \dfrac{h(2l+h)}{2(h+l)}$

㉰ $h_1 = \dfrac{(h+2l)}{(h+l)}$　　　　　　　㉱ $h_1 = \dfrac{h(h+l)}{2}(h+l)$　　　답: ④

15. 수직 접지 안테나의 정관 부하를 설치할 경우 맞게 설명된 효과는?

㉮ 고유 주파수 증대　　　　　　　㉯ 실효고의 감소

㉰ 방사 저항의 감소　　　　　　　㉱ 고각도의 복사의 감소

> **해설** 정관(원정관 또는 용량환)을 설치하므로써 고각도 복사가 억제되므로 수직면내 지향성이 예민하게 되어 근
> 거리 fading을 경감시켜 양청구역을 넓힌다.　　　답: ㉱

16. 정관 안테나에서 정관(top loading)의 역할에 해당되지 않는 것은?

㉮ 실효길이를 증대시킨다.　　　　　㉯ 대지와의 정전용량을 증가시킨다.

㉰ 고유주파수를 증가시킨다.　　　　㉱ 고각도 방사를 억제시킨다.

> **해설** ※ 정관 안테나에서 정관(top loading)의 역할
> ① 대지와의 정전용량을 증가시킨다.　　② 증가된 용량에 의하여 공진 주파수가 낮아진다.
> ③ 안테나의 실효고는 길어진다.　　　④ 고각도 방사를 억제시킨다.　　　답: ㉰

17. fading 방지용 중파대 안테나는?

㉮ loop 안테나　　　　　　　　　㉯ Top ring 안테나

㉰ dipole 안테나　　　　　　　　㉱ rhombic 안테나

> **해설** ※ 정관형 안테나는 페이딩 방지용 중파대 안테나이다.　　　답: ④

18. 중파방송의 양청구역을 제한하는 페이딩(fading)은 주로 다음의 어느 것인가?

㉮ 도약성 페이딩　　　　　　　　㉯ 신틸레이션 페이딩

㉰ 근거리 페이딩　　　　　　　　㉱ 원거리 페이딩　　　답: ㉰

19. 탑 로딩(top loading)의 효과는 다음 중 어느 것인가?

㉮ 고유주파수의 증가　　　　　　㉯ 실효길이의 감소

㉰ 복사저항의 감소　　　　　　　㉱ 복사효율의 증가　　　답: ㉱

20. 정관형 안테나에 관한 설명이다. 틀린 것은?

㉮ 전리층 반사를 적게 하여 양청구역을 넓힐 수 있다.

㉯ λ/4 수직접지 안테나에 원정관을 설치한다.

㉰ 고유파장을 길게 할 수 있다.

㉱ 실효고를 작게 할 수 있다. 답: ㉱

21. 루프(Loop)의 면적A[㎡], 권선수 N인 루프 안테나의 실효 길이는 몇[m]인가? (단, 파장은 [m]이다)

㉮ $\dfrac{AN}{\lambda}$ ㉯ $\dfrac{2\pi AN}{\lambda}$ ㉰ $\dfrac{AN^2}{\lambda}$ ㉱ $\dfrac{2\pi AN^2}{\lambda}$ 답: ㉯

22. 반지름 1[m], 권수 10회의 루프 안테나가 있다. 주파수 10[㎒]에 대한 실효고는?

㉮ 6[m] ㉯ 1[m] ㉰ 6.6[m] ㉱ 10[m]

해설 $h_e = \dfrac{2\pi AN}{\lambda} = \dfrac{2\pi \times 3.14 \times 10}{30} \fallingdotseq 6.6[m], (A = 1 \times 1 \times \pi \fallingdotseq 3.14, \lambda = \dfrac{3 \times 10^8}{10 \times 10^6} = 30)$ 답: ㉰

23. 다음 중 루프(Loop)안테나의 수평면내의 지향특성은?

㉮ 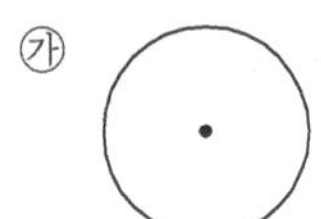   ㉯ 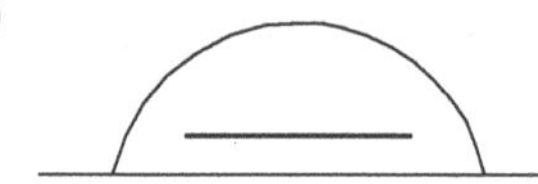

㉰ 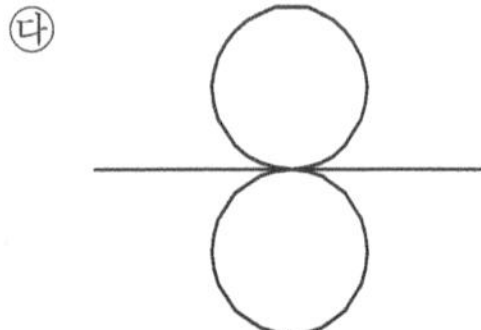   ㉱ 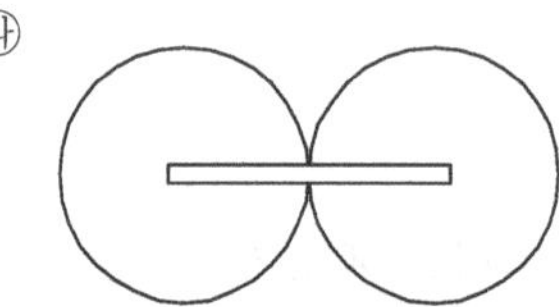

답: ㉱

24. 단일 방향성이 아닌 안테나는?

㉮ 롬빅(Rhombic) 안테나 ㉯ 야기(Yagi) 안테나

㉰ 웨이브(Wave) 안테나 ㉱ 루프(Loop) 안테나

해설 ※ 루프(Loop) 안테나는 수직면내 지향성: 반원형, 수평면내 지향성: 8자 지향성이다. 답: ㉱

25. 미소 Loop안테나에 관한 설명이다. 틀리게 설명한 것은?

㉮ 소형으로 이동이 용이하다. ㉯ 방향 탐지, 무선 표지 또는 측정에 이용된다.

㉰ 주의의 도체에 대한 방해를 받는다. ㉱ 8자형 지향특성을 갖는다.

해설 ※ 미소 Loop안테나는 주의의 도체에 대한 방해를 적게 받는다. 답: ㉰

26. 다음 중 루프 안테나의 특성에 속하지 않는 것은?

㉮ 소형으로 이동이 용이하다.

㉯ 주파수에 관계없이 8자 지향특성을 갖는다.

㉰ 방위측정에 사용된다.

㉱ 야간보다 주간에 오차가 발생되어 불완전 동작을 한다.

> **해설** 루프 안테나는 야간에 전리층 반사파의 수평 편파성분이 안테나의 수평도선에 유기되어 측정오차(야간오차)가 발생한나.   답: ㉱

27. 루프(loop)안테나에 관한 설명으로 옳지 못한 것은?

㉮ 실효길이는 권수에 비례하고 파장에 반비례한다.

㉯ 루프 안테나의 수평면내 지향특성은 8자형이다.

㉰ 전파도래 방향과 루프면이 일치할 때 최대 감도이다.

㉱ 급전선과 정합이 쉬워 효율이 좋다.

> **해설** 루프 안테나는 효율이 나쁘며 급전선과의 정합이 어렵다는 단점이 있다.   답: ㉱

28. 다음 중 루우프 안테나 특성에 속하지 않는 것은?

㉮ 소형이고 이동이 용이하다.

㉯ 주파수에 관계없이 8자 지향특성을 갖는다.

㉰ 방위측정에 사용된다.

㉱ 야간보다 주간에 오차가 발생되어 불완전 동작을 한다.   답: ㉱

29. 루우프 안테나를 방향 탐지용으로 사용하려고 할 때는 수직 안테나의 출력과 루우프 안테나의 출력을 합산한 것을 동시에 받아들이고 있는 이유로서 가장 타당한 것은?

㉮ 측정 정밀도를 향상시키기 위한 것이다.

㉯ 도래 방향과 수직 안테나에 의한 실효고를 높이기 위함이다.

㉰ 루우프 안테나의 실효고는 수직부보다 길어야 하므로 이를 수직부와 비교하기 위함이다.

㉱ 전파의 도래 방향 중 루우프 안테나만으로서는 전후 방향의 식별이 안되기 때문이다.

> **해설** Loop 및 수직접지 안테나의 조합 안테나: 하나의 루프 안테나는 180º의 불확정성으로 인하여 전파의 도래 방향을 결정할 수 없으므로, 방향탐지를 위해 조합 구성된 안테나이다.   답: ㉱

30. 루우프 안테나와 수직 안테나를 조합하면 수평면내 지향성은 어떻게 되는가?

㉮ 전방향성이 된다.　　　　　　　　　㉯ 단일 지향성이 된다.

㉰ 8자 지향성이 된다.　　　　　　　　㉱ 무지향성이 된다.

> **해설** Loop 및 수직접지 안테나의 조합 안테나의 지향특성은 수직안테나의 무지향특성과 Loop 안테나의 8자형

지향특성의 합성으로 심장형(heart형)의 단일 지향특성이 얻어진다. 답: ㉯

31. 수직 안테나와 루프 안테나를 조합한 안테나에 관한 설명이다. 틀린 것은?

㉠ 방향탐지용 안테나로 사용된다.

㉯ 두 안테나를 합성함으로써 동상의 방향이 합성되어 단일 지향특성을 가진다.

㉰ 수직안테나에 유기되는 전압은 전파의 도래 방위각에 따라 진폭이 변화된다.

㉱ 루프안테나에서 전계와 유기기전력사이에는 90도의 위상차가 있다.

> **해설** Loop 및 수직접지 안테나의 조합 안테나에서 수평방향에서 도해하는 전파에 의해서 수직안테나에 유기되는 전압은 전파의 진행 방위각에 관계없이 일정한 진폭을 가진다. 답: ㉰

32. 쌍 loop 안테나에 대한 설명 중 틀린 것은?

㉠ 2개의 원형구조의 1파장형 loop 안테나를 약 $\lambda/2$의 평형형 급전선으로 직렬 접속하고 그 중앙에서 여진한 안테나이다.

㉯ 장중파용으로 수직편파 지향성 안테나로 동작한다.

㉰ loop 상하 부분으로 흐르는 전류는 동일한 방향이고, UHF대에서 사용된다.

㉱ 무지향성을 얻기 위해 4각 철탑의 각 면에 안테나를 배치하여 사용한다.

> **해설** ※쌍 loop 안테나
> ① 구조:2개의 원형구조의 1파장형 loop 안테나를 약 $\lambda/2$의 평형형 급전선으로 직렬 접속하고 그 중앙에서 여진한 안테나이다.
> ② 특성: ·수평면내 거의 부지향성, 수직면내는 다단으로 겹쳐 쌓을수록 예민한 지향특성이 된다.
> ·광대역의 주파수 특성을 가지나 loop수가 증가하면 대역폭이 좁아진다.
> ·조정이 용이하고 급전도 간단하다.
> ③ 용도: UHF-TV 송신용 및 지향성 안테나로서 제작이 용이하다. 답: ㉯

33. 다음 각 안테나의 실효고를 잘못 나타낸 것은?

㉠ $\dfrac{\lambda}{4}$ 수직 접지 안테나 $h_e = \dfrac{\lambda}{2\pi}$ ㉯ 반파장 안테나 $h_e = \dfrac{\lambda}{\pi}$

㉰ 루프 안테나 $h_e = \dfrac{2\pi NA}{\lambda}$ ㉱ 역 L형 접지 안테나 $h_e = \dfrac{\lambda}{2\pi} sin\dfrac{2\pi}{\lambda}$

> **해설** 역 L형 접지 안테나이 실효고는 $h_e = \dfrac{h(h+2l)}{2(h+l)}$ 이다. 답: ㉱

34. 방향 탐지용 안테나로 사용되지 않는 것은?

㉠ 루프 안테나   ㉯ 애트콕 안테나

㉰ 파라볼라 안테나   ㉱ 베르니 - 토시 안테나

> **해설** ※ 방향 탐지용 안테나에는 Loop 안테나, Adcock 안테나, Bellini-tosi 안테나등이 있다. 답: ㉰

35. 수평 편파 성분에 대해서는 감도를 갖지 않는 안테나는?

㉮ Beverage Antenna ㉯ Adcock Antenna

㉰ Loop Antenna ㉱ Bellini − Tosi Antenna   답: ㉯

36. 다음 그림은 애드콕(Adcock) 안테나이다. 실효고를 나타내는 식은?

㉠ $\dfrac{4\pi l}{\lambda}\,h$

㉯ $\dfrac{\pi l}{2\lambda}\,h$

㉰ $\dfrac{2\pi l}{\lambda}\,h$

㉱ $\dfrac{2\pi l}{3\lambda}\,h$

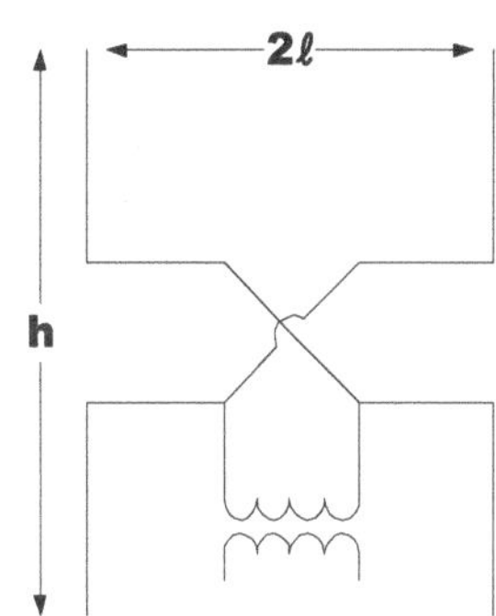

해설 ※ Adcock 안테나

① 실효고(he)는 $\dfrac{2\pi AN}{\lambda}=\dfrac{2\pi \cdot 2lh \cdot 1}{\lambda}=\dfrac{4\pi lh}{\lambda}$[m] 이다. (N:권선수, A:안테나의 단면적)

② 수평도체가 없다.

③ 수평편파를 수신할 수 없다.

④ 수직면 지향성으로 위쪽으로부터 경사지게 들어오는 전파를 거의 수신하지 않으므로 방향탐 야간오차 경감효과를 갖는다.   답: ㉠

37. 루프 안테나를 장·중파대의 방향탐지에 사용하는 경우 발생되는 문제점은 야간오차이다. 이를 방지하기 위하여 루프 안테나의 수평부분을 제거한 안테나는?

㉮ 애드콕(adcock) 안테나 ㉯ 웨이브(wave) 안테나

㉰ T형 안테나 ㉱ 역 L형 안테나   답: ㉮

38. 야간 오차를 방지하기 위해 루프 안테나의 수평부분을 제거한 형태의 안테나는?

㉮ 루프 안테나 ㉯ 웨이브 안테나

㉰ 베르니−토시 안테나 ㉱ 애드콕 안테나   답: ㉱

39. 방향 탐지용 안테나로서 야간 오차를 경감하는데 사용되는 안테나는?

㉮ 애드콕 안테나 ㉯ 베버리지 안테나

㉰ 루프 안테나 ㉱ 다소자 야기 안테나   답: ㉮

40. 루프 안테나를 방향탐지에 사용할 경우 180°불확정이 발생하여 전파도래 방향을 결정할 수 없다. 다음 중 이러한 단점을 개선한 안테나는?

㉮ 수직안테나와 루프안테나를 조합한 안테나

㉯ 비버리지 안테나와 루프 안테나를 조합한 안테나

㉰ 애드콕 안테나

㉱ 베르니토시 안테나와 루프 안테나를 조합한 안테나

해설　※ Bellini-Tosi 안테나

쌍 loop와 Goniometer(고니오미터)를 조합한 것으로 수신측에 회전 코일인 search coil을 부착해 회전시키면 쌍 loop가 회전하는 효과와 동일해 전파의 전·후방을 포착할 수 있다.

① $(\theta-\phi)=90°$, $270°$ 때 영감도가 되고, $(\theta-\phi)=0°$, $180°$ 때 최대감도가 되며, 감도 0일 때 탐색 coil의 직각방향이 전파 도래 방향이다.

② 완전한 방탐용 안테나로 사용하기 위해서는 수직안테나와 조합해서 사용한다.

③ 자동 방향 탐지기(ADF : Automatic Direction Finding)에 이 안테나가 사용된다.　　답: ㉮

41. 루프 안테나를 방향탐지에 사용할 경우 180° 불확정성이 발생하여 전파도래 방향을 결정할 수 없다. 다음 중 이러한 단점을 개선한 안테나는?

㉮ 베르니 – 토시 안테나　　　　　　㉯ 애트콕 안테나

㉰ 파라볼라 안테나　　　　　　　　㉱ 웨이브 안테나　　　　　답: ㉮

42. Bellini-Tosi안테나에서 전계강도를 최대로 하려면 탐색코일의 방향과 전파도래 방향의 위상차를 얼마로 해야 하는가?

㉮ 0°　　　　　　㉯ 15°　　　　　　㉰ 30°　　　　　　㉱ 45°　　　답: ㉮

43. Wave안테나의 특징이 아닌 것은?

㉮ 광대역성이다.　　　　　　　　　㉯ 지향성은 단일 지향성이다.

㉰ 주로 수신용에 이용된다.　　　　　㉱ 진행파형 안테나가 아니다.

해설　※ Wave 안테나의 특징은 다음과 같다.

① 지향성은 단향성이지만 주방사와 도선과의 작은 도선의 길이와 파장에 따라 다르다.

② 주로 수백[KHz] 이하의 수신용 공중선에 쓰인다.

③ 광대역성이다.(진행파형 공중선)　④ 다중 수신이 가능하다.　⑤ 효율이 낮다.

⑥ 구조가 간단하다.　⑦ 대전력에도 사용할 수 있다.　　　　　　　답: ㉱

44. 다음 중에서 웨이브 안테나의 설명 중 잘못 된 것은?

㉮ 장중파의 수신안테나로 사용한다.　　㉯ 수평면내 지향특성은 단일 방향이다.

㉰ 효율이 높다.　　　　　　　　　　㉱ 다중수신이 가능하다.　　　답: ㉰

45. 다음 중 주파수 100[MHz] 이상에서 사용되는 안테나가 아닌 것은?

㉮ 슈퍼 게인 안테나(Super gain antenna)

  ㉯ 야기 안테나(Yagi antenna)

  ㉰ 코너 리플렉터 안테나(Corner reflector antenna)

  ㉱ 웨이브 안테나(Wave antenna)

  해설　※ 초단파대(30[MHz]~300[MHz]) 이상에서 사용되지 않는 안테나를 고르는 문제이다.
  웨이브 안테나는 장·중파대 안테나이다.　　　　　　　　　　　　　　답: ㉱

46. 다음은 단파대 안테나에 관한 설명이다. 잘못된 것은 어느 것인가?

  ㉮ 접지 안테나를 기본으로 한 안테나가 많이 사용된다.

  ㉯ 고이득 안테나 설계가 가능하다.

  ㉰ 국제 통신용으로 저각도 방사의 안테나가 사용된다.

  ㉱ 페이딩 방지 대책으로서 고이득 안테나를 조합한 합성 수신용 안테나가 사용된다.

  해설　※ 접지 안테나는 장·중파대 안테나에 사용되는 안테나이다.　　　　　　답: ㉮

47. 다음 중 반파장 다이폴 안테나의 설명이 아닌 것은?

  ㉮ 실효고는 $\dfrac{\lambda}{\pi}$이다.

  ㉯ 방사 저항은 37[Ω]이며, 방사 리액턴스는 43[Ω]이다.

  ㉰ 수평면내에 지향 특성은 8자형 특성을 갖고 있다.

  ㉱ 단파 이상의 송·수신 안테나로 고정 통신에 주로 사용한다.

  해설　※ 반파장 디아폴 안테나의 방사 저항은 73.13[Ω]이며, 방사 리액턴스는 42.55[Ω]이다.　답: ㉯

48. 실효 높이를 크게 하기 위한 구조물이 설치되지 않은 안테나는?

  ㉮ 정관형 안테나　　　　　　　　　　㉯ T형 안테나

  ㉰ 역 L형 안테나　　　　　　　　　　㉱ 반파장 안테나　　　　　　　답: ㉱

49. 반파장 다이폴 안테나에 관한 설명 중 틀린 것은?

  ㉮ 반송주파수의 $\dfrac{\lambda}{2}$ 길이를 갖는 공진 안테나이다.

  ㉯ 진행파형 안테나이다.

  ㉰ 전류는 양쪽 끝에서 0이 된다.

  ㉱ 전압은 양쪽 끝에서 최대가 된다.

  해설　※ 반파장 디아폴 안테나는 반송주파수의 $\dfrac{\lambda}{2}$ 길이를 갖는 공진 안테나이며, 양쪽 끝에 흐르는 전류는 0이
  되고 전압은 최대가 되며 정재파형 안테나이다.　　　　　　　　　　답: ㉯

50. 수직다이폴 안테나에 비해 수평다이폴 안테나의 특징은?

  ㉮ 지향특성은 도전율에 크게 영향을 받는다.

㉯ 정합회로를 안테나에 직접 부착하기가 어렵다.

㉰ 도시 잡음의 방해가 적다.

㉱ 높게 치지 않으면 도선의 하단이 지상에 접촉방사에 방해가 된다.

해설 답: ㉰

비교 사항	수평 다이폴	수직 다이폴
안테나 높이	비교적 낮다.	높게 하지 않으면 방사가 방해된다.
급전선의 영향	급전선과 공중선이 직각이므로 방사 의 방해가 없다.	방사의 방해가 되며 지향성을 교란 시킨다.
수평면 지향성	8자형	무지향성
혼신 방해	방해가 적다.	크다.
잡음 방해	적다.	크다.
정합 회로	정합 회로를 안테나에 붙이는데 편리 하다.	불편하다.

51. 제펠린 안테나는 어떤 경우에 많이 사용하는가?

㉮ 급전선의 영향을 적게할 때　　　　㉯ 임피던스 정합회로가 필요할 때

㉰ 전류급전을 할 때　　　　㉱ 공간적으로 반파장 doublet을 설치하기 곤란할 때

해설　※ Zeppeline 안테나는 다음과 같은 특성을 갖는다.

① 전압급전 방식이다.　② 평형형 동조급전선을 이용한다.　③ 임피던스 정합회로는 필요없다.

④ 정재파형 안테나이다.　⑤ 수평면내 지향특성은 수평다이폴과 같이 8자 지향성을 나타낸다.

⑥ 용도: 구조가 간단하므로 $\frac{\lambda}{2}$ dipole 안테나의 설치 곤란한 간이 시설에 주로 사용한다.　답: ㉱

52. 제펠린(zeppelin)안테나에 관한 설명이다. 틀린 것은?

㉮ 전압급전 방식을 사용한다.

㉯ 평형형 동조급전방식을 사용한다.

㉰ 수신기 급전회로에서 직렬공진시 급전선의 길이는 $\frac{\lambda}{4}$의 우수배로 한다.

㉱ 수평면내 지향성은 8자형 패턴을 가진다.

해설　※ 제펠린(zeppelin)안테나는 수신기 급전회로가 직렬공진회로이면 급전선의 길이는 $\frac{\lambda}{4}$의 기수 배로하며,

병렬공진회로이면 우수배로 한다.　답: ㉰

53. 다수의 반파장 안테나를 동일 평면상에 규칙적인 종횡으로 배열하고, 각 소자에 동일 진폭, 동일 위상의 전류를 급전하면 배열면과 직각 방향으로 예민한 지향성을 갖는 안테나는?

㉮ 루프(Loop) 안테나　　　　㉯ 애드콕(Adcock) 안테나

㉰ 롬빅(Rhombic) 안테나　　　　㉱ 비임(Beam) 안테나　답: ㉱

54. 빔 안테나의 잇점이 아닌 것은?

㉮ 이득이 적다.

㉯ 지향성이 예민하다.

㉰ 송신 출력이 적어도 되고 전력이 경제적이다.

㉱ 외래 잡음의 방해가 적다.

> **해설**　※beam 안테나는 다음과 같은 특성을 갖는다.
>　　① 고이득과 고지향성을 얻을 수 있다.
>　　② 개별소자의 송신출력이 작으면서도 큰 복사전력을 낼 수 있어 전력 사용이 경제적이다.
>　　③ 주파수 이용도가 넓다.
>　　④ 근접 주파수의 혼신, 공전 및 인공잡음의 방해가 적다.
>　　⑤ 정재파 안테나이다.　　　　　　　　　　　　　　　　　　　답: ㉮

55. 빔(beam) 안테나의 특성에 관한 설명으로 틀린 것은?

㉮ 고이득과 고지향성을 얻을 수 있다.

㉯ 큰 복사전력을 얻을 수 있다.

㉰ 주파수 이용도가 제한되어 있다.

㉱ 근접 주파수의 혼신, 공전 및 인공잡음의 방해가 적다.　　　　답: ㉰

56. 빔 안테나는 수개의 반파장 안테나를 동일 평면내에 규칙적으로 배치하는데 일반적인 배열간격은?

㉮ $\dfrac{\lambda}{4}$　　　　㉯ $\dfrac{\lambda}{2}$　　　　㉰ $\dfrac{3}{4}\lambda$　　　　㉱ λ

> **해설**　※ beam 안테나는 다수의 반파장 안테나를 동일 평면상에 규칙적인 종횡으로 배열하고, 각 소자에 동일 진폭, 동일 위상의 전류를 급전하면 배열면과 직각 방향으로 예민한 지향성을 갖게 되는 데 이 때의 안테나 배열간격은 $\dfrac{\lambda}{2}$ 이며, 반파장 안테나의 뒷면에 평면 반사기를 설치하여 안테나 이득을 높이려고 할 때 안테나와 반사기 간격은 $\dfrac{\lambda}{4}$ 이다.　　　　답: ㉯

57. 빔 안테나(Beam Antenna)소자의 총수를 N, 복사저항을 R_1, 표준 더블렛 안테나(doublet antenna)의 복사저항율 R_2라 하면 이득은?

㉮ $G = N\dfrac{R_1}{R_2}$　　　　　　　　㉯ $G = N\dfrac{R_2}{R_1}$

㉰ $G = N^2\dfrac{R_1}{R_2}$　　　　　　　　㉱ $G = N^2\dfrac{R_2}{R_1}$　　　　答: ㉱

58. 위상차 배열(Phased Array)안테나의 각 소자에 공급하는 전류의 위상을 조정하여 어떤 특성을 얻는가?

㉮ 급전선의 VSWR을 낮춘다.　　　　　㉯ 복사패턴의 방향을 바꿀 수 있다.

㉰ 복사전력이 증가한다.　　　　　　　㉱ 위상을 바꾸면 임피던스 정합이 잘 된다.

答: ㉱

59. 배열 안테나에서 안테나간의 위상차를 주기 위한 소자는?

㉮ 이상기(Phase shifter)　　　　　　㉯ 감쇄기(Attenuator)

㉰ 마그네트론(Magnetron)　　　　　　㉱ 아이소레이터(Isolator)　　　　답: ㉮

60. 반파장 안테나의 뒷면에 평면 반사기를 설치하여 안테나 이득을 높이려 한다. 안테나와 반사기의 거리는?

㉮ λ　　　　　　㉯ $\dfrac{\lambda}{8}$　　　　　　㉰ $\dfrac{\lambda}{4}$　　　　　　㉱ $\dfrac{\lambda}{2}$　　　　답: ㉰

61. 빔 안테나의 소자수를 2배로 하면 이득의 증가는 보통 몇[dB]가 되는가?

㉮ 2 [dB]　　　　㉯ 4 [dB]　　　　㉰ 6 [dB]　　　　㉱ 8 [dB]

해설　$G = N^2 \dfrac{R_2}{R_1} = 2^2 \dfrac{R_2}{R_1} = 4 \dfrac{R_2}{R_1}\ (N: 소자수),\ \therefore 10\log 4 = 6[dB]$　　　答: ㉰

62. 빔 안테나의 특징이 아닌 것은?

㉮ 이득이 높다.　　　　　　　　　　㉯ 주파수의 이용도가 넓어진다.

㉰ 지향성이 예민한 안테나로 만들 수 있다.　　㉱ 진행파 전류가 흐른다.　　　답: ㉱

63. 빔(beam) 안테나의 특성에 관한 설명으로 틀린 것은?

㉮ 고이득과 고지향성을 얻을 수 있다.

㉯ 큰 복사전력을 얻을 수 있다.

㉰ 주파수 이용도가 제한되어 있다.

㉱ 근접 주파수의 혼신, 공전 및 인공잡음의 방해가 적다.　　　답: ㉰

64. 진행파형 안테나가 갖는 일반적인 성질이 아닌 것은?

㉮ 광대역이다.　　　　　　　　　　㉯ 단일 지향성이다.

㉰ 효율이 좋다.　　　　　　　　　　㉱ 부엽(Side lobe)이 많다.

해설　※ 진행파 안테나의 성질: ①단일지향성 ②고이득 ③광대역성 ④부엽이 많아 효율이 낮다. ⑤면적이 넓다.

答: ㉰

65. 롬빅 안테나의 특징 중 틀린 것은?

㉮ 진행파형으로 광대역성이다.　　　　㉯ 단일 방향의 예리한 지향특성을 갖는다.

㉰ 수평편파 성분이 주로 사용된다.　　㉱ 넓은 설치장소가 필요하므로 효율이 좋다.

해설 ※ 롬빅 안테나는 다음과 같은 특성을 갖는다.
　　① 진행파 안테나이다.
　　　– 단방향성　– 광대역성　– 효율이 낮다.　– sidelobe가 많다.
　　　– 구조가 간단한데 비해 이득이 크다.
　　② 이득은 8~13[dB]이다. ③ 수평편파용 안테나이다. ④ 넓은 설치장소를 필요로 한다.
　　⑤ 종단저항은 큰 전력소모로 가열될 염려가 있으므로 온도가 상승하더라도 저항값이 변화하지 않는
　　　steel wire를 설치하여 사용한다.
　　⑥ 주로 단파고정국 또는 해안국의 송·수신용에 사용한다.　　　　　　　　　답: ㉣

66. 롬빅(Rhombic)안테나의 특징으로서 맞지 않는 것은?

㉮ 광대역성을 갖는다.

㉯ 수직 편파 성분이 주로된다.

㉰ 단일 방향성으로 상대이득은 10–13[dB]이다.

㉱ 효율이 나쁘다.

해설　※ 롬빅 안테나는 수평편파용 안테나로서 수평 편파 성분이 주가된다.　　　답: ㉯

67. 다음은 롬빅(Rhombic)안테나의 특징들이다. 맞지 않는 것은?

㉮ 진행파형으로 광대역성이다.　　　　　　㉯ 단일방향의 예리한 지향특성을 갖는다.

㉰ 수평편파 성분이 주로 사용된다.　　　　㉱ 넓은 설치 장소가 필요하므로 효율이 좋다.

답: ㉱

68. 도선을 대지와 평행하게 다이아몬드형으로 치고 한쪽 끝에 특성임피던스와 같은 저항을 접속한 안테나는?

㉮ 루프 안테나　　　　　　　　　　　　㉯ 슈퍼게인 안테나

㉰ 애드콕 안테나　　　　　　　　　　　㉱ 롬빅 안테나　　　　　　　답: ㉱

69. 롬빅(Rhombic)안테나에 대한 설명으로 맞는 것은?

㉮ 구조는 빔 안테나보다 간단하고 수직편파 성분이 주가 된다.

㉯ 각 변의 주변이 안테나계의 축방향을 향하지 않도록 정한다.

㉰ 부엽이 비교적 많고 매우 넓은 장소가 필요하고 효율은 좋지 않다.

㉱ 초단파대 안테나로 협대역성이다.　　　　　　　　　　　　　　답: ㉰

70. 진행파 안테나의 특성중 적합하지 않은 것은?

㉮ 대역폭이 좁다.　　　　　　　　　　　㉯ 구조가 간단하다.

㉰ 단방향성이다.　　　　　　　　　　　㉱ 설계 및 설치가 용이하다.　　답: ㉮

71. 진행파 안테나에 해당하지 않는 것은?

㉮ 롬빅(Rhombic) 안테나   ㉯ 베버리지(Beverage) 안테나

㉰ 야기(Yagi) 안테나   ㉱ V형 (Progressive wave V-type) 안테나

> **해설** ※ 진행파 안테나의 종류
> ① 장·중파대: wave 안테나 등
> ② 단 파 대: 롬빅, V형, 어골형, 빗형 안테나 등
> ③ 초단파대: 헬리컬 안테나 등
>
> 답: ㉰

72. 다음 중 집파다이폴(collector)을 여러 개 설치하여 전파를 모으고 그 기전력을 급전선에 결합시키는 원리를 사용한 단파대의 수신용 안테나는?

㉮ 어골형 안테나   ㉯ 롬빅(rhombic) 안테나

㉰ 고조파 안테나   ㉱ 벤트(bent) 안테나   답: ㉮

73. 다음 중 진행파 안테나에 해당하지 않은 것은?

㉮ 롬빅 안테나   ㉯ 비버리지 안테나

㉰ 반파 다이폴 안테나   ㉱ 진행파 V형 안테나   답: ㉰

74. 단방향 지향성 안테나가 아닌 것은?

㉮ 헤리컬 안테나(End fire Helical Antenna)

㉯ 파라볼라 안테나(Parabola Antenna)

㉰ 코너 리플렉터 안테나(Corner reflector Antenna)

㉱ 루프 안테나(Loop Antenna)

> **해설** ※ 루프(Loop) 안테나는 수직면내 지향성: 반원형, 수평면내 지향성: 8자 지향성이다.   답: ㉱

75. 다음중 종단 저항이 없는 안테나는 어느 것인가?

㉮ 웨이브 안테나   ㉯ 어골형 안테나

㉰ 롬빅 안테나   ㉱ 정관형 안테나

> **해설** ※ 웨이브 안테나, 롬빅 안테나, 어골형 안테나, 진행파 V형 안테나등의 진행파형 안테나에는 종단 저항이 있다.
>
> 답: ㉱

76. 단향성 안테나가 아닌 것은?

㉮ 애드콕 안테나   ㉯ 롬빅 안테나

㉰ 야기 안테나   ㉱ 웨이브 안테나

> **해설** ※ 단일지향성 안테나: ①대다수의 수신용 안테나

②진행파 안테나

③대다수의 개구면 안테나 등

답: ㉮

77. 단파 안테나에 주로 사용되는 안테나가 아닌 것은?

㉮ 다이폴 안테나

㉯ 빔 안테나

㉰ 롬빅 안테나

㉱ 애드콕 안테나

[해설] ※ 애드콕 안테나는 상·중파대 안테나로 방향 탐지용으로 쓰인다.

답: ㉱

78. 초단파(VHF)대 안테나로 적당하지 않은 것은?

㉮ 롬빅(rhombic)안테나

㉯ 슬리브(sleeve)안테나

㉰ 브라운(brown)안테나

㉱ 휩(Whip)안테나

답: ㉮

79. 사용 파장을 λ[m]라 할 때 폴디드(folded) 안테나의 실효 길이는 얼마인가?

㉮ $\dfrac{\lambda}{2\pi}$

㉯ $\dfrac{\lambda}{\pi}$

㉰ $\dfrac{3\lambda}{2\pi}$

㉱ $\dfrac{2\lambda}{\pi}$

[해설] ※ 폴디드(folded) 안테나의 실효 길이는 $\dfrac{\lambda}{2}$ 안테나의 $h_e (= \dfrac{\lambda}{\pi})$의 2배이다.

답: ㉱

80. 다음은 접어진 다이폴(folded dipole)안테나의 설명으로 옳지 않은 것은?

㉮ 한번 접었을 때 급전선의 임피던스는 293[Ω]이다.

㉯ 도체의 굵기가 다르면 임피던스도 달라진다.

㉰ 실효길이는 반파장 다이폴의 2배이다.

㉱ 텔레비전의 평형 2선식 급전선과 정합이 불가능하다.

[해설]

답: ㉱

※ 폴디드(folded) 안테나의 특징

① 급전점 임피던스가 약 300Ω 이므로 평행 2선식 급전선과 직결할 수 있다.(임피던스 정합 불필요).

② 전계강도, 이득, 지향성 수신최대 유효전력은 반파장 dipole과 같다.

③ 실효길이는 반파장 dipole의 약 2배이며, 따라서 수신안테나로 사용할 때 개방전압은 반파장 dipole의 2배가 된다.

④ 반파장 dipole에 비해 도체 유효단면적이 크므로 도선의 파동 임피던스가 낮아져 Q 가 작아지므로써 광대역성을 갖는다.

⑤ 기계적으로 구조가 견고하다.

⑥ folded dipole 안테나의 급전점 임피던스는 다음과 같이 구한다.

$R = 73.13 \times n^2$ (여기서, n:수평 도체의 소자 수)

81. 임피던스 정합회로를 쓰지 않고도 평행2선식 급전선과 직접 연결 가능한 안테나는?

㉮ 반파장 안테나 ㉯ 폴디드 안테나

㉰ 빔안테나 ㉱ 야기 안테나 답: ㉯

82. 폴디드(folded)안테나의 특징 중 틀린 것은?

㉮ 반파장 안테나에 비해서 도체의 유효 단면적이 크고, 방사저항이 크며, Q가 낮게되어 약간 광대역성을 갖는다.

㉯ TV의 75[Ω] 동축케이블과 정합장치가 필요없다.

㉰ 전계강도, 이득, 지향성은 반파장 안테나와 동일하다.

㉱ 실효길이는 반파장 안테나의 2배이고, 수신안테나로서 사용할 때 개방전압은 2배로 한다.

답: ㉯

83. Folded Antenna를 만들때 일반적으로 n(소자수)개로 접으면 급전점 임피이던스는 몇 배로 증가하는가?

㉮ n^2 ㉯ n ㉰ $1/n$ ㉱ $1/n^2$ 답: ㉮

84. 길이가 반파장인 2선식 폴디드(folded)안테나(도선의 굵기는 같고 두 도선은 충분히 접근해 있는 것으로 한다)의 급전점 임피던스는?

㉮ 36.56[Ω] ㉯ 73[Ω] ㉰ 192[Ω] ㉱ 292[Ω]

해설 ※ folded dipole 안테나의 급전점 임피던스는 $R = 73.13 \times n^2 = 73.13 \times 2^2 ≒ 293[\Omega]$ (n:소자수) 답: ㉱

85. 3개의 도체를 사용하여 3단의 폴디드(folded) 안테나를 구성할 경우 복사저항은 얼마인가?

㉮ 73[Ω] ㉯ 110[Ω] ㉰ 292[Ω] ㉱ 658[Ω]

해설 ※ folded dipole 안테나의 급전점 임피던스는 $R = 73.13 \times n^2 = 73.13 \times 3^2 ≒ 658[\Omega]$ (n:소자수) 답: ㉱

86. 폴디드 다이폴 안테나(Folded dipole Antenna)의 특성 중 옳지 않은 것은?

㉮ 평행 2선식 급전선과는 정합장치를 요하지 않는다.

㉯ 반파 다이폴과 비슷한 복사저항을 갖는다.

㉰ 실효고는 반파 다이폴의 약 2배이다.

㉱ 광대역성을 갖는다. 답: ㉯

87. 접어진(folded) 안테나의 특징에 대한 설명으로 잘못된 것은?

㉮ TV의 300[Ω] 평행2선식과 직결하여도 거의 임피던스정합이 이루어진다.

㉯ 전계강도, 이득, 지향성은 반파장 안테나와 동일하다.

㉓ 반파장 안테나에 비해서 도체의 유효 단면적이 크다.

㉔ 실효길이는 반파장 안테나의 2배이고 수신안테나로서 사용할 때 개방전압은 같게 된다.

해설 ※ 폴디드(folded) 안테나를 수신안테나로 사용할 때 개방전압은 반파장 dipole의 2배가 된다.　　답: ㉔

88. 폴디드(folded) 안테나(소자수 2개)에 10[A]의 전류가 흐를 때 복사전력은 얼마인가?

　㉠ 11.2[KW]　　　　㉡ 29.2[KW]　　　　㉢ 58.4[KW]　　　　㉣ 117[KW]

해설 ※ 2번 접어진 folded dipole 안테나인 경우의 복사전력(P)는

$$P = (2I)^2 R_0 = 2^2 \times 10^2 \times 73.13 = 7 ≒ 29.25 [\text{kW}], (단, R_0 : 반파장다이폴안테나의복사저항)$$

답: ㉡

89. 야기 안테나에서 1번 접어진 Folded dipole 안테나를 방사 소자로 사용했을 때 입력 임피던스는 대략 얼마정도 되는가?

　㉠ 45 [Ω]　　　　㉡ 50 [Ω]　　　　㉢ 150 [Ω]　　　　㉣ 300[Ω]

해설 ※ folded dipole 안테나의 급전점 임피던스는 $R = 73.13 \times n^2 = 73.13 \times 2^2 ≒ 300[\Omega]$

(n :수평 도체의 소자 수)　　답: ㉣

90. 주로 자동차나 모터-보트 등에 사용되고 자동차나 보트의 외장판이 어스가 되는 안테나는?

　㉠ 폴디드 안테나　　　　　　　　　㉡ 동축 안테나

　㉢ 휩 안테나　　　　　　　　　　　㉣ 브라운 안테나

해설 ※ 휩(whip) 안테나는 자동차와 같은 이동체의 안테나로 주로 사용된다.　　답: ㉢

91. 다음 중 원편파 안테나는 어떤 것인가?

　㉠ 헬리컬 안테나　　　　　　　　　㉡ 미소 원형 루프 안테나

　㉢ 파라볼라 반사형 안테나　　　　　㉣ 야기 안테나

해설 ※ Helical 안테나의 특징

① 진행파 안테나이다.

　가) 단향성이다.　　　나) 광대역성이다.　　　다) sidelobe가 많다.

　라) 효율이 낮다.　　　마) 고 이득이다(11~16[dB]).

② 나선형 빔 안테나라 한다.(loop 안테나가 여러 개 있는 것으로 생각되므로)

③ 직선편파, 원편파, 타원편파 안테나로 사용 가능하다.

④ 방사저항(R) 은 $R = \dfrac{140c}{\lambda}[\Omega]$이며 보통 100~200[$\Omega$] 정도를 갖는다.

⑤ 낮은 주파수대 전파의 송수신을 위한 위성통신용 및 100~1,000[MHz]대의 고 이득 송·수신 안테나로 사용된다.　　답: ㉠

92. Helical 안테나 설명 중 틀린 것은?

　㉠ 구조가 간단하고 고이득이므로 방송용으로 사용한다.

④ 반사파에 의해서 동작한다.
④ 광대역 주파수 특성이 있다.
④ 나선형 안테나라고도 한다.   답: ④

93. 아래 안테나 중에서 직선 편파나 원형 편파가 가능하며 진행파 안테나로 되는 것은?

㉮ 야기(Yagi) 안테나   ㉯ 나선(Helical) 안테나
㉰ 루프(Loop) 안테나   ㉱ 폴디드 다이폴(Folded dipole) 안테나 답: ㉯

94. 엔드 파이어 헬리컬 안테나의 특성이 아닌 것은?

㉮ 광대역, 고이득 진행파 안테나이다.   ㉯ 전력이득은 약 11~15[dB]정도이다.

㉰ 복사저항은 약 100~200[Ω]정도이다.   ㉱ 반치각은 $\theta = \dfrac{50C}{\sqrt{\dfrac{np}{\lambda}}}$ 이다.

[해설] ※ 엔드 파이어 헬리컬(End fire helical)안테나: 동축 급전선의 중심도체에 나선형의 도체를 연결하고, 외부 도체는 접지 평면과 연결한 형태의 안테나이다.
① 광대역성   ② 고이득(전력이득은 약 11~16[dB]정도)
③ 진행파 안테나   ④ 복사저항은 약 100~200[Ω]정도
⑤ 반치각은 $\theta = \dfrac{52}{\dfrac{C}{\lambda}\sqrt{\dfrac{nP}{\lambda}}}$ 이다.(C:원둘레,P:나선간 거리) ⑥원편파 안테나   답: ㉱

95. 턴 스타일(turnstile)안테나의 수평면내 지향특성은?

㉮ 전방향 지향성   ㉯ 단방향 지향성
㉰ 양방향 지향성   ㉱ 카디오이드 지향성

[해설] ※ 턴 스타일(turnstile)안테나는 반파장 안테나 2개를 직교해서 만든 안테나로써 수평면내 무지 향성을 갖는다.   답: ㉮

96. 박쥐 날개형 안테나를 두장 직각으로 교차시킨 것으로 보통 이것을 6~12단 정도 겹쳐서 사용하며 자신의 표면적을 넓게 하고 실효적으로 Q를 작게 하여 광대역화하고 있는 안테나는?

㉮ 턴스타일(Turnstile)안테나   ㉯ 헬리컬(Helical) 안테나
㉰ 슈퍼 게인(Super gain) 안테나   ㉱ 슈퍼 턴스타일(Super Turnstile) 안테나

[해설] ※ 슈퍼 턴스타일(Super Turnstile) 안테나는 박쥐 날개 모양의 안테나 두장을 직각으로 교차시킨 것으로 대표적인 판상 안테나이며 TV방송용 안테나이다.   답: ㉱

97. 슈퍼 턴스타일 안테나에 대한 설명 중 옳지 않은 것은?

㉮ 직교한 두 안테나의 급전 전류의 위상차는 $\dfrac{\pi}{4}$ 이다.
㉯ 전력이득은 적립단수에 비례한다.

㉰ 수평면에서 지향성은 무 지향성이다.
㉱ 초단파대의 송신용으로 사용한다.

해설 ※ 슈퍼 턴스타일(Super Turnstile) 안테나의 이득은 G=1.2NS(N: 적립단수, S: 겹쳐 쌓은 간격)이다.
직교한 두 안테나의 급전 전류의 위상차는 $\frac{\pi}{2}$이다. 답: ㉮

98. 슈퍼 턴스타일 안테나에 대한 설명중 틀린 것은?

㉮ VHF용 TV방송 안테나로 많이 사용된다.
㉯ 이득은 적입단수 N 및 각소자 사이의 간격 d에 비례한다.
㉰ 광대역성이 있다.
㉱ $\lambda/2$ 다이폴을 두 개 직교 시켜서 만든 안테나이다

해설 ※ $\lambda/2$ 다이폴을 두 개 직교 시켜서 만든 안테나는 턴 스타일(turnstile)안테나이다. 답: ㉱

99. 송신안테나가 슈퍼 턴 스타일(Super turn style)안테나인 경우에 수신안테나로서 수평 다이폴 안테나를 사용하여야 하는 이유는? (즉, 수직 dipole은 안되는 이유)

㉮ 전파의 직진성 때문에　　㉯ 전파의 회절현상 때문에
㉰ 전파는 횡파이기 때문에　　㉱ 전파의 편파성 때문에 답: ㉱

100. 슈퍼 게인(Super gain) 안테나의 특징 중 옳지 않은 것은?

㉮ 수평면내는 무지향성이다.　　㉯ 텔레비전 수신용이다.
㉰ 광대역성이다.　　㉱ $G=1.22N\frac{d}{\lambda}$

해설 ※ 슈퍼 게인(Super gain) 안테나는 TV 방송용 안테나로서 수평면내 무지향성을 갖는다. 답: ㉯

101. 슈퍼게인(super gain) 안테나를 TV 송신용으로 사용하려고 할 때 고려하여야 할 사항으로 맞지 않는 것은?

㉮ 직렬공진과 병렬 공진을 조합하여 합성 리액턴스 성분을 크게하여 광대역 특성을 갖게 한다.
㉯ 안테나의 Q를 낮게 하여 광대역성으로 한다.
㉰ 광대역으로 하기 위하여 안테나의 소자의 직경을 크게 한다.
㉱ 트랩회로를 설치하여 광대역성으로 한다.

해설 ※ 슈퍼 게인(Super gain) 안테나
TV방송과 같은 광대역 특성이 요구되는 경우
- 안테나 소자의 직경을 크게하여 Q를 낮게 한다.
- 급전선에서 길이 약 $\frac{\lambda}{4}$의 트랩을 설치하면 병렬공진 되므로 다이폴 소자의 직렬 공진과 합해져서 광대역 특성을 갖게 된다.

답: ㉮

102. 야기안테나에서 도파기의 특성에 관한 설명중 가장 적당한 것은?

㉮ $\frac{\lambda}{2}$ 보다 짧게 하여 용량 성분으로 한다. ㉯ $\frac{\lambda}{2}$ 보다 짧게 하여 유도 성분으로 한다.

㉰ $\frac{\lambda}{4}$ 보다 짧게 하여 유도 성분으로 한다. ㉱ $\frac{\lambda}{4}$ 보다 짧게 하여 유도 성분으로 한다.

해설 ※ 도파기는 $\frac{\lambda}{2}$ 보다 짧게 하여 용량 성분으로 한다. 답: ㉮

103. Yagi안테나의 특징이 아닌 것은?

㉮ TV전파수신용으로 사용한다. ㉯ 쌍향성의 예민한 지향성을 갖는다.

㉰ 이득이 크다. ㉱ 도파기의 수를 증가시키면 이득이 증대된다.

해설 ※ 야기 안테나의 특징
① 지향성은 단일 지향성이다.
② 구조가 간단하면서 이득은 크나 협대역이다.
③ 방송 송신용으로 부적합하여 수신용 안테나로만 사용된다.
④ 이득을 높이기 위해서는 도파기의 수를 증가시킨다. 반사기의 수를 증가 시키면 이득이 약간은 증가하나 급전점 임피던스가 높아진다.
⑤ 임피던스 정합을 용이하게 하기 위하여 투사기로 folded dipole을 사용하기도 한다. 답: ㉯

104. 야기 안테나에서 도파기와 투사기의 전류 위상차이는?

㉮ 도파기와 투사기와는 동위상이다. ㉯ 도파기가 투사기보다 180° 빠르다.

㉰ 투사기가 도파기보다 90° 빠르다. ㉱ 도파기가 투사기보다 90° 빠르다.

해설 ※ 야기 안테나에서 투사기가 도파기보다 전류의 위상이 90° 빠르다. 답: ㉰

105. 야기 안테나의 소자중 가장 긴 소자의 역활과 리액턴스 성분은 무엇인가?

㉮ 도파기, 용량성 ㉯ 반사기, 유도성

㉰ 지향기, 유도성 ㉱ 복사기, 용량성

해설 ※ 반사기-투사기보다 긴 소자로 유도성을 갖는다.
투사기-약 $\frac{\lambda}{2}$ 길이를 갖는다.
도파기-투사기보다 짧게 하여 용량성을 갖는다. 답: ㉯

106. 다음 중 비접지형 단일소자로 구성되지 않는 안테나는?

㉮ 헬리컬 안테나 ㉯ 루프 안테나

㉰ 야기 안테나 ㉱ 슬리브 안테나 답: ㉰

107. 다음은 야기 안테나에 대한 설명이다. 옳지 않은 것은?

㉮ 지향성은 단일 방향이다.
㉯ 반사기의 길이는 반파장보다 길고 투사기보다 길다
㉰ 도파기의 길이는 반파장 보다 투사기보다도 짧다.
㉱ 각 소자의 간격은 0.5파장 정도로 한다.

해설 ※ 각 소자의 간격은 $\frac{\lambda}{4}$ 정도로 한다. 답: ㉱

108. Yagi 안테나의 특징이 아닌 것은?

㉮ TV(텔레비젼) 전파수신용으로 사용된다. ㉯ 쌍향성의 예민한 지향성을 갖는다.
㉰ 소자수가 많을수록 임피던스가 낮아진다. ㉱ 도파기의 수를 증가 시키면 이득이 증대된다.

해설 ※ 야기 안테나는 TV(텔레비젼) 전파수신용으로 단일 지향성을 갖는다. 답: ㉯

109. 야기(Yagi)안테나의 설명으로서 틀린 것은?

㉮ 단향성의 예민한 지향특성을 갖는다. ㉯ 반사기(reflector)의 길이는 반파장 이상이다.
㉰ 도파기(director)의 길이는 반파장보다 짧다.㉱ 각 소자의 간격은 λ /4 보다 크다.

해설 ※ 이론상 소자의 간격은 $\frac{\lambda}{4}$ 이지만 실제 제작시 이보다 약간 짧게 만든다. 답: ㉱

110. 광대역 TV수신용 안테나가 아닌 것은?

㉮ U Line antenna ㉯ In Line antenna
㉰ Log periodic antenna ㉱ Horn antenna

해설 ※ 광대역 TV수신용 안테나에는 ①U Line antenna ②In Line antenna ③conical형 안테나 ④Log periodic antenna 등이 있다. 답: ㉱

111. 광대역 TV수신용 안테나가 아닌 것은?

㉮ 인라인 안테나 ㉯ 대수주기 안테나
㉰ 유라인 안테나 ㉱ 브라운 안테나 답: ㉱

112. 다음중 텔레비젼 수신용 안테나로 사용되지 않는 것은?

㉮ 브라운 안테나 ㉯ 인라인 안테나
㉰ 코니컬 야기 안테나 ㉱ U라인(line) 안테나 답: ㉮

113. 코너 리플렉터 안테나의 설명 중 옳지 않은 것은?

㉮ 반사기의 교차선 중앙부에서 거리 S에 반파장 다이폴 안테나를 붙인다.

㉯ 보통은 정각 α를 90°로 하고 S=0.3~10.6 λ로 한다.

㉰ 구조가 간단하고 고이득이며 수평·수직편파용으로 용이하게 설치할 수 있다.

㉱ FB비가 극히 불량하고 지향성이 나쁘다.

> **해설** ※ corner reflector 안테나
> ① 반사기의 교차선 중앙부에서 거리 S에 반파장 다이폴 안테나를 붙인다.
> ② 구조가 간단하고 고이득이며 수평·수직편파용으로 용이하게 설치할 수 있다.
> ③ 보통은 정각 α를 90°로 하고 S=0.3~10.6 λ로 한다.
> ④ FB비가 극히 우수하고 지향성이 좋다.
> ⑤ 판상 안테나의 일종이다.　　　　　　　　　　　　　　　　답: ㉱

114. 반사기에 관한 설명으로 옳지 못한 것은?

㉮ 평면 반사판을 설치하면 이득이 2배만큼 증가한다.

㉯ 야기 안테나에서의 반사기는 유도성이다.

㉰ 코너 리플렉터(corner reflector)일 때 반사판 사이의 각이 좁을수록 이득이 크다.

㉱ 반사기를 설치하면 단향성이 된다.

> **해설** ※ 코너 리플렉터(corner reflector) 안테나의 이득은 반사판 사이의 각(α)가 90°일때 10[dB],　60°일때
> 12[dB]정도 이지만 반사판 사이의 각이 좁을수록 이득이 큰것만은 아니다.　　　답: ㉰

115. 아래 안테나 중에서 직선 편파나 원형 편파가 가능하며 진행파 안테나로 되는 것은?

㉮ 야기 안테나　　　　　　　　　　　㉯ 헬리컬 안테나

㉰ 루프 안테나　　　　　　　　　　　㉱ 폴디드 다이폴 안테나　　　답: ㉯

116. 다음은 디스콘(discone)안테나에 대한 설명이다. 옳지 않은 것은?

㉮ 원판과 원주로 구성되어 있다.　　　　㉯ 주로 VHF와 UHF대의 일반 통신용이다.

㉰ 급전점 임피던스는 약 50[Ω]이다.　　㉱ 수평면내 지향특성은 8자형이다.

> **해설** ※ 디스콘(discone)안테나: 원판(disk)과 원추(cone)로 구성된 안테나이다.
> ① 편파면은 8자 수직편파이며, 수평면내 무지향 특성을 갖는다.
> ② 광대역성을 갖는다.
> ③ HF~UHF대 일반 통신용, 항공 원조용, 전파 감시용등으로 사용된다.　　　답: ㉱

117. 가장 광대역인 안테나는?

㉮ 디스콘 안테나 (Discone antenna)

㉯ 대수주기 안테나 (Log periodic antenna)

ⓓ 혼 리플렉터 안테나 (Horn reflector antenna)

ⓓ 다이폴 안테나 (Dipole antenna) 답: ⓓ

118. 대수 주기 안테나의 특성과 관계 없는 것은?

㉮ 초단파대역에서 사용할 수 있다.

㉯ 자기 상사의 원리를 이용한 것이다.

㉰ 광대역 특성을 갖는다.

㉱ 입력 임피던스는 인가되는 신호의 주파수에 따라 많이 변한다.

> **해설** ※ 대수주기 안테나의 특징
> ① 정 임피던스 안테나이다.
> ② 초 광대역성을 갖는다.(진행파 안테나가 아니면서도 광대역임에 유의)
> ③ 자기상사 원리를 사용한다.
> ④ 지향성은 급전점 방향으로 단향성을 나타낸다. 답: ㉱

119. 대수주기형 안테나(Log periodic antenna)에 대한 기술로서 옳지 않는 것은?

㉮ 안테나의 크기와 모양이 비례적으로 커지는 여러 개의 안테나 소자로 되어 있다.

㉯ 주파수의 대수값이 일정한 값만큼씩 달라지는 주파수때마다 동일한 복사특성을 나타낸다.

㉰ 무지향성의 안테나로 이득이 매우 높다.

㉱ 매우 넓은 주파수 대역을 갖는다. 답: ㉰

120. 대수주기형 안테나에 대한 기술로서 옳지 않은 것은?

㉮ 안테나의 크기와 모양이 비례적으로 커지는 여러개의 소자안테나로 되어 있다.

㉯ 안테나의 전기적 특성은 주파수의 대수로서 주기적으로 변화한다.

㉰ 수평면내 쌍향성의 8자 지향특성을 나타낸다.

㉱ 매우 넓은 주파수 대역을 갖는다. 답: ㉰

121. 다음 안테나 중에서 가장 광대역 특성을 갖는 것은 어느 것인가?

㉮ 폴디드 다이폴 안테나(folded dipole antenna)

㉯ 혼 안테나(horn antenna)

㉰ 롬빅 안테나(rhombic antenna)

㉱ 대수주기 안테나(log periodic antenna) 답: ㉱

122. 다음중 가장 광대역인 안테나는?

㉮ Discone Ant. ㉯ Logarithmically periodic Ant.

   ④ Horn reflector Ant.   ④ Dipole Ant.   답: ④

123. 파장에 따라 크기를 달리하고 단파대에서 마이크로파대까지 사용할 수 있는 광대역 안테나는?

   ㉮ 대수주기형 안테나   ㉯ 빔 안테나

   ㉰ 롬빅 안테나   ㉱ 어골형 안테나   답: ㉮

124. 다음 안테나 중에서 자기상사형이 아닌 것은?

   ㉮ 쌍원추형(biconical) 안테나   ㉯ 대수주기형(log periodic) 안테나

   ㉰ 스파이럴 슬롯(spiral slot) 안테나   ㉱ 원통 슬롯(slot) 안테나   답: ㉱

125. 안테나에 반사기를 붙이면 어떤 효과가 나타나는가?

   ㉮ 급전선과의 정합이 용이하다.   ㉯ 광대역 특성이 얻어진다.

   ㉰ 지향성을 갖도록 만들 수 있다.   ㉱ 접지 저항이 작아진다.   답: ㉰

126. 안테나를 설계할 때 반사기를 붙이는 이유는?

   ㉮ 임피던스 정합을 위해   ㉯ 광대역화를 위해

   ㉰ 접지저항을 적게 하기 위해   ㉱ 전파를 한 방향으로 보내기 위해   답: ㉱

127. 전자혼의 설명중 잘못된 것은?

   ㉮ 혼의 길이를 일정하게 하고 개구각(또는 개구면적)을 증가시켜가면 어떤 각도에서 이득이 최대로 된다.

   ㉯ 개구면이 일정할 때 혼의 길이를 길게 할수록 지향성은 예리하게 되고 이득은 크게 된다.

   ㉰ 각추 혼이 가장 널리 사용된다.

   ㉱ 혼 안테나는 고이득의 안테나로 적당하므로 전자 렌즈 parabola 반사경과 조합시킬 필요가 없다.

해설

   ※ 전자 혼 안테나의 특징

     ① 구조가 간단하고 광대역성이다.

     ② 부엽이 적다.

     ③ 절대이득(Ga)는 $G_a = \dfrac{4\pi A_e}{\lambda^2} = \dfrac{4\pi \eta_a A}{\lambda^2}$ 이다.

     ④ parabola 안테나의 1차 복사기에 사용된다.

     ⑤ 지향성이 예리하다.

       ⟹ 개구각(개구면적)을 일정하게 하고 혼의 길이(l)를 길게 하는 경우.

       ⟹ 혼의 길이를 일정하게 하고 개구각을 크게 하는 경우.

        (단, 어떤 각도에서 이득이 최대가 되지만 그 개구각을 넘으면 나빠진다.)   답: ㉱

128. 그림과 같은 각뿔 혼(horn) 안테나에서 주파수가 일정하다면 옳은 것은?

㉮ 개구 면적이 $(a \times b)$일정할 때 혼의 길이 l 이 작을수록 이득이 커진다.

㉯ l 이 일정하고 a가 클수록 이득이 커진다. 이때 b= λ이다.

㉰ 개구각이 일정할 때 l 이 길수록 지향성이 예민하다.

㉱ l 이 일정할 때 개구 면적이 적으면 적을수록 지향성이 예민해 진다.

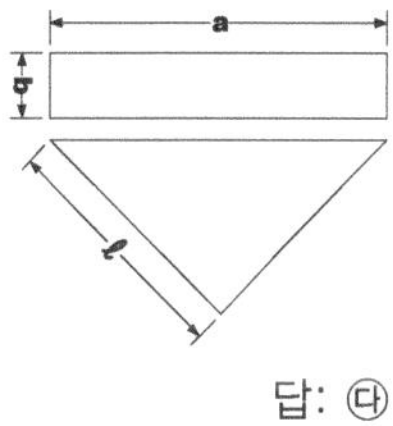

답: ㉰

129. 전자 혼 안테나의 특징 중 잘못된 것은?

㉮ 구조가 복잡하고 협대역성이다.

㉯ 절대 이득 $G_a = \dfrac{4\pi ab}{\lambda^2}\eta_a$

㉰ 이득은 20~30[dB]이다.

㉱ 실효 개구 면적 $A_e = \dfrac{G_a \lambda^2}{4\pi}[\text{m}^2]$

답: ㉮

130. 혼 안테나(horn antenna)는 도파관의 한쪽을 나팔형으로 확장하여 만들고 있다. 그 이유로 가장 타당한 것은?

㉮ 도파관과 자유공간의 임피던스정합을 위하여

㉯ 제작을 용이하게 하기 위하여

㉰ 정재파 안테나로 만들기 위하여

㉱ 관내전파를 TE파로 변환시켜 원거리통신을 위하여

답: ㉮

131. 다음중 전자 혼(horn)의 특징과 다른 것은?

㉮ 지향성이 예리하다.

㉯ 개구면적이 클수록 이득이 커진다.

㉰ 이득측정의 표준안테나로 사용할 수 있다.

㉱ 이득은 파장에 비례한다.

답: ㉱

132. 다음 중에서 판상 안테나가 아닌 것은?

㉮ 박쥐 날개형 안테나

㉯ 슬롯 안테나

㉰ 코너 리플렉터 안테나

㉱ 혼 리플렉터 안테나

 ※ 안테나의 구조별 분류

  1) 선상 안테나

    ① $\dfrac{\lambda}{4}$수직 접지 안테나 ② 역L형 안테나 ③ Wave 안테나 등

  2) 판상 안테나

    ① Coner reflector 안테나 ② Super turnstyle 안테나 ③ Slot 안테나 등

  3) 개구면 안테나

    ① 전자 나팔 안테나 ② Horn Reflector 안테나 ③ Parabolar 안테나

    ④ Cassegrain 안테나 ⑤ Lens 안테나 ⑥ 유전체 안테나 등

답: ㉱

133. 슬롯 안테나(Slot Antenna)에 관해서 틀린 것은?

㉮ 길이가 $\frac{\lambda}{4}$에 가깝게 되면 지향 특성은 $\frac{\lambda}{2}$ 다이폴과 비슷하다.

㉯ VHF대 이상에서만 사용한다.

㉰ Slot가 수평·수직이냐에 따라 편파 특성이 달라진다.

㉱ 도체 평면란에 $\frac{\lambda}{2}$ 간격을 만들고 그 중앙부에서 급전한다.

해설 ※ 슬롯 안테나(Slot Antenna)의 특징

① 급전은 평행2선식이나 동축급전선을 사용할 수 있고 도파관의 관벽 전류를 방해하도록 가로 지르면 slot에서 전파가 복사된다. 동축 급전선으로 급전할 때는 정합시키기 위하여 중심부에서 조금 끝쪽으로 움직인 점에서 급전한다.

② slot 길이가 $\frac{\lambda}{2}$에 가깝게 되면 반파 다이폴과 동일하게 효율이 좋고 강한 전파가 복사된다. 반파 다이폴과 다른점은 전계방향이 축과 직각인 방향 즉, 자기 다이폴이며 수평 slot에서는 수직편파가, 수직 slot에서는 수평편파가 복사된다.

③ parabola 안테나의 1차복사기로 이용된다.

④ 면을 이용한 판상 안테나이다.　　　　　　　　답: ㉮

134. 개구면 안테나에 해당되지 않는 것은?

㉮ 렌즈 안테나　　　　　　　　　㉯ 곡면 반사경 안테나

㉰ 슬롯(slot) 안테나　　　　　　㉱ 유전체봉 안테나　　　답: ㉰

135. 슬롯(slot) 안테나에 관해서 틀린 것은?

㉮ UHF대 이상에서 사용한다.

㉯ 지향 특성은 $\frac{\lambda}{2}$ 다이폴과 흡사하다.

㉰ 차폐형 공동을 설치하면 단향성이다.

㉱ 도체 평면판에 $\frac{\lambda}{4}$의 간격을 만들고 그 중앙부에서 급전한다.　　답: ㉱

136. 개구면 안테나의 해당되지 않은 것은?

㉮ 렌즈 안테나　　　　　　　　　㉯ 곡면 반사경 안테나

㉰ 슬롯(slot) 안테나　　　　　　㉱ 유전체봉 안테나　　　답: ㉰

137. 다음 중 슬롯(slot)안테나를 광대역화하기 위한 방법으로 타당한 것은?

㉮ 도파관에 슬롯을 여러 개 설치한다.　　㉯ 슬롯에 공동(cavity)를 설치한다.

㉰ 슬롯의 폭을 넓게 한다.　　　　　　㉱ 슬롯에 저항을 설치한다.　　답: ㉰

138. 선박용 레이다 송신기에 가장 많이 사용되는 안테나에 해당되는 것은?

㉮ 루프(loop) 안테나 ㉯ 애드콕(adcock) 안테나

㉰ 헤리컬(helical) 안테나 ㉱ 슬롯 어레이(Slot array) 안테나 답: ㉱

139. 다음 안테나 중 극초단파대에서 사용되는 것이 아닌 것은?

㉮ 파라볼라(Parabola) 안테나 ㉯ 카세그레인(Cassegrain) 안테나

㉰ 혼 리플렉터(Horn reflector) 안테나 ㉱ 롬빅(Rhombic) 안테나

해설 ※ 롬빅(Rhombic) 안테나는 단파대 안테나로 대표적인 진행파 안테나이다. 답: ㉱

140. 다음 중 극초단파 안테나가 아닌 것은?

㉮ 슬롯(slot) 안테나 ㉯ 유전체 막대(Dielectric rod) 안테나

㉰ 혼(Horn) 안테나 ㉱ 제펠린(Zeppelin) 안테나 답: ㉱

141. 파라볼라 안테나(Parabola Antenna)용 1차 복사기로서 적합하지 않은 것은?

㉮ 반사기가 붙은 다이폴 안테나 ㉯ 도파관에 종단되는 전자 혼 안테나

㉰ 단순한 다이폴 안테나 ㉱ 동축선으로 종단되는 동축 슬롯 안테나

해설 파라볼라 안테나(Parabola Antenna)의 1차 복사기로는 ①반사기가 붙은 반파장 다이폴 ②전자나팔 ③슬롯 안테나 등이 사용된다. 답: ㉰

142. 파라볼라 안테나의 이득을 계산하는 식은 어느 것인가? (단, A는 개구 면적, η는 개구 능률, λ는 파장이다.)

㉮ $\dfrac{2\pi A}{\lambda^2}$ ㉯ $\dfrac{4\pi A}{\lambda^2}$ ㉰ $\dfrac{2\eta\pi A}{\lambda^2}$ ㉱ $\dfrac{4\eta\pi A}{\lambda^2}$ 답: ㉱

143. 파라보라안테나의 유효개구면적 A_{eff} 와 절대이득 G_a 와의 관계식은?

㉮ $A_{eff} = \dfrac{\lambda^2}{4\pi} G_a$ ㉯ $G_a = \dfrac{\lambda^2}{4\pi} A_{eff}$

㉰ $G_a = \dfrac{\pi}{4\lambda^2} A_{eff}$ ㉱ $A_{eff} = \dfrac{\pi}{4\lambda^2} G_a$ 답: ㉮

144. 파라볼라 안테나의 절대이득을 계산하는 식은? (η : 개구 효율, D : 파라볼라의 직경, λ : 파장)

㉮ $\eta\,\pi^2 D/\lambda$ ㉯ $\eta\,(\pi D/\lambda)^2$ ㉰ $\eta\,(\lambda/\pi D)^2$ ㉱ $\eta\,\lambda/(\pi D)^2$

답: ㉯

145. 지름 D[m]인 파라볼라 안테나의 개구효율을 η라 할 때 파장(λ)의 전파에 대한 절대이득 G의 식은?

㉮ $G = \dfrac{\eta \pi^2 D^2}{\lambda^2}$ ㉯ $G = \dfrac{\eta \pi^2 D^2}{16}$ ㉰ $G = \dfrac{4 \eta \pi^2 D^2}{\lambda^2}$ ㉱ $G = \dfrac{\eta \pi^2 D^2}{4}$ 답: ㉮

146. Parabola Ant의 반치각 θ를 구하는 식은? (단, K:상수, λ:파장, D:개구직경)

㉮ $\theta = \dfrac{K \cdot \lambda}{D}[rad]$ ㉯ $\theta = \dfrac{K \cdot \lambda}{D^2}[rad]$

㉰ $\theta = \dfrac{K \cdot \lambda^2}{D}[rad]$ ㉱ $\theta = \dfrac{K \cdot D}{\lambda}[rad]$ 답: ㉮

147. 파라볼라 안테나 (Parabola Antenna)에서 파라볼라의 개구 직경이 클수록 어떻게 되는가?

㉮ 지향성이 커지고 이득은 적어진다. ㉯ 지향성은 변함 없으나 이득은 커진다.
㉰ 지향성이 커지고 이득도 커진다. ㉱ 지향성은 커지나 이득은 변함 없다. 답: ㉰

148. 파라볼라 안테나의 직경이 커질 때 일어나는 변화는?

㉮ 이득이 작아지고 효율은 커진다. ㉯ 이득은 커지고 효율은 변화가 없다.
㉰ 이득도 커지고 효율도 커진다. ㉱ 이득은 변화하지 않고 효율은 작아진다. 답: ㉯

149. 파라볼라 안테나(Parabola Antenna)의 특징 설명 중 잘못 된 것은?

㉮ 비교적 소형이고, 구조가 간단하다. ㉯ 지향성이 예민하고 이득이 높다.
㉰ 부엽(Side lobe)이 비교적 적다. ㉱ 광대역 임피던스가 정합이 어렵다.

 ※ 파라볼라 안테나(Parabola Antenna)의 특징
① 비교적 소형이며 구조가 간단하다.
② 경량이며 제작이 용이하다.
③ 부엽이 비교적 많고 협대역성이다.
④ 지향성이 예민하며 이득이 크다.

이득(G_a)는 $G_a = \dfrac{4\pi A_e}{\lambda^2} = \dfrac{4\pi \eta_a A}{\lambda^2} = \left(\dfrac{\pi D}{\lambda}\right)^2 \lambda_a$ 이다.

여기서, η_a : 개구효율, $A(= (\dfrac{D}{2})^2 \pi)$: 개구면적, D : 포물면의 직경

⑤ 상하·좌우의 약간의 움직임에 대해서는 이득에 큰 영향을 주지 않고 반사경은 고정한 채로 복사 주축의 방향만 1~2° 정도 바꿀 수 있으므로 방향 미조정용으로 이용된다. 답: ㉰

150. 파라볼라 안테나(Parabola Antenna)의 특성 중 옳지 않은 것은?

㉮ 이득은 안테나의 개구면적에 비례한다.
㉯ 같은 크기에서는 파장이 짧을수록 이득은 크다.

㉰ 지향성은 3배 정도 얻을 수 있으나 방향조정은 잘 안된다.
㉱ 반사면을 망으로 하거나 도전도료를 칠하여도 특성에는 커다란 변동이 없다. 답: ㉱

151. 파라보라 안테나(parabola antenna)의 1차 복사기로 사용되지 않는 것은?

㉮ 원주형 혼(horn) ㉯ λ/2다이폴(dipole)
㉰ 슬롯(slot) 안테나 ㉱ 전파렌즈(Lens) 답: ㉱

152. 파라볼라 안테나의 이득은 사용파장과 어떤 관계가 있는가?

㉮ 파장에 비례한다. ㉯ 파장에 반비례한다.
㉰ 파장의 제곱에 비례한다. ㉱ 파장의 제곱에 반비례한다. 답: ㉱

153. 파라볼라 반사기의 역할로 맞는 것은?

㉮ 전자 나팔에서 나온 구면파를 평면파로 변환한다.
㉯ 카세그레인 안테나에서 부반사로 사용한다.
㉰ 원편파만 사용할 수 있다.
㉱ 광대역 특성을 갖도록 만들어 준다. 답: ㉮

154. 안테나 특성을 광대역으로 하기 위한 방법으로 적합하지 않은 것은?

㉮ 안테나의 Q를 적게 한다.
㉯ 진행파 공중선으로 한다.
㉰ 파라볼라 안테나처럼 개구면적을 크게 한다.
㉱ 슈퍼게인 안테나처럼 보상회로를 사용한다. 답: ㉰

155. 파라볼라 안테나(parabola antenna)의 특징으로 잘못된 것은?

㉮ 비교적 소형이고 구조가 간단하다. ㉯ 지향성이 예리하고 이득이 높다.
㉰ 부엽(side lobe)이 비교적 많다. ㉱ 광대역 임피던스 정합이 쉽다. 답: ㉱

156. 파라보라안테나(Parabola antenna)에서 파라보라의 개구직경이 클수록 어떻게 되는가?

㉮ 지향성이 커지고 이득은 적어진다. ㉯ 지향성은 변함없으나 이득은 커진다.
㉰ 지향성이 커지고 이득도 커진다. ㉱ 지향성은 커지나 이득은 변함없다.

해설
※ 파라볼라 안테나(Parabola Antenna)의 이득$(G) = \frac{\eta \pi^2 D^2}{\lambda^2}$, 반치각$(\theta) = \frac{K \cdot \lambda}{D}[rad]$
(단, D는 반치각)이므로 개구직경이 클수록 이득이 커지고 반치각이 작아지므로 지향성도 커진다.
답: ㉰

157. 파라볼라 안테나(Parabola Antenna)에서 비나 눈에 대한 처치 방법은?

  ㉮ 업세트 파드 혼을 사용한다.   ㉯ 타원 편파용 피이드 혼을 사용한다.

  ㉰ 레이돔(Radom)으로 안테나를 씌운다.   ㉱ 오프셋 피드 혼을 사용한다.

> **해설** ※ 파라볼라 안테나(Parabola Antenna)에서 비나 눈에 대한 처치 방법
> ① 레이돔(Radom)으로 안테나를 씌운다.   ② 타원 편파용 피이드 혼을 사용한다.
> ※ 파라볼라 안테나(Parabola Antenna)에서 정재파비를 좋게 하는 방법
> ① 업세트 파드 혼을 사용한다.   ② 오프셋 피드 혼을 사용한다.   답: ㉰

158. 위성통신 지구국용의 고이득, 저잡음 안테나로서 위성 통신 지구국에서 사용하고 있는 안테나는?

  ㉮ 파라볼라 안테나   ㉯ 카세그레인 안테나

  ㉰ 혼 리플렉터 안테나   ㉱ 열 슬롯 안테나

> **해설** ※ 카세그레인 안테나의 특징
> ① 위성통신 지구국용 안테나이다.
> ② 1차 복사기와 송수신가 직결되기 때문에 급전계 전송 손실이 적다.
> ③ 초점거리가 짧고, 반사기에서 고이득이 얻어진다.
> ④ 부엽이 매우 작다.
> ⑤ 대지에서의 잡음을 적게 받기 때문에 저잡음 특성의 안테나이다.   답: ㉯

159. 다음 중 부 반사기로 볼록 타원체를 사용하고 있으며, 위성통신 지구국용 고이득, 저잡음 안테나는?

  ㉮ 패스랭스(path length)안테나   ㉯ 카세그레인 안테나

  ㉰ 대수주기(log periodic)안테나   ㉱ 슬롯 안테나   답: ㉯

160. 정지위성을 이용하는 대형 지구국 안테나로 적합한 것은?

  ㉮ 카세그레인(cassegrain) 안테나   ㉯ 이퀴앵귤러(equiangular) 안테나

  ㉰ 패스렝스(path-length) 안테나   ㉱ 파라볼라(parabola) 안테나   답: ㉮

161. 마이크로파 안테나로 적합하지 못한 것은?

  ㉮ 파라볼라 안테나   ㉯ 혼 안테나

  ㉰ 렌즈 안테나   ㉱ 웨이브 안테나

> **해설** ※ 웨이브 안테나는 장·중파대 안테나로서 진행파 안테나이다.   답: ㉱

162. 마이크로파 통신에 사용되는 안테나가 아닌 것은?

  ㉮ 롬빅 안테나   ㉯ 렌즈 안테나

  ㉰ 파라볼라 안테나   ㉱ 혼 반사기 안테나   답: ㉮

163. 마이크로파용 안테나의 특징으로 옳지 않은 것은?

㉮ 고지향성이다.

㉯ 파장이 짧기 때문에 크기를 소형으로 할수 있고, 고이득을 얻을 수 있다.

㉰ 이득과 지향성은 안테나의 개구면에 반비례한다.

㉱ 송수신 안테나의 결합도를 작게 할 수 있으므로 송수신기를 동일 장소에 설치할 수 있다.

> **해설** ※ 개구면 안테나의 이득과 지향성은 안테나의 개구면에 비례한다. 답: ㉰

164. 마이크로파에 사용하는 안테나의 이득과 관계 없는 것은?

㉮ 구경(aperture) ㉯ 주파수

㉰ 송신기 출력 ㉱ 반사면의 고르기 답: ㉰

Chapter 05

주파수대에 따른 전파 특성

실제 통신에 있어 하나의 전파는 두개 이상의 전파통로로 동시에 전파되기 때문에 주파수대에 따른 전파 특성을 검토해 보는 것이 필요하다.

5.1 장파

장파는 지표파와 전리층파에 의해 전파되며 근거리에서는 지표파에 의해, 원거리에서는 지표파와 전리층파에 의해 전파된다.

1. 지표파의 전파

가. 지표파는 **도전율이 클수록, 유전율이 작을수록 감쇠가 적다.**

나. 지표파는 **낮은 주파수(긴 파장)일수록, 수직편파일수록 감쇠가 적다.**

다. 전계강도가 큰 순서대로 나열하면 **해상, 해안, 평야, 구릉, 산악, 시가지** 순이다.

2. 전리층파의 전파

가. 주간에는 D층에서 반사되어 전파되고, 야간에는 E층에서 반사되어 전파된다.

나. 200(kHz) 이하의 주파수에서 일출과 일몰시 전계강도가 급격히 약화되는 일출 또는 일몰 효과가 나타난다.

다. 장파는 공전의 영향을 가장 심하게 받으므로 원거리 통신용으로는 부적합하다.

5.2 중파

중파는 지표파와 E층 전리층 반사파에 의해 전파된다.

1. 지표파의 전파

가. 주간의 수신전계는 지표파에만 의존한다. (주간에 E층 전리층 반사파는 D층에 의해 제 1종 감쇠를 크게 받으므로 전리층 반사파는 존재하지 않는다.)

나. 장파보다 지표파 감쇠가 심하여 전파거리가 짧다

다. 주파수가 낮을수록 감쇠가 적다.

2. 전리층파의 전파

가. E층 반사에 의해 전파되나 주간에는 제 1종 감쇠가 커 전리층 반사파가 존재하지 않는다. (야간에는 D층이 소멸되고 E층 전자밀도의 저하로 감쇠가 적어져 전리층파가 존재)

나. 여름보다는 겨울 야간에 수신이 잘 된다.

다. 일몰시에는 전리층파가 나타나기 시작한 뒤로 지표파와의 간섭에 의해 근거리 페이딩이 강하게 나타나며, 또한 전리층파 상호간의 간섭에 의한 원거리 페이딩이 나타나기도 한다.

라. 일출과 일몰시 선택성 페이딩이 강하게 일어난다.

5.3 단파

단파대의 지표파는 송·신점 근처에서 쉽게 감쇠되어 버리므로 단파의 전파형식은 주로 전리층파에 의해 이루어지며, 이 같은 전리층파는 흡수가 적어 수신 전계가 크므로 소전력으로 원거리 통신이 가능하다. 단파는 도약거리를 기준으로 도약거리 안과 밖의 전파형식이 달라지므로 도약거리 이내를 근거리 전파, 도약거리 밖을 원거리 전파라 한다.

※ 단파통신의 특징

    ① 혼신의 영향을 받기 쉽다.

    ② **지향성이 예민한 송수신 안테나의 이용이 용이하다.**

    ③ 소전력으로 원거리 통신회선이 구성될 수 있다.

    ④ 전송용량이 적으며 전송품질이 불량하다.(페이딩, 델린져 현상, 에코, 산란, 오로라 등의 영향을 받는다.)

    ⑤ 불감지대가 생기며 산란파에 의한 약간의 전파가 수신되지만 불안정하다.

    ⑥ 페이딩, 델린져 현상, 에코, 산란 등의 영향을 받는다.

5.4 초단파대 이상

초단파대 이상의 주파수는 F_2층까지도 투과하므로 전리층파는 이용될 수 없다. 그러나 산재 E층이 존재하게 되면 초단파를 반사하게 되지만 산재 E층의 존재가 시간적, 공간적으로 불안정하여 고정통신용으로는 이용할 수 없다.

1. 가시거리 내의 전파

가. 직접파와 대지반사파에 의해 수신전계가 정해진다.

나. 전파의 실제 가시거리(전파 가시거리)는 대기의 굴절 때문에 기하학적(광학적) 가시거리보다 약간 멀며, 전파통로는 등가지구 반경계수 K를 고려하므로 써 직선으로 취급할 수 있다.

다. 송·수신점 근처에서는 직접파와 대지반사파의 상호간섭 및 수신 안테나의 높이, 송·수신점 사이의 거리에 따라 전파의 크기가 진동 적으로 변화하는 영역이 존재한다.

라. 전파통로 내에 산악이나 건물 등의 장애물이 있으면 직접파와 회절파와의 간섭에 의하여 Fresnel Zone이 생기고, 장애물의 아래 부분에도 회절파에 의한 전계 성분이 나타난다.

마. 신틸레이션 페이딩, K형 페이딩, 감쇠형 페이딩, 산란형 페이딩, duct형 페이딩이 발생한다.

바. 해상전파는 육상전파에 비해 불안정하고 심한 페이딩을 받는다.

2. 초가시거리 전파

가. 산악회절파, radio duct, 대류권 산란파, 산재 I층에 의한 전파, 전리층 산란파를 이용해 초단파대 초가시거리 통신을 행할 수 있다.

나. 산악회절파는 송·수신점의 중간에 산악이 있어야 하는 등의 지리적 제한을 받으나 손실이 적기 때문에 많이 사용된다.

다. radio duct와 산재 S층에 의한 전파는 시간적, 공간적으로 불안정하여 고정통신용으로는 사용할 수 없다.

라. 대류권 산란파와 전리층 산란파는 안정회선을 구성할 수 있어 실용화되어 사용되고 있다.

3. 마이크로파 통신의 특징

가. **직접파를 이용하며 원거리 통신을 하기 위해서는 다수의 중계소를 필요로 한다.**

나. 예민한 지향성과 고이득을 가진 안테나를 소형으로 만들 수 있다.

다. 전파손실이 적고 외부잡음의 영향이 적어 S/N비를 크게 할 수 있다.

라. 광대역성이 가능하다.

마. PTP(Point To Point) 통신이 가능하다.

바. 회선 건설기간이 짧고 경비가 저렴하며 재해 등의 영향이 적다.(회선구성의 융통성)

단원별 요약정리

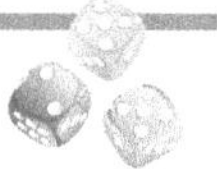

5.1 장파

장파는 주로 **지표파**에 의해 전파된다.

1. 지표파의 전파 ★★

① 지표파는 도전율이 클수록, 유전율이 작을수록 감쇠가 적다.
② 지표파는 **낮은 주파수(긴 파장)일수록, 수직편파일수록 감쇠가 적다.**
③ 전계강도가 큰 순서대로 나열하면 **해상, 해안, 평야, 구릉, 산악, 시가지** 순이다.

5.2 중파

중파는 지표파와 E층 전리층 반사파에 의해 전파된다.

5.3 단파

단파대의 주요전파는 주로 전리층반사파(F층)에 의해 이루어진다.

※ 단파통신의 특징
　① 혼신의 영향을 받기 쉽다.
　② **지향성이 예민한 송수신 안테나의 이용이 용이하다.**
　③ 소전력으로 원거리 통신회선이 구성될 수 있다.
　④ 페이딩, 델린져 현상, 에코, 산란 등의 영향을 받는다.

5.4 초단파대 이상

초단파대 이상의 주파수는 직접파와 대지 반사파에 의해 전파된다.

1. 가시거리 내의 전파

① **직접파와 대지반사파**에 의해 통신을 행할 수 있다.
② 전파의 실제 가시거리는 대기의 굴절현상 때문에 기하학적(광학적) 가시거리보다 약간 멀다.
③ **신틸레이션 페이딩, K형 페이딩, 감쇠형 페이딩, 산란형 페이딩, duct형 페이딩**이 발생 한다.
④ **해상전파는 육상전파에 비해 불안정하고 심한 페이딩을 받는다.**

2. 초가시거리 전파 ★★

① 산악회절파, radio duct, 대류권 산란파, 산재 E층에 의한 전파, 전리층 산란파를 이용해 초단파대 초 가시거리 통신을 행할 수 있다.
② 산악회절파는 송·수신점의 중간에 산악이 있어야 하는 등의 지리적 제한을 받으나 손실이 적기 때문에 많이 사용된다.
③ radio duct와 산재 S층에 의한 전파는 시간적, 공간적으로 불안정하여 고정통신용으로는 사용할 수 없다.
④ 대류권 산란파와 전리층 산란파는 안정회선을 구성할 수 있어 실용화되어 사용되고 있다.

3. 마이크로파 통신의 특징 ★★

① 직접파를 이용하며 원거리 통신을 하기 위해서는 다수의 중계소를 필요로 한다.
② 예민한 지향성과 고이득을 가진 안테나를 소형으로 만들 수 있다.
③ 전파손실이 적고 외부잡음의 영향이 적어 S/N비를 크게 할 수 있다.
④ 광대역성이 가능하다.
⑤ PTP(Point To Point) 통신이 가능하다.
⑥ 회선 건설기간이 짧고 경비가 저렴하며 재해 등의 영향이 적다.(회선구성의 융통성)

핵심기출문제

01. 진공 중에서 주파수 3[MHz]의 파장은?

㉮ 100[m] ㉯ 50[m] ㉰ 30[m] ㉱ 15[m]

> **해설**
> $$\lambda = \frac{C}{f} = \frac{3 \times 10^8}{3 \times 10^6} = 100[m]$$
> 답: ㉮

02. λ /4 수직 안테나의 길이가 15[m]이면 전파의 주파수는?

㉮ 0.5[MHz] ㉯ 5[MHz] ㉰ 15[MHz] ㉱ 25[MHz]

> **해설**
> $$l = \frac{\lambda}{4} = 15[m], \therefore \lambda = 60[m] \text{이므로} f = \frac{C}{\lambda} = \frac{3 \times 10^0}{60} = 5[MHz]$$
> 답: ㉯

03. 주파수 30[MHz]의 전파에 대한 1/4파장은 몇 [m]인가?

㉮ 1.5[m] ㉯ 2.5[m] ㉰ 3.5[m] ㉱ 4.5[m]

> **해설**
> $$\lambda = \frac{C}{f} = \frac{3 \times 10^8}{30 \times 10^6} = 10[m], l = \frac{\lambda}{4} = \frac{10}{4} = 2.5[m]$$
> 답: ㉯

04. 지상파가 아닌 것은?

㉮ 지표파 ㉯ 회절파 ㉰ 전리층 반사파 ㉱ 대지 반사파

> **해설** ※ 전파의 분류(전파 통로상의 분류)
> ① 지상파(직접파, 대지반사파, 지표파, 회절파)
> ② 공중파(대류권파-대류권 굴절파, 대류권 반사파, 대류권 산란파, 전리층파- 전리층 반사파, 전리층 산란파, 전리층 활행파)
> 답: ㉰

05. 장파의 전파 특성에 대한 설명 중 틀린 것은?

㉮ 지표파는 파장이 길수록 감쇠가 크다.
㉯ 지표면의 도전율이 클수록 감쇠가 작다.
㉰ 해면상에서 먼거리까지 잘 전파된다.
㉱ 근거리는 지표에 의하여 장거리는 지표파와 전리층파에 의해서 통신이 행해진다.

> **해설** ※ 장파에서의 지표파 전파
> ① 지표파는 도전율이 클수록, 유전율이 작을수록 감쇠가 적다.
> ② 지표파는 낮은 주파수(긴 파장)일수록, 수직편파일수록 감쇠가 적다.
> ③ 해상에서는 감쇠가 적어 원거리까지 전파되나 건조지대에서는 감쇠가 많아 근거리밖에 전파하지 못

한다. 답: ㉮

06. 중파대 주파수의 전파에 관한 설명 중 틀린 표현은?

㉮ 지상파와 공간파에 의해 전파한다.

㉯ 주간의 전파 전파는 지상파가 주가 된다.

㉰ 야간에는 D층과 E층에 의한 감쇠가 없고 F층에서 반사된다.

㉱ 일몰 시 강한 페이딩이 일어난다.

> **해설** ※ 중파대 전파는 야간에는 D층이 소멸되고 E층 전자밀도의 저하로 감쇠가 적어져 E층 반사에 의해 전파되나 주간에는 제 1종 감쇠가 커 전리층 반사파가 존재하지 않는다. F층 반사파는 단파대 통신의 특징이다.

답: ㉰

07. 장·중파에서 주가되는 전파는?

㉮ 직접파 ㉯ 대지 반사파 ㉰ 지표파 ㉱ 회절파

> **해설** ※ 주파수대별 주요전파
> ① 장·중파대-지표파 ② 단파대-전리층(F층) 반사파
> ③ 초단파대-대지 반사파.직접파 ④ 극초단파대 이상-직접파

답: ㉰

08. 지표파의 주된 성질은 다음과 같다. 잘못 설명된 것은?

㉮ 대지의 도전율이 클수록 전파의 감쇠는 작다.

㉯ 수평편파 보다 수직편파의 쪽이 감쇠가 크다.

㉰ 지표로부터 높을수록 지표파 성분이 작아진다.

㉱ 장·중파대에서 유용하다. 답: ㉯

09. 다음중 지표파와 관계 없는 것은?

㉮ 주파수가 높을수록 감쇠가 심하다.

㉯ 지표파의 통달거리는 주파수 외에도 대지 도전율, 유전율에 대해서도 영향을 받는다.

㉰ 감쇠는 해수, 습지, 건지 순으로 커진다.

㉱ 수직편파 보다는 수평편파 쪽이 감쇠가 적다. 답: ㉱

10. 지표파 전파의 특징 중 틀린 것은?

㉮ 지면도중의 凸凹에 별로 영향을 받지 않는다.

㉯ 대지의 도전율이 클수록 멀리 도달한다.

㉰ 주파수가 높을 수록 멀리까지 전파한다.

㉱ 수직편파가 잘 전파한다. 답: ㉰

11. 다음은 지표파에 대한 설명이다. 잘못된 것은?

㉮ 전파는 평지에서 가장 잘 전파한다. ㉯ 유전율이 작을수록 감쇠가 적어진다.

㉰ 수평편파는 큰 감쇠를 받는다. ㉱ 장·중파대에서 감쇠가 적다. 답: ㉮

12. 장·중파용 안테나의 특징 중 옳지 못한 것은?

㉮ 설치가 저렴하고 광대역성이다.

㉯ 안테나의 이득이 낮다.

㉰ 고유파장의 안테나를 얻기 어렵다.

㉱ 주로 수직편파에 의한 지표파를 이용하므로 접지가 필요하다.

> **해설** ※ 장·중파용 안테나의 특징
> ① 안테나 길이가 너무 길어서 고유파장의 안테나를 얻기 어렵다.
> ② 안테나 이득이 낮고 효율이 나쁘다.
> ③ 주로 수직편파에 의한 지표파를 이용하므로 접지가 필요하다.
> ④ 설치비가 비싸다. 답: ㉮

13. 다음 중 지표파와 E층 반사파의 간섭에 의해 양청구역이 제한되는 방송파는?

㉮ 중파 ㉯ 단파 ㉰ 초단파 ㉱ 마이크로파

답: ㉮

14. 회절현상은 어느 때 심한가?

㉮ 출력이 적을 때 ㉯ 주파수가 높을 때

㉰ 출력이 클 때 ㉱ 파장이 길 때

> **해설** ※ 회절현상은 주파수가 낮을수록 즉, 파장이 길수록 심하다. 답: ㉱

15. 전파의 회절현상에 대한 설명으로 적합하지 않는 것은?

㉮ 장파나 중파대에서 많이 일어난다. ㉯ 초단파대에서도 일어난다.

㉰ 전파 통로에 장애물이 있을 때 발생한다. ㉱ 주파수가 높을수록 심하다. 답: ㉱

16. 단파(HF)의 전파에 대한 특징을 설명한 아래 사항에서 틀린 것은?

㉮ 단파의 공간파는 전리층에서는 감쇠가 적다.

㉯ 단파의 지표파는 감쇠가 적으므로 원거리까지 전파된다.

㉰ 델린저 현상 및 자기람의 영향을 받는다.

㉱ 단파의 공간파는 전리층의 높이와 전자밀도 등에 따라 도달거리가 변화된다.

> **해설** ※ 단파대 통신의 특징
> ① 혼신의 영향을 받기 쉽다.

② 지향성이 예민한 송수신 안테나의 이용이 용이하다.

③ 전리층(F층) 반사파를 이용한 원거리 통신이 가능하다.(소전력으로 원거리 통신이 가능하다)

④ 전송용량이 적으며 전송품질이 불량하다. (페이딩, 델린져 현상, 자기람, 에코, 산란 등의 영향을 받는다.)

⑤ 불감지대가 생기며 산란파에 의한 약간의 전파가 수신되지만 불안정하다.

⑥ 전리층 전자밀도의 변화에 대비해 3~5개 정도의 통신주파수를 준비해야 한다.　　답: ㉯

17. 장거리 통신에 가장 적합한 전파 방식은?

㉮ 회절파　　　　㉯ 지상파　　　　㉰ 대륙전파　　　　㉱ 전리층파　　답: ㉱

18. HF대를 이용한 장거리 통신에 가장 적합한 전파 방식은?

㉮ 회절파　　　　㉯ 지상파　　　　㉰ 대류전파　　　　㉱ 전리층파　　답: ㉱

19. 단파통신의 일반적인 특징이 아닌 것은?

㉮ 소전력으로 원거리 통신이 가능하다.　　　　㉯ 공전의 방해가 크다.

㉰ 페이딩(fading)의 영향을 받는다.　　　　㉱ 델린저 현상의 영향을 받는다.

답: ㉯

20. 단파대의 불감지대에서 신호가 잡히는 현상으로 가장 적합한 원인은?

㉮ 회절파　　　　㉯ 산악회절파　　　　㉰ 대류권 산란파　　　　㉱ 전리층 산란파

해설　※ 단파대의 불감지대내에 산란파에 의한 약간의 전파가 수신되지만 불안정하다.　　답: ㉱

21. 초단파의 가시거리 내의 전파특성에 관한 설명 중 잘못된 것은?

㉮ 지표파는 감쇠가 크므로 이용이 불가능하다.

㉯ 직접파와 대지 반사파에 의하여 수신 전계가 정해진다.

㉰ 회절파에 의한 수신전계는 장해물과 Fresnel zone의 상대적 크기에 의해서 정해진다.

㉱ 신틸레이션, K형 및 덕트형 fading을 받으며, 해상 전파는 육상보다 안정하고 페이딩의 영향을 덜 받는다.

해설　※ 해상 전파는 육상보다 불안정하고 심한 페이딩이 발생한다.　　답: ㉱

22. 다음 중 초단파 통신의 특징이 아닌 것은? (단, 중파 통신과 비교)

㉮ 라디오덕트에 의한 원거리 전파가 될 수 있다.

㉯ 광대역 전송이 가능하다.

㉰ 기생 진동의 발생이 적다.

④ 가시거리 내에서 전파 손실이 크다.　　　　　　　　　　　　답: ④

23. 초단파(VHF)의 통달 거리에 그다지 영향이 없는 것은 ?

　㉮ 안테나의 높이　　　㉯ 복사전력　　　㉰ 지형　　　㉱ 공전

　해설　※ 초단파(VHF)대에서는 공전의 방해가 거의 없다.　　　　　답: ㉱

24. 마이크로파의 전파 특성으로서 틀린 것은?

　㉮ 직선 거리에의 전파에 한한다.　　　㉯ 전파특성이 안정하다.

　㉰ 기상의 영향을 받기 쉽다.　　　　　㉱ 전리층 반사파를 이용한다.

　해설　※ 마이크로파 통신의 특징

　　가) 통신범위는 가시거리 이내이며 전파는 직접파를 이용한다. 따라서 장거리 통신을 하기 위해서는 도중
　　　　에 몇 개의 중계소를 필요로 한다.

　　나) 예민한 지향성과 고이득을 가진 안테나를 소형으로 만들 수 있다.

　　다) 전파손실이 적어 안정된 전파 특성을 나타낸다.

　　라) 광대역성이 가능하다.

　　마) S/N비를 크게 할 수 있다.

　　바) 외부잡음의 영향이 적다.

　　사) 전리층을 통과하여 전파한다.

　　아) PTP(Point To Point) 통신이 가능하다.

　　자) 회선 건설기간이 짧고 경비가 저렴하며 재해 등의 영향이 적다.　　　답: ㉱

25. 다음중 지상파에 의한 마이크로파(micro wave)통신이 갖고 있는 단점은?

　㉮ 광대역 통신이 불가능하다.　　　　　㉯ 외부 잡음의 영향을 많이 받는다.

　㉰ 다중통신이 불가능하다.　　　　　　㉱ 중계소를 많이 설치해야 한다.　　답: ㉱

26. 마이크로웨이브(microwave) 통신의 장점이 아닌 것은?

　㉮ 광대역 통신이 가능하며 사용주파수의 범위가 넓다.

　㉯ 외부잡음의 영향이 적고 PTP(point to point)통신이 가능하다.

　㉰ 전리층을 통과하여 전파하며 중계기 없이도 원거리 통신이 가능하다.

　㉱ 예민한 지향성과 고이득을 가진 안테나를 소형으로 만들 수 있다.　　답: ㉰

27. 다음 각 주파수대의 주요 전파중에서 틀린 것은?

　㉮ 초단파대 － 직접파와 반사파　　　　㉯ 마이크로파대 － 직접파와 전리층파

　㉰ 장,중파대 － 지표파　　　　　　　　㉱ 단파대 － 전리층파

　해설　※ 주파수대와 주요전파의 관계
　　　① 장·중파대 － 지표파　　　　　　② 단파대 － 전리층 반사파(F층)

③ 초단파대 – 직접파와 반사파   ④ 마이크로파대 – 직접파   답: ④

28. 다음 중 잘못된 것은?

㉮ 자유공간의 특성 임피던스는 E/H[Ω]이다.

㉯ 복사 전계가 원거리까지 전파한다.

㉰ 포인팅 전력은 $E^2/377[W]$ 이다.

㉱ 자유 공간에서는 전계와 자계는 직각이고 진행 방향은 자계 방향이다.

해설 ※ 자유 공간에서는 전계와 자계는 직각이고 진행 방향과도 각각 직각 방향이다.   답: ㉱

29. 다음 중 잘못 된 것은?

㉮ 자유공간의 고유임피던스 $Z_0 = \dfrac{E}{H}$이다.

㉯ 원거리에서는 복사전계가 정전계보다 크다.

㉰ 변위전류의 단위는 [A]이다.

㉱ 전계와 자계에 따라 진행하는 파를 전자파라 한다.

해설 ※ 변위전류의 단위는 $[A/m^2]$이다.   답: ㉰

30. 전파에 관한 설명으로 맞는 것은?

㉮ 전파는 종파이다.

㉯ 매질의 종류에 관계없이 속도는 광속과 같다.

㉰ 군속도 × 위상속도 = (광속도)^2

㉱ 진행 방향에는 E및 H가 없고 직각인 방향에만 E와 H성분이 있는 경우를 구면파라고 한다.

해설 ※ 전파의 성질
① 전파는 횡파이며 평면파이다.
② 매질의 종류(유전율과 투자율)에 따라서 전파의 속도는 달라진다.
③ 군속도× 위상속도 = (광속도)^2
④ 진행 방향에는 E및 H가 없고 직각인 방향에만 E와 H성분이 있는 경우를 평면파라고 한다. 답: ㉰

31. 전파의 성질 중 잘못 설명된 것은?

㉮ 동위상인 경우에는 합성되고 역위상인 경우에는 상쇄된다.

㉯ 타원편파나 원편파는 구면파를 말한다.

㉰ 도전성을 가진 매질내에서는 감쇠가 크다.

㉱ 굴절율이 다른 매질의 경계면에서 굴절, 반사한다.

해설 ※ 도전성을 가진 매질내에서는 감쇠가 적다.   답: ㉰

32. 다음 중 전파의 특성에 관한 설명 중 틀린 것은?

㉮ 유전율이 커지면 파장은 길어진다.

㉯ 전계 벡터가 X축과 Y축으로 구성되어 크기가 같은 경우에는 원편파라고 한다.

㉰ 복사 전계의 크기는 거리에 반비례한다.

㉱ 전파의 주파수가 높을수록 직진성이 강하다. 답: ㉮

33. 전기력선이 비유전율 ε_1인 유전체에서 비유전율이 ε_2인 유전체로 들어갈 경우 입사각과 굴절각을 각각 θ_1, θ_2라고 한다면 경계면에서의 굴절의 법칙으로서 옳은 것은?

㉮ $\dfrac{\epsilon_1}{\epsilon_2} = \dfrac{\tan\theta_1}{\tan\theta_2}$
㉯ $\dfrac{\epsilon_2}{\epsilon_1} = \dfrac{\tan\theta_1}{\tan\theta_2}$

㉰ $\dfrac{\epsilon_1}{\epsilon_2} = \dfrac{\cos\theta_1}{\cos\theta_2}$
㉱ $\dfrac{\epsilon_2}{\epsilon_1} = \dfrac{\cos\theta_1}{\cos\theta_2}$

답: ㉮

34. 공기 공간으로부터 표면의 평면이 유전체에 수직으로 입사하는 평면 전자파의 통과계수는? (단, 공기의 비유전율 $\varepsilon_1=1$, 유전체의 비유전율 $\varepsilon_2=4$)

㉮ $\dfrac{3}{4}$ ㉯ $\dfrac{2}{3}$ ㉰ $\dfrac{1}{2}$ ㉱ 1

해설

$$T(투과계수) = \frac{2Z_R}{Z_R + Z_0} = \frac{2\sqrt{\dfrac{\mu_0}{\epsilon_2}}}{\sqrt{\dfrac{\mu_0}{\epsilon_2}} + \sqrt{\dfrac{\mu_0}{\epsilon_1}}} = \frac{2\sqrt{\epsilon_1}}{\sqrt{\epsilon_1} + \sqrt{\epsilon_2}} = \frac{2}{3}\,(\mathrm{if}, \mu_0 = \mu_1 = \mu_2)$$

답: ㉯

35. 전파가 전파하는 도중 전파로에 전기적 성질이 변한 곳이 있으면, 그 지점에서 전파의 굴절작용이 생겨서 전파의 진행 방향이 변한다. 이 현상과 가장 관계 깊은 오차는?

㉮ 야간 오차   ㉯ 해안선 오차   ㉰ 대척점 오차   ㉱ 편파 오차

답: ㉯

Chapter 06

지상파 전파

※ 전파 통로에 의한 분류

지상파

→ 송·수신 안테나 이하의 높이에서 전파되는 전파.
① 지표파 : 지면을 따라 전파하는 전파
② 직접파 : 송신점에서 수신점에 직접 도달하는 전파
③ 대지반사파 : 대지 건물 등에서 반사한 후 수신점에 도달하는 전파
④ 회절파 : 지상의 장애물을 넘어서 또는 돌아서 수신점에 도달하는 전파

공간파

→ 송·수신 안테나 이상의 높이에서 전파되는 전파.
① 대류권파
  - 대류권 굴절파 : 초굴절현상(대기의 굴절차)에 의해 전파하는 전파
  - 대류권 산란파 : 대기의 와류에 의한 유전율의 급격한 변동으로 인한 산란 현상에
    의한 전파
  - 대류권 반사파 : 대류권에서 반사되어 수신점에 도달하는 전파
② 전리층파
  - 전리층 반사파 : 전리층(D, E, F층 등)에서 반사되어 수신점에 도달하는 전파
  - 전리층 산란파 : 전리층 E층의 하부 전자 밀도의 불 균일에 의한 산란현상에 의한
    전파
  - 전리층 활행파 : 전리층에 따라 전파되어 수신점에 도달하는 전파

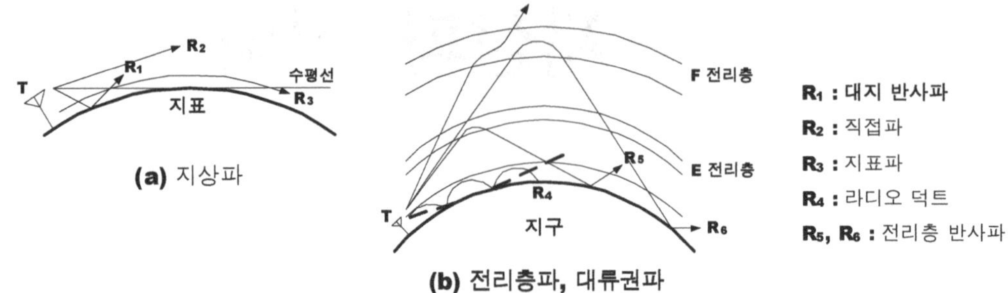

[그림 6-1] 전파 전파의 통로

6.1. 지표파

지표파란 지표면을 따라 전파해가는 전파로, 장·중파의 주전파이며 지면도중의 요철에 큰 영향을 받지 않는 특징을 가진다.

지표파는 대지를 따라 전파해감으로 대지가 지표파에 영향을 미치게 되며 지표파의 전계강도, 편파면, 전파속도에 미치는 영향으로 대별하면 다음과 같다.

1. 대지가 지표파 전계강도에 미치는 영향

㉠ 지표파의 전계 강도 E는(대지를 완전도체 평면으로 간주)

$$E = \frac{120\pi Ihe}{\lambda d}[V/m]$$

㉡ 대지의 도전율이 작을수록, 유전율이 클수록 감쇠가 커진다.

㉢ 전계강도의 감쇠는 해수, 습지, 건지 순으로 커진다.

㉣ 전계강도가 큰 순서대로 나열하면 해상, 해안, 평야, 구릉, 산악, 시가지 순이다.

㉤ 주파수가 낮을수록 감쇠가 적다.

㉥ 수직편파 쪽이 수평편파 쪽보다 감쇠가 적다.

2. 대지가 편파면에 미치는 영향

수직편파가 지면을 따라 진행할 때 지면은 완전도체가 아니기 때문에 지면에 가까운 곳에서는 전파의 진행이 늦어지고 지면 위에서는 광속으로 전파되기 때문에 전파의 편파면이 기울어지게 되며 다음과 같은 특징을 갖는다.

㉠ 편파면의 경사는 도전율이 작을수록, 유전율이 클수록 크다.

㉡ 수평편파 성분은 대지에서 단락되므로 큰 감쇠를 받는다. 따라서 지표파로 전파해 가는 것은 수직편파 성분이 주가 된다.

3. 대지가 전파속도에 미치는 영향

가. 해안선 오차

전파가 전파하는 도중 대지의 전기적 성질이 변한 곳이 있으면, 그 지점에서 전파의 굴절작용이 생겨서 진행방향이 변하게 되며 이는 방향탐지에서 오차를 일으키게 되는데 이를 해안선 오차라 한다.

나. 근거리 fading

지표파와 E층 전리층 반사파와의 간섭에 의해 발생하는 fading으로 양청구역(service area)을 제한하게 되며 이를 막기 위해서는 안테나 정관을 설치한 정관형 안테나를 설치하여 고각도 복사를 억제하면 된다.

※ 양청구역(service area)

지표파에 의한 전계강도와 전리층 반사파에 의해 전계강도가 같은 지점 이내를 양청구역이라 하며, 다음과 같은 종류가 있다.

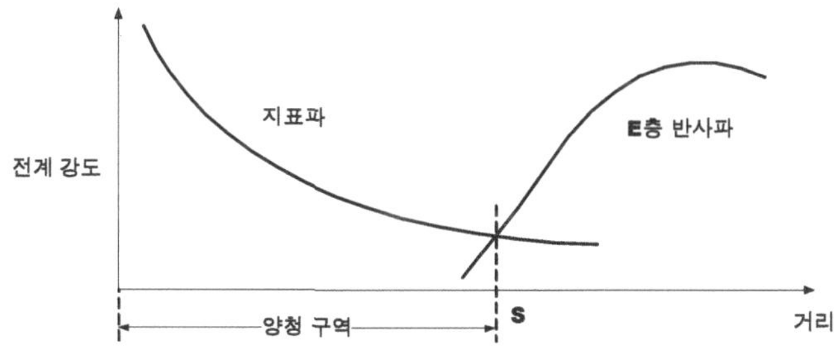

[그림 6-2] 방송파에서의 양청구역

→ 제 1 양청구역 : 지표파가 잡음에 방해됨이 없이 양호한 상태로 수신될 수 있는 전계강도 0.25[mV/m] 이상의 영역.

→ 제 2 양청구역 : 야간이 되면 E층 반사파가 지표에 도달하므로 원거리 수신이 가능

하게 되는데 이를 제 2 양청구역이라 하며, 다소 잡음이 발생하게 된다.

6.2. 직접파

VHF대 이상의 전파는 송신점에서 복사된 전파가 수신점에 직접 도달하는 직접파에 의해
주로 전파된다.

1. 가시거리(LOS : Line of Sight)

가. 기하학적 가시거리

d는 기하학적 가시거리라 하면 다음과 같이 구한다.

$$d = 3.57\left(\sqrt{h_1} + \sqrt{h_2}\right)[km]$$

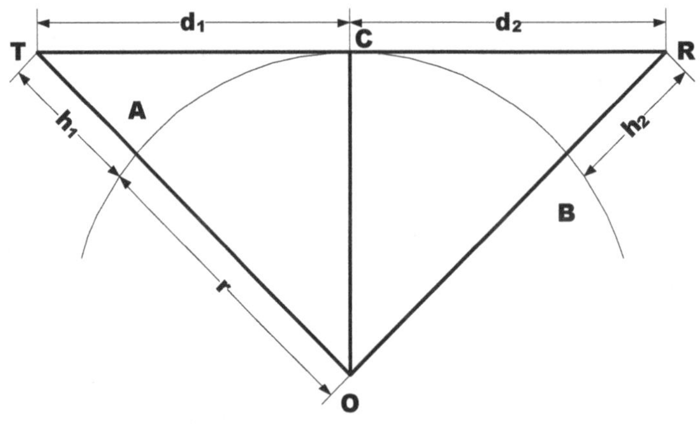

[그림 6-3] 기하학적 가시거리

나. 등가지구와 등가지구 반경계수

㉠ 등가지구 : 실제 지구보다 더 큰 지구를 가상하면 전파통로를 직선으로 취급할 수
있으며 이러한 지구를 등가지구라 한다.

㉡ **등가지구 반경계수(K)**

$$K = \frac{등가지구반경(R)}{실제지구반경(r)}$$

온대(중위도)지방에서는 $K = \dfrac{4}{3}$

열대(저위도, 적도)지방에서는 $K = \dfrac{4}{3} \sim \dfrac{3}{2}$

한대(고위도, 극) 지방에서는 $K = \dfrac{6}{5} \sim \dfrac{4}{3}$

다. 전파 가시거리

전파 가시거리는 표준 대기에서 기하학적 가시거리보다 $\sqrt{\dfrac{4}{3}}$ 배 만큼 멀어지게 된다. 즉 전파 가시거리 D는 다음과 같다.

$$d = 4.11\left(\sqrt{h_1} + \sqrt{h_2}\right)[\mathrm{km}]$$

2. 전파투시도(지형단면도)

대기의 굴절률이 수직방향으로만 변화한다고 가정하고(수평방향으로는 일정) 송·수신 점을 포함해 대지에 수직으로 그림 지형 단면도를 전파투시도라 하면 다음과 같은 특징을 갖는다.

(1) 전파통로를 나타내는 지형단면도로 profile map 이라고도 한다.

(2) 전파통로상에서 **수직방향**의 장애물을 살펴볼 때 편리하다.

(3) 등가지구 반경계수 K를 고려해서 작성해야 하며, 이렇게 함으로써 전파통로를 직선으로 취급할 수 있게 된다.

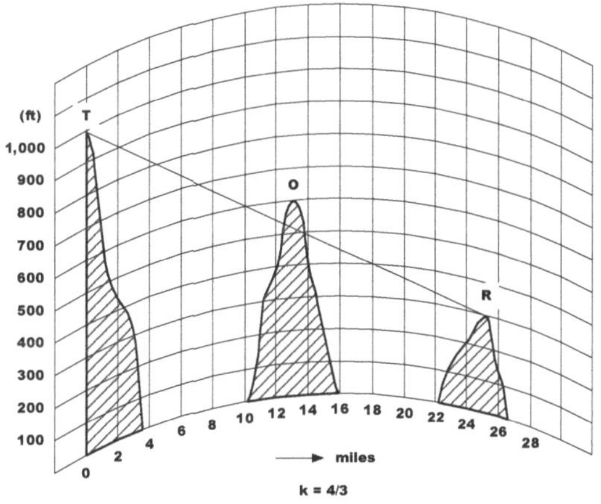

[그림 6-4] profile map의 사용 예

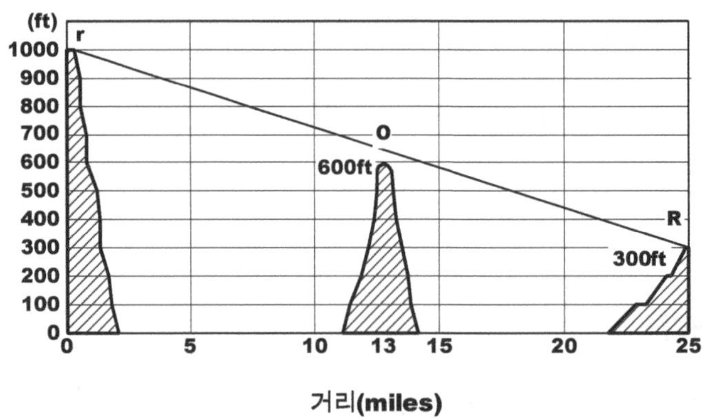

[그림 6-5] 평면 좌표상에 표시한 전파 통로와 장애물

6.3 대지 반사파

초단파대의 전파는 파장이 짧기 때문에 대지, 건물 등에서 반사현상을 나타낸다. 초단파대의 수신 전계강도는 직접파와 반사파의 합성에 의해 구할 수 있으며 송신측에서 복사되는 전파의 편파에 따라 다음과 같이 된다.

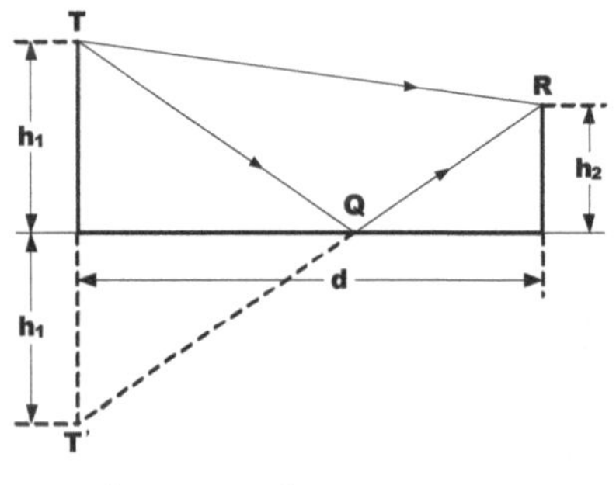

[그림 6-6] 대지반사파

1. 수평 편파인 경우

$$E = 2E_0 \sin\left(\frac{2\pi h_1 h_2}{\lambda d}\right)$$

여기서, E_0 : 자유공간 전계 강도, d : 송수신점 사이의 거리

h_1 : 송신 안테나의 높이, h_2 : 수신 안테나의 높이

초단파대의 낮은 주파수 및 먼거리에서의 전계강도는 $E ≒ \dfrac{88\sqrt{G_h \cdot P}\, h_1 h_2}{\lambda d^2}$ 가 된다.

2. 수직 편파인 경우

$$E = 2E_0 \cos\left(\dfrac{2\pi h_1 h_2}{\lambda d}\right)$$

초단파대의 낮은 주파수 및 먼거리에서의 전계강도는 $E = \dfrac{120\pi \mathrm{Ihe}}{\lambda \mathrm{d}}[\mathrm{V/m}]$ 가 된다.

6.4 회절파

회절현상에 의하여 수신점에 도달하는 전파를 회절파라 하며 주파수가 낮을수록, 장애물의 끝이 뾰족한 형태일수록 회절이 심하게 일어난다. 즉 장·중파대의 회절현상이 초단파대의 회절현상보다 심하며 장애물이 knife edge 일수록 회절이 잘 일어난다.

1. 프레즈넬 존(Fresnel Zone)

프레즈넬 존이란 가시선(T-R) 위의 진동영역을 말하며, 자유공간 전계강도 E_0를 중심으로 값이 커졌다 작아졌다 하다가 일정한 E_0로 된다. 이와 같이 진동하는 이유는 직접파와 회절파가 간섭을 일으키기 때문이다.

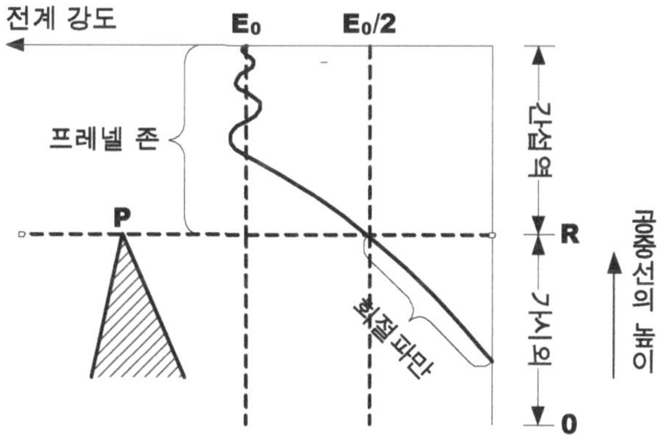

[그림 6-7] Fresnel Zone

- 제1 프레즈넬 존 : 가시선으로부터 전계강도의 첫 번째 극대점 위치까지
- 제2 프레즈넬 존 : 전계강도의 첫 번째 극대점 위에서 전계강도의 첫 번째 극소점 위치까지
- 제3 프레즈넬 존 : 전계강도의 첫 번째 극소점 위에서 전계강도의 두 번째 극대점 위치까지

이와 같은 방법으로 프레즈넬 존을 잡게되며 이로부터 알 수 있는 것은 기수 프레즈넬 존에서는 이득이, 우수 프네즈넬 존에서는 손실이 발생함을 알 수 있다.

가. 무장애 전파지역

제1 Fresnel Zone 이상을 무장애 전파지역으로 간주하며 자유공간 전계 강도치를 얻기 위해서는 수신점을 무장애 전파지역으로 두어야 한다.

나. Fresnel Zone의 반경

(1) 제1 Fresnel Zone의 반경

$$F_1 = \sqrt{\lambda \frac{d_1 d_2}{d}} \,[m]$$

여기서 d : 송신점과 수신점 사이의 거리 [m]

d_1 : 송신점에서 장애물까지의 거리 [m]

d_2 : 장애물에서 수신점까지의 거리 [m]

(2) 제n Fresnel Zone의 반경

$$F_n = \sqrt{n}\, F_1 \,[m]$$

다. Clearance

클리어런스란 **knife edge의 정점과 전파통로와의 간격을 말하는 것으로** 일반적으로 h_c로 나타내며 장애물이 전파통로 위에 있으면 h_c는 (−)가 되고 반대로 되어 있으면 (+)가 된다.

2. 산악회절파

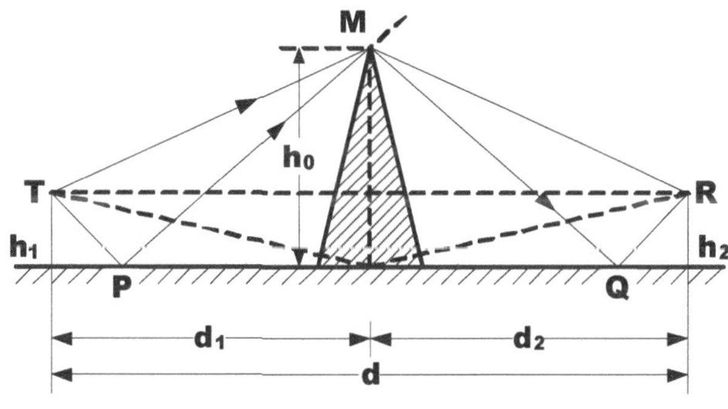

[그림 6-8] 산악 회절파의 통로

가. 산악회절파의 개요와 특징

송신점과 수신점 사이에 초단파대 전파가 전파될 때 그 사이에 산악이 존재하면 초단파대의 전파는 산악을 돌아서 또는 넘어서 수신점에 도달하게 되는데 이러한 전파를 산악회절파라 하며 다음과 같은 특징을 갖는다.

(1) 산악회절파를 이용하여 아주 작은 손실로 초단파대 초가시거리 통신을 수행할 수 있다.

(2) 페이딩이 적고 안정하다.

(3) **지리적 제한을 받는다.**

(4) 산악회절에 의한 전계강도는 다음과 같다.

$$E = 4E_0 \sin\frac{2\pi h_1 h_0}{\lambda d_1} \sin\frac{2\pi h_2 h_0}{\lambda d_2}$$ 단, 회절계수가 있으면 곱해준다.

여기서 E_0 : 자유공간 전계 강도

d_1 : 송신점에서 장애물까지의 거리

d_2 : 장애물에서 수신점까지의 거리

h_1 : 송신 안테나의 높이

h_0 : 장애물의 높이

h_2 : 수신 안테나의 높이

단원별 요약정리

※ 전파 통로에 의한 분류

· 지상파: ① 지표파 ② 직접파 ③ 대지반사파 ④ 회절파
· 공간파: ① 대류권파: 대류권 굴절파, 대류권 산란파, 대류권 반사파
　　　　　② 전리층파: 전리층 반사파, 전리층 산란파, 전리층 활행파

6.1. 지표파

1. 대지가 지표파 전계강도에 미치는 영향 ★★

㉠ 지표파의 전계 강도 E는 $E = \dfrac{120\pi Ihe}{\lambda d}[V/m]$ 이다.

㉡ **대지의 도전율이 클수록, 유전율과 투자율이 작을수록** 감쇠는 적어진다.

㉢ **주파수가 낮을수록** 감쇠가 적다.

㉣ **수직편파** 쪽이 수평편파 쪽보다 감쇠가 적다.

㉤ 전계강도의 감쇠는 해수, 습지, 건지 순으로 커진다.

㉥ 전계강도가 큰 순서대로 나열하면 **해상, 해안, 평야, 구릉, 산악, 시가지** 순이다.

2. 대지가 전파속도에 미치는 영향

※ 해안선 오차

전파가 전파하는 도중 대지의 전기적 성질이 변한 곳이 있으면, 그 지점에서 전파의 굴절작용이 생겨서 진행방향이 변하게 되며 이는 방향 탐지에서 오차를 일으키게 되는데 이를 해안선 오차라 한다.

6.2. 직접파

1. 가시거리

가. 기하학적 가시거리: $d = 3.57\left(\sqrt{h_1} + \sqrt{h_2}\right)$[km] ★

나. 등가지구와 등가지구 반경계수

    ㉠ 등가지구: 실제 지구보다 더 큰 지구를 가상하면 전파통로를 직선으로 취급할 수 있으며 이러한 지구를 등가지구라 한다.

    ㉡ 등가지구 반경계수(K): $K = \dfrac{등가지구반경(R)}{실제지구반경(r)}$ ★★★

        온대(중위도)지방: $K = \dfrac{4}{3}$,   열대(저위도, 적도)지방: $K = \dfrac{4}{3} \sim \dfrac{3}{2}$,

        한대(고위도, 극)지방: $K = \dfrac{6}{5} \sim \dfrac{4}{3}$

다. 전파 가시거리: $d = 4.11\left(\sqrt{h_1} + \sqrt{h_2}\right)$[km] ★★★

2. 전파투시도(지형단면도) ★★

대기의 굴절률이 수직방향으로만 변화한다고 가정하고(수평방향으로는 일정) 송·수신점을 포함해 대지에 수직으로 그림 지형 단면도를 전파투시도라 하면 다음과 같은 특징을 갖는다.

(1) 전파통로를 나타내는 지형단면도로 profile map 이라고도 한다.

(2) 전파통로상에서 **수직방향**의 장애물을 살펴볼 때 편리하다.

(3) 등가지구 반경계수 K를 고려해서 작성해야 하며, 이렇게 함으로써 전파통로를 직선으로 취급할 수 있게 된다.

6.3. 대지 반사파

6.4. 회절파

→ 주파수가 낮을수록, 장애물의 끝이 뾰족할수록 회절이 심하게 일어난다.

1. 프레즈넬 존(Fresnel Zone)

프레즈넬 존이란 가시선 위에서 직접파와 회절파가 간섭을 일으키기 때문에 파가 진동하는 영역을 말한다.

※ 제 n Fresnel Zone의 반경(**파장의 제곱근에 비례한다.**) ★★

$$F_n = \sqrt{n\lambda\frac{d_1 d_2}{d}}\,[m]$$ d : 송신점과 수신점 사이의 거리 [m], d_1 : 송신점에서 장애물까지의 거리 [m], d_2 : 장애물에서 수신점까지의 거리 [m]

다. Clearance

클리어런스란 knife edge의 정점과 전파통로와의 간격을 말하는 것

2. 산악회절파

가. 산악회절파 특징

(1) 산악회절파를 이용하여 아주 작은 손실로 초단파대 초 가시거리 통신을 수행할 수 있다.

(2) 페이딩이 적고 안정하다.

(3) **지리적 제한을 받는다.**

핵심기출문제

01. 전파통로에 의한 분류가 아닌 것은?

㉮ 직접파(direct wave)   ㉯ 대지파(surface wave)

㉰ 대지 반사파(ground reflected wave)   ㉱ 극초단파

해설 극초단파는 사용 주파수대에 따른 분류 방식이다.   답: ㉱

02. 송신 공중선의 높이가 36[m]이고 수신 공중선의 높이가 25[m]일 때 기하학적 가시거리는?

㉮ 29.27[km]   ㉯ 39.27[km]   ㉰ 49.27[km]   ㉱ 59.27[km]

해설 직접파의 이론적 거리 $(d) = 3.57(\sqrt{h_1} + \sqrt{h_2})[\text{km}] = 3.57(\sqrt{36} + \sqrt{25}) = 39.27[\text{km}]$ 답: ㉯

03. 초단파 통신에서 송,수신 안테나의 높이가 각각 36[m], 25[m]일 때 직접파의 가시거리는 얼마인가?

㉮ 30.57[km]   ㉯ 45.21[km]   ㉰ 52.44[km]   ㉱ 57.14[km]

해설 직접파의 실제거리 $(d) = 4.11(\sqrt{h_1} + \sqrt{h_2})[\text{km}] = 4.11(\sqrt{36} + \sqrt{25}) = 45.21[\text{km}]$ 답: ㉯

04. 송신 안테나의 높이가 30.25[m]이고, 수신 안테나 높이가 20.25[m]일 때 초단파의 직접파 최대 가시거리는 얼마인가?

㉮ 20.5[km]   ㉯ 32.2[km]   ㉰ 41.1[km]   ㉱ 53.4[km]

해설 $d = 4.11(\sqrt{h_1} + \sqrt{h_2})[\text{km}] = 4.11(\sqrt{30.25} + \sqrt{20.25}) = 41.1[\text{km}]$ 답: ㉰

05. 송, 수신 안테나 길이가 각각 1m일 때 직접파의 통달거리는?

㉮ 8.22(km)   ㉯ 4.11(km)   ㉰ 3.57(km)   ㉱ 7.14(km)

해설 $d = 4.11(\sqrt{h_1} + \sqrt{h_2})[\text{km}] = 4.11(\sqrt{1} + \sqrt{1}) = 8.22[\text{km}]$ 답: ㉮

06. 전파 투시도(profile map)에 관하여 옳지 못한 것은?

㉮ 전파 통로상에서 수평방향의 장애물에 관하여 살펴볼 때 사용한다.

㉯ 송수신점을 포함한 대지에 수직인 지형 단면도이다.

㉰ 전파 통로는 직선으로 본다.

㉱ 등가지구 반경계수 K를 고려하여 그린다.

해설 ※ 전파 투시도(profile map)은 전파 통로상에서 수직방향의 장애물에 관하여 살펴볼 때 사용한다.

답: ㉮

07. 대지가 완전 도체 평면일 때 지표파의 전계 강도를 나타내는 식은?

㉮ $E = 120\pi^2 \dfrac{Ihe}{\lambda d} [\text{V/m}]$

㉯ $E = 120\pi \dfrac{Ihe}{\lambda d} [\text{V/m}]$

㉰ $E = 120 \dfrac{Ihe}{\lambda d} [\text{V/m}]$

㉱ $E = 60\pi \dfrac{Ihe}{\lambda d} [\text{V/m}]$

답: ㉯

08. 수직 접지 공중선의 실효 높이가 20[m]인 공중선으로 주파수 1[㎒]로 송신할 때 이 공중선의 기저부 전류가 5[A]라고 하면 10[Km] 떨어진 곳에서의 수신 전계는 얼마인가? (단, 지구는 완전 도체 평면으로 한다.)

㉮ 12.56[mV/m]

㉯ 32.56[mV/m]

㉰ 5 2.56[mV/m]

㉱ 62.56[mV/m]

 $E = 120\pi \dfrac{Ihe}{\lambda d} = \dfrac{120 \times 3.14 \times 5 \times 20}{300 \times 10 \times 10^3} = 12.56[\text{mV}/m], \lambda = \dfrac{C}{f} = \dfrac{3 \times 10^8}{1 \times 10^6} = 300[m]$

답: ㉮

09. 지표파의 성질 중에서 옳은 것은?

㉮ 대지의 도전율이 클수록 유전율이 적을수록 전파의 감쇠가 크다.

㉯ 안테나의 지상고가 높을수록 지표파 성분이 많다.

㉰ 수평 편파보다 수직 편파쪽이 감쇠가 적다.

㉱ 주파수가 낮을수록 전파의 감쇠는 크다.

해설 　※ 대지가 지표파 전계강도에 미치는 영향

　　㉠ 지표파의 전계 강도 E는(대지를 완전도체 평면으로 간주)

$$E = \frac{120\pi Ihe}{\lambda d}[\text{V/m}]$$

　　㉡ 대지의 도전율이 작을수록, 유전율이 클수록 감쇠가 커진다.

　　㉢ 전계강도의 감쇠는 해수, 습지, 건지 순으로 커진다.

　　㉣ 전계강도가 큰 순서대로 나열하면 해상, 해안, 평야, 구릉, 산악, 시가지 순이다.

　　㉤ 주파수가 낮을수록 감쇠가 적다.

　　㉥ 수직편파 쪽이 수평편파 쪽보다 감쇠가 적다.

답: ㉰

10. 장중파대에서 지표파 전파에 의해서 전파되는 전파 중 가장 많은 감쇠를 받는 매질은?

㉮ 해수　　　㉯ 담수　　　㉰ 습지　　　㉱ 건지

답: ㉱

11. 전파의 회절 현상에 관한 사항 중 틀린 것은?

㉮ 주파수가 낮을수록 심하다.

㉯ 파장이 짧을수록 심하다.

㉰ 장,중파대에서 많이 일어난다.

㉱ 초단파대에서도 일어날 수 있다.

해설 　※ 전파의 회절현상은 주파수가 낮을수록 즉, 파장이 길수록 커진다.

답: ㉯

12. 마이크로파 통신에서 회절 현상과 관련하여 옳지 않은 것은?

㉮ 수신점은 제 1Fresnel zone 이상에 두는 것이 좋다.

㉯ Clearance란 Knife edge와 전파 통로와의 간격을 말한다.

㉰ 장애물이 둥근 형태이수록 회절이 잘 된다.

㉱ 송·수신점간의 중앙에 산악이 있는 때에 산악 회절 이득은 최대가 된다.

해설 ※ 주파수가 낮을수록, 장애물의 끝이 뾰족한 형태일수록 회절이 심하게 일어난다.　　답: ㉰

13. 회절 현상에 대한 설명으로 틀린 것은?

㉮ 극초단파대에서도 일어난다.

㉯ 프레즈넬 존(Fresnel Zone)이 있으면 잘 일어난다.

㉰ 쐐기형 장애물(Knife edge)이 있으면 잘 일어난다.

㉱ 직접파에 의한 전계강도 보다도 더 크다.　　답: ㉱

14. 클리어런스(Clearance)란 무엇인가?

㉮ Knife edge과 Fresnel Zone과의 간격을 말한다.

㉯ Fresnel Zone과 회절 손실의 비를 말한다.

㉰ 제1 Fresnel Zone과 제 2 Fresnel Zone과의 관계를 말한다.

㉱ Knife edge와 전파 통로와의 간격을 말한다.

해설 ※ 클리어런스란 knife edge의 정점과 전파통로와의 간격을 말한다.　　답: ㉱

15. Fresnel Zone의 넓이와 파장의 관계는?

㉮ 파장에 반비례한다.　　　　　　　㉯ 파장에 비례한다.

㉰ 파장의 자승에 반비례한다.　　　　㉱ 파장의 자승에 비례한다.

해설 ※ $F_1 = \sqrt{\lambda \dfrac{d_1 d_2}{d}}$ [m] ⇒ Fresnel Zone의 넓이는 $\sqrt{\lambda}$ 에 비례한다.　　답: ㉱

16. 프레넬(Fresnel) 타원체에 관한 설명중 옳지 않은 것은?

㉮ 구면 회절손실을 일으키는 영역의 해석에 관련된 것이다.

㉯ 직접파와 회절파가 간섭현상이 일어나는 영역이다.

㉰ VHF대 이상에서 전파의 직선통로와 곡선통로의 차이가 $\lambda/2$의 정수배인 점들의 궤적이다.

㉱ 전파통로상의 장애물이 적어도 제1 프레넬 영역(Fresnel Zone)을 가리지 않는 것이 통신에 유리하다.

답: ㉮

Chapter 07

대류권 전파

대류권이란 대기의 대류현상이 일어나서 비, 구름, 바람, 안개 등의 기상변화가 생기는 영역으로 지표면부터 10~20[km](극지방 :약 9[km], 온대지방 :약 10~12[km], 적도지방 :약 16[km]) 높이 이하의 범위를 말한다. **기상 변화의 3요소인 온도, 습도, 기압**의 시간적, 공간적 변화는 대기의 유전율을 변화시키게 되고 이러한 유전율의 변화는 굴절률$\left(n = \sqrt{\epsilon_S}\right)$의 변화를 일으켜 전파의 전파 상태에 영향을 미치게 된다.

7.1. 대류권 굴절파

1. 수정 굴절률

대기의 굴절률은 기온, 기압, 습도에 의해 좌우되는데 수정 굴절률은 대지로 부터의 높이에 따라 달라지는 굴절률이다.

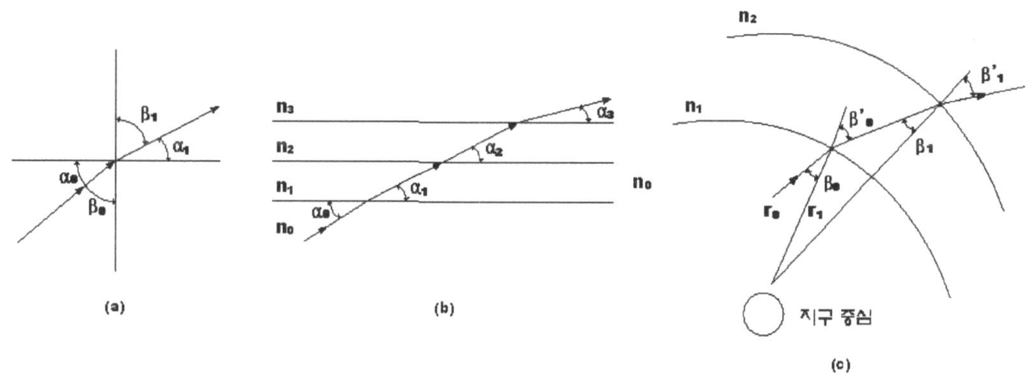

[그림 7-1] 대류권에서의 Snell의 법칙

가. 평면 대기층에서의 snell의 법칙

$$n_0 \cos \alpha_0 = n_1 \cos \alpha_1 = n_2 \cos \alpha_2 = \cdots = n_n \cos \alpha_n$$

나. 구면 대기층에서의 snell의 법칙

$$n_0 r_0 \cos \alpha_0 = n_1 r_1 \cos \alpha_1 = n_2 r_2 \cos \alpha_2 = \cdots = n_n r_n \cos \alpha_n$$

$$n_0 \cos \alpha_0 = n\left(1 + \frac{h}{r_0}\right)\cos \alpha$$

$$n_0 \cos \alpha_0 = m \cos \alpha$$

여기서 m을 수정 굴절률이라 하며 이러한 수정 굴절률을 사용하면 구면 대기층에서의 snell의 법칙이 평면 대기층에서의 snell의 법칙으로 간단히 표현된다.

2. M단위 수정 굴절률

m값은 1.000020~1.000500 사이의 값을 갖는 것이 보통이므로 실용상 M단위 수정 굴절률을 사용한다.

$$M = \left(n + \frac{h}{r_0} - 1\right) \times 10^6 \quad (단, n: 대기의\ 굴절률, r_0: 지구\ 반지름, h: 전파\ 통로의높이)$$

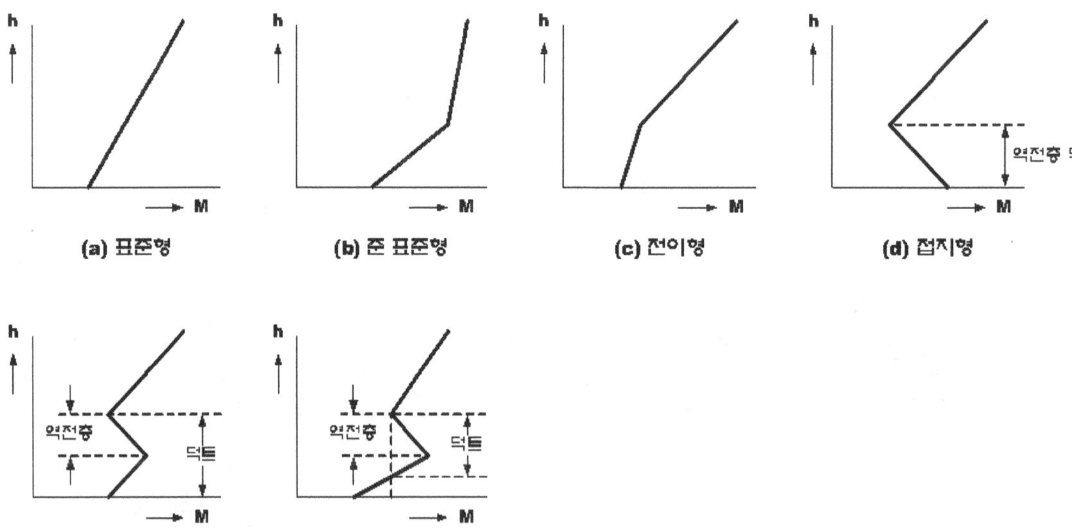

[그림 7-2]　M곡선

가. 표준형 $\left(\dfrac{dM}{dh} > 0\right)$

표준 대기의 경우이며 수증기 분포에 불연속이 없는 상태이다. 전계 강도는 비교적 안정하다.

나. 준표준형 $\left(\dfrac{dM}{dh} > 0\right)$

차가운 해면상에 더운 바람이 불 때 생기며 낮은 대기에 들어간 전파는 표준 대기 때보다 아래쪽으로 적게 구부러진다. 심한 경우에는 위로 구부러지기도 하며 전계 강도는 표준형 때 보다 약해진다.

다. 전이형 $\left(\dfrac{dM}{dh} > 0\right)$

duct가 발생하려는 과도적인 상태로서 약간의 온도, 습도의 변화로 duct를 형성한다. M이 수직으로 분포하는 부분에서 수평으로 전파를 방사하면 전파는 대지에 따라 전파한다.

라. 접지형 duct $\left(\dfrac{dM}{dh} < 0\right)$

대기에 역전층이 생겨 duct를 형성하고 이 duct가 대지에 접하여 형성된 경우이다.

마. 접지 S형 duct

M곡선이 S형이고 duct가 대지에 접하여 형성된 경우이다.

바. 이지 S형 duct

M곡선이 S형이고 duct가 지면에서 떨어져 위쪽에 생긴다.

※ Radio duct(초굴절 전파)

(1) 초단파대 초가시거리 통신에서 이용할 수 있다. 단, 시간적, 공간적으로 불안정하여 고정통신용으로는 이용할 수 없다.
(2) radio duct는 도파관과 같은 역할을 수행한다.

(3) radio duct는 육지에 가까운 해상 또는 저위도의 대양 상에 발생하기 쉽고, 높이
는 수 십[m]에서 수백[m] 정도이다.

(4) **radio duct의 발생 원인** : radio duct가 발생하는 원인은 기온 역전이므로 대기
상층부가 하층부 보다 고온 또는 저습도가 되었을 때 발생한다.

① 전선(前線)(온난한 기단의 아래에 한랭한 기단이 끼어든 현상)에 의한 duct

② 이류(移流)(육상의 건조한 대기가 해상으로 이동)에 의한 duct

③ 야간 냉각(육상에서 주간에 가열된 지면이 야간에는 쉽게 냉각됨)에 의한 duct

④ 침강(하강 기류가 생기는 현상)에 의한 duct

⑤ 대양 상(大洋上)(무역풍이 부는 저위도의 대양 상에서 발생)의 duct

7.2. 대류권 산란파

대류권 산란파는 대류권에서의 산란현상(scattering : 전파의 일부는 반사하고 일부는 굴절
되는 현상)을 이용하여 전파를 전파시키는 것이다.

※ 대류권 산란파의 특징은 다음과 같다.

① **초단파대 초 가시거리 광대역 통신에 적합하다.**

② **지리적 제약을 받지 않는다.**

③ 시간적 공간적으로 큰 제약을 받지 않는다.

④ 너무 **예민한 지향성 공중선을 사용해서는 안 된다.**

⑤ 산란현상을 이용하여 통신하므로 기본 전파손실이 크다.

⑥ 대 출력 송신기가 필요하다.

⑦ 수신전계가 산란파의 합이므로 짧은 주기의 fading이 발생하며 space diversity를
이용하여 방지할 수 있다.

7.3. 대류권에서의 감쇠와 페이딩

1. 대류권에서의 감쇠

전파가 대류권을 통과할 때 비, 구름, 안개, 눈 등에 의해 에너지의 일부가 흡수되거나 산란되어 감쇠를 받는다. 이러한 현상은 장·중파나 단파대에서는 심하지 않으나 초단파대 이상에서는 파장이 짧으므로 매우 심하게 일어난다.

1) 빗방울에 의한 감쇠

2) 구름 및 안개에 의한 감쇠

3) 대기에 의한 흡수감쇠

대기중의 수증기 및 산소 분자의 고유진동수에 전파의 주파수가 일치하면 공진현상이 일어나고 전파 에너지의 일부가 흡수되어 감쇠가 일어나며, 감쇠량은 주파수가 높을수록 커진다.

2. 대류권에서의 페이딩

가. 생성원인에 따른 분류

1) **신틸레이션 페이딩**(scintillation fading) : 대기중의 와류에 의해 유전율이 불규칙한 공기뭉치가 발생하고 여기에 입사된 전파는 산란을 하게된다. 이러한 산란파와 직접파와의 간섭에 의해 발생하는 페이딩으로 다음과 같은 특징을 갖는다.
   ① 전계강도의 변화폭 : 2~3[dB]
   ② 주기가 빠르고 불규칙하다.
   ③ 송수신점간의 거리가 클수록 변동주기는 느려진다(길어진다)
   ④ 실제 통신에 있어서는 큰 문제가 되지 않는다.
   ⑤ 동계보다 하계에 더 많이 발생한다.
   ⑥ AGC, AVC를 이용하여 방지할 수 았다.

2) **K형 페이딩** : 대기의 높이에 따라 굴절효과가 다르기 때문에 생기는 페이딩으로 이는 곧 등가지구 반경계수 K가 변화하기 때문에 생기게 되므로 K형 페이딩이라 한다. K형 페이딩은 크게 간섭 형과 회절 형으로 나누어지며 AGC, AVC를 이용하여

방지할 수 있다.

① 간섭형 : 직접파와 대지반사파의 간섭에 의해 생기는 페이딩으로 마이크로파대에서 문제가 된다.

② 회절형 : 대지에 의한 회절상태가 기상조건에 따라 변화하기 때문에 생기는 페이딩으로 주파수와는 무관하며 주기가 매우 긴 특징을 갖는다.

3) **감쇠형 페이딩** : 비, 구름, 안개등에 의한 대기에 의한 흡수 및 감쇠상태나 산란상태가 변화하기 때문에 발생하는 페이딩으로 다음과 같은 특징을 갖는다.

① 10(GHZ) 주파수에서 가장 현저하다.

② AGC, AVC를 이용하여 방지할 수 있다.

4) **산란형 페이딩** : 수신된 산란파가 다수 간섭파의 합성이기 때문에 발생되는 페이딩을 말하며 diversity 방식을 이용하여 방지할 수 있다.

5) **duct형 페이딩** : 전파통로상에 radio duct가 발생할 때 나타나는 페이딩으로 마이크로파대에서 실용상 문제가 되며 전계강도의 변동폭이 크다. duct형 페이딩은 크게 간섭 형과 감쇠 형으로 나누어지며 diversity 방식을 이용하여 방지할 수 있다.

① 간섭형 직접파의 전파통로 위에 duct가 발생하여 duct로부터 반사된 전파가 직접파와 간섭을 일으켜 생기는 페이딩.

② 감쇠형 : 송신점 근처 또는 송수신점 중간높이에 duct가 발생하여 대부분의 전파가 위로 굴절하여 나감으로써 수신점에 도달하는 전파가 작게 되므로써 생기는 페이딩.

나. 주파수에 따른 분류

1) **동기성 페이딩** : 둘 이상의 서로 다른 주파수를 동시에 전파시킬 때 페이딩이 동기하여 둘 이상의 주파수에 동시에 일어나는 페이딩으로 K형 페이딩과 감쇠형 페이딩이 이에 속한다.

2) **선택성 페이딩** : 둘 이상의 서로 다른 주파수를 동시에 전파시킬 때 페이딩이 따로따로 일어나는 페이딩으로 산란형 페이딩과 duct형 페이딩이 이에 속한다.

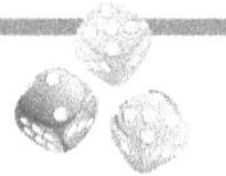

단원별 요약정리

대류권이란 비, 구름, 바람, 안개 등의 기상변화가 생기는 영역으로 지표면부터 10~20[km] (극지방: 약 9[km], 온대지방: 약 10~12[km], 직도지방: 약 16[km]) 높이 이하의 범위를 말한다.

※ 기상 변화의 3요소: **온도, 습도, 기압**

7.1. 대류권 굴절파

1. M단위 수정 굴절률

가. 표준형 나. 준표준형 다. 전이형 라. 접지형 마. 접지 S형 바. 이지 S형

※ Radio duct(초굴절 전파)

(1) 초단파대 초가시거리 통신에서 이용할 수 있다. 단, 시간적, 공간적으로 불안정하여 고정통신용으로는 이용할 수 없다.

(2) radio duct의 발생원인 ★★

① 전선(前線)(온난한 기단의 아래에 한랭한 기단이 끼어든 현상)에 의한 duct

② 이류(移流)(육상의 건조한 대기가 해상으로 이동)에 의한 duct

③ 야간 냉각(육상에서 주간에 가열된 지면이 야간에는 쉽게 냉각됨)에 의한 duct

④ 침강(하강 기류가 생기는 현상)에 의한 duct

⑤ 대양상(大洋上)(무역풍이 부는 저위도의 대양상에서 발생)의 duct

7.2. 대류권 산란파

※ 대류권 산란파의 특징 ★★

① **초단파대 초 가시거리 광대역 통신에 적합하다.**

② **지리적 제약을 받지 않는다.**

③ 시간적 공간적으로 큰 제약을 받지 않는다.

④ 너무 **예민한 지향성 공중선을 사용해서는 안 된다.**

⑤ 산란현상을 이용하여 통신하므로 기본 전파손실이 크다.

⑥ 대 출력 송신기가 필요하다.

⑦ 수신전계가 산란파의 합이므로 짧은 주기의 fading이 발생하며 space diversity를 이용하여 방지할 수 있다.

7.3. 대류권에서의 페이딩

1. 대류권에서의 페이딩

가. 생성원인에 따른 분류 ★★★

1) **신틸레이션 페이딩(scintillation fading) : 대기중의 와류**에 의해 유전율이 불규칙한 공기뭉치가 발생하고 여기에 입사된 전파는 산란을 하게 된다.
① **전계강도의 변화폭 : 2~3[dB]** ② 주기가 빠르고 불규칙하다.

2) **K형 페이딩** : 대기의 높이에 따라 굴절효과가 다르기 때문에 생기는 페이딩으로 이는 곧 **등가지구 반경계수 K가 변화**하기 때문에 생기게 되므로 K형 페이딩이라 한다.

3) **감쇠형 페이딩 : 비, 구름, 안개**등에 의한 대기에 의한 흡수 및 감쇠상태나 산란상태가 변화하기 때문에 발생하는 페이딩

4) **산란형 페이딩** : 수신된 산란파가 **다수 간섭파의 합성**이기 때문에 발생되는 페이딩

5) **duct형 페이딩** : 전파통로상에 radio duct가 발생할 때 나타나는 페이딩으로 **마이크로파대에서 실용상 문제**가 되며 전계강도의 변동폭이 크다.

나. 주파수에 따른 분류

1) **동기성 페이딩** : 둘 이상의 서로 다른 주파수를 동시에 전파시킬 때 페이딩이 동기하여 둘 이상의 주파수에 동시에 일어나는 페이딩으로 K형 페이딩과 감쇠형 페이딩이 이에 속한다.

2) **선택성 페이딩** : 둘 이상의 서로 다른 주파수를 동시에 전파시킬 때 페이딩이 따로따로 일어나는 페이딩으로 산란형 페이딩과 duct형 페이딩이 이에 속한다.

핵심기출문제

01. 대기의 3요소에 해당되지 않는 것은?

   ㉮ 기압   ㉯ 습도   ㉰ 기온   ㉱ 압력

  해설 ※ 기상 변화의 3요소는 온도, 습도, 기압이다.   답: ㉱

02. 일반적인 수정 굴절률 식으로서 맞는 것은?

   ㉮ $M = (n + \dfrac{R}{h} - 1) \times 10^3$ ㉯ $M = (n + \dfrac{h}{R} - 1) \times 10^3$

   ㉰ $M = (n + \dfrac{h}{R} - 1) \times 10^6$ ㉱ $M = (n + \dfrac{R}{h} - 1) \times 10^6$

      답: ㉰

03. 지구의 반경을 R=6,370[km]라고 할 때 표준대기의 굴절률 n=1.0003130이고 대류권내의 전파 통로의 높이를 300[m]라 하면 M단위의 수정 굴절률은 얼마인가?

   ㉮ 313   ㉯ 340   ㉰ 353   ㉱ 360

  해설 ※ $M = (n + \dfrac{h}{R} - 1) \times 10^6 = (1.000313 + \dfrac{300}{6370 \times 10^3} - 1) \times 10^6 = 360$ 답: ㉱

04. 지구등가 반경계수 K를 나타낸 식은?

   ㉮ $K = \dfrac{전파통로의만곡을고려한지구반경}{지구의실제반경}$

   ㉯ $K = \dfrac{지구의실제반경}{전파통로의만곡을고려한지구반경}$

   ㉰ K : 지구의 실제 반경, $\dfrac{1}{K}$: 등가 반경 계수로 한다.

   ㉱ 표준 대기에서의 등가 반경 계수 $K = \dfrac{3}{4}$ 으로 잡는다.

  해설 ※ 지구등가 반경계수 : $K = \dfrac{전파통로의만곡을고려한지구반경(R)}{지구의실제반경(r)}$ 이다.

    ① 열대지방(저위도) : $K = \dfrac{4}{3} \sim \dfrac{3}{2}$ ② 온대지방(중위도) : $K = \dfrac{4}{3}$

    ③ 한대지방(고위도) : $K = \dfrac{6}{5} \sim \dfrac{4}{3}$ 답: ㉮

05. 지구의 실제반경을 r, 등가반경을 R, 또 지구의 등가반경계수를 K라 할 때 이들은 어떤 관계를 갖는가?

㉮ $R = K^2 r$　　　　㉯ $R = Kr^2$　　　　㉰ $R = \dfrac{r}{K}$　　　　㉱ $R = Kr$

답: ㉱

06. 등가지구 반경계수 설명 중 틀린 것은?

㉮ 전파 투시도를 그릴 때 편리하다.

㉯ 온대지방에서 그 값이 4/3을 택한다.

㉰ 전파 가시거리를 생각할 때 만곡한 전파로를 직선으로 간주한다.

㉱ 기하학적 가시거리를 구할 때 사용한다.

해설 ※ 직접파의 기하학적 가시거리는 지구등가반경계수를 고려하지 않은 이론적 거리이다.

답: ㉱

07. 다음 중 표준형 M곡선에 의한 것은?

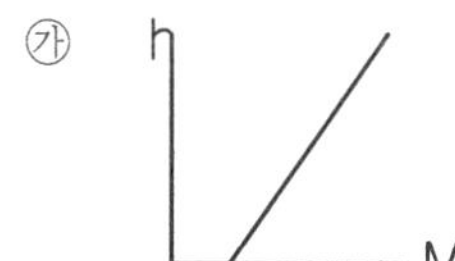

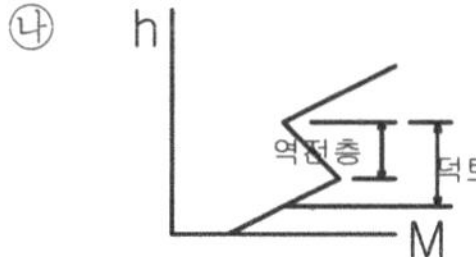

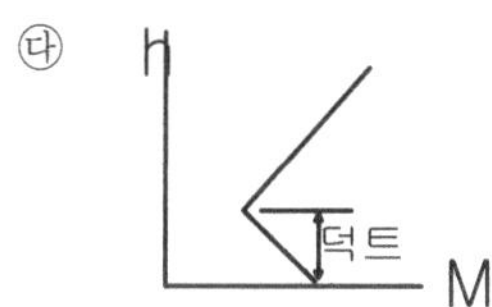

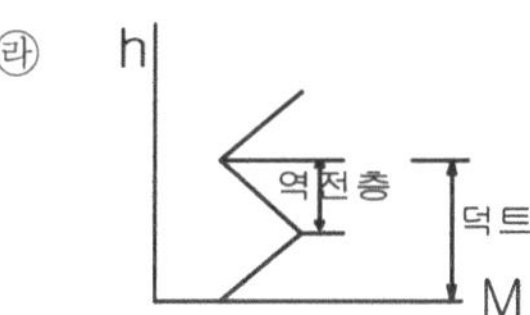

해설 ㉮ 표준형　㉯ 이지s형　㉰ 접지형　㉱ 접지s형

답: ㉮

08. 수정 굴절률 M곡선 중에서 $\dfrac{dM}{dh} < 0$의 부분이 존재하지 않는 것은?

㉮ 접지형　　　　　㉯ 전이형　　　　　㉰ 접지 S형　　　　　㉱ 이지 S형

답: ㉯

09. 고도가 높아질수록 수정굴절률 M이 감소하는 굴절율의 역전층에 대한 설명이다. 잘못 기재되어 있는 것은?

㉮ 역전층에서는 전파통로의 곡율이 지표면의 곡율보다 작다.

㉯ 가시거리 보다 먼거리까지 전파가 전파된다.

㉰ 전파의 포획현상으로 역전층은 도파관과 같은 역할을 한다.

㉱ 라디오 덕트가 발생한다.

답: ㉮

10. Radio duct의 발생 원인에 해당되지 않는 것은?

㉮ 주간 냉각에 의한 라디오 덕트　　　　　㉯ 전선의 역전층에 의한 라디오 덕트

㉣ 이류에 의한 라디오 덕트　　　㉤ 침강에 의한 라디오 덕트

해설　※ Radio duct의 발생 원인
① 야간 냉각에 의한 라디오 덕트　　② 전선의 역전층에 의한 라디오 덕트
③ 이류에 의한 라디오 덕트　　　　④ 침강에 의한 라디오 덕트
⑤ 대양상 덕트
답: ㉠

11. 초단파 통신에서 가시거리 외까지 전파가 전파되는 원인이 아닌 것은?

㉠ 전리층 산란파　　　　　　　㉡ 굴절파

㉢ 산악 회절파　　　　　　　　㉤ 대류권 산란파

해설　※ 초단파 통신에서 가시거리 외 전파의 종류
① 산악 회절파　　　　　　　② 대류권 산란파
③ 전리층(E_s)에 의한 산란파　　④ Radio duct에 의한 전파
답: ㉡

12. VHF대 이상의 전파는 주로 가시거리 통신에만 이용되어 왔으나 초가시거리에서도 수신이 가능한 경우가 있다. 그 전파통로로써 가장 적합한 것은?

㉠ 지표반사파　　　　　　　　㉡ 스포라딕(sporadic)E층 전파

㉢ 대류권 산란파　　　　　　　㉤ 라디오 덕트

해설　※ 초단파 통신에서 가시거리 외 전파의 종류에는 산악 회절파, 대류권 산란파,전리층(E_s)에 의한 산란파,
Radio duct에 의한 전파등이 있을 수 있지만 가장 일반적인 경우는 대류권 산란파이다.
답: ㉢

13. 초단파가 가시거리를 넘어서 이례적으로 멀리 전파하는 일이 있는데 그 원인이 아닌 것은?

㉠ 초굴절 또는 라디오 덕트에 의한 전파　　㉡ 대류권 산란에 의한 전파

㉢ 산악회절파에 의한 전파　　　　　　　　㉤ F층의 반사에 의한 전파
답: ㉤

14. 서울에서 송신된 FM 방송신호가 부산에서 어떤 시간동안에만 일시적으로 수신되었다면 다음 중에서 어떤 경로의 전파일 가능성이 제일 높은가?

㉠ 라디오 덕트(radio duct) 전파　　㉡ 전리층 반사파

㉢ 자기폭풍 전파　　　　　　　　　㉤ 산악회절이득 전파
답: ㉠

15. 산악 회절 전파의 특징 중 잘못된 것은?

㉠ Fading이 적고 안정하다.

㉡ 지리적 제한을 받지 않는다.

㉢ 간편하고 시설 및 운영비의 점에서 유리하다.

㉤ 대류권 산란파 전파방식에서 조건을 잘 맞도록 하면 전파 손실이 적고 센 수신 전계가 얻어진다.

해설 ※ 산악 회절파는 지리적 제약을 받는다.   답: ㈔

16. 대류권 산란 전파의 특징 중 잘못된 것은?

㉮ 지향성이 예민한 안테나가 필요하다.

㉯ 적당한 주파수는 200~3000[MHz]이다.

㉰ 다이버시티(Diversity)방식에 의해서 실용화가 가능하다.

㉱ 지리적 제한을 받지 않는다.

해설 ※ 대류권 산란 전파의 특징

① 초단파대 초가시거리 광대역 통신에 적합하다.

② distortion이 작고 안정도가 높다.

③ 시간적 공간적으로 큰 제약을 받지 않는다.

④ 지리적 제약을 받지 않는다.

⑤ 산란현상을 이용하여 통신하므로 기본 전파손실이 크다.

⑥ 따라서 대출력 송신기가 필요하다.

⑦ 너무 예민한 지향성 공중선을 사용해서는 안된다.

⑧ 대류권 산란파의 수신전력은 다음과 같다.

⑨ 수신전계가 산란파의 합이므로 짧은 주기의 fading이 발생하며 space diversity를 이용하여 방지할
수 있다.   답: ㉮

17. 대류권 산란파의 특징이 아닌 것은?

㉮ 지리적(대지)조건의 영향을 받지 않는다.

㉯ 가시거리외 통신이 가능하다.

㉰ 전파손실은 자유공간 전파에 비해 매우 크다.

㉱ 지향성이 예민한 공중선을 사용하여야 한다.   답: ㉱

18. 대류권 산란파의 특징이 아닌 것은?

㉮ 기본 전파손실은 300km에서 약 180-220[dB]이다.

㉯ 산란영역이 너무 크면 전파왜곡이 발생한다.

㉰ 적당한 주파수는 200-5000kHz이다.

㉱ 지리적 조건의 영향을 받지 않는다.

해설 ※ 대류권 산란 전파는 초단파대(30~300[MHz]) 초가시거리 광대역 통신에 적합하다.   답: ㉰

19. 마이크로파대의 통신망에 있어서 실용상 특히 문제되는 페이딩(fading)은 어느 형인가?

㉮ K형   ㉯ 신틸레이션   ㉰ 선택형   ㉱ 덕트(duct)형

해설 ※ duct형 페이딩 : 전파통로상에 radio duct가 발생할 때 나타나는 페이딩으로 마이크로파대에서 실용상
문제가 되며 전계강도의 변동폭이 크다. duct형 페이딩은 크게 간섭형과 감쇠형으로 나누어지며

diversity 방식을 이용하여 방지할 수 있다.   답: ㉱

20. 짧은 주기의 깊은 페이딩이 연속하여 일어나는 형으로 시계외 전파일 때 보이는 것은?

   ㉮ K형 페이딩   ㉯ 감쇠형 페이딩

   ㉰ Scintillation형 페이딩   ㉱ 산란형 페이딩

> **해설**   ※ 산란형 페이딩 : 수신된 산란파가 다수 간섭파의 합성이기 때문에 발생되는 페이딩을 말하며 diversity
> 방식을 이용하여 방지할 수 있다.   답: ㉱

21. 대기의 작은 기단군(氣團群), 난류 등에 의해 초가시거리 전파에서 가장 심하게 수반하는 페이딩(fading)은?

   ㉮ 감쇠형   ㉯ K 형

   ㉰ 신틸레이션(scintillation)형   ㉱ 산란파형   답: ㉱

22. 비, 안개, 구름 등에 의한 흡수 또는 산란의 상태나 대기에서의 흡수 감쇠 등의 상태가 변화하기 때문에 일어나는 감쇠로서 10[GHz]의 주파수대에서 현저한 것은?

   ㉮ 감쇠형 페이딩   ㉯ 산란형 페이딩

   ㉰ 덕트형 페이딩   ㉱ 신틸레이션 페이딩

> **해설**   ※ 감쇠형 페이딩 : 비, 구름, 안개 및 대기에 의한 흡수 및 감쇠상태나 산란상태가 변화하기 때문에 발생하
> 는 페이딩.   답: ㉮

23. 신틸레이션 페이딩(Scintillation fading)에 대해서 잘못 설명한 것은?

   ㉮ 송수신점간의 거리가 클수록 변동 주기도 길어진다.

   ㉯ 전계강도는 2-3[dB]이하의 진폭으로 수초에서 수십초의 주기로 발생하여 불안정하다.

   ㉰ 원인은 대기중의 와류에 의해 유전율이 불규칙한 공기 뭉치를 발생하기 때문이다.

   ㉱ 동계보다 하계에 더 적게 발생한다.

> **해설**   ※ 신틸레이션 페이딩(scintillation fading): 대기중의 와류에 의해 유전율이 불규칙한 공기뭉치가 발생하고
> 여기에 입사된 전파는 산란을 하게 된다. 이러한 산란파와 직접파와의 간섭에 의해 발생하는 페이딩으로
> 다음과 같은 특징을 갖는다.
> ① 전계강도의 변화폭 : 2~3[dB]
> ② 주기가 빠르고 불규칙하다.
> ③ 송수신점간의 거리가 클수록 변동주기는 느려진다(길어진다)
> ④ 실제 통신에 있어서는 큰 문제가 되지 않는다.
> ⑤ 동계보다 하계에 더 많이 발생한다.
> ⑥ AGC, AVC를 이용하여 방지할 수 있다.   답: ㉱

24. 다음 중 초단파대 이상에서 일어나는 페이딩이 아닌 것은?

⑦ 신틸레이션 페이딩 　　　　　㉯ 덕트형 페이딩

㉡ 도약성 페이딩 　　　　　　　㉱ K형 페이딩

[해설]　※ 도약성 페이딩은 HF대 일어나는 fading 이다. 　　　　　　　답: ㉡

25. 육상이동통신환경에서 가장 문제가 되는 페이딩은?

⑦ 신틸레이션 페이딩(scintillation fading) 　㉯ 다중경로 페이딩(multipath fading)

㉡ 산란형 페이딩 　　　　　　　㉱ 감쇠형 페이딩 　　　　　　　답: ㉯

Chapter 08

전리층 전파

태양으로부터 복사되는 자외선 등의 에너지를 받아 대기 중의 공기분자가 전리현상을 일으키고 이들이 모여 도전성을 갖는 구름모양의 층을 형성하는데 이를 전리층이라 한다. 이런 전리현상은 **자외선이 강할수록, 공기분자가 많을수록** 크게 일어나며, 전리층에서 전파는 **굴절, 반사, 산란, 감쇠 및 편파** 등이 있다. 전리층은 지표면으로부터 D, E, F층 순서로 되어 있으며 태양 에너지가 강한 주간에는 F층이 F_1과 F_2층으로 구분이 명확하게 되어 지상으로 부터 D, E, F_1, F_2층 순으로 되고 태양 에너지가 약한 야간에는 D층은 소멸되고 F_1과 F_2층의 구분이 명확하지 않게 되어 지상으로 부터 E, F층 순이 된다. 이때 전자밀도(N)는 다음과 같이 구해진다.

$$N = K\sqrt{\cos\theta}$$

여기서 K : 비례상수

θ : 천정각

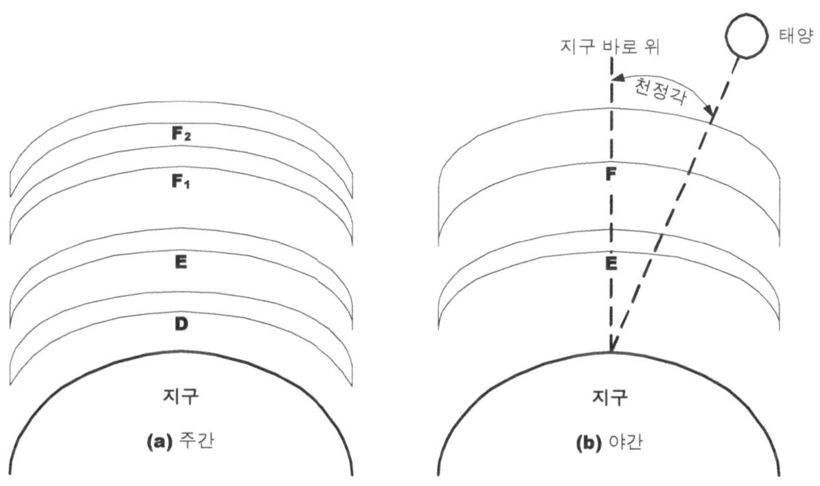

[그림 8-1] 전리층

8.1. 전리층의 종류와 특성

1. 전리층의 종류

가. D층

(1) **지상으로 부터 60~90[km] 상공에 위치**하여 높이가 가장 낮은 층으로 전자밀도도 가장 낮다.

(2) 장파(LF)는 반사되고 중파(MF)는 감쇠되며 단파(HF) 이상은 투과되는 층이다.

(3) 주간에 발생하여 야간에 소멸되는 층으로 **일출·일몰 시 강한 fading이 발생하는 원인**이 된다.

(4) 전자밀도는 계절과는 관계없이 거의 일정하다.

나. E층

(1) **지상으로 부터 100[km]~120[km]상공에 위치한다.**

(2) 주간 : LF는 반사, MF는 감쇠, HF는 투과된다.
    야간 : LF, MF는 반사, HF는 투과된다.

(3) 겨울보다 여름이 야간보다는 주간에 전자밀도가 높다.

다. F층

(1) **지상 200~400[km] 상공에 위치하며, 높이가 가장 높고** 전자밀도가 높은 층이다.

(2) HF는 반사되고 VHF대는 투과되는 층으로 HF통신에 이용된다.

(3) F층은 주간에 F_1층(200~250km)과 F_2층(250~400km)으로 구분되나 야간에는 구분할 수 없게 된다.

(4) 한낮에는 겨울의 전자밀도가 여름의 전자밀도보다 크다.

라. 산재 E층(Es층 : Sporadic E층)

(1) E층과 거의 같은 높이인 지상 100[km] 상공에 존재하며 **전자밀도가 가장 높은 층**이다.

(2) VHF대 이하는 반사되며 HF대 통신에 방해가 되는 층이다.

(3) 초단파대 초가시거리 통신용으로 사용할 수 있으나 발생지역과 장소가 불규칙하므

로 고정통신용으로는 이용할 수 없다.

(4) 6~8월에 주간에 한하여 국지적으로 나타난다.

2. 전리층의 특성

가. 전리층의 굴절률(n)

전리층의 굴절률이 수직방향으로만 변한다고 가정하면 전리층의 굴절률은 다음과 같이 전자밀도와 주파수의 함수로 나타낼 수 있다.

$$n = \sqrt{1 - \frac{81N}{f^2}} \quad (\text{N: 전자밀도, } f: \text{주파수})$$

나. 전리층의 관측과 임계주파수

(1) 전리층의 관측방법

  1) 로켓에 관측 장비를 실어 보내 관측하는 방법으로 일명 직접관측이라 한다.

  2) 전리층 관측위성으로부터 발사된 신호가 전리층을 통과시 발생시키는 물리적 현상을 관측하는 방법으로 일명 접속관측이라 한다.

  3) 지상에서 펄스 파를 수직으로 발사하여 직접파와 전리층 반사파의 시간차를 oscilloscope로 수신하여 관측하는 방법으로 일명 수직관측이라 한다.

(2) 전리층의 이론상 높이(h')

$$h' \fallingdotseq \frac{1}{2} Ct$$

$C(\text{광속도}) = 3 \times 10^8 \, [\text{m/s}]$

t : 직접파와 전리층 반사파의 시간차

(3) 임계주파수(f_0)

장파 대에서 초단파대 이르기까지 주파수를 연속적으로 변화시키면서 전리층을 향해 수직으로 발사하면 어떤 주파수에 이르러 지금까지 반사되던 층에서는 더 이상 반사되지 않고 투과하는 주파수가 생기게 된다. 임계주파수는 **수직 입사파의 반사되는 주파수와 투과되는 주파수의 경계주파수로** 정의된다. 실제 전리층에서는 **반사되는 가장 높은 주파수**라 할 수 있으며 전리층을 **투과하는 주파수 중 가장 낮은 주파수**를 의미한다.

임계주파수(fo)는 다음과 같은 특징을 갖는다.

1) 각 전리층마다 임계주파수는 다르다.

2) 굴절률이 0이 되는 주파수를 의미한다.

$$0 = \sqrt{1 - \frac{81N}{f_o^2}} \ , \ f_o = 9\sqrt{N_{\max}} \ [\text{Hz}]$$

3) $f_o = 9\sqrt{N_{\max}}$ (단, $N_{\max}$: 전리층의 최대전자밀도)이다.

3. 전리층 반사파

가. 수직입사파의 반사

전리층을 향해 수직으로 전파를 입사시킬 때 이 주파수가 전리층의 임계주파수보다 낮으면 반사되고 높으면 투과된다.

굴절률 n을 임계주파수 fo를 이용하여 표시하면

$$n = \sqrt{1 - \frac{81N}{f^2}} = \sqrt{1 - \left(\frac{f_0}{f}\right)^2}$$

이 되고 $f < f_0$ 이면 $n < 0$ 이 되어 전파가 반사됨을

$\qquad f = f_0$ 이면 $n = 0$ 이 되어 반사와 투과의 경계에 있음을

$\qquad f > f_0$ 이면 $n > 0$ 이 되어 전파가 투과됨을 의미한다.

전리층에 수직으로 입사한 전파의 주파수가 임계주파수와 같다면 그 반사점은 전자밀도가 최대인 점이므로 위 식을 이용하여 임계주파수와 최대 전자밀도($N_{\max}$) 사이의 관계를 구할 수 있다.

$$f_0 = 9\sqrt{N_{\max}}$$

나. 경사입사파의 반사

전파를 수직으로 입사시킬 때 전파의 주파수가 전리층의 임계주파수보다 높으면 전파는 전리층을 투과하여 버린다. 그러나 전파를 경사 입사시키면 전리층의 임계주파수보다 높은 주파수임에도 불구하고 반사되는데 이같이 반사되는 주파수 가운데 가장 높은 주파수를 MUF(Maximum Usable Frequency : 최고 사용 주파수)이란 한다.

MUF는 같은 높이의 점에서 반사되는 전파의 주파수와 입사각의 관계를 나타내는 정할의 법칙(scantlaw)으로부터 구할 수 있는데 $\sin\theta_0 = n$ 이므로

$$n = \sqrt{1 - \left(\frac{f_0}{f}\right)^2} \quad \text{으로부터} \quad \sin\theta_0 = \sqrt{1 - \left(\frac{f_0}{f}\right)^2} \text{이고} \quad \text{양변을} \quad \text{제곱하여} \quad \text{정리하면}$$

$$f = \frac{f_0}{\cos\theta_0} = f_0 \sec\theta_0 = f_0 \sqrt{1 + \tan^2\theta_0} = f_0 \sqrt{1 + \left(\frac{d}{2h'}\right)^2}$$

여기서 d : 송수신점 사이의 거리 (km)

h' : 전리층의 이론상 높이 (km)

이 식을 **정할의 법칙**이라 하며 송수신점간의 거리가 정해졌을 때 전리층 반사파를 이용하여 통신할 수 있는 주파수 가운데 가장 높은 주파수인 MUF를 구하는 식이 된다.

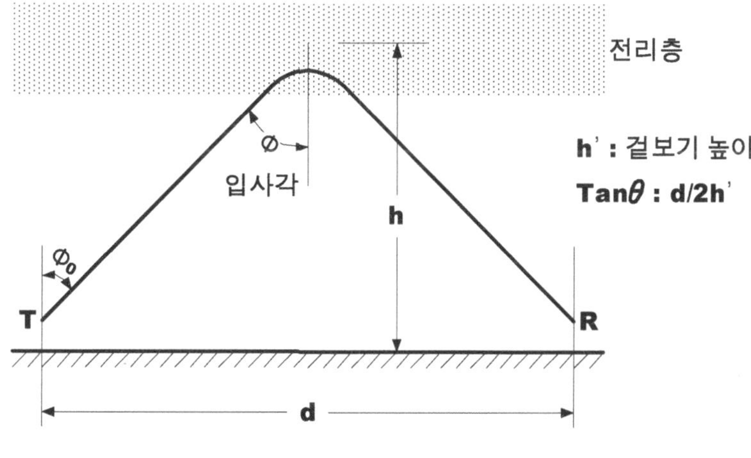

[그림 8-2] 정할의 법칙

4. 최고 사용주파수(MUF)와 최저 사용주파수(LUF)

가. 최고 사용 주파수(Maximum Usables Frequency : MUF)

송·수신점이 정해져 있을 경우 전리층 반사파를 이용하여 수신하는 주파수 중 가장 높은 주파수를 말한다.

$$f_{MUF} = f_o \sec\theta = f_o \sqrt{1 + \left(\frac{D}{2h}\right)^2} \, [Hz]$$

$$f_o = 9\sqrt{N_{max}} \, [Hz]$$

D : 송·수신간의 거리

h : 전리층의 이론상 높이

MUF는 다음과 같은 특징을 갖는다.

① MUF보다 높은 주파수는 전리층을 통과하여 수신점에 도달하지 못한다.

② **MUF는 임계주파수(f_o), 입사각(θ), 송·수신점간의 거리(D), 전리층의 이론상 높이 (h)에 의해 결정되며, 송신전력과는 무관하다.** (MUF는 전리층의 상태와 송·수신간의 거리에 따라 결정된다는 것이다.)

③ 일반적으로 주간과 여름에 높고 야간과 겨울에 낮으며 태양의 흑점 수가 많은 해에 높게 된다.

나. 최저 사용 주파수(Lowest Usable Frequency : LUF)

LUF란 송·수신점간의 거리가 정해졌을 때, 전리층 반사파를 이용하여 통신할 수 있는 가장 낮은 주파수로 최저 사용주파수라 한다.

즉, MUF보다 낮은 모든 주파수를 전리층 반사를 이용한 통신에 사용할 수 있는 것이 아니고 어느 일정 주파수 아래쪽의 주파수는 사용할 수 없게 되는 것이다.

다. 최적 운용 주파수(Frequency of Optimum Transmission : FOT)

전리층 반사파를 이용하여 통신하는데 있어서 사용주파수를 MUF 가까이에서 선택하게 되면 은 제2종 감쇠가 커지고(제2종 감쇠는 주파수에 비례하므로), LUF 가까이에서 선택하게 되면 은 제1종 감쇠가 커지게 된다.(제1종 감쇠는 주파수의 자승에 반비례하므로) 그러나 제1종 감쇠가 제2종 감쇠보다 감쇠 량이 크므로 사용주파수는 MUF 가까이에서 결정되게 된다. 하지만 전리층의 전자밀도가 야간에는 낮아져 안정된 통신을 할 수 없게 된다. 그러므로 주·야 관계없이 안정된 통신을 할 수 있도록 MUF의 85%에 해당하는 주파수를 사용하는데 이 주파수를 FOT(Frequency of Optimum Transmission : 최적운용주파수)라 한다.

$$FOT = MUF \times 0.85$$

라. 도약거리(D)

전파의 송신 점으로부터 전리층 최초 반사파가 도달한 지점간의 거리를 말한다.

$$D = 2h' \sqrt{(\frac{f_m}{f_o})^2 - 1}\,[m] \quad (단, \ h' : 전리층 \ 높이, f_m : 사용 \ 주파수, f_o : 임계주파수)$$

5. 전리층에서의 감쇠

가. 제 1종 감쇠(α_1)

① 제 1종 감쇠의 정의

전리층 반사파가 **전리층을 통과(투과)할 때 받는 감쇠**로 F층 반사파는 E층과 D층을 통과하면서 제 1종 감쇠를 받게 된다.

② 단파대에서의 제1종 감쇠의 감쇠 량의 특징

가) 사용주파수의 자승에 반비례한다.

나) 전자밀도에 비례한다.

다) 평균 충돌횟수에 거의 비례한다. (대기압에 거의 비례한다.)

라) 전리층을 비스듬히 통과할수록 크다.

입사각이 클수록 크다.

$\cos\theta_0$에 반비례한다. (θ_0는 입사각)

마) 굴절률에 반비례한다.

이상을 식으로 표시하면 다음과 같이 된다.

$$\alpha_1 = K\frac{NVP}{f^2 n\cos\theta}$$ (여기서, α_1: 제 1종 감쇠 량, K: 비례 상수, N: 전자밀도, V: 평균 충돌횟수, P: 대기압, n: 굴절률) 장·중파의 경우는 위 관계가 그대로 적용되지는 않으며 야간보다는 주간에, 겨울보다는 여름에, 저위도 지방일수록, 정오경에 감쇠가 크다.

나. 제 2종 감쇠(α_2)

① 제 2종 감쇠의 정의

전파가 전리층에서 반사될 때 받는 감쇠로 F층 반사파는 F층에서 제2종 감쇠를 받는다.

이와 같이 전리층에서 반사되면서 전파통로가 구부러지므로써 생기는 전파의 에너지 흡수를 만곡흡수라 한다.

② 단파대에서의 제2종 감쇠의 감쇠량의 특징

가) 사용주파수에 비례한다.

나) 전자밀도에 비례한다.

다) 평균 충돌횟수에 거의 비례한다. (대기압에 거의 비례한다.)

라) 전리층을 비스듬히 입사할수록 작다.

수직으로 입사할수록 크다.

전리층에 깊숙이 들어갈수록 크다.

마) $\dfrac{f}{MUF}$ 비와 관계가 있으며 $\dfrac{f}{MUF}$ 가 0.7 이하에서는 무시될 수 있지만 $\dfrac{f}{MUF}$ 가 1에 가까워질수록 2종 감쇠 량은 대단히 커진다.

이상을 식으로 표시하면 다음과 같이 된다.

$$\alpha_2 = Kf^2 V\cos\theta$$

8.2. 전리층 산란파

전리층 산란파의 특징은 다음과 같다.

1) 초단파대 초가시거리 통신을 할 수 있다.

2) 단일 주파수로 24시간 연속통신이 가능하다.

3) 델린져 현상이나 자기람의 영향을 받지 않는 안정회선을 구성할 수 있다.

4) 기본 전파손실이 크므로 대출력 송신이 필요하다.

5) 전송가능한 대역이 좁다.(즉 협대역이다.)

6) 불감지대 내에서도 미약한 전계가 수신되는 원인이 된다.

7) 근거리 에코우의 원인이 된다.

8) 실용가능 주파수는 30~50[MHz]이다.

9) 실용가능 거리는 1000~2000[km]이다.

8.3. 전리층 전파에서 발생하는 여러 가지 현상

1. 페이딩(fading)

가. 간섭성 페이딩

(1) 발생원인 : 동일한 전파가 반사 또는 굴절 등에 의해 둘 이상의 서로 다른 통로를 통해 수신점에 도달하는 경우 이들 전파끼리 서로 간섭을 일으키므로 써 생기는 페이딩으로 근거리 페이딩과 원거리 페이딩으로 구분된다.

(2) **방지대책** : 주파수 합성수신법(frequency diversity) 또는 공간 합성수신법(space diversity)

나. 편파성 페이딩

(1) 발생원인 : 직선편파로 방사된 전파가 전리층에서 반사될 때 지구자계의 영향을 받아 타원편파가 되며, 이러한 타원편파는 수신 전계강도가 시시각각으로 변화하는 페이딩이 발생하게 되며 이러한 페이딩을 편파성 페이딩이라 한다.

(2) **방지대책** : 편파 합성수신법(polarization diversity)

다. 흡수성 페이딩

(1) 발생원인 : 전파가 전리층을 통과(투과)하거나 반사할 때 감쇠를 받음으로써 생기는 페이딩

(2) 방지대책 : 수신기에 AGC(Automatic Gain Control)회로 또는 AVC(Automatic Volume Control) 회로 사용

라. 도약성 페이딩

(1) 발생원인 : 전파가 전리층 전자밀도의 불규칙적인 변동에 의해 전리층을 시각에 따라서 반사하거나 투과하므로 써 생기는 페이딩으로 일출, 일몰시에 많이 나타나며 도약거리 근처에서 발생하기 때문에 도약성 페이딩이라 한다.

(2) 방지대책 : 주파수 합성수신법(frequency diversity)

마. 선택성 페이딩

(1) 발생원인 : 전리층에서 전파가 받는 감쇠는 주파수와 밀접한 관계를 가지고 있으므로, 반송파와 측파대가 받는 감쇠의 정도가 다르므로 생기거나 또는 전리층이 변동하였을 때 긱 주파수 성분마다 빝는 김쇠의 징도가 다르기 때문에 발생하는 페이딩으로 이러한 페이딩을 선택성 페이딩이라 한다.

(2) 방지대책 : 주파수 합성수신법(frequency diversity)

※ 공간 합성수신법(space diversity)

공간적으로 분리되어 있는 2개 이상의 안테나에 동시에 다중경로 페이딩이 발생하지 않는다는 원리를 이용하여 페이딩을 방지시키는 방법으로, 2개 이상의 수신 안테나를 사용하여 수신신호 가운데 가장 큰 것을 선택하여 수신기에 공급(절환 space diversity)하거나, 수신신호들을 직선합성 또는 제곱 합성하여 수신기에 공급하므로써 안정된 수신출력을 얻을 수 있다.

※ 주파수 합성수신법(frequency diversity)

주파수가 분리되어 있는 2개 이상의 주파수에서 동시에 다중경로 페이딩이 발생하지 않는다는 원리를 이용하여 페이딩을 방지시키는 방법으로, 동일 신호를 2개 이상의 서로 다른 반송파 주파수를 사용하여 송신하고, 수신측에서는 수신신호 가운데 가장 큰 신호를 선택하여 수신기에 공급(절환 frequency diversity)하거나, 수신신호들을 직선합성 또는 제곱 합성하여 수신기에 공급하므로 써 안정된 수신출력을 얻을 수 있다.

※편파 합성수신법(polarization diversity)

직선편파(수평 또는 수직편파)의 전파가 전리층에서 반사될 때 지구자계의 영향을 받아 타원편파가 되는데 이러한 타원편파는 vector적으로 해석하면 수평편파와 수직편파의 합성이므로 수신측에 수평편파 안테나와 수직편파 안테나를 따로 설치하여 각 편파성분을 분리 수신하여 합성하게 되면 페이딩을 방지할 수 있는데 이러한 방법을 편파 합성법이라 한다.

※ AGC(Automatic Gain Control) 회로

반송파의 정류출력을 중간주파 증폭기에 귀환시켜 수신전파의 크기가 변화하더라도 수신기 출력을 일정한 크기로 유지시키는 회로를 말한다.

2. 델린져 현상(Dellinger effect)

태양 폭발에 의해 방출된 자외선이 E층 또는 D층의 전자밀도를 증가시킴으로 단파통신에 있어 수신전계가 갑자기 저하되어 수신불능 상태로 되었다가 수분에서 수 시간에 걸쳐 점차적으로 회복되는 현상으로 소실현상이라 불린다.

가. 원인

태양면의 폭발에 의해 방출된 다량의 자외선

나. 발생구역과 시간

주간에 **저위도 지방**에서 발생한다.(야간에는 발생하지 않는다.)

다. 상황

돌발적으로 발생

라. 통신에 주는 영향

낮은 주파수쪽이 영향을 많이 받는다.

마. 출현주기

명확한 **주기성은 없다.**

3. 자기람(Magnetic Storm ; 자기폭풍)

태양활동에 따라 방출된 하전미립자가 지구로 날아와서 지구자계에 현저한 혼란을 일으키고, 극지방에 강한 전리층 교란을 일으키는 자기현상을 폭풍 또는 전리층 교란이라 한다.

가. 원인

태양폭발에 의해 방출된 하전 미립자군이 지구 가까이 도달되면, 지구자계의 작용으로 굴절되어 극지방 상공에 집결하게 되고 **전리층을 교란**시키기 때문이다.

나. 발생구역과 시간

주야 구분없이 지구전역에서 발생한다. (특히 **고위도 지방**에서 심하다.)

다. 상황

느린 속도로 발생하나 지속시간은 비교적 길어 1~2일 때로는 수일동안 계속된다.

라. 통신에 주는 영향

높은 **주파수의 전파에 영향**이 심하다.

마. 출현주기

빈발성(돌발성)이 적으며 태양폭발이 선행되기 때문에 미리 예측할 수 있다.(**주기성이 있다.**)

4. 대척점 효과(antipode effect)

대척점(지구상 한점의 정반대에 위치하는 한 점) 관계에 있는 두 지점간의 대원통로는 많이 있으므로, 수신점에는 모든 방향에서의 전파가 도달하게 되어 수신 전계가 크게 되는 현상을 말한다.

5. 룩셈브르그 효과(Luxemburg effect)

전리층의 한 점을 주파수가 다른 2개의 전파가 통과할 때 두 전파 간에 일어나는 간섭 현상으로, 복사전력이 강한 쪽의 전파가 복사전력이 약한 쪽의 전파를 변조시켜 복사 전력이 약한 쪽의 전파를 수신하면 복사전력이 강한 쪽의 전파가 혼입되어 들어오는 현상을 말한다. 이 현상은 룩셈브르그 방송국과 네덜란드의 페로뮨스타 방송국 사이에서 발견되었기 때문에 룩셈브르그 효과라 한다.

6. 에코우(echo)

전파가 둘 이상의 서로 다른 전파통로를 거쳐 수신되는 경우, 이들 전파의 도달 시간이 달라지므로 써 동일특성의 신호가 일정시간 간격으로 수회 되풀이 되는데 이를 echo라 한다.

※ echo의 방지책

가) 예민한 지향성 안테나를 사용한다.

나) 사용주파수를 변경한다.

다) 반사기를 설치한다.

라) 진폭제한기(limiter)를 사용한다.

단원별 요약정리

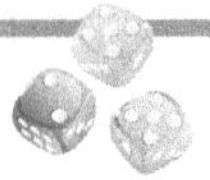

태양으로부터 복사되는 자외선 등의 에너지를 받아 대기중의 공기분자가 이온화를 일으키고 이들이 모여 도전성을 갖는 구름모양의 층을 형성하는데 이를 전리층이라 한다. 전리현상은 **자외선이 강할수록, 공기분자가 많을수록** 크게 일어나며, 전리층에서 전파는 **굴절, 반사, 산란, 감쇠 및 편파** 등이 있다.

8.1. 전리층의 종류와 특성 ★★★

1. 전리층의 종류

가. D층

(1) **지상으로 부터 60~90[km] 상공에 위치**하여 높이가 가장 낮은 층으로 전자밀도도 가장 낮다.

(2) 주간에 발생하여 야간에 소멸되는 층으로 **일출·일몰 시 강한 fading이 발생하는 원인**이 된다.

나. E층

(1) **지상으로 부터 100[km]~120[km]상공에 위치한다.**

(2) 겨울보다 여름이 야간보다는 주간에 전자밀도가 높다.

다. F층

(1) **지상 200~400[km] 상공에 위치**하며, **높이가 가장 높고** 전자밀도가 높은 층이다.

(2) F층은 주간에 F1층(200~250km)과 F2층(250~400km)으로 구분되나 야간에는 구분할 수 없게 된다.

(3) 한낮에는 겨울의 전자밀도가 여름의 전자밀도보다 크다.

라. 산재 E층(Es층 : Sporadic E층)

(1) 지상 100[km] 상공에 존재하며 **전자밀도가 가장 높은 층**이다. (E층과 거의 같은 높이에 있다.)

(2) 초단파대 초 가시거리 통신용으로 사용할 수 있으나 발생지역과 장소가 불규칙하므로 고정통신용으로는 이용할 수 없다.

(3) 6~8월에 주간에 한하여 국지적으로 나타난다.

2. 전리층의 특성

가. 전리층의 굴절률(n) ★

$$n = \sqrt{1 - \frac{81N}{f^2}} \quad \text{(N: 전자밀도, } f\text{: 주파수)}$$

나. 전리층의 관측과 임계주파수

(1) 전리층의 관측방법

    1) 로켓에 관측 장비를 실어 보내 관측하는 방법(직접관측)

    2) 전리층 관측위성으로부터 발사된 신호가 전리층을 통과시 발생시키는 물리적 현상을 관측하는 방법(접속관측)

    3) 지상에서 펄스파를 수직으로 발사하여 직접파와 전리층 반사파의 시간차를 oscilloscope로 수신하여 관측하는 방법(수직관측)

(2) 전리층의 이론상 높이(h') ★★

$$h' \fallingdotseq \frac{1}{2}Ct, \quad \text{C(광속도)}=3\times10^8\,[\text{m/s}], \quad t: \text{직접파와 전리층 반사파의 시간차}$$

(3) 임계주파수(f_0) ★★★

임계주파수는 **수직 입사파의 반사되는 주파수와 투과되는 주파수의 경계주파수**로 정의된다. 실제 전리층에서는 반사되는 가장 높은 주파수라 할 수 있으며 전리층을 **투과하는 주파수 중 가장 낮은 주파수**를 의미한다.

※ 임계주파수(f_0) 특징

1) 각 전리층마다 임계주파수는 다르다.
2) 굴절률이 0이 되는 주파수를 의미한다.
3) $f_o = 9\sqrt{N_{max}}$ (단, N_{max} : 전리층의 최대전자밀도)이다.

3. MUF와 LUF

가. MUF(Maximum Usables Frequency) : 최고 사용 주파수 ★★★

송・수신점이 정해져 있을 경우 전리층 반사파를 이용하여 수신하는 주파수 중 가장 높은 주파수를 말한다.

$$f_{MUF} = f_o\sqrt{1+(\frac{D}{2h})^2}\,[Hz], \quad f_o = 9\sqrt{N_{max}}\,[Hz], \quad D: 송・수신간의 거리, \quad h: 전리층$$
의 이론상 높이

※ MUF 특징

① MUF보다 높은 주파수는 전리층을 통과하여 수신점에 도달하지 못한다.
② **MUF는 임계주파수(f_o), 입사각(θ), 송・수신점간의 거리(d), 전리층의 이론상 높이(h)에 의해 결정되며, 송신전력과는 무관하다.** (**MUF는 전리층의 상태와 송・수신간의 거리**에 따라 결정된다는 것이다.)

나. FOT(Frequency of Optimum Transmission) : 최적 운용 주파수 ★★★

주・야 관계없이 안정된 통신을 할 수 있도록 MUF의 85%에 해당하는 주파수를 사용하는데 이 주파수를 FOT(Frequency of Optimum Transmission : 최적운용주파수)라 한다.

$$FOT = MUF \times 0.85$$

다. 도약거리(D) : 전파의 송신점으로부터 전리층 최초 반사파가 도달한 지점간의 거리

$$D = 2h'\sqrt{(\frac{f_m}{f_o})^2 - 1}\,[m] \quad (단, h' : 전리층 높이, f_m : 사용 주파수, f_o : 임계주파수)$$

4. 전리층에서의 감쇠

가. 제 1종 감쇠(α_1)

(1) 제 1종 감쇠의 정의

전리층 반사파가 **전리층을 통과(투과)할 때 받는 감쇠**

$$\alpha_1 = K\frac{NVP}{f^2 n\cos\theta}$$

(여기서, α_1: 제 1종 감쇠 량, K: 비례 상수, N: 전자밀도, V: 평균 충돌횟수, P: 대기압, n: 굴절률)

나. 제 2종 감쇠(α_2)

(1) 제 2종 감쇠의 정의

전파가 **전리층에서 반사될 때 받는 감쇠**

$$\alpha_2 = Kf^2 V\cos\theta$$

8.2. 전리층 전파에서 발생하는 여러 가지 현상

1. 페이딩(fading) ★★★

가. 간섭성 페이딩

(1) 발생원인 : 동일한 전파가 반사 또는 굴절 등에 의해 둘 이상의 서로 다른 통로를 통해 수신점에 도달하는 경우 이들 전파끼리 서로 간섭을 일으키므로 써 생기는 페이딩으로 근거리 페이딩과 원거리 페이딩으로 구분된다.

(2) **방지대책** : 주파수 합성수신법(frequency diversity) 또는 공간 합성수신법(space diversity)

나. 편파성 페이딩

(1) 발생원인 : 직선편파로 방사된 전파가 전리층에서 반사될 때 지구자계의 영향을 받아 타원편파가 되며, 이러한 타원편파는 수신 전계강도가 시시각각으로 변화하는

페이딩이 발생하게 되며 이러한 페이딩을 편파성 페이딩이라 한다.

(2) **방지대책** : 편파 합성수신법(polarization diversity)

다. 흡수성 페이딩

(1) 발생원인 : 전파가 전리층을 통과(투과)하거나 반사할 때 감쇠를 받음으로써 생기는 페이딩

(2) **방지대책** : 수신기에 AGC(Automatic Gain Control)회로 또는 AVC(Automatic Volume Control) 회로 사용

라. 도약성 페이딩

(1) 발생원인 : 전파가 전리층 전자밀도의 불규칙적인 변동에 의해 전리층을 시각에 따라서 반사하거나 투과하므로 써 생기는 페이딩으로 일출, 일몰시에 많이 나타나 며 도약거리 근처에서 발생하기 때문에 도약성 페이딩이라 한다.

(2) **방지대책** : 주파수 합성수신법(frequency diversity)

마. 선택성 페이딩

(1) 발생원인 : 전리층에서 전파가 받는 감쇠는 주파수와 밀접한 관계를 가지고 있으므 로, 반송파와 측파대가 받는 감쇠의 정도가 다르므로 생기거나 또는 전리층이 변동 하였을 때 각 주파수 성분마다 받는 감쇠의 정도가 다르기 때문에 발생하는 페이딩 으로 이러한 페이딩을 선택성 페이딩이라 한다.

(2) **방지대책** : 주파수 합성수신법(frequency diversity)

2. 델린저 현상(Dellinger effect) ★★★

태양 폭발에 의해 방출된 자외선이 E층 또는 D층의 전자밀도를 증가시킴으로 단파통신에 있어 수신전계가 갑자기 저하되어 수신불능 상태로 되었다가 수분에서 수 시간에 걸쳐 점 차적으로 회복되는 현상으로 소실현상이라 불린다.

가. 원인

태양면의 폭발에 의해 방출된 다량의 자외선

나. 발생구역과 시간

주간에 **저위도 지방**에서 발생한다.(야간에는 발생하지 않는다.)

다. 상황

돌발적으로 발생

라. 통신에 주는 영향

낮은 주파수쪽이 영향을 많이 받는다.

마. 출현주기

명확한 **주기성은 없다.**

3. 자기람(Magnetic Storm ;자기폭풍) ★★★

태양활동에 따라 방출된 하전미립자가 지구로 날아와서 지구자계에 현저한 혼란을 일으키고, 극지방에 강한 전리층 교란을 일으키는 자기현상을 폭풍 또는 전리층 교란이라 한다.

가. 원인

태양폭발에 의해 방출된 하전 미립자군이 지구 가까이 도달되면, 지구자계의 작용으로 굴절되어 극지방 상공에 집결하게 되고 **전리층을 교란**시키기 때문이다.

나. 발생구역과 시간

주야 구분없이 지구전역에서 발생한다. (특히 **고위도 지방**에서 심하다.)

다. 상황

느린 속도로 발생하나 지속시간은 비교적 길어 1~2일 때로는 수일동안 계속된다.

라. 통신에 주는 영향

높은 **주파수의 전파에 영향**이 심하다.

마. 출현주기

빈발성(돌발성)이 적으며 태양폭발이 선행되기 때문에 미리 예측할 수 있다. (주기성이 있다.)

4. 대척점 효과(antipode effect)

대척점(지구상 한점의 정반대에 위치하는 한점) 관계에 있는 두 지점간의 대원통로는 많이 있으므로, 수신점에는 모든 방향에서의 전파가 도달하게 되어 수신 전계가 크게 되는 현상을 말한다.

5. 룩셈브르그 효과(Luxemburg effect) ★★

전리층의 한 점을 주파수가 다른 2개의 전파가 통과할 때 두 전파 간에 일어나는 간섭 현상으로, 복사전력이 강한 쪽의 전파가 복사전력이 약한 쪽의 전파를 변조시켜 복사 전력이 약한 쪽의 전파를 수신하면 복사전력이 강한 쪽의 전파가 혼입되어 들어오는 현상을 말한다.

핵심기출문제

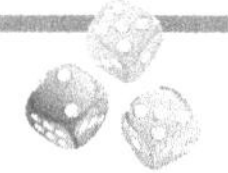

01. 주간에 전리현상을 활발하게 하여 전리층의 전자밀도가 크게 되는 원인은?

㉮ 사외선　　　　㉯ 반사, 굴절　　　　㉰ 사기장　　　　㉱ 산섭

해설　※ 전리층의 전자밀도는 자외선이 강할 수록 공기분자가 많을 수록 증가된다.　　　답: ㉮

02. 주간은 중파대까지를 반사하거나 중파는 층내에서 감쇠한다. 장파는 반사되어 단파이상은 통과할 때 감쇠한다. 밤에는 장·중파를 잘 반사하는 층은?

㉮ D층　　　　㉯ E층　　　　㉰ Es층　　　　㉱ F층

해설　※ E층의 특징
　　① 지상 100[km]~120[km]상공에 위치하며, 고도가 중간이고 전자밀도도 중간인 층이다.
　　② 주간:LF → 반사, MF → 감쇠, HF → 투과
　　　야간:LF, MF → 반사, HF → 투과
　　③ 겨울보다 여름이 야간보다는 주간에 전자밀도가 높다.　　　답: ㉯

03. 장·중파대에서 야간에 유용한 전리층파 전파는?

㉮ E층 반사파　　　　　　　　㉯ F층 반사파
㉰ 스포래딕 E층 반사파　　　　㉱ 전리층 산란파　　　답: ㉮

04. 전리층 중에서 F층과 관계 없는 사항은?

㉮ 단파 통신은 주로 이 층을 이용한다.
㉯ 지상 약 200~400[km] 높이에 넓게 존재한다.
㉰ 주간 전자 밀도는 여름보다 겨울이 작다.
㉱ 이 층에서 반사되는 전파의 도약 거리는 매우 크므로 장거리 통신에 적합하다.

해설　※ F층의 특징
　　① 지상 200~400[km] 상공에 위치하며, 고도가 가장 높고 전자밀도가 높은 층이다.
　　② HF는 반사, VHF대는 투과 → HF통신에 이용(F층의 도약거리가 가장 크므로 단파대 전파가 원거리 통신에 사용되는 것이다.)
　　③ F층은 주간에 F1층(200~250km)과 F2층(250~400km)으로 구분되나 야간과 겨울에는 합해져 구분할 수 없게 된다.
　　④ 겨울의 전자밀도가 여름의 전자밀도보다 크다.　　　답: ㉰

05. Es(산재 E층) 전리층에 대한 설명 중 옳지 않은 것은?

㉮ Es층은 항상 존재한다.

㉯ Es층의 출현은 장소에 따라 다르다.

㉰ Es층은 태양의 흑점 주기와 별로 관계가 없는 것으로 알려져 있다.

㉱ Es층은 E층과 거의 동일한 높이에서 생긴다.

해설 ※ Es(산재 E층)전리층: 6~8월에 주간에 한하여 국지적으로 나타나며 초단파대 초가시거리 통신용으로 사용할 수 있으나 발생지역과 장소가 불규칙하므로 고정통신용으로는 이용할 수 없다.   답: ㉮

06. 단파 통신에서는 야간에 있어서 주간보다 낮은 주파수를 사용하는데, 그 이유는?

㉮ E층의 흡수가 작아지기 때문   ㉯ F층의 전자밀도가 커지기 때문

㉰ F층의 전자밀도가 작아지기 때문   ㉱ 낮은 주파수 일수록 페이딩이 작기 때문

해설 ※단파 통신에서는 야간에 있어서 주간보다 F층의 전자밀도가 작아지기 때문에 사용주파수를 낮은 주파수를 사용한다.   답: ㉰

07. 전리층에서 일어나는 현상이 아닌 것은?

㉮ 전파의 굴절   ㉯ 전파의 산란   ㉰ 편파면의 회전   ㉱ 전파의 회절

해설 ※ 전파가 전리층을 지날 때 굴절현상, 산란현상, 편파면의 회전현상등이 생긴다. 전리층에서 회절현상은 없다.   답: ㉱

08. 지구 표면에서 상공으로 향하여 충격파를 발사하였더니 $\frac{2}{3}$[ms]후에 반사파를 감지하였다. 이때의 반사층의 높이는 얼마인가?

㉮ 50[km]   ㉯ 100[km]   ㉰ 200[km]   ㉱ 400[km]

해설 ※ 전리층의 이론상 높이는 $h' \fallingdotseq \frac{1}{2} Ct = \frac{1}{2} \times 3 \times 10^8 \times \frac{2}{3} \times 10^{-3} = 100$[km]이 된다.
(C(광속도)=3×10^8 [㎧], t : 직접파와 전리층 반사파의 시간차)   답: ㉯

09. 지구 표면에서 상공으로 향하여 충격파를 발사 하였더니 5/3[ms]후에 반사파를 감지하였다. 이 때 반사층의 높이는 얼마인가?

㉮ 150[km]   ㉯ 200[km]   ㉰ 250[km]   ㉱ 300[km]

해설 ※전리층의 이론상 높이는 $h' \fallingdotseq \frac{1}{2} Ct = \frac{1}{2} \times 3 \times 10^8 \times \frac{5}{3} \times 10^{-3} = 250$[km] 이 된다.   답: ㉰

10. 전리층의 높이를 측정하기 위하여 지상에서 수직으로 충격파를 발사한 푸 1.6[ms]뒤에 반사파를 측정하였다면 반사층의 높이는 얼마인가 ?

㉮ 120[km]   ㉯ 240[km]   ㉰ 300[km]   ㉱ 480[km]

해설 ※전리층의 이론상 높이는 $h' \doteqdot \frac{1}{2}\alpha = \frac{1}{2} \times 3 \times 10^8 \times 1.6 \times 10^{-3} = 480[\mathrm{km}]$ 이 된다. 답: ㉣

11. 전파를 공중에 발사하여 0.003초 후에 전리층으로부터 반사되어 왔을 때 전리층의 높이는 몇 [km]인가?

 ㉮ 300[km]   ㉯ 450[km]   ㉰ 500[km]   ㉱ 550[km]

 해설 ※전리층의 이론상 높이는 $h' \doteqdot \frac{1}{2}\alpha = \frac{1}{2} \times 3 \times 10^8 \times 0.003 = 450[\mathrm{km}]$ 이 된다. 답: ㉯

12. 정할의 법칙으로 올바른 식은?

 ㉮ $f_c = f_o \sin\theta$ ㉯ $f_c = f_o \cos\theta$

 ㉰ $f_c = f_o \sec\theta$ ㉱ $f_c = f_o \tan\theta$

 해설 ※ 같은 높이의 점에서 반사되는 전파의 주파수와 입사각의 관계를 나타내는 법칙을 정할법칙이라 하며
   $f_c = f_0 \sec\theta$ (f_0 : 수직으로 발사된 주파수, f_c : 사용주파수, θ : 두주파수 사이각)같이 나타낸다. 답: ㉰

13. 전리층의 굴절률을 나타내는 식은? (단, N:전자밀도[개/㎥], h:전리층의 높이[m]이다.)

 ㉮ $n = \sqrt{1 - \dfrac{81N}{f^2}}$ ㉯ $n = \sqrt{1 + \left(\dfrac{N}{2h'}\right)^2}$

 ㉰ $n = \sqrt{1 + \dfrac{81N}{f^2}}$ ㉱ $n = \sqrt{1 - \left(\dfrac{N}{2h'}\right)^2}$

                          답: ㉮

14. 전리층의 임계 주파수(critical frequency)에 관한 다음 설명 중 옳은 것은?

 ㉮ 전리층의 전자 밀도에 따라 다르다.

 ㉯ 모든 전리층은 각각의 임계 주파수를 갖는데 D층보다 E층, F층보다는 E층의 임계 주파수가 높다.

 ㉰ 어떤 전리층이 발사한 전파를 반사시킬 수 있는 최고 주파수이다.

 ㉱ 임계 주파수 fc와 전리층의 전자밀도 N[개/㎠]사이에는 $fc = \sqrt{9}\,N$의 관계가 있다.

 해설 모든 전리층은 각각의 임계 주파수를 갖는데 D층보다 E층, E층보다는 F층의 임계 주파수가 높다. 답: ㉮

15. 전파가 전리층에 부딪쳤을 때 그 주파수 이상으로 되면 뚫고 나가는 주파수를 무엇이라 하는가?

 ㉮ 임계 주파수   ㉯ 자이로 주파수

 ㉰ 최고사용 주파수   ㉱ 최저사용 주파수

 해설 ※ 임계주파수는 수직 입사파의 반사와 투과의 경계주파수로, 전리층에서 반사되는 가장 높은 주파수 및 전
   리층을 투과하는 주파수 중 가장 낮은 주파수를 의미하며 일반적으로 f_o로 표시한다. 임계주파수는 다음
   과 같은 특징을 갖는다.
   ① 각 전리층마다 임계주파수는 다르다.

② 굴절률이 0 이 되는 주파수를 의미한다.

③ $f_o = 9\sqrt{N_{\max}}$ 으로 전리층의 전자밀도만 알면 지상에서도 알 수 있다.　　　답: ㉮

16. 전리층에서의 전자밀도를 N이라 할 때 전리층에 수직입사한 파의 임계 주파수(f_c)는?

㉮ $9\sqrt{N}$　　　㉯ $90\sqrt{N}$　　　㉰ $6\sqrt{N}$　　　㉱ $60\sqrt{N}$　　　답: ㉮

17. 전리층의 전자밀도가 N[개/㎥]일 때 임계주파수는?

㉮ $f_0 = 81\sqrt{N}$　　　㉯ $f_0 = \dfrac{\sqrt{N}}{\cos\phi}$　　　㉰ $f_0 = \sqrt{9\cos\phi}$　　　㉱ $f_0 = 9\sqrt{N}$　　　답: ㉱

18. 전리층의 최대 전자 밀도 N_{max}가 9×10^{12}[개/㎥]일 때의 전리층에서 반사될 수 있는 임계 주파수는?

㉮ 9[㎒]　　　㉯ 18[㎒]　　　㉰ 27[㎒]　　　㉱ 36[㎒]

해설　※ 임계주파수는 $f_0 = 9\sqrt{N_{\max}} = 9\sqrt{9 \times 10^{12}} = 27$[㎒] 이다.　　　답: ㉰

19. 전리층의 제 1종 감쇠에 대하여 설명을 잘못 한 것은?

㉮ 전리층을 통과할 때의 감쇠를 말한다.　　　㉯ 주파수 f의 제곱에 비례한다.

㉰ 전자밀도 N에 거의 비례한다.　　　㉱ 평균 충돌 횟수 V에 거의 비례한다.

해설　※제 1종 감쇠(α_1)

① 정의: 전리층 반사파가 **전리층을 통과(투과)할 때 받는 감쇠**이다.

② 특징(제1종 감쇠의 감쇠량은 단파인 경우에 다음과 같다.)

가) 사용주파수의 자승에 반비례한다.

나) 전자밀도에 비례한다.

다) 평균 충돌횟수에 거의 비례한다. (대기압에 거의 비례한다.)

라) 전리층을 비스듬히 통과할수록 크다.

입사각이 클수록 크다.

$\cos\theta_0$에 반비례한다.(θ_0는 입사각)

마) 굴절률에 반비례한다.

이상을 식으로 표시하면 다음과 같이 된다.

$$\alpha_1 = K\frac{NVP}{f^2 n\cos\theta}$$

여기서 α_1 : 제 1종 감쇠 량, K :상수, N : 전자밀도, V : 평균 충돌횟수, P : 대기압, n : 굴절률

③ 장,중파의 경우는 위 관계가 그대로 적용되지는 않으며 야간보다는 주간에, 겨울보다는 여름에, 저위도 지방일수록, 정오경에 감쇠가 크다.　　　답: ㉯

20. 단파대에서 다음 중 제 1종 감쇠의 설명으로 맞는 것은?

㉮ E층의 전자밀도가 클수록, 주파수가 낮을수록 크다.

㉯ E층의 전자밀도와 주파수가 클수록 크다.

㉰ E층의 전자밀도와 주파수가 낮을수록 크다.

㉱ E층의 전자밀도가 적을수록 주파수가 클수록 크다.

해설　※ 제1종 감쇠는 전자밀도가 클수록, 주파수가 낮을수록 크다.　　　　　답: ㉮

21. 전리층에서 전파가 입사할 때 받는 현상이 아닌 것은?

㉮ 전파의 산란　　　　　　　　　　　㉯ 델린저 현상

㉰ 감쇠(흡수)현상　　　　　　　　　　㉱ 편파면의 회전

해설　※ 델린져 현상(Dellinger effect)

태양면의 폭발에 의해 방출된 다량의 자외선국 D층 또는 E층의 전자밀도를 증가시켜 임계주파수를 상승시키거나 전리층 내의 감쇠를 증가시켜 단파통신에 있어 수신전계가 갑자기 저하하여 수신불능 상태로 되었다가 수분에서 수시간에 걸쳐 점차적으로 회복되는 현상으로 SWF(Short Wave Fade—out) 또는 소실현상이라 불리운다.　　　　　답: ㉯

22. 단파통신의 일반적인 특징이 아닌 것은?

㉮ 소전력으로 원거리 통신이 가능하다.　　　㉯ 공전의 방해가 크다.

㉰ 페이딩(fading)의 영향을 받는다.　　　㉱ 델린저 현상의 영향을 받는다.

해설　※ 주파수가 높을수록 공전의 방해는 적은 편이다.　　　　　답: ㉱

23. 전리층의 제 2종 감쇠에 대한 설명 중 옳은 것은?

㉮ 전리층에서 입사와 반사때에 받는 감쇠이다.

㉯ 평균 충돌 회수에 반비례한다.

㉰ 입사각에는 영향을 받지 않는다.

㉱ MUF 근처에서 최대로 된다.

해설　※ 제 2종 감쇠(α_2)

① 정의: 전파가 전리층에서 반사될 때 받는 감쇠이다.

② 특징

가) 사용주파수에 비례한다.

나) 전자밀도에 비례한다.

다) 평균 충돌횟수에 거의 비례한다. (대기압에 거의 비례한다.)

라) 전리층을 비스듬히 입사할수록 작다.

수직으로 입사할수록 크다.

전리층에 깊숙이 들어갈수록 크다.

이상을 식으로 표시하면 다음과 같이 된다.

$\alpha_2 = f^2 V \cos\theta$　　　　　답: ㉰

24. 전리층에서 반사될 때의 감쇠인 제2종 감쇠의 특징을 바르게 설명한 것은?

    ㉮ MUF 근처에서 감쇠가 최대로 되며, 파장이 길수록 심하다.

    ㉯ MUF 근처에서 감쇠가 최대로 되며, 파장이 짧을수록 심하다.

    ㉰ MUF 근처에서 감쇠가 최소로 되며, 파장이 길수록 심하다.

    ㉱ MUF 근처에서 감쇠가 최소로 되며, 파장이 짧을수록 심하다.   답: ㉯

25. 전리층에서 단파대의 감쇠량과 관계가 적은 것은?

    ㉮ 입사각   ㉯ 전파의 간섭   ㉰ 평균충돌 회수   ㉱ 전자밀도   답: ㉯

26. 송·수신점이 결정된 후 전리층 반사파로 통신할 수 있는 가장 높은 주파수에 해당하는 것은?

    ㉮ FOT   ㉯ LUF   ㉰ MUF   ㉱ 임계주파수

해설 ※ MUF(Maximum Usables Frequency): 최고 사용 주파수

송·수신점이 정해져 있을 경우 전리층 반사파를 이용하여 수신하는 주파수 중 가장 높은 주파수를 말한다. (α_1: 최소, α_2: 최대)

$$\therefore f_{MF} = f_o \sqrt{1 + (\frac{D}{2h})^2} \ [\text{Hz}],$$

$$f_o = 9\sqrt{N_{\max}} \ [\text{Hz}], \ D: \text{송·수신간의 거리, } h : \text{전리층의 이론상 높이}$$

① MUF보다 높은 주파수는 전리층을 통과하여 수신점에 도달하지 못한다.

② MUF는 임계주파수 f_o, 입사각 θ_0, 송·수신점간의 거리 d, 전리층의 이론상 높이 h'에 의해 결정되며, 송신전력과는 무관하다.   답: ㉰

27. MUF(Maximum Useable Frequency)는 무엇에 의하여 결정되는가?

    ㉮ 송·수신점 간의 거리와 전리층의 상태   ㉯ 임계 주파수

    ㉰ 최저사용 주파수와 임계 주파수   ㉱ 안테나의 높이와 전리층 상태

해설 ※ MUF는 임계주파수, 입사각, 송·수신점간의 거리, 전리층의 이론상 높이에 의해 결정되며, 송신전력과는 무관하다.   답: ㉮

28. 전리층의 임계주파수가 2[㎒]이고, 전리층의 높이는 100[㎞]일 때 송수신점간의 거리 500[㎞]에 대한 MUF는 대략 얼마인가?

    ㉮ 4.92[㎒]   ㉯ 5.12[㎒]   ㉰ 5.38[㎒]   ㉱ 5.51[㎒]

해설

$$\therefore f_{MF} = f_o \sqrt{1 + (\frac{D}{2h})^2} = 2 \times 10^6 \sqrt{1 + (\frac{500 \times 10^3}{2 \times 100 \times 10^3})^2} = 5.38 [\text{Hz}]$$

답: ㉰

29. 어떤 시각에서 F1층의 임계주파수가 6.5[MHz]이고 송수신 점간의 거리 500[km] 일 때 F1층의 반사를 이용하여 전파되는 MUF는? (단 F1층의 겉보기 높이는 100[km]이다.)

㉮ 13.5 [MHz] ㉯ 15.5 [MHz] ㉰ 17.5 [MHz] ㉱ 19.5 [MHz]

해설 ※ $f_{MF} = f_o \sqrt{1 + (\frac{D}{2h})^2} = 6.5 \times 10^6 \sqrt{1 + (\frac{500 \times 10^3}{2 \times 100 \times 10^3})^2} = 17.5 [Hz]$　　답: ㉰

30. 전리층을 통과하는 주파수 중 가장 낮은 주파수를 무엇이라 하는가?

㉮ FOT(Frequency of Optimum Transmission)

㉯ MUF(Maximum Usable Frequency)

㉰ LUF(Lowest Usable Frequency)

㉱ 임계주파수(Critical Frequency)

해설 ※ 임계주파수는 수직 입사파의 반사와 투과의 경계주파수로, 전리층에서 반사되는 가장 높은 주파수 및 전리층을 투과하는 주파수 중 가장 낮은 주파수를 의미한다.　　답: ㉱

31. 전리층에서의 자이로 주파수 f_G(Gyro - frequency)에 대한 설명중 옳은 것은?　　(단, 전자의 운동 평면과 자계 B는 수직이라하고 전자의 질량은 m이고, 전하량은 q로 주어진다고 가정한다.)

㉮ f_G =qB/2πm이며, 지역에 따라 다르다.　　㉯ f_G =qB/2πm이며, 지역에 관계없이 일정하다.

㉰ f_G =qB/πm이며, 지역에 따라 다르다.　　㉱ f_G =qB/πm이며, 지역에 관계없이 일정하다.

해설 ※ 지구자계 B가 있는 경우, 지구 자계에 대한 전자의 운동 방향이 수직, 수평이 아닌 임의의 각을 가지고 운동하는 경우 전자는 나선모양으로 선회운동(원을 그리며 회전운동)을 하게 되는 데, 이 때의 주파수를 선회주파수(旋回周波數) 또는 자이로 주파수(Gyro frequency)라고 한다.

$\therefore f_G = \dfrac{qB}{2\pi m}$　　답: ㉮

32. 최적 운용 주파수(FOT)와 사용가능 주파수(MUF)와의 관계로 맞는 것은?

㉮ FOT=MUF× 0.85　　　　㉯ FOT=MUF× 0.75

㉰ FOT=MUF× 85　　　　㉱ FOT=MUF× 75

해설 ※ FOT(Frequency of Optimum Transmission): 최적 운용 주파수

MUF 가까이에서는 제 2종 감쇠가 커지고(제 2종 감쇠는 주파수에 비례하므로), LUF 가까이에서는 제 1종 감쇠가 커지게 된다. 따라서 전리층 반사파를 이용하여 통신하는데 있어서는 MUF와 LUF 주파수를 사용하지 않고 MUF의 85%에 해당하는 주파수를 사용하는데 이 주파수를 FOT (Frequency of Optimum Transmission;최적운용주파수)라 한다.

FOT = MUF × 0.85　　답: ㉮

33. 다음 중 최적 운용 주파수(FOT)를 결정하는 요인에 해당되지 않는 것은?

㉮ 전자밀도　　　　　　㉯ 송·수신점간의 거리

㉰ 방위각　　　　　　　㉱ 송·수신 공중선의 이득

해설 ※ 최적 운용 주파수(FOT)의 결정요인은 MUF와 동일하므로 송·수신 공중선의 이득과는 무관하다.

답: 라

34. 어느 송·수신소 사이의 MUF(maximum usable frequency)가 10[MHz]일 때 FOT(frequency of optimum transmission)는 얼마인가?

㉮ 5[MHz] ㉯ 6.5[MHz] ㉰ 7.5[MHz] ㉱ 8.5[MHz]

해설 ※ $FOT = 0.85 \times f_{MUF} = 0.85 \times 10 \times 10^6 = 8.5 [MHz]$

답: 라

35. 전리층파는 송수신점에서의 어떤 거리 이상 떨어진 점에만 도달하고 송신점 부근에서는 전파되지 않는다. 이 때 전리층파가 도달하는 최소의 거리를 무엇이라 부르는가?

㉮ 불감지대(Skip Zone) ㉯ 프레즈넬 존(Fresnel Zone)
㉰ 블랑캇트 에리어(Branket Area) ㉱ 도약 거리(Skip Distance)

해설 ※ 도약거리(D): 전파의 송신점으로부터 전리층 최초 반사파가 도달하는 최소의 거리를 말한다.

$$D = 2h\sqrt{(\frac{f}{f_0})^2 - 1}\,[m], \quad (h : 전리층높이, f_0 : 임계주파수, f : 사용주파수)$$

답: 라

36. 도약 거리를 나타내는 식은? (단, h:최대 전자 밀도에서의 이론적인 높이[m], f₀:임계주파수[Hz], f:사용 주파수[Hz]이다.)

㉮ $r = 2h\sqrt{(\frac{f}{fo})^2 - 1}$ ㉯ $r = h^2\sqrt{(\frac{f}{fo})^2 - 1}$

㉰ $r = 2h\sqrt{(\frac{fo}{f})^2 - 1}$ ㉱ $r = h^2\sqrt{(\frac{fo}{f})^2 - 1}$

답: 가

37. 도약거리(Skin Distance)에 대한 설명으로 옳지 않은 것은?

㉮ 사용주파수/임계주파수가 클수록 크게 된다.
㉯ 사용주파수가 전리층의 임계주파수보다 높을 때에 생긴다.
㉰ 직접파의 도달지점에서 전리층 1회 반사지점까지의 거리를 말한다.
㉱ 전리층의 이론적인 높이에 비례한다.

답: 다

38. 단파의 불감 지대 내에서 미약한 전파가 수신되는 경우는 무엇 때문인가?

㉮ 회절파 ㉯ 전리층 산란파 ㉰ 산악 회절파 ㉱ 대류권파

해설 ※ 단파의 불감 지대 내에서 미약한 전파가 수신되는 경우는 전리층 산란파 때문이다.

답: 나

39. 태양에서 발생하는 자외선의 돌발적 증가로 인하여 발생되는 전파방해는?

㉮ 공전 ㉯ 델린저 현상(Dellinger phoenomena)

㉢ 자기람(Magnetic storm)　　　　　　㉣ 에코(Echo)

해설　　　　　　　　　　　　　　　　　　　　　　　　　　　　답: ㉣

　※ 델린저 현상(Dellinger effect)
　　단파통신에 있어 수신전계가 갑자기 저하하여 수신불능 상태로 되었다가 수분에서 수시간에 걸쳐 점차적으로 회복되는 현상으로 SWF(Short Wave Fade—out) 또는 소실현상이라 불리운다.
　　1) 원인: 태양면의 폭발에 의해 방출된 다량의 자외선국 D층 또는 E층의 전자밀도를 증가시　켜 임계주파수를 상승시키거나 전리층 내의 감쇠를 증가시키기 때문이다.
　　2) 발생구역괴 시간: 주간에 저위도 지방에서 발생한다.
　　3) 상황: 돌발적으로 발생하여 10분 또는 수십분 계속되다가 고위도 지방부터 차차 회복된다.
　　4) 통신에 주는 영향: 1.5~20(MHz) 정도의 단파통신에 영향을 주며 낮은 주파수쪽이 영향을 많이 받는다.
　　5) 전리층에 주는 영향: D층과 E층의 전자밀도는 증가되나 F층의 전자밀도의 증가는 거의 인정되지 않는다.
　　6) 출현주기: 빈발성(돌발성)이 있으며 태양폭발이 선행되는 수도 있지만 불확실하다. 명확한 주기성은 없으나 보통 27일과 54일을 발생주기로 인정하고 있다.

40. 델린저 현상(dellinger effect)을 가장 강하게 받는 전파대는?

　㉮ 장파　　　　　　㉯ 단파　　　　　　㉰ 초단파　　　　　　㉱ 극초단파　　　답: ㉯

41. 다음중 델린저 현상과 관계 없는 사항은?

　㉮ 태양의 방사표면에서 돌연 자외선이 증가하여 이 현상이 발생한다.
　㉯ 이 현상이 발생하면 최소한 2~3일 정도 통신을 못한다.
　㉰ 출현주기는 빈번하며 보통 27일(자전주기)발생 주기로 주기성이 있는 것으로 믿어왔으나 명확한 주기성은 없다.
　㉱ D 또는 E층의 전자밀도가 증가한다.　　　　　　　　　　　　　　답: ㉯

42. 델린저(Dellinger)현상의 특징이 아닌 것은?

　㉮ 야간에만 나타난다.　　　　　　　　㉯ 태양면의 폭발에 기인한다.
　㉰ 단파통신에 주로 영향을 준다.　　　㉱ 주파수를 높게 선정하여 극복한다.　　답: ㉮

43. 델린저 현상에 관한 설명으로 옳은 것은?

　㉮ 주간의 구역만 영향을 받는다.　　　㉯ 30[MHz]이상의 주파수가 영향을 많이 받는다.
　㉰ F층은 전자밀도가 현저히 증가한다.　㉱ 발생주기가 규칙적이다.　　　　　　답: ㉮

44. 태양의 폭발로 인하여 발생하는 강력한 자외선 방출에 의해 D, E 층의 전자 밀도가 급격히 증가하여 전파의 감쇠가 심하게 발생하는 현상은?

㉮ 페이딩   ㉯ 자기폭풍   ㉰ 델린저 현상   ㉱ 공전   답: ㉰

45. 태양의 폭발에 의하여 방출되는 하전 입자가 지구 자장의 작용으로 고위도 지방에 집결하며 전리층을 교란하기 때문에 발생하는 현상은?

㉮ 델린저 현상   ㉯ 공전

㉰ 대척점 효과   ㉱ 자기람

> **해설**　※ 자기람(Magnetic Storm ; 자기폭풍)
> 태양활동에 따라 방출된 하전미립자가 지구로 날라와서 지구자계에 현저한 혼란을 일으키고, 극지방에 강한 전리층 교란을 일으키는 자기현상을 폭풍 또는 전리층 교란이라 한다.
> 1) 원인: 태양폭발에 의해 방출된 하전 미립자군이 지구 가까이 도달되면, 지구자계의 작용으로 굴절되어 극지방 상공에 집결하게 되고 이것을 감싸는 환전류를 형성해서 극광을 나타내며 전리층을 교란시키기 때문이다.
> 2) 발생구역과 시간: 주야 구분없이 지구전역에서 발생한다.(특히 고위도 지방에서 심하다.)
> 3) 상황: 느린 속도로 발생하나 지속시간은 비교적 길어 1~2일 때로는 수일동안 계속된다.
> 4) 통신에 주는 영향: 20[MHz] 이상의 높은 주파수의 전파에 영향이 심하며 전파통로가 극지방을 통과할 때는 더 큰 영향을 받는다.
> 5) 전리층에 주는 영향: F2층의 임계주파수를 저하시키고 높이는 높아지게 되며 흡수도 증가 한다. 또는 MUF와 LUF의 폭이 좁아지며 없어지기도 한다.
> 6) 출현주기: 빈발성(돌발성)이 적으며 태양폭발이 선행되기 때문에 미리 예측할 수 있다.　　답: ㉱

46. 중위도 지방(한국)에서는 태양폭발이 관측된 후 얼마후에 자기람이 발생하는가?

㉮ 수분 후   ㉯ 수십분 후

㉰ 수시간~수십시간 후   ㉱ 수일 후   답: ㉰

47. 자기람과 델린저 현상에 대한 방지대책으로 옳은 것은?

㉮ 자기람 및 델린저 현상에 대하여 모두 주파수를 높게 한다.

㉯ 자기람 및 델린저 현상에 대하여 모두 주파수를 낮게 한다.

㉰ 자기람은 주파수를 낮게하고 델린저 현상은 주파수를 높게 선택한다.

㉱ 자기람은 주파수를 높게하고 델린저 현상은 주파수를 낮게 한다.

> **해설**　※ 자기람 현상은 높은 주파수에 영향이 심하므로 주파수를 낮게하고, 델린저 현상은 낮은 주파수에 영향이 심하므로 주파수를 높여준다.　　답: ㉰

48. 다음 중 틀린 것은?

㉮ 델린저(Dellinger)현상은 단파통신에서 수신불량을 일으키는 현상의 하나이다.

㉯ 전리층을 이용한 단파통신에서 주간에는 야간보다 낮은 주파수를 사용한다.

㉰ 장파통신에서 지표파의 감쇠는 주파수가 낮을수록 작다.

㉱ 주로 장파는 E층에서, 단파는 F층에서 반사한다.

해설 ※ 전리층을 이용한 단파통신에서 야간에는 주간보다 낮은 주파수를 사용한다. 답: ㉯

49. 수직공중선에서 발사된 수직편파가 지구자계의 영향을 받는 전리층에서 반사되면 어떠한 편파가 되는가?

㉮ 수직편파 ㉯ 타원편파 ㉰ 원편파 ㉱ 수평편파

해설 ※ 수직공중선에서 발사된 수직편파가 지구자계의 영향을 받는 전리층에서 반사되면 타원형 편파가 된다. 답: ㉯

50. 송신소에서 발사된 전파가 둘 또는 그 이상의 통로를 걸쳐서 수신 지점에서 도달하면 그 각각의 통로차에 의하여 도달시간도 달라진다. 이 도달 시간차를 무엇이라 하는가?

㉮ 페이딩 ㉯ 에코 ㉰ 공전 ㉱ 대척점효과

해설 ※ 전파가 둘 이상의 서로 다른 전파통로를 거쳐 수신되는 경우, 이들 전파의 도달 시간이 달라지므로써 동일특성의 신호가 일정시간 간격으로 수회 되풀이 되는데 이를 echo라 한다. 답: ㉯

51. 지상파와 공간파가 간섭을 일으키면 어떤 현상이 일어나는가?

㉮ 델린저(Dellinger) 현상 ㉯ 에코(echo)현상
㉰ 소실(fade-out)현상 ㉱ 페이딩(fading)현상

해설 ※ 지상파와 공간파가 간섭을 일으키면 편파가 섞여 fading 현상이 생기는데 이를 근거리 fading라 한다. 답: ㉱

52. 다음 중 페이딩의 종류가 아닌 것은?

㉮ 도약성 페이딩 ㉯ 흡수성 페이딩
㉰ 편파성 페이딩 ㉱ 자기성 페이딩

해설 ※ 단파대의 페이딩의 종류
① 간섭성 페이딩 ② 도약성 페이딩
③ 흡수성 페이딩 ④ 편파성 페이딩
⑤ 선택성 페이딩 등 답: ㉱

53. 단파대에서 심하며 지구자계의 영향을 받는 페이딩은?

㉮ 편파성 페이딩 ㉯ 선택성 페이딩
㉰ 간섭성 페이딩 ㉱ 흡수성 페이딩

해설 ※ 편파성 페이딩
① 발생원인 : 직선편파로 방사된 전파가 전리층에서 반사될 때 지구자계의 영향을 받아 타원편파가 되며, 이러한 타원편파는 편파면의 크기가 회전하면서 변화하기 때문에 이러한 전파를 수신하면 수신 전계강도가 시시각각으로 변화하는 페이딩이 발생하게 되며 이러한 페이딩을 편파성 페이딩이라 한다.

② 방지대책 : 편파 합성수신법(polarization diversity) 사용.　　　　　　　　답: ㉮

54. 동시에 둘 이상의 주파수를 전파시켰을 때 페이딩이 동기하여 동시에 일어나지 않고 따로 일어나는 것은?

㉮ 동기성 페이딩　　　　　　　　　　　㉯ 선택성 페이딩
㉰ 감쇠형 페이딩　　　　　　　　　　　㉱ 덕트형 페이딩

> **해설**　※ 선택성 페이딩
> ① 발생원인 : 전리층에서 전파가 받는 감쇠는 주파수와 밀접한 관계를 가지고 있으므로, 반송파와 측파대가 받는 감쇠의 정도가 다름으로써 생기거나 또는 전리층이 변동하였을 때 각 주파수 성분마다 받는 감쇠의 정도가 다르기 때문에 발생하는 페이딩으로 이러한 페이딩을 선택성 페이딩이라 한다.
> ② 방지대책 : 주파수 합성수신법(frequency diversity)　　　　　　　　答: ㉯

55. 다음은 페이딩 방지책을 연결한 것이다. 잘못 된 것은?

㉮ 선택성 페이딩 – 주파수 다이버시티　　　㉯ 간섭성 페이딩 – 편파 다이버시티
㉰ Skip 페이딩 – 주파수 다이버시티　　　㉱ 흡수성 페이딩 – AGC

> **해설**　※ 페이딩과 경감책
> ① 선택성 페이딩 – 주파수 합성법
> ② 간섭성 페이딩 – 주파수 합성법, 공간합성법
> ③ 도약성(Skip) 페이딩 – 주파수 합성법, 공간(space)합성법
> ④ 흡수성 페이딩 – AGC
> ⑤ 편파성 페이딩 – 편파 다이버시티　　　　　　　　　　答: ㉯

56. 전리층 전자밀도의 불규칙적인 변동에 의해 생기는 페이딩(fading)은?

㉮ 간섭성 페이딩　　　　　　　　　　　㉯ 편파성 페이딩
㉰ 도약성 페이딩　　　　　　　　　　　㉱ 선택성 페이딩　　　答: ㉰

57. 다음은 페이딩 방지책을 연결한 것이다. 이 중 잘못 된 것은?

㉮ 편파성 페이딩 – 편파 다이버시티　　　㉯ 흡수성 페이딩 – MUSA방식
㉰ 간섭성 페이딩 – Space 다이버시티　　㉱ 선택성 페이딩 – 주파수 다이버시티　答: ㉯

58. 흡수성 페이딩(fading)을 방지하는데 적당한 방법은?

㉮ 주파수 다이버시티를 사용한다.
㉯ 수신기에 AGC 회로를 부가한다.
㉰ 서로 수직으로 놓인 안테나를 합성하여 사용한다.
㉱ 공간 다이버시티와 주파수 다이버시티를 합성하여 사용한다.　　　答: ㉯

59. 두 개 이상의 안테나를 서로 떨어진 곳에 설치하고 출력을 합성하여 페이딩을 방지하는 방식은 ?

　　㉮ 주파수 다이버시티　　　　　　　　㉯ 공간 다이버시티

　　㉰ 편파 다이버시티　　　　　　　　　㉱ 변조 다이버시티　　　　　　　답: ㉯

60. 단파의 무선전화 통신에서 페이딩(fading)의 영향을 경감시키는 방법 중 거리가 먼 것은?

　　㉮ 수신기내에 AGC회로를 장치한다.　　㉯ 주파수 합성 수신법을 이용한다.

　　㉰ 공간 합성 수신법을 이용한다.　　　㉱ 비접지 안테나를 이용한다.　　답: ㉱

61. 지구 자계의 영향에 의해 전리층이 부등방성의 매질로 됨에 따라서 전파 현상이 생겨서 편파성 페이딩의 원인으로 되어 전파에 의해 방위 측정 등을 할 때 생기는 오차는?

　　㉮ 편파 오차　　　　㉯ 해안선 오차　　　　㉰ 야간 오차　　　　㉱ 대척점 오차　　답: ㉰

Chapter 09

우주통신과 전파 잡음

9.1. 우주통신(space communication)

우주 통신이란 인공위성과 같은 우주물체를 이용하여 전파를 반사 또는 재복사하여 우주국을 중계로 하는 지구국과 지구국간의 전파통신을 말한다.

1. 우주통신의 형태

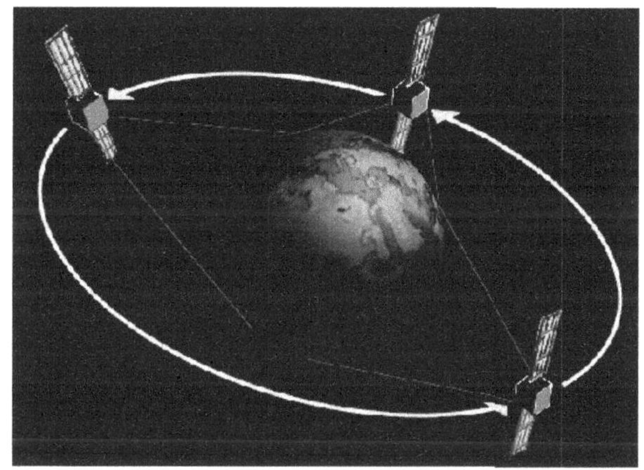

가. 전송경로에 따른 분류

1) 지구국과 우주국
2) 우주국과 우주국
3) 우주국을 중계로 하는 두 지구국

나. 기능에 따른 분류

(1) Mission

방송위성의 경우 위성으로부터 지구상의 각 가정을 향하여 전파를 송신하기 위하여, 지구상의 방송국에서 중계하는 방송 프로그램을 수신하고 증폭한 후 주파수 변환과 전력 증폭후 송신하기 위한 방송중계기능을 말한다.

(2) Tracking

우주공간에 있는 위성의 위치와 속도 등에 관한 정보를 얻기 위한 추적 기능을 말한다.

(3) Telemetry

위성 내부의 각종 기기상태와 위성이 우주공간에서 취득한 자료 등의 정보 및 데이터를 지상에 전송시켜 지상에서 위성의 기능과 상태를 파악하기 위한 기능을 말한다.

(4) Command

지상에서 인공위성에 대하여 각종 기능과 동작 등을 수행하도록 제어신호를 보내는 기능을 말한다.

2. 우주통신의 전파의 창과 전파특성

통신위성이 우주공간을 비행하면서 우주국과 지구국 사이의 우주통신에 이용하는 전파의 주파수는 전리층의 반사나 감쇠, 대기 중의 흡수나 산란이 적고 수신기 계통의 잡음이 적은 주파수이어야 한다. 이러한 점을 고려한 상한 주파수와 하한 주파수 범위를 **전파의 창** **(radio window)**이라고 하며, 여러 가지 실험 결과 위성통신에 가장 적합한 주파수대는 1[㎓]~10[㎓]정도의 범위가 가장 실용적인 것으로 알려져 있다.

※ 전파의 창(radio window)

우주통신에 사용되는 전파의 주파수는 대류권 및 전리층의 영향 등을 고려하여 상한주파수와 하한주파수의 범위를 정해 놓았는데 이를 전파의 창이라 하며 1~10[㎓] 주파수대를 말한다.

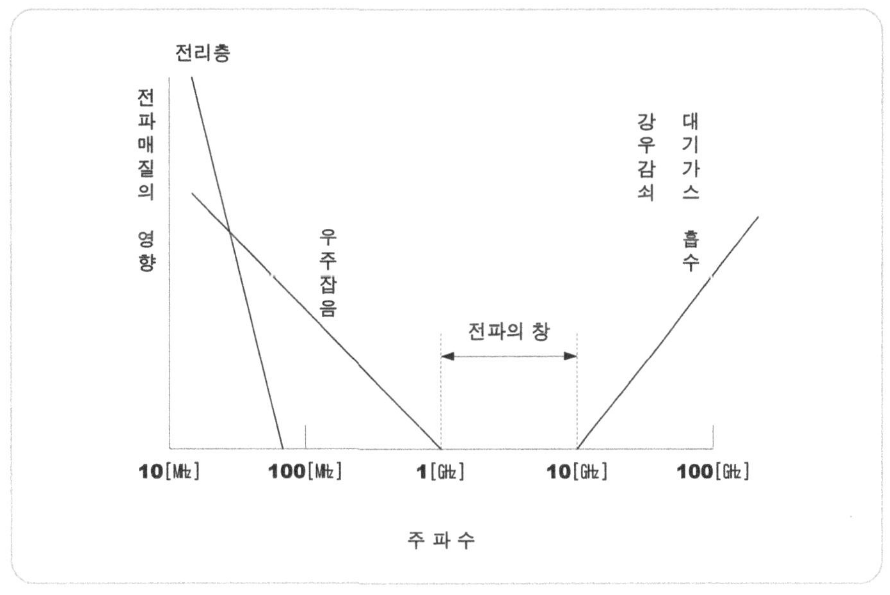

[전파의 창]

※ 전파의 창의 범위를 결정하는 요소로는 다음과 같은 것이 있다.

① 우주잡음의 영향
② 대류권의 영향
③ 전리층의 영향
④ 송·수신계의 문제(송신출력, 안테나 이득, 급전선 손실, 내부잡음 등)
⑤ 정보전송량의 문제

9.2. 전파잡음(radio noise)

송신 안테나에서 방사된 전파는 굴절과 반사를 반복하면서 지상과 공간을 전파해 수신 안테나에 도달하게 된다. 이때 수신 안테나에는 목적전파 이외의 목적 외 전파도 함께 들어오는데 이러한 불필요한 전파를 전파 잡음이라 한다.

전파 잡음을 발생원인과 성질에 의해 분류하면 다음과 같다.

※ 발생원인에 따른 분류

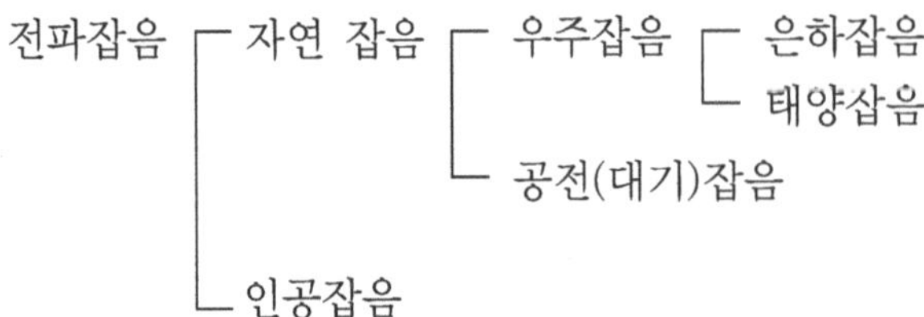

※ 잡음성질에 따른 분류

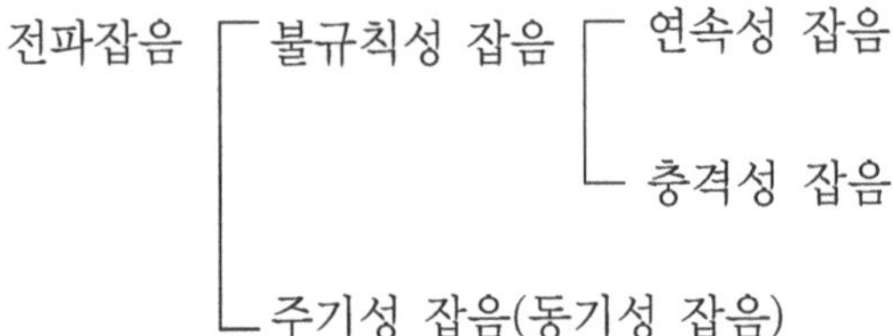

1. 자연잡음(natural noise)

가. 우주잡음

(1) 은하잡음

가) 은하잡음의 발생 원인으로는 태양폭발과 같은 현상이 항성 내에서 일어나기 때문으로 추측된다.

나) 은하잡음은 특정방향에서 집중해서 발생하며 주 도래방향은 백조좌 또는 사수좌로 확인되었다.

다) 초단파 통신에 방해를 주며 200[㎒] 이상에서는 문제가 되지 않는다.

(2) 태양잡음

가) 태양잡음의 발생 원인으로는 태양폭발, 태양흑점의 활동도 및 코로나 등에 의한 열 요란에 기인되는 것으로 추측된다.

나) 태양잡음의 종류로는 다음 3가지 종류가 있다
① 정온 시에 발생하고 있는 것
② outburst(평상시의 수천 배의 강도로 발생하는 것)
③ burst(단시간에 급작이 발생하는 것)

나. 공전(空電)

대기 중의 자연현상에 의하여 발생하는 공중전기의 방전(뇌방전)에 따른 잡음을 말하며, 넓은 의미로는 강우, 강설, 풍진 등에 따른 방전현상에 의한 잡음도 포함된다.

(1) 공전의 종류

가) 클릭 (click)
① 짧고 날카로운 음(까릿 까릿)이 혼입되는 충격성 잡음
② 비교적 근거리에서 약하게 일어나는 뇌방전에 기인
③ 큰 수신 장애를 일으키지는 않음

나) 그라인더 (grinder)
① 긴 연속음(끄륵 끄륵, 윙윙)이 혼입되는 연속성 잡음
② 원거리에서 강하게 일어나는 뇌방전에 기인

③ 큰 수신 장애를 일으킴

다) 힛싱(hissing) : 수신출력에 "슈우슈우" 하는 소리가 나타나는 연속성 잡음.

2. 인공잡음(man-made noise)

산업사회의 발전에 따라 각종 전기. 전자기기들의 사용이 급격히 증가함에 따라 이들 기기들로부터 잡음이 발생하게 되는데 이들 잡음을 총칭하여 인공 잡음이라 하며, 발생원과 방지대책을 살펴보면 다음과 같다.

가. 발생원인에 따른 분류

1) 산업, 과학, 의료용 장비로부터의 잡음(ISM 장비라 함)
2) 고압선, 발전기, 전동기로부터의 잡음
3) 자동차로부터의 잡음
4) 방송용 송수신기로부터의 잡음
5) 조명기구로부터의 잡음
6) 정보기기로부터의 잡음

나. 방지대책

1) 차폐(shielding)   2) 접지(grounding)
3) 본딩(bonding)   4) 필터링(filtering)
5) 케이블링(cabling)

3. 잡음 방해의 개선방법

1) 송신전력을 크게 한다.
2) 수신전력을 크게 하여 S/N비를 개선시킨다.
3) 수신기의 실효대역폭을 좁히고 선택도를 높인다.
4) 수신기에 잡음 억제회로를 사용한다.
5) 동축급전선을 사용하거나 수신기를 완전히 차폐시킨다.
6) 전원측에 필터를 삽입한다.
7) 적절한 통신방식을 사용한다.

단원별 요약정리 

9.1. 우주통신(space communication)

1. 우주통신망의 형태　1) 지구국과 우주국　　2) 우주국과 우주국
　　　　　　　　　　　3) 우주국을 중계로 하는 지구국과 지구국간의 통신

2. 우주통신의 전파의 창

※ 전파의 창(radio window)

우주통신에 사용되는 전파의 주파수는 대류권 및 전리층의 영향 등을 고려하여 상한주파수와 하한주파수의 범위를 정해 놓았는데 이를 전파의 창이라 하며 1~10[㎓] 주파수대를 말한다.

※ 전파의 창의 범위를 결정하는 요소

① 우주잡음의 영향 ② 대류권의 영향 ③ 전리층의 영향 ④ 송·수신계의 문제(송신출력, 안테나 이득, 급전선 손실, 내부잡음 등) ⑤ 정보전송량의 문제

9.2. 전파잡음(radio noise)

※ 발생원인에 따른 분류

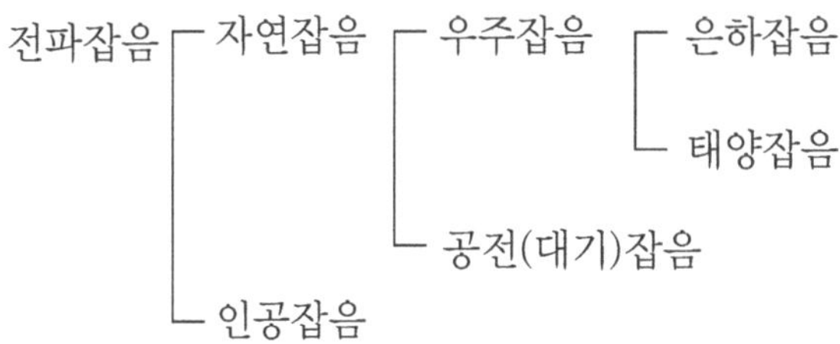

1. 자연잡음(natural noise)

※ 공전(空電) ★★

대기 중의 자연현상에 의하여 발생하는 공중전기의 방전(뇌방전)에 따른 잡음을 말하며, 넓은 의미로는 강우, 강설, 풍진 등에 따른 방전현상에 의한 잡음도 포함된다.

※ 공전(空電)의 잡음 경감방법

① 지향성 안테나를 사용한다.
② 비접지 안테나를 사용한다.
③ 높은 주파수를 사용한다.
④ 송신기의 대역폭을 좁히고 선택도를 높인다.
⑤ 수신기에 잡음 억제회로를 넣는다.
⑥ 송신전력을 크게 하여 수신점의 S/N를 높게 한다.

(1) 공전의 종류
① 클릭 (click)
② 그라인더 (grinder)
③ 힛싱(hissing)

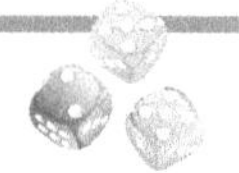

핵심기출문제

01. 우주 통신에 해당되지 않는 것은?

  ㉮ 우수국과 우주국   ㉯ 우주국과 시구국

  ㉰ 우주국을 중계로 하는 두 지구국   ㉱ 지구국과 지구국

> **해설** ※ 우주 통신 형태에서 전송경로에 따른 분류
> ① 지구국과 우주국 ② 우주국과 우주국 ③ 우주국을 중계로 하는 두 지구국   답: ㉱

02. 정지위성의 경우는 적도면상의 궤도에 어떻게 쏘아 올리면 양극 지방을 제외한 전 세계를 포위하는 통신망이 가능한가?

  ㉮ 2개의 위성을 180°의 간격으로 쏘아 올린다.

  ㉯ 3개의 위성을 120°의 간격으로 쏘아 올린다.

  ㉰ 4개의 위성을 90°의 간격으로 쏘아 올린다.

  ㉱ 5개의 위성을 74°의 간격으로 쏘아 올린다.

> **해설** ※ 정지위성의 경우는 적도면상의 궤도에 3개의 위성을 120°의 간격으로 쏘아 올리면 양극 지방을 제외한 전 세계를 포위하는 통신망이 가능하다.   답: ㉯

03. 우주 통신에 있어서 상한과 하한을 결정하는 적당한 주파수대의 범위는?

  ㉮ 반알렌대   ㉯ 도파관창   ㉰ 도플러내   ㉱ 전파의 창

> **해설** ※ 전파의 창(radio window)
> 우주통신에 사용되는 전파의 주파수는 대류권 및 전리층의 영향등을 고려하여 상한주파수와 하한 주파수의 범위를 정해 놓았는데 이를 전파의 창이라 하며 1~10[GHz] 주파수대를 말한다.   답: ㉱

04. 전파의 창(Radio window)의 범위를 결정하는 중요한 요소가 아닌 것은?

  ㉮ 전리층의 영향   ㉯ 대류권의 영향

  ㉰ 도플러 효과의 영향   ㉱ 우주 잡음의 영향

> **해설** ※ 전파의 창의 범위를 결정하는 요소
> ① 우주잡음의 영향 ② 대류권의 영향 ③ 전리층의 영향
> ④ 송·수신계의 문제(송신출력, 안테나 이득, 급전선 손실 등) ⑤ 정보전송량의 문제   답: ㉰

05. 인공위성 또는 우주 비행체는 매우 빠른 속도로 운동하고 있으므로 전파 발진원의 이동에 따라서 수신 주파수가 변화한다. 이것을 무엇이라고 하는가?

㉮ 패러데이회전　　　　　　　　　　㉯ 플라즈마층
㉰ 도플러 효과　　　　　　　　　　㉱전파의 지연시간

해설　※ 이동체의 발진원의 속도에 따라 수신 주파수가 변동하는 현상을 도플러 효과라 한다.　　　답: ㉰

06. 잡음 발생 원인별 분류에 해당하지 않는 것은?

㉮ 대기 잡음　　　　㉯ 우주 잡음　　　　㉰ 태양 잡음　　　　㉱ 충격성 잡음

해설　※ 발생원인에 따른 분류　　　　　　　　※ 잡음성질에 따른 분류

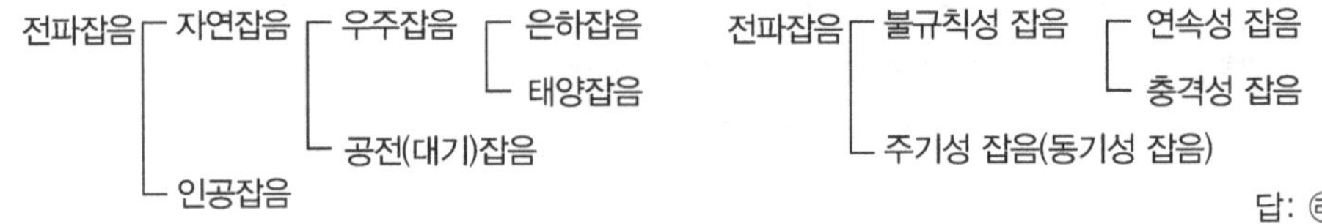

답: ㉱

07. 다음 중 공전(空電)의 특징이 아닌 것은?

㉮ 주로 초단파 통신에 방해를 주며 200[GHz]이상에서는 문제가 되지 않는다.
㉯ 장파대의 공전은 겨울보다 여름에 자주 나타나며 강도도 크다.
㉰ 공전은 적도 부근에서 가장 격렬히 발생한다.
㉱ 단파대에서는 한밤중 전후에 최대이고 정오경에 최소가 된다.

해설　※ 공전은 장파대에서 단파대에 걸쳐 넓게 나타나지만, 주로 장파에서 심하고 단파에 갈수록 감쇠하며 초단
　　　　파대에서는 거의 영향이 없다.　　　답: ㉮

08. 공전의 경감 대책으로 맞지 않는 것은?

㉮ 대역폭을 좁게하여 선택도를 좋게 한다.　　㉯ 송신 출력을 증가 시킨다.
㉰ 수신기에 억제회로를 삽입한다.　　　　　㉱ 사용 주파수를 낮춘다.

해설　※ 공전의 경감책
　　　　① 대역폭을 좁게하여 수신기의 선택도를 좋게 한다.　② 송신 출력을 증가 시킨다.
　　　　③ 수신기에 억제회로를 삽입한다.　④ 사용 주파수를 높인다.　⑤ 지향성 공중선을 사용한다.
　　　　⑥ 비접지 공중선을 사용한다.　　　답: ㉱

09. 공전(空電)의 잡음을 경감시키는 방법 중 적당하지 않는 것은?

㉮ 지향성 안테나를 사용한다.
㉯ 수신기의 수신대역폭을 넓게 하여 수신 전력을 증가시킨다.
㉰ 높은 주파수를 사용한다.
㉱ 비접지 안테나를 사용한다.　　　답: ㉯

10. 공전(空電)의 잡음을 경감시키는 방법중 적당하지 않은 것은?

㉮ 지향성 안테나를 사용한다.　　　　㉯ 수신전력을 증가시킨다.

㉰ 높은 주파수를 사용한다.　　　　㉱ 비접지 안테나를 사용한다.　　　답: ㉯

11. 다음 중 공전잡음이 아닌 것은?

㉮ Hissing　　　　㉯ Click　　　　㉰ Grinder　　　　㉱ Outbrust

해설　※ 공전의 종류

　가) 클릭 (click)

　　① 짧고 날카로운 음이 혼입되는 충격성 잡음

　　② 비교적 근거리에서 약하게 일어나는 뇌방전에 기인

　　③ 큰 수신장애를 일으키지는 않음

　나) 그라인더 (grinder)

　　① 긴 연속음이 혼입되는 연속성 잡음

　　② 원거리에서 강하게 일어나는 뇌방전에 기인

　　③ 큰 수신장애를 일으킴

　다) 힛싱(hissing) : 수신출력에 "슈우슈우" 하는 소리가 나타나는 연속성 잡음.　　　답: ㉱

[부록]

1. 스미스 차트(Smith Chart)

스미스 도표라고도 불리는 이것은 전송 선로의 임피던스를 도표로 구할 때 사용되는 것으로, 극좌표 상에 복소반사계수를 취하고, 그 위에 정규화 임피던스나 정규화 어드미턴스를 파라미터로 표시한 것이다.

이 도표에 의해 특성 임피던스와 선로의 길이에서 부하를 알고 있을 때의 송단 임피던스 등을 간단히 구할 수 있다.

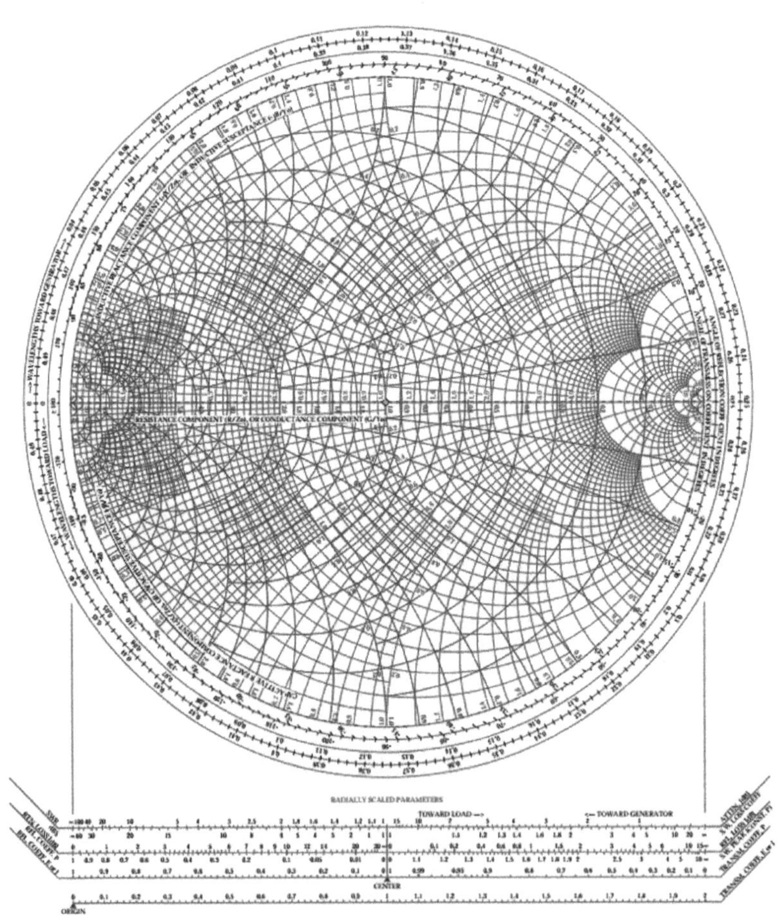

[스미스 도표]

스미스 차트의 좌표상에 있는 점은 임피던스를 의미하는데, 이 좌표를 나타내기 위해선 먼저 정규화 과정을 거쳐야 한다. 이 정규화(Normalization) 과정은 해당하는 임피던스 값을 특성 임피던스 값으로 나누어주는 것이다. 스미스 차트의 중심점은 특성 임피던스를 의미하며, 1이라는 임피던스 점을 기준으로 만들어 놓고, 해당 임피던스 점들을 각각의 회로와 시스템 특성에 맞는 임피던스로 나누어 쓰게 하는 것이다. 이 과정 이후엔 스미스 차트에 점을 나타내고 주파수 특성에 따라 다르게 나타내어진 각각의 점들을 해독하는 과정을 거치게 된다.

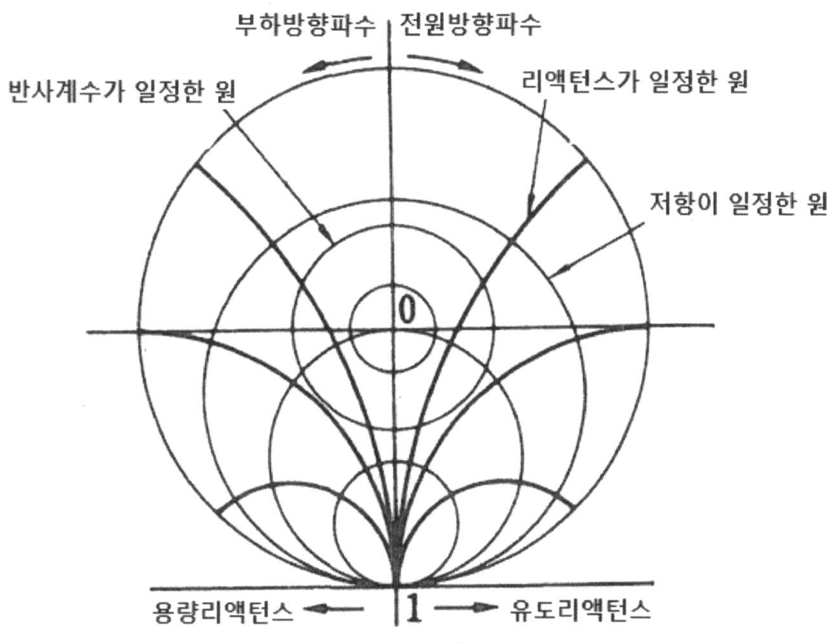

[스미스 도표 간략도]

① 임피던스 차트의 원을 따라 중심선 위쪽에서 시계방향으로 회전하면 회로 상에 직렬 인덕터가 삽입된 경우이고, 어드미턴스 차트의 원을 따라 중심선 위쪽에서 시계반대방향으로 회전하면 회로 상에 병렬 인덕터가 삽입된 경우이이다.

② 임피던스 차트의 원을 따라 중심선 아래쪽에서 시계반대방향으로 회전하면 회로 상에 직렬 캐패시터가 삽입된 경우이고, 어드미턴스 차트의 원을 따라 중심선 위쪽에서 시계방향으로 회전하면 회로 상에 병렬 캐패시터가 삽입된 경우이이다.

2. Scattering Parameter

S (scattering) 파라미터는 RF에서 가장 널리 사용되는 회로 결과 값이다. S 파라미터의 정의는 극히 간단한데, 주파수분포상에서 입력전압 대 출력전압의 비를 의미한다. 예를 들어 S21 이리하면, 1번 포트에시 입력힌 진압과 2번 포드에서 출력된 진입의 비율을 의미한다. 즉 1번으로 입력된 전력이 2번 포트로는 얼마나 출력되는가를 나타내는 수치이다.

$$S_{ab} = \frac{V_a^-}{V_b^+} \qquad S_{matrix} = \begin{pmatrix} S_{11} & S_{12} \\ S_{21} & S_{22} \end{pmatrix}$$

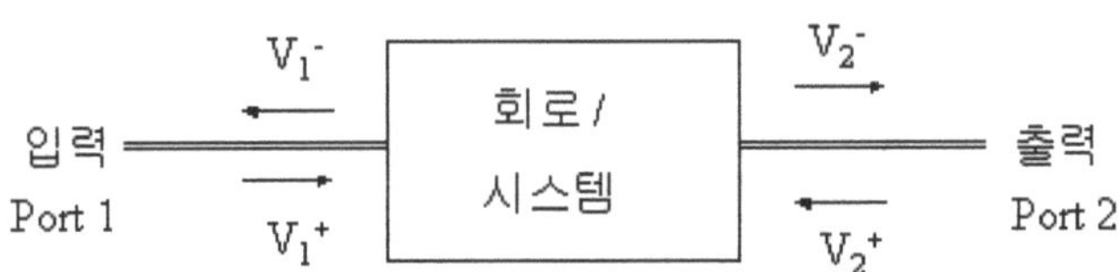

① S_{11} : 입력 반사계수

② S_{12} : 역방향 전달계수

③ S_{21} : 순방향 전달계수

④ S_{22} : 출력 반사계수

3. Friis의 전달공식

자유공간을 통한 무선 링크의 송수신 전력 관계를 표현하는 공식으로 수신전력(P_r)을 송신전력(P_s), 안테나이득(G), 파장(λ), 거리(d)로 표현한 공식이다.

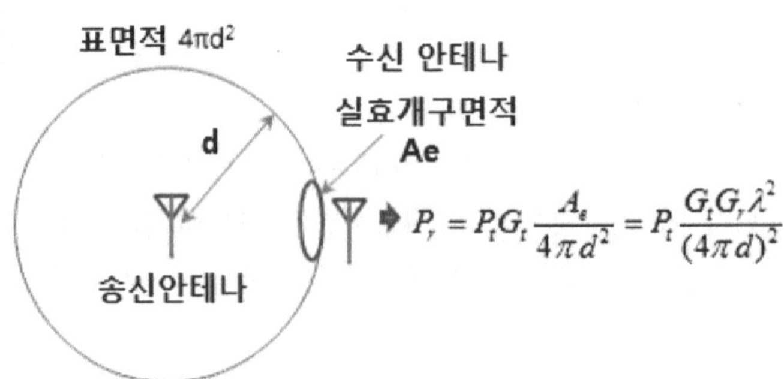

$$P_r = P_t G_t \frac{A_e}{4\pi d^2} = P_t \frac{G_t G_r \lambda^2}{(4\pi d)^2}$$

수신 전력은, 두 안테나이득(송신 및 수신)에 비례하고, 파장의 제곱에 비례하고, 거리의 제곱에 반비례함을 의미한다.

$$P_r = P_t \frac{G_t G_r \lambda^2}{(4\pi d)^2}$$

위식을 데시벨로 표시하면 $P_r[dBm] = P_t[dBm] + G_t[dB] + G_r[dB] - L[dB]$가 된다.

P_r : 수신전력

P_s : 송신전력

G : 안테나이득 (G_t : 송신안테나이득, G_r : 수신안테나이득)

λ : 파장

d : 송수신간 거리

$L[dB]$: 자유공간손실

위 식에서, $\dfrac{\lambda^2}{(4\pi d)^2}$ 은 자유공간의 경로손실(FSPL)을 의미한다.

01. 무선설비 기사 기출문제

41. 다음 중 전파에 관한 설명으로 맞는 것은?

① 진행 방향에는 전계와 자계기 없고 직각인 방향에만 전계와 자계 성분이 있는 경우를 구면파라고 한다.
② 매질의 종류에 관계없이 속도는 광속과 같다.
③ 전파는 종파이다.
④ 군속도 × 위상속도 = (광속도)^2

42. 비유전율(ϵ_s)이 1이고 비투자율(μ_s)이 9인 매질 내를 전파하는 전자파의 속도는 자유공간을 전파할 때와 비교해서 몇 배의 속도가 되는가?

① 2배　② 1/2배　③ 3배　④ 1/3배

43. 다음 중 포인팅 벡터의 크기를 나타내는 것은? (단, E:전계의 세기, H:자계의 세기, μ:투자율, ϵ:유전율)

① EH　② $\mu\epsilon$　③ H/E　④ $\sqrt{\mu/\epsilon}$

44. 다음 중 스미스 차트에 대한 설명으로 틀린 것은?

① 스미스 차트상의 용량성, 유도성 리액턴스 값은 표시할 수 있지만 저항성 임피던스는 표시할 수 없다.
② 전송선로 상의 한 점에서의 임피던스를 알면 스미스 차트를 이용하여 임의의 지점에서의 선로 임피던스를 계산할 수 있다.
③ 스미스 차트의 정 중앙은 순수한 저항성 임피던스값을 나타낸다.
④ 스미스 차트상의 한 점에 의해 반사계수와 임피던스값을 확인할 수 있다.

45. 다음 중 진행파와 반사파가 모두 존재하는 경우는?

① 무한장 급전선
② 정재파비가 1인 급전선
③ 정규화 부하 임피던스가 1인 급전선
④ 반사계수가 1인 급전선

46. 다음 중 급전선에 관한 설명으로 틀린 것은?

① 사용 주파수에 따라 무손실 급전선의 특성 임피던스는 달라진다.
② 급전선의 길이가 길면 손실도 커진다.
③ 도선의 굵기와 간격의 비율이 같으면 임피던스도 같다.
④ 급전선에서의 손실은 $\sqrt{f}$ 에 비례하여 커진다.

47. 다음 중 비동조급전선에 관한 설명으로 틀린 것은?

① 비동조 급전선의 예로는 도파관, 동축케이블 등이다.
② 송신부와 안테나의 거리가 가까울 때 사용한다.
③ 급전선상에 진행파만 존재하도록 정합장치가 필요하다.
④ 동조 급전선에 비해 효율이 양호하고 외부방해가 없다.

48. 다음 중 임피던스 정합회로가 아닌 것은?

① 테이퍼 선로　　② Y형 정합
③ T형 정합　　　④ 스페르토프(Sperrtopf)

49. 다음 중 안테나 정수에 해당되지 않는 것은?

① 지향성   ② 복사저항

③ 복사전압   ④ 이득

50. 다음 로딩(Loading) 다이폴안테나의 설명에서 괄호 안에 맞는 말을 순서대로 배열한 것은?

> 로딩의 종류에는 (　　)를(을) 로딩하여 다이폴안테나의 광대역 특성을 얻는 것과 (　　)를(을) 로딩하여 길이가 1/2 파장보다 짧아져 용량성으로 되는 다이폴안테나를 공진시켜 정합하는 것과 (　　)를(을) 로딩하여 다이폴안테나를 소형화하는 것이 있다.

① 저항–인덕터–커패시터

② 인덕터–커패시터–저항

③ 커패시터–저항–인덕터

④ 커패시터–인덕터–저항

51. 등방성 안테나를 기준 안테나로 하는 이득은?

① 절대이득   ② 상대이득

③ 지상이득   ④ 최대이득

52. 길이 30[m]인 수직 공중선의 고유파장과 고유주파수는 얼마인가?

① $\lambda : 120[m]$, $f : 2,500[\text{MHz}]$

② $\lambda : 80[m]$, $f : 3,750[\text{MHz}]$

③ $\lambda : 120[m]$, $f : 2,500[\text{kHz}]$

④ $\lambda : 80[m]$, $f : 3,750[\text{kHz}]$

53. 다음 중 Friis의 전달공식을 바르게 표현한 것은?(단, P_t :송신전력, P_r :수신전력, G_t :송신 안테나의 이득, G_r :수신 안테나의 이득, L_s :자유공간손실이다.)

① $P_r[dB] = P_t[dB] + G_t[dB] + G_r[dB] - L_s[dB]$

② $P_r[dB] = P_t[dB] - G_t[dB] - G_r[dB] - L_s[dB]$

③ $P_r[dB] = P_t[dB] + G_t[dB] - G_r[dB] - L_s[dB]$

④ $P_r[dB] = P_t[dB] - G_t[dB] + G_r[dB] - L_s[dB]$

54. 다음 중 Loop 안테나의 설명으로 틀린 것은?

① 급전선과 정합이 어렵다.

② 효율이 나쁘다.

③ 수평면내 8자형 지향특성을 갖는다.

④ 대형으로 이동이 어렵다.

55. 다음 중 지상파에 대한 설명으로 틀린 것은?

① 수평 및 수직편파에 따라 대지 반사계수가 달라진다.

② 안테나가 충분히 높으면 직접파와 대지 반사파의 합성파가 지표파보다 크다.

③ 장파 또는 중파대 이하 지상파에서는 지표파가 주요 전파로 사용된다.

④ 지표파는 대지 도전율이 작을수록 감쇠가 적다.

56. 다음 중 대류권 산란파에 대한 설명으로 틀린 것은?

① 전파 경로상의 지형에 대한 영향을 적게 받는다.

② 공간 다이버시티를 이용하면 대류권 산란에 의한 페이딩을 방지할 수 있다.

③ 짧은 주기를 갖는 페이딩이 발생한다.

④ 전파손실이 자유공간 손실보다 작은 값을 갖는다.

57. 다음 중 전리층에 대한 설명으로 틀린 것은?

① D층은 야간에 장파대의 전파를 반사시킬 수 있다.

② E층은 주간에 약 10[MHz]의 단파를 반사시킬 수 있다.

③ F층은 단파대의 전파를 반사시킬 수 있다.

④ E_s층은 80[MHz] 정도의 초단파를 반사시킬 수 있다.

58. 다음 중 전리층 전파에 관한 제1종 감쇠와 제2종 감쇠의 설명으로 틀린 것은?

① 제1종 감쇠는 전파가 전리층(D층 및 E층)을 통과할 때 받는 감쇠이다.
② 제1종 감쇠의 감쇠량은 주파수의 제곱에 비례한다.
③ 제2종 감쇠는 전파가 전리층(E층 및 F층)에서 반사할 때 받는 감쇠이다.
④ 제2종 감쇠의 감쇠량은 주파수가 높아질수록 커진다.

59. 중파 방송국의 안테나 전력을 10[kW]에서 40[kW]로 증가시키면 동일 지점의 전계강도는 몇 배로 되는가?

① 변화가 없다.
② $\sqrt{2}$ 배 증가한다.
③ 2배 증가한다.
④ 4배 증가한다.

60. 전리층의 높이가 지상 약 100[km] 정도이며 발생 지역과 장소가 불규칙한 전리층은?

① E층
② E_s층
③ F_1층
④ F_2층

41	42	43	44	45	46	47	48	49	50
④	④	①	①	④	①	②	④	③	①
51	52	53	54	55	56	57	58	59	60
①	③	①	④	④	④	①	②	③	②

41. 다음 중 거리에 따라 가장 감쇠가 급격하게 발생하는 것은 어느 것인가?

① 정전계
② 유도계
③ 복사전계
④ 복사자계

42. 다음 중 전자계 현상에 대한 설명으로 틀린 것은?

① 유전율이 커지면 파장은 길어진다.
② 전계 벡터가 X축과 Y축으로 구성되어 크기가 같은 경우를 원형 편파라고 한다.
③ 복사 전계의 크기는 거리에 반비례한다.
④ 전파의 주파수가 높을수록 직진성이 강하다.

43. 다음 중 파장이 가장 짧은 주파수대는 어느 것인가?

① UHF
② VHF
③ SHF
④ EHF

44. 초고주파 대역에서 사용하는 마이크로스트립(Microstrip) 전송선로가 비유전율 $\epsilon_r = 6.9$를 가지며, 기판의 폭(w)과 두께(h)의 비가 $w/h = 4.2$일 때, 특성 임피던스는 얼마인가?

① 17.8[Ω]
② 19.8[Ω]
③ 21.8[Ω]
④ 23.8[Ω]

45. 다음 중 도파관에 대한 설명으로 틀린 것은?

① 도파관은 차단 주파수 이하의 주파수는 통과시키지 않는다.
② 저항손실이 적다.
③ TE mode는 진행방향에 대한 전계 E는 나란하고 자계 H는 직각인 파를 말한다.
④ 도파관에서는 변위전류의 흐름이 관내에서만

발생하므로 전자파를 외부에 방사하거나 수신하는 일이 없다.

46. 복사저항 450[Ω]인 폴디드다이폴 안테나 두 개를 λ/4임피던스 변환기를 사용하여 100[Ω]의 평행 2선식 급전선에 정합시키고자 한다. 이때 변환기의 임피던스 값은?

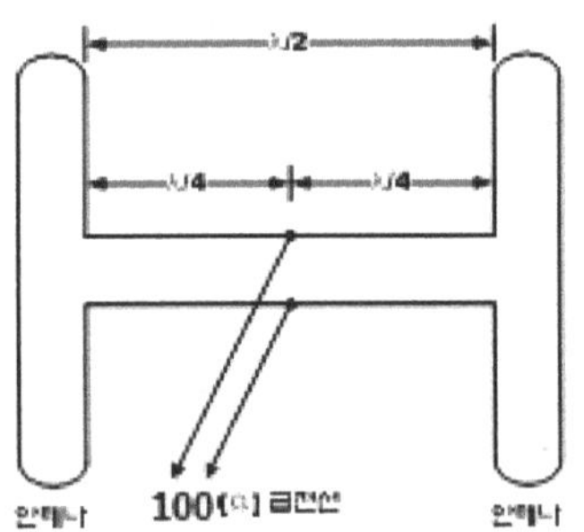

① 212[Ω]
② 424[Ω]
③ 300[Ω]
④ 600[Ω]

47. U자형 Balun을 이용한 정합시 동축 급전선과 평행 2선식 급전선간의 임피던스 변환비로 올바른 것은?

① 1:1
② 1:2
③ 1:4
④ 1:8

48. 다음 중 동조 급전선에 대한 설명으로 틀린 것은?

① 급전선상에 정재파가 존재한다.
② 급전선의 길이가 길 때 사용한다.
③ 임피던스 정합장치가 불필요하다.
④ 전송효율이 비동조 급전선보다 낮다.

49. 다음 중 극초단파대용 안테나는?

① Whip안테나
② Slot안테나

③ Adcock안테나　　④ Beam안테나

50. 복사저항이 200[Ω]이고, 손실저항이 35[Ω]이라고 할 때 안테나의 복사효율은?

① 65[%]　　② 75[%]　　③ 85[%]　　④ 95[%]

51. 다음 중 안테나 특성을 광대역으로 하기 위한 방법으로 적합하지 않는 것은?

① 안테나의 Q를 적게 한다.
② 진행파 안테나로 한다.
③ 안테나 도선의 직경이 가늘어야 한다.
④ 자기상사형으로 한다.

52. 다음 중 심굴접지에 대한 설명으로 틀린 것은?

① 대지의 도전율이 좋은 경우에 사용한다.
② 수분을 잘 흡수하는 동판을 사용하여 접지저항을 줄인다.
③ 고주파에 대해 큰 효과가 없으므로 가접지 또는 보조접지에 이용된다.
④ 접지저항을 1[Ω] 이상으로 하려면 접지를 3개~30개 정도의 개수로 적당한 위치에서 접속한다.

53. 다음 중 수직접지 안테나의 일반적인 특징으로 틀린 것은?

① 수직편파
② 수직면내 쌍반구형 지향특성
③ 방송용
④ 수평면내 8자 지향특성

54. 다음 중 다중경로 페이딩에 의한 에러와 왜곡을 보정하기 위한 방법이 아닌 것은?

① 순방향 에러정정　　② 적응 등화
③ 다이버시티　　④ 도플러 확산

55. 다음 중 임계주파수에 대한 설명으로 틀린 것은?

① 전리층에 수직으로 입사하는 전자파의 반사와 투과의 경계가 되는 주파수이다.
② 전리층의 임계주파수를 알면 최대 전자밀도를 알 수 있다.
③ 전리층의 전자밀도가 높아지면 임계주파수는 낮아진다.
④ 전리층의 굴절률이 0일 때의 주파수이다.

56. 송수신 안테나 높이가 9[m]로 동일하게 놓여 있는 경우 직접파 통신이 가능한 전파 가시거리는 약 얼마인가?

① 8.22[km]　　　　② 12.44[km]
③ 24.66[km]　　　　④ 32.88[km]

57. 다음 중 선박용 레이더에서 마이크로파를 사용하는 이유로 틀린 것은?

① 광의 특성과 유사하게 직진하기 때문이다.
② 파장이 짧아 안테나를 소형으로 만들 수 있기 때문이다.
③ 파장이 짧아 적은 표적에서도 반사가 되기 때문이다.
④ 비나 눈에 의한 영향이 적기 때문이다.

58. 다음 중 전파의 수신음이 매질의 상태에 따라 변화하는 전파전파(電波傳播)현상이 아닌 것은?

① 야간 오차에 의한 현상
② 델린저 현상
③ 전파의 회절 현상
④ 자기람(Magnetic Storm)

59. 다음 중 잡음에 대한 설명으로 틀린 것은?

① 장중파대에서는 공전잡음이 우주잡음에 비해 문제가 된다.
② 마이크로파대에서는 자연잡음은 수신기의 내부잡음에 비해 적다.

③ 인공잡음은 시외지역보다 시내지역에서 많이
발생한다.

④ 공전잡음은 접지 안테나를 사용하여 줄일 수
있다.

60. 다음 중 제1종 전리층 감쇠에 대한 설명으로 틀
린 것은?

① 전자밀도에 비례한다.

② 굴절률에 비례한다.

③ 평균 충돌 횟수에 비례한다.

④ 주파수의 제곱에 반비례한다.

41	42	43	44	45	46	47	48	49	50
①	①	④	④	③	③	③	②	②	③
51	52	53	54	55	56	57	58	59	60
③	④	④	④	③	③	④	③	④	②

41. 다음 지문에서 설명하는 두 개의 법칙으로 맞는 것은?

> 자계의 세기를 변화시키면 그 주위에 전류가 발생되고, 발생된 전류는 자계의 변화를 방해하는 방향으로 흐른다.

① 옴의 법칙, 나이키스트 정의
② 델린저 현상, 페이딩
③ 패러데이 법칙, 렌츠의 법칙
④ 암페어의 오른나사 법칙, 렌츠의 법칙

42. 다음 중 전자파에 대한 설명으로 틀린 것은?

① 전계와 자계가 이루는 평면에 수직으로 진행하는 파
② 진동 방향에 평행인 방향으로 진행하는 파
③ 전계와 자계가 서로 얽혀 고리 모양으로 진행하는 파
④ TE(횡전파), TM(횡자파), TEM(횡전자파)의 합성파

43. 유전체에서 변위전류를 발생하는 것은?

① 전속밀도의 공간적 변화
② 분극 전하밀도의 공간적 변화
③ 전속밀도의 시간적 변화
④ 분극 전하밀도의 시간적 변화

44. 다음 중 S-파라미터(Scattering parameter)의 물리적 의미로 틀린 것은? (단, Z_0는 전송선로의 특성 임피던스이다.)

① S_{11}은 Z_0에 정합된 출력을 갖는 입력 반사계수이다.
② S_{21}은 순방향 전송계수이다.

③ S_{12}는 역방향 전송계수이다.
④ S_{22}는 Z_0에 정합된 입력을 갖는 출력 전파계수이다.

45. 다음 중 동축 급전선에 대한 설명으로 잘못된 것은? (단, f:주파수, D:외부도체 직경, d:내부도체 직경)

① 전송손실은 f^2에 비례하여 커진다.
② 전송손실이 최소로 되는 내경과 외경의 비(D/d)가 존재한다.
③ 내부도체 직경과 외부도체 직경의 비(D/d)가 같으면 특성 임피던스는 내경과 외경에 의해 결정된다.
④ 특성 임피던스가 같은 경우에 케이블이 굵으면 손실이 적다.

46. 전송선로의 인덕턴스가 2$[\mu H/m]$, 커패시턴스가 50$[pF/m]$일 때 이 선로에 대한 위상속도는?

① $0.1 \times 10^8 \, [m/\sec]$
② $1 \times 10^8 \, [m/\sec]$
③ $10 \times 10^8 \, [m/\sec]$
④ $100 \times 10^8 \, [m/\sec]$

47. 다음 중 급전선에 대한 설명으로 틀린 것은?

① 정재파가 분포되어 있는 급전선을 동조 급전선이라 한다.
② 비동조 급전선은 동조 급전선보다 전력의 손실이 적다.
③ 동조 급전선은 거리가 짧을 때, 비동조 급전선은 길 때 사용한다.
④ 비동조 급전선은 정합장치가 불필요하다.

48. 다음 중 도파관에 대한 설명으로 옳은 것은?

① 차단파장이 가장 짧은 모드를 기본자태(Dominant Mode)라고 한다.

② 도파관내에서의 파장(관내파장)은 자유공간에서의 파장보다 길다.

③ 기본적으로 TEM 자태(TEM Mode)를 사용한다.

④ 관벽전류에 의한 감쇠가 크다.

49. 다음 중 선로를 분포정수로 해석하였을 경우 전파정수와 특성 임피던스의 관계를 설명한 것으로 틀린 것은?

① 특성 임피던스는 길이와 관계없이 일정하다.

② 전파속도는 주파수와 반비례한다.

③ 감쇠정수는 주파수와 무관하다.

④ 위상정수는 주파수에 비례한다.

50. 50[Ω]의 무손실 전송선로에서 부하 임피던스가 $Z_L = 50 - j65[\Omega]$일 경우 입력전력이 100[mW]이면 부하에 의해 소모되는 전력은 얼마인가?

① 67[mW]　② 70[mW]　③ 73[mW]　④ 77[mW]

51. 10[μV/m]의 전계강도를 dB 단위로 변환한 값은 얼마인가? (단, 1[μV/m]를 0[dB]로 한다.)

① 10[dB]　　　　② 20[dB]

③ 30[dB]　　　　④ 40[dB]

52. 다음 중 접지 안테나의 손실저항에 해당되지 않는 것은?

① 와전류저항　　② 코로나 누설저항

③ 유전체손실　　④ 표피저항

53. 안테나의 구조에 의한 분류 중 극초단파(UHF)용 판상 안테나에 속하지 않는 것은?

① 슈퍼 턴 스틸(Super Turn Stile) 안테나

② 슬롯(Slot) 안테나

③ 빔(Beam) 안테나

④ 코너 리플렉터(Corner Reflector) 안테나

54. 야기 안테나 소자 중 가장 긴 소자의 역할과 리액턴스 성분은 무엇인가?

① 복사기, 용량성　　② 지향기, 유도성

③ 반사기, 유도성　　④ 도파기, 용량성

55. 다음 중 MUF(최고사용주파수)를 결정하는 요소에 해당되지 않는 것은?

① 입사각　　　　② 송신전력

③ 전리층의 높이　　④ 송수신점 간의 거리

56. 다음 중 전파투시도(Profile map)에 대한 설명으로 틀린 것은?

① 전파투시도에서 전파 통로는 곡선으로 나타낸다.

② 송수신점을 포함하여 대지와 수직인 지형의 단면도를 나타낸다.

③ 전파투시도를 그릴 때 등가지구 반경계수를 고려한다.

④ 전파경로상의 수직 장애물의 효과를 연구하는 데 유용한다.

57. 다음 중 델린저 현상에 대한 설명으로 틀린 것은?

① 태양의 흑점 폭발 시 발생된 다량의 자외선에 의해 야기된다.

② 주로 저위도 지방에서 주간에 발생한다.

③ 1.5~20[MHz]의 단파통신에 영향을 준다.

④ F층의 전자밀도가 순간적으로 증가하게 된다.

58. 다음 중 전자파 잡음 방해의 개선방법으로 적합하지 않는 것은?

① 인공잡음을 경감시킨다.

② 내부잡음 전력을 감소시킨다.

③ 수신기의 대역폭을 넓힌다.

④ 지향성 안테나의 사용 등에 의한 수신 신호전
   력을 크게 한다.

59. 임계주파수는 전자밀도가 2배 증가할 경우 어떻
   게 변화하는가?

　　① 2배 감소한다.　　② 2배 증가한다.

　　③ $\sqrt{2}$ 배 증가한다.　　④ $\sqrt{2}$ 배 감소한다.

60. 모든 스펙트럼 영역에 균일하게 퍼져있는 연속성
   잡음을 무엇이라 하는가?

　　① 인공 잡음　　② 대기잡음

　　③ 백색잡음　　④ 우주잡음

41	42	43	44	45	46	47	48	49	50
③	②	③	④	①	②	④	②	②	②
51	52	53	54	55	56	57	58	59	60
②	④	③	③	②	①	④	③	③	③

41. 다음 중 TEM파(Transverse Electromagnetic Wave)에 대한 설명으로 옳은 것은?

　① 전파 진행방향에 전계성분만 존재하고 자계성분은 존재하지 않는다.
　② 전파 진행방향에 자계성분만 존재하고 전계성분은 존재하지 않는다.
　③ 전파 진행방향에 전계, 자계성분이 모두 존재하지 않는다.
　④ 전파 진행방향에 전계, 자계성분이 모두 존재한다.

42. 다음 중 파장이 가장 짧은 주파수 대역은 어는 것인가?

　① HF(High Frequency)
　② SHF(Super High Frequency)
　③ EHF(Extremely High Frequency)
　④ VHF(Very High Frequency)

43. 비유전율이 9이고 비투자율이 1인 매질을 전파하는 전자파의 속도는 자유공간을 전파할 때와 비교하여 약 몇 배의 속도인가?

　① 3.33배　　　　② 2.33배
　③ 1.33배　　　　④ 0.33배

44. 다음 중 전송효율이 낮고 전송거리가 짧아 일반적으로 매우 낮은 주파수 대역이나 전화선 등에 사용하기 적합한 급전선은 무엇인가?

　① 도파관식 급전선
　② 비동조 급전선
　③ 동축케이블형 급전선
　④ 평행이선식 급전선

45. 부하의 정규화 임피던스가 $Z_n = 1.5 + j0$인 무손실 급전선의 전압 정재파비는 얼마인가?

　① 1.0　　② 1.5　　③ 2.0　　④ 3.0

46. 다음 중 안테나 정합회로가 아닌 것은?

　① 테이퍼 정합회로　　② ϕ형 정합회로
　③ T형 정합회로　　　④ Y형 정합회로

47. 다음 중 도파관에 대한 설명으로 틀린 것은?

　① 도파관내의 전파속도에는 위상속도와 군속도가 있다.
　② 고역통과필터의 일종이다.
　③ 도파관에 전송할 수 있는 파장은 모드에 따라 다르다.
　④ 주파수가 높을수록 저항손실과 유전체손실이 커진다.

48. 특성 임피던스가 각각 200[Ω]과 800[Ω]인 선로를 $\lambda/4$임피던스 변환기를 이용하여 정합하고자 할 경우 삽입선로의 특성 임피던스 값은?

　① 600[Ω]　　　　② 500[Ω]
　③ 400[Ω]　　　　④ 300[Ω]

49. 반치각이란 주엽의 최대 복사강도(방향)에 대해 몇 [dB]가 되는 두 방향 사이의 각을 말하는가?

　① 0[dB]　　　　② -3[dB]
　③ -6[dB]　　　　④ -12[dB]

50. 다음 중 사용파장이 λ이고 공진파장을 λ_0라고 할 경우 $\lambda > \lambda_0$ 조건이라면 최적의 안테나 공진을 위하여 안테나에 삽입해야 할 것으로 적합한 것

은?

① 저항   ② 절연체

③ 연장코일   ④ 단축콘덴서

51. 다음 중 절대이득의 기준 안테나는 무엇인가?

① 무손실 등방성 안테나

② 무손실 반파 다이폴 안테나

③ 무손실 혼(Horn) 안테나

④ λ/4보다 극히 짧은 수직접지 안테나

52. 다음 중 안테나 파라미터와 관계없는 것은?

① 편파   ② 방사패턴

③ 이득   ④ 반사손실

53. 다음 중 TV 수신용 광대역 야기 안테나의 종류로 적합하지 않은 것은?

① 슬롯(Slot)형 안테나

② 코니컬(Conical)형 안테나

③ U라인(U-Line)형 안테나

④ 인라인(In-Line)형 안테나

54. 제 1종 접지는 몇 옴[Ω] 이하를 요구하는가?

① 10[Ω]   ② 20[Ω]

③ 3[Ω]   ④ 40[Ω]

55. 마이크로파 대역에서 주로 사용하는 지상파는?

① 지표파   ② 직접파

③ 대지반사파   ④ 회절파

56. 다음 중 지표파의 대지에 대한 영향으로 틀린 것은?

① 지표파의 전계강도 감쇠가 커지는 순서는 "해상→해안→평야→구릉→산악→시가지" 이다.

② 주파수가 낮을수록 멀리 전파된다.

③ 대지의 비유전율이 클수록 멀리 전파된다.

④ 수평편파보다 수직편파 쪽이 감쇠가 작다.

57. 다음 중 라디오 덕트를 발생시키는 원인으로 볼 수 없는 것은?

① 육상의 건조한 공기가 해상으로 흘러 들어갈 때

② 야간에 지표면 쪽의 공기가 상층부의 공기보다 빨리 냉각될 때

③ 고기압권에서 발생한 하강기류가 해면으로 내려올 때

④ 온난기단이 한랭기단 아래쪽으로 끼어들어갈 때

58. 다음 중 페이딩(Fading)현상에 대한 설명으로 틀린 것은?

① 두 개 이상의 전파가 서로 간섭을 일으켜 진폭 및 위상이 불규칙해지는 현상이다.

② 단시간 내에서 일어나는 전하의 감쇠로 여러 가지 요인에 의해 발생된다.

③ 간섭파만 존재할 경우 레일리(Rayleigh) 페이딩으로 모델링한다.

④ 전파의 반사, 산란 등으로 인해 전파의 경로가 여러경로로 흩어지는 것을 간섭성(Interference) 페이딩이라고 한다.

59. 태양 표면의 폭발로 인하여 20[MHz] 이상의 높은 주파수에서 전파장해가 심하게 나타나며 위도가 높은 지방일수록 영향이 더 큰 것은 어떤 현상 때문인가?

① 자기폭풍(Magnetic Storm)

② 델린저현상(Delinger Phenomenon)

③ 코로나손실(Corona Loss)

④ 룩셈부르크효과(Luxemburg Effect)

60. 다음 중 자연잡음인 공전잡음을 효과적으로 방지하기 위한 대책이 아닌 것은?

① 지향성 공중선 사용

② 수신기의 수신대역폭을 넓히고 선택도를 개선

③ 송신출력을 높여 수신 S/N비를 증대

④ 비접지 공중선 사용

41	42	43	44	45	46	47	48	49	50
③	③	④	④	②	②	④	③	②	③
51	52	53	54	55	56	57	58	59	60
①	④	①	①	②	③	④	④	①	②

41. 다음 중 전파의 성질에 대한 설명으로 옳지 않은 것은?

① 송신측에서 수직 다이폴을 사용하면 수신측에서도 수직편파 안테나를 사용하여야 한다.

② Snell의 법칙은 매질의 경계면에서 일어나는 회절현상을 분석할 때 사용한다.

③ 도체에 전파가 진입할 때의 감쇠되는 정도는 표피작용의 깊이(Skin Depth)로 알 수 있다.

④ 주파수가 높을수록 직진성이 강하고 낮을수록 회절이 잘 된다.

42. 간격 d인 두 개의 평행 전극판 사이에 유전율 ϵ의 유전체가 있을 때, 전극 사이에 전압 $V_m \cos\omega t$를 가한 경우의 변위전류밀도는?

① $\dfrac{\epsilon}{d} V_m \cos\omega t$

② $-\dfrac{\epsilon}{d} V_m \omega \sin\omega t$

③ $\dfrac{\epsilon}{d} \omega V_m \sin\omega t$

④ $-\dfrac{\epsilon}{d} V_m \omega \cos\omega t$

43. 전파의 속도는 매질의 어떤 양에 따라 변화하는가?

① 점도와 밀도

② 밀도와 도전율

③ 도전율과 유전율

④ 유전율과 투자율

44. 다음 중 비동조 급전선의 특징에 대한 설명으로 옳은 것은?

① 동조 급전선에 비해 전송효율이 나쁘다.

② 정합장치가 불필요하다.

③ 급전선상의 전송파는 정재파이다.

④ 급전선의 길이와 파장은 관계가 없다.

45. 특성 임피던스가 Z_0인 선로에 부하 임피던스 Z_L이 연결되었을 때 부하단에서 1/4떨어진 선로상의 점에서 부하를 바라본 임피던스는?

① Z_L / Z_0

② Z_0 / Z_L

③ Z_0^2 / Z_L

④ Z_L^2 / Z_0

46. 다음 중 동축 급전선의 특징으로 옳은 것은?

① SHF 대역에서는 유전체 손실이 감소한다.

② TEM 모드의 전송이 가능하다.

③ Stub에 의해 정합이 이루어진다.

④ 평형형 급전선이다.

47. 그림과 같이 도선의 길이가 λ/4인 선단을 단락할 경우 ab점에서 본 임피던스는? (단, λ는 파장이다.)

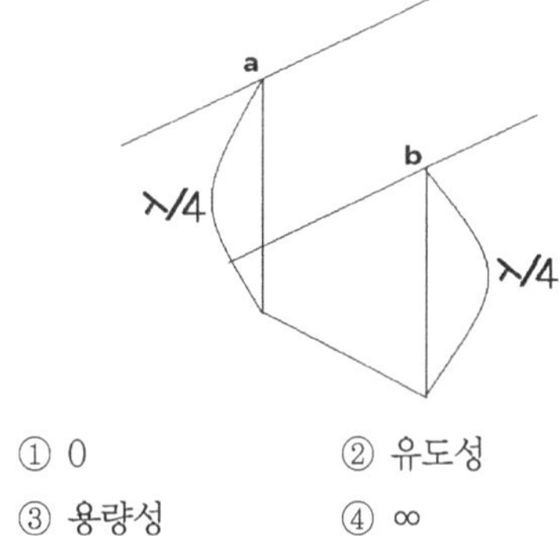

① 0

② 유도성

③ 용량성

④ ∞

48. 다음 중 도파관이 마이크로파 전송로로서 갖는 특징에 대한 설명으로 틀린 것은?

① 방사 손실이 적다.

② 유전체 손실이 적다.

③ 저역 통과 여파기로서 작용을 한다.

④ 표피작용에 의한 도체의 저항손실이 매우 적다.

49. 다음 로딩(Loading) 다이폴안테나에 대한 설명에서 괄호 안에 맞는 말을 순서대로 배열한 것은?

> 로딩의 종류에는, ( )를(을) 로딩하여 다이폴안테나의 광대역 특성을 얻는 것과, 길이가 1/2 파장보다 짧아져 용량성으로 되는 다이폴안테나에 ( )를(을) 로딩하여 공진시켜 정합하는 것과, ( )를(을) 로딩하여 다이폴안테나를 소형화하는 것이 있다.

① 저항-인덕터-커패시터
② 인덕터-커패시터-저항
③ 커패시터-저항-인덕터
④ 커패시터-인덕터-저항

50. 다이폴의 길이가 $\lambda/10$이고, 손실저항이 $10[\Omega]$인 안테나의 효율 [%]은 약 얼마인가?

① 40[%] ② 50[%]
③ 60[%] ④ 70[%]

51. Friis의 전달공식에서 송신기와 수신기 안테나 간의 거리가 2배 증가할수록 수신 전력은 어떻게 되는가?

① 2[dB]로 증가한다. ② 3[dB]로 증가한다.
③ 4[dB]로 감소한다. ④ 6[dB]로 감소한다.

52. 다음 중 브라운(Brown) 안테나의 특징에 대한 설명으로 틀린 것은?

① $\lambda/4$수직접지 안테나와 등가이다.
② GP(Ground Plane) 안테나의 일종이다.
③ 수평면내 지향성은 8자형 특성을 갖는다.
④ VHF대 지구국용 안테나로 많이 사용한다.

53. 다음 중 소형·경량으로 부엽이 적고 이득이 높아 선박용 레이더 안테나로 가장 적합한 것은?

① 헤리컬 안테나   ② 슬롯 어레이 안테나
③ 혼 리플렉터 안테나 ④ 전자나팔 안테나

54. 다음 중 수직편파 수직면내 무지향성 안테나로서 이득이 좋아 이동통신 기지국용 안테나로 많이 사용하는 안테나는?

① Alford 안테나
② Dipole 안테나
③ 환상 Slot 안테나
④ Collinear Array 안테나

55. 초단파 및 극초단파가 가시거리 이상까지 전파하는 원인에 해당되지 않는 것은?

① 산악회절 현상에 의한 원거리 전파
② 전리층 투과에 의한 원거리 전파
③ 라디오 덕트에 의한 원거리 전파
④ 스포라딕 E층에 의한 원거리 전파

56. 대지면을 완전 도체라고 가정할고, 송수신 안테나의 거리가 충분히 멀리 떨어져 있는 경우 수직편파 송수신 안테나의 높이를 모두 2배로 증가시키면 수신 전계강도의 변화는?

① 변화가 없다.   ② 1.14배 증가한다.
③ 2배 증가한다.   ④ 4배 증가한다.

57. 다음 중 임계주파수에 대한 설명으로 틀린 것은?

① 전리층에 수직으로 입사하는 전자파의 반사와 투과의 경계가 되는 주파수이다.
② 전리층의 임계주파수를 알면 최대 전자밀도를 알 수 있다.
③ 전리층의 전자밀도가 높아지면 임계주파수는 낮아진다.
④ 전리층의 굴절률이 0일 때의 주파수이다.

58. 다음 중 도약성 페이딩에 대한 설명으로 틀린 것은?

① 도약거리 부근에서 일어나는 페이딩이다.
② 일출, 일몰시 많이 발생한다.
③ 전파가 전리층을 따라 반사하거나 투과함으로써 발생한다.

④ 공간 다이버시티로 방지할 수 있다.

59. 다음 중 전파의 창(Radio window)의 범위를 결정하는 주요 요소에 해당하지 않는 것은?

① 전파잡음의 영향   ② 대류권의 영향

③ 전리층의 영향   ④ 도플러 효과의 영향

60. 다음 중 공전잡음에 대한 설명으로 틀린 것은?

① 장파보다 단파에서 영향이 더 심하다.

② 적도부근에서 많이 발생한다.

③ 지향성 안테나를 사용하여 영향을 경감시킬 수 있다.

④ 뇌방전에 의해 공전잡음이 발생한다.

41	42	43	44	45	46	47	48	49	50
②	②	④	④	③	②	④	③	①	③
51	52	53	54	55	56	57	58	59	60
④	③	②	④	②	①	③	④	④	①

41. 레이더의 안테나에서 송신된 펄스가 6[μs] 후에 목표물로부터 반사되어 수신되었다면 목표물까지의 거리는?

① 450[m]　　　　② 900[m]

③ 1,800[m]　　　④ 3,600[m]

42. 수직 안테나에서 방사되는 수직 편파가 지구 자계의 영향을 받는 전리층에서 반사되면 어떠한 편파가 되는가?

① 수직편파　　　② 수평편파

③ 원편파　　　　④ 타원편파

43. 다음 중 평면파에 대한 설명으로 틀린 것은? (단, ϵ_0:진공의 유전율, μ_0:진공의 투자율, ϵ_s:비유전율, μ_s:비투자율, C:빛의 속도)

① 공중선으로부터 방사된 전파는 공중선 부근에서는 구형파이지만 상당히 먼거리에서는 평면파로 된다.

② 전파속도는 $V = \dfrac{C}{\sqrt{\mu_s \epsilon_s}}$ [m/sec]이다.

③ 자유공간 임피던스는 $Z_0 = \sqrt{\dfrac{\mu_0}{\epsilon_0}} = 120\pi$ [Ω] 이다.

④ 진행방향에 대해서 전계와 자계가 서로 180[°]를 이룬다.

44. 다음 중 정재파비가 1일 때 선로에는 어떤 성분의 파가 실리게 되는가?

① 정재파　　　　② 반사파

③ 진행파　　　　④ 원편파

45. 안테나의 급전점 임피던스가 75[Ω]인 반파장 안테나와 특성 임피던스가 600[Ω]인 평형2선식 선로를 λ/4임피던스 변환기로서 정합시키고자 할 때, 이 변환기의 특성 임피던스는 약 얼마인가?

① 112[Ω]　　　　② 212[Ω]

③ 312[Ω]　　　　④ 412[Ω]

46. 비동조 급전선의 급전점에 정합회로를 설정하는 이유는?

① 급전선의 파동 임피던스를 감소시키기 위하여

② 급전선의 파동 임피던스를 일정하게 하기 위하여

③ 급전선에 정재파가 실리지 않게 하기 위하여

④ 안테나의 고유파장을 조절하기 위하여

47. 다음 중 Balun을 사용하는 이유로 알맞은 것은?

① 불평형 전류를 흐르지 못하도록 하고 평형형 전류만 흐르도록 하기 위해서이다.

② 안테나의 임피던스를 부정합시키기 위해서이다.

③ 안테나의 손실을 줄이고 정재파비를 크게 하기 위해서이다.

④ 안테나의 대역폭을 크게 하기 위해서이다.

48. 다음 중 구형 도파관에 대한 설명으로 틀린 것은?

① TE_{10}모드인 경우 차단파장(λ_c)은 4a이다.

② 전계는 Y방향 성분만 존재한다.

③ 자계는 XZ방향 성분만 존재한다.

④ 구형 도파관의 기본 모드는 TE_{10}모드이다.

49. 사용주파수가 20[MHz]이고, 복사저항이 73.13[Ω]인 반파장 다이폴 안테나의 실효길이는 약 얼마인가?

① 2.4[m]
② 3.6[m]
③ 4.8[m]
④ 5.2[m]

50. 다음 중 접지안테나 손실의 대부분을 차지하는 것은?

① 도체저항
② 유전체손실
③ 접지저항
④ 코로나손실

51. 송신출력이 1[W], 송수신 안테나 이득이 각각 20[dBi]이고 수신입력 레벨이 −30[dBm]일 경우 자유공간손실은 몇 [dB]인가? (단, 전송선로 손실 및 기타 손실은 무시한다.)

① 30[dB]
② 70[dB]
③ 100[dB]
④ 120[dB]

52. 다음 중 철탑의 높이가 같은 경우에 일반적으로 방사효율이 가장 낮은 안테나는?

① 연장코일을 사용하는 안테나
② 역 L형 안테나
③ 우산형 안테나
④ 원정관(Top Ring) 안테나

53. Phased Array 안테나의 각 안테나 소자에 공급하는 전류의 위상을 조정하면 어떤 특성을 얻을 수 있는가?

① 복사전력이 증가한다.
② 급전선의 VSWR이 낮아진다.
③ 복사패턴의 방향을 바꿀 수 있다.
④ 위상을 바꾸지 않을 때보다 임피던스 정합이 용이하다.

54. 다중 접지의 접지저항과 용도로 각각 옳은 것은?

① 약 1~2[Ω]정도, 대전력용
② 약 5[Ω]정도, 소전력용
③ 약 10[Ω]정도, 중파 방송용
④ 약 20[Ω]정도, 단파 방송용

55. 대지면에서 설치된 수직 접지 안테나로부터 지표면을 따라 전파가 진행할 때 감쇠가 적은 순서대로 바르게 배열한 것은?

① 해면, 평지, 산악, 도심지
② 도심지, 산악, 평지, 해면
③ 해면, 도심지, 평지, 산악
④ 도심지, 평지, 산악, 해면

56. 다음 중 수정 굴절률에 대한 설명으로 틀린 것은?

① 수정 굴절률을 사용하면 구면 대기층에 대해서도 평면 대기층에 대한 스넬의 법칙을 적용할 수 있다.
② 표준대기에서 높이 h에 대한 M단위 수정 굴절률의 비 dM/dh는 음수이다.
③ 수정 굴절률의 값은 높이와 비례에 있다.
④ 수정 굴절률의 값은 굴절률과 비례 관계에 있다.

57. 주간에 20[MHz]의 신호로 원양에서 조업 중인 선박과 통신을 하고자 할 때 이용되는 전리층은?

① D층
② E_s층
③ E층
④ F층

58. 다음 중 송·수신점간의 거리가 정해졌을 때 LUF를 결정하는 요인이 아닌 것은?

① 전리층 높이
② 송수신 안테나 이득
③ 수신점에서의 잡음강도
④ 통신 전송 형태

59. 페이딩을 방지하기 위해 둘 이상의 안테나를 서로 다른 장소에 설치하여 두 수신 안테나의 출력을 합성하거나 양호한 출력을 선택하여 수신하는 방법이 사용되는 페이딩은?

① 간섭성 페이딩　　② 편파성 페이딩
③ 흡수성 페이딩　　④ 선택성 페이딩

60. 다음 중 자기람 현상에 대한 설명으로 틀린 것은?

① 고위도 지방이 심하게 나타난다.
② 야간보다 주간이 많이 나타난다.
③ 지자계의 급격한 변동을 발생시킨다.
④ 태양 표면의 폭발에 의해 방출된 다량의 대전 입자가 지구에 도달하기 때문에 야기된다.

41	42	43	44	45	46	47	48	49	50
②	④	④	③	②	③	①	①	③	③
51	52	53	54	55	56	57	58	59	60
③	①	③	①	①	②	④	①	①	②

41. 자유공간에서, 전파가 20[μs]동안 전파되었을 때 진행한 거리는?

① 2[km]
② 6[km]
③ 20[km]
④ 60[km]

42. 변화하고 있는 자계는 전계를 발생시키고 또 반대로 변화하고 있는 전계는 자계를 발생시키는 사실을 나타내고 있는 것은?

① Maxwell 방정식
② Lentz 방정식
③ Poynting 정리
④ Laplace 방정식

43. 다음 중 전자파의 설명으로 틀린 것은?

① 전계와 자계가 이루는 평면에 수직으로 진행하는 파
② 진동 방향에 평행인 방향으로 진행하는 파
③ 전계와 자계가 서로 얽혀 도와가며 고리 모양으로 진행하는 파
④ TE(횡전파), TM(횡자파), TEM(횡전자파)의 합성파

44. 가장 이상적인 VSWR(Voltage Standing Wave Ratio)의 값은 얼마인가?

① 0
② ∞
③ 1
④ 10

45. 다음 중 N개의 Port 소자의 입출력 특성을 알고자 할 때 고주파 파라미터로 사용되는 것은?

① Impedance Matrix
② Admittance Matrix
③ Scattering Matrix
④ Transmission(ABCD) Matrix

46. 다음 중 급전선과 안테나 사이에 임피던스 정합을 하는 이유로 적합하지 않은 것은?

① 최대 전력을 전송한다.
② 급전선에서의 손실 증가를 방지한다.
③ 정재파비를 크게 한다.
④ 부정합 손실이 적다.

47. 다음 평행 2선식 급전선 중 특성임피던스가 가장 높은 것은 어느 것인가?

① 선직경 1.2[mm], 선간격 20[cm]
② 선직경 1.2[mm], 선간격 30[cm]
③ 선직경 2.4[mm], 선간격 30[cm]
④ 선직경 2.4[mm], 선간격 20[cm]

48. 다음 중 안태나의 급전선에 스터브(Stub)를 부착하는 이유는?

① 안테나의 서셉턴스 성분을 제거하여 대역폭을 증가시키기 위하여
② 복사전력을 증폭시키기 위하여
③ 안테나의 지향성을 높이기 위하여
④ 안테나 리액턴스 성분을 제거하여 임피던스를 정합시키기 위하여

49. 다음 중 빔(Beam) 안테나에 대한 설명으로 틀린 것은?

① 마르코니형, 텔레폰캔형 및 스텔바형 등이 있다.
② 지향성이 예리하다.
③ 큰 복사전력을 얻을 수 있다.
④ 주로 낮은 주파수(LF 대역 이하)에서 사용된다.

50. 10[μV/m]의 전계강도를 dB 단위로 표현하면 얼마인가? (단, 1[μV/m]를 0[dB]로 한다.)

① 10[dB]　　　　② 20[dB]

③ 30[dB]　　　　④ 40[dB]

51. 다음 중 방사상 접지에 대한 설명으로 틀린 것은?

① 지중 동판식이라고도 한다.

② 접지 저항은 약 5[Ω] 정도이다.

③ 중파 방송용 안테나에 주로 사용된다.

④ 여러 동선을 안테나를 중심으로 방사형으로 땅 속에 매설한다.

52. 자유공간에서 주파수 15[MHz]의 전파를 방사하는 미소 다이폴안테나로부터 거리 d[m]인 곳의 복사전계와 유도전계의 세기가 같아졌다면, 이 때의 거리 d는 몇 [m]인가?

① 0.6[m]　　　　② 1.6[m]

③ 3.2[m]　　　　④ 6.4[m]

53. 다음 중 가상접지에 대한 설명으로 틀린 것은?

① 대지의 도전율이 나쁜 곳에서 사용된다.

② 지상고 2.5[m] 이상에 도체망을 설치하는 방식이다.

③ 도체망과 대지사이에 변위전위가 흐르게 하여 접지한다.

④ 도체망의 가설 면적을 작게 해야 좋은 효과를 얻을 수 있다.

54. 야기안테나의 소자 중 가장 긴 소자의 역할과 리액턴스 성분은 무엇인가?

① 복사기, 용량성　　② 지향기, 유도성

③ 반사기, 유도성　　④ 도파기, 용량성

55. 등가지구반경계수 K일 때 송수신 안테나간의 기하학적 가시거리(d_1)와 전파 가시거리(d_2)의 관계를 바르게 나타낸 것은?

① $d_2 = Kd_1$　　　　② $d_2 = \sqrt{K}d_1$

③ $d_2 = (1/K)d_1$　　　④ $d_2 = (1/\sqrt{K})d_1$

56. 마이크로파 송신전력이 1[W](+30[dBm]), 송수신 안테나 이득이 각각 40[dB], 수신입력 레벨이 −27[dBm]일 때 자유공간 손실은 얼마인가? (단, 도파관 손실 및 기타 손실은 무시한다.)

① −140[dB]　　　　② −130[dB]

③ −137[dB]　　　　④ −160[dB]

57. 다음 중 전파예보 곡선으로부터 알 수 없는 정보는?

① MUF(Maximum Usable Frequency)

② 주파수의 사용 가능 시간

③ 사용 가능 주파수

④ 임계 주파수

58. 다음 중 신틸레이션(Scintillation) 페이딩에 대한 설명으로 틀린 것은?

① 대기 중 공기의 와류에 의한 직접파와 산란파의 간섭으로 발생한다.

② 수신 전계강도의 평균 레벨은 페이딩에 의해 변동이 심하다.

③ 겨울보다 여름에 많이 발생한다.

④ AGC(Automatic Gain Control)를 이용하여 방지할 수 있다.

59. 다음 중 지상에 수직으로 설치된 송수신 안테나 간의 거리가 충분히 멀고, 낮은 초단파대 주파수를 사용하는 경우에 수신 전계에 대한 설명으로 틀린 것은?

① 안테나에 흐르는 전류에 비례한다.

② 안테나의 실효고에 비례한다.

③ 송수신 안테나 간의 거리에 반비례한다.

④ 송신 안테나의 높이에 비례한다.

60. 다음 중 전리층의 주간 및 야간의 변화에 대한 설명으로 틀린 것은?

① D층은 야간에 장파대의 전파를 반사시킬 수 있다.

② E층은 주간에 약 10[MHz]의 단파를 반사시킬 수 있다.

③ F층은 단파대의 전파를 반사시킬 수 있다.

④ E_s층은 80[MHz] 정도의 초단파를 반사시킬 수 있다.

41	42	43	44	45	46	47	48	49	50
②	①	②	③	③	③	②	④	④	②
51	52	53	54	55	56	57	58	59	60
①	③	④	③	②	③	④	②	④	①

41. 다음 중 거리에 따라 가장 감쇠가 급격하게 발생하는 것은?

① 정전계
② 유도계
③ 복사전계
④ 복사자계

42. 다음 중 TEM(Transverse Electromagnetic Wave)에 대한 설명으로 옳은 것은?

① 전파 진행방향에 전계성분만 존재하고 자계성분은 존재하지 않는다.
② 전파 진행방향에 자계성분만 존재하고 전계성분은 존재하지 않는다.
③ 전파 진행방향에 전계, 자계성분이 모두 존재하지 않는다.
④ 전파 진행방향에 전계, 자계 성분이 존재한다.

43. 비유전율이 25이고, 비투자율이 1인 매질 내를 전파하는 전자파의 속도는 자유공간을 전파할 때와 비교하여 약 몇 배의 속도인가?

① 0.1배
② 0.2배
③ 0.3배
④ 0.5배

44. 다음 중 자유공간에서 전력밀도 P를 옳게 표현한 식은? (단, E는 전계의 세기, H는 자계의 세기이다.)

① $P = \dfrac{H}{E}$
② $P = \dfrac{E}{H}$
③ $P = \dfrac{1}{2} EH^2$
④ $P = \dfrac{E^2}{120\pi}$

45. 다음 중 정재파에 대한 설명으로 틀린 것은?

① 진행파와 반사파가 합성된 파를 말한다.
② 전압 분포상태가 (λ/2)거리마다 최대치가 있

다.
③ 전압·전류의 위상은 선로상의 각 점에 따라 서로 다르다.
④ 진행파와 비교할 때 전송손실이 크다.

46. 다음 중 동조 급전선과 비동조 급전선에 대한 설명으로 틀린 것은?

① 정재파가 분포되어 있는 급전선을 동조 급전선이라 한다.
② 비동조 급전선은 동조 급전선보다 전력의 손실이 적다.
③ 동조 급전선은 거리가 짧을 때, 비동조 급전선은 길 때 주로 사용한다.
④ 비동조 급전선은 정합장치가 불필요하다.

47. 그림과 같이 도선의 길이가 λ/4인 선단을 단락할 경우 ab점에서 본 임피던스는?

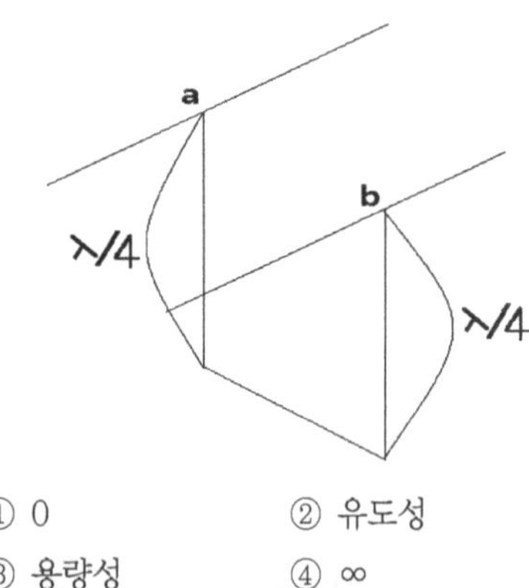

① 0
② 유도성
③ 용량성
④ ∞

48. 다음 중 도파관은 어떠한 특성을 가진 여파기(Filter)로 볼 수 있는가?

① 대역소거여파기(Band Rejection Filter)

② 저역통과여파기(Low Pass Filter)

③ 고역통과여파기(High Pass Filter)

④ 대역통과여파기(Band Pass Filter)

49. 반치각이란 주엽의 최대 복사 강도(방향)에 대해 몇 [dB]가 되는 두 방향 사이의 각을 말하는가?

① 0[dB] ② −3[dB]

③ −6[dB] ④ −12[dB]

50. 다음 중 안테나의 Top Loading 효과에 대한 설명으로 옳은 것은?

① 실효길이의 증가 ② 고유주파수의 증가

③ 방사저항의 감소 ④ 방사효율의 감소

51. 다음 중 VHF 대역에서 통신 가능 거리를 증가시키기 위한 방법으로 틀린 것은?

① 안테나 높이를 높인다.

② 이득이 높은 안테나를 사용한다.

③ 지향성이 예리한 안테나를 사용한다.

④ 안테나의 방사각도를 크게 한다.

52. 복사저항이 200[Ω]이고, 손실저항이 35[Ω]인 안테나의 복사효율은 약 얼마인가?

① 65[%] ② 75[%] ③ 85[%] ④ 95[%]

53. 다음 중 절대이득을 측정할 수 있는 표준형 안테나로 사용할 수 있는 안테나는?

① 혼(Horn) 안테나

② 웨이브(Wave) 안테나

③ 루프(Loop) 안테나

④ 롬빅(Rhombic) 안테나

54. 다음 중 방사상 접지의 접지저항과 용도로 각각 옳은 것은?

① 약 1~2[Ω] 정도, 단파 방송용

② 약 5[Ω] 정도, 중전력국용

③ 약 10[Ω] 정도, 소전력국용

④ 약 20[Ω] 정도, 대전력국용

55. 송신안테나와 수신안테나의 높이가 각각 9[m]로 동일하게 놓여 있는 경우 직접파 통신이 가능한 전파 가시거리는 약 얼마인가?

① 8.22[km] ② 12.44[km]

③ 24.66[km] ④ 32.88[km]

56. 다음 중 지표파의 대지에 대한 영향으로 틀린 것은?

① 지표파의 전계강도 감쇠가 커지는 순서는 "해상→해안→평야→구릉→산악→시가지"이다.

② 주파수가 낮을수록 멀리 전파된다.

③ 대지의 유전율이 클수록 멀리 전파된다.

④ 수평편파보다 수직편파 쪽이 감쇠가 적다.

57. 다음 중 대류권전파에서 라디오덕트가 생성되는 조건에 대한 표현으로 옳은 것은? (단, M:수정굴절율, h:송신안테나 높이)

① $\dfrac{dM}{dh} < 1$ ② $\dfrac{dM}{dh} < 0$

③ $\dfrac{dM}{dh} > 1$ ④ $\dfrac{dM}{dh} > 0$

58. 다음 중 전리층의 종류에 대한 설명으로 틀린 것은?

① D층은 태양의 고도와 밀접한 관계가 있어 야간에는 사라진다.

② F층은 주간에는 2개의 층으로 분리되어 있다가 야간에는 두 층이 합쳐진다.

③ E_s층은 9~11월 중에 생기며, 야간에 주로 발생한다.

④ E층의 전자밀도의 최대는 주간에 발생한다.

59. 지표면에서 전리층을 향해 수직으로 펄스파를 발사한 후 2[ms] 후에 생기는 반사파는 어느 전리층에서 반사된 것인가?

   ① D층   ② E층   ③ E_s층   ④ F층

60. 다음 중 전파의 손실 예측과 관계가 없는 것은?

   ① 전파의 형식

   ② 전파통로의 거리

   ③ 송수신 안테나의 높이

   ④ 전파통로의 지형조건

41	42	43	44	45	46	47	48	49	50
①	③	②	④	③	④	④	③	②	①
51	52	53	54	55	56	57	58	59	60
④	③	①	②	③	③	②	③	④	①

41. 비유전율(ϵ_s)이 1이고 비투자율(μ_s)이 9인 매질 내를 전파하는 전자파의 속도는 자유공간을 전파할 때와 비교해서 몇 배의 속도가 되는가?

① 2배
② 1/2배
③ 3배
④ 1/3배

42. 유전체에서 변위전류를 발생하는 것은?

① 분극 전하밀도의 시간적 변화
② 분극 전하밀도의 공간적 변화
③ 전속밀도의 시간적 변화
④ 전속밀도의 공간적 변화

43. 자유공간에서 단위 면적당 단위 시간에 통과하는 전자파 에너지가 3[W/m^2]일 경우 전계강도는 약 얼마인가?

① 8.45[V/m]
② 16.81[V/m]
③ 33.63[V/m]
④ 45.65[V/m]

44. 다음 중 동조 급전선에 대한 설명으로 틀린 것은?

① 급전선상에 정재파가 존재한다.
② 급전선의 길이가 길 때 사용한다.
③ 임피던스 정합장치가 불필요하다.
④ 전송효율이 비동조 급전선보다 낮다.

45. 다음 중 진행파 안테나의 특징으로 옳은 것은?

① 임피던스 부정합 상태
② 양방향성
③ 진행파와 반사파의 합성파
④ 단일 지향성

46. 정재파비가 1일 때 선로에는 어떤 성분의 신호가 존재하는가?

① 정재파
② 반사파
③ 진행파
④ 원편파

47. 다음 중 VHF(Very High Frequency)대에서 가장 많이 사용되는 급전선은?

① 평행 4선식
② 동축케이블
③ 도파관
④ 평행 3선식

48. 다음 중 도파관의 특징으로 틀린 것은?

① 방사 손실이 없다.
② 유전체 손실이 적다.
③ 저역 통과 여파기로서 작용을 한다.
④ 표피작용에 의한 도체의 저항손실이 매우 적다.

49. 반치각이란 주엽의 최대 복사 강도(방향)에 대해 몇 [dB]가 되는 두 방향사이의 각을 말하는가?

① 0[dB]
② -3[dB]
③ -6[dB]
④ -12[dB]

50. 미소다이폴로부터 발생하는 전자계 중 근거리에서 주가 되는 성분은?

① 복사계
② 유도계
③ 정전계
④ 전류계

51. 다음 중 절대이득과 상대이득, 지상이득과의 관계를 옳게 표현한 것은?

① 절대이득=상대이득×1.64

② 절대이득=상대이득×2.56

③ 절대이득=지상이득×3.68

④ 절대이득=지상이득×5.15

52. 다음 중 철탑의 높이가 같은 경우에 일반적으로 방사 효율이 가장 낮은 안테나는?

① 연장코일을 사용하는 안테나

② 역 L형 안테나

③ 우산형 안테나

④ 원 정관(Top Ring) 안테나

53. 다음 중 애드콕(Adcock) 안테나의 특징이 아닌 것은?

① 야간오차 방지효과가 있다.

② 수평면내 8자형 지향성을 갖는다.

③ 방향탐지용 안테나이다.

④ 수직편파 성분은 결합코일에서 서로 상쇄된다.

54. 다음 중 다중 접지 방식에 대한 설명으로 틀린 것은?

① 한 점의 접지만으로는 불충분한 경우, 점을 직렬로 접속하여 접지 저항을 줄이는 방식이다.

② 안테나 전류가 기저부 부근에 밀집하는 것을 피하고 접지저항을 감소시키기 위해 사용한다.

③ 접지저항은 1~2$[\Omega]$ 정도이다.

④ 대전력 방송국의 안테나 접지에 이용한다.

55. 다음 중 지표파 전파의 특성으로 틀린 것은?

① 지표면 요철에 큰 영향을 받지 않는다.

② 대지의 도전율이 클수록 멀리 전파한다.

③ 주파수가 높을수록 멀리 전파한다.

④ 수직편파가 잘 전파한다.

56. 다음 중 라디오 덕트에 대한 설명으로 틀린 것은?

① 덕트 내에서 초굴절 현상이 생긴다.

② 가시거리보다 훨씬 먼 거리를 전파할 수 있다.

③ 도파관과 같이 차단 주파수 이하의 주파수만 통과시킨다.

④ 역전층에 의해 발생한다.

57. 다음 중 전리층의 종류에 대한 설명으로 틀린 것은?

① D층의 전자밀도는 다른 전리층에 비해 낮다.

② E층은 야간에 장파를 반사시킨다.

③ F층은 다른 전리층보다 높은 곳에 위치한다.

④ E_s층은 E층보다 전자밀도가 낮다.

58. 다음 중 전리층의 급격한 이동으로 반송파와 측파대가 받는 감쇠의 정도가 달라져서 생기는 페이딩에 대한 설명으로 틀린 것은?

① 선택성 페이딩이다.

② 주파수 다이버시티를 사용하여 방지할 수 있다.

③ SSB(Single Side Band) 통신 방식을 사용하면 발생하지 않는다.

④ AGC(Automatic Gain Control) 장치를 사용하여 방지할 수 있다.

59. 태양 표면의 폭발로 인하여 20[㎒] 이상의 높은 주파수에서 전파 장해가 심하게 나타나며 위도가 높은 지방일수록 영향이 더 큰 것은 어떤 현상 때문인가?

① 자기폭풍(Magnetic Storm)

② 델린저 현상(Delinger Phenomenon)

③ 코로나 손실(Corona Loss)

④ 룩셈부르크 효과(Luxemburg Effect)

60. 100[MHz]의 신호를 송신안테나를 통해 100[km] 떨어진 수신 안테나로 전송할 때 자유공간 전파 손실은 얼마인가?

① 92.45[dB]
② 102.45[dB]
③ 112.45[dB]
④ 122.45[dB]

41	42	43	44	45	46	47	48	49	50
④	③	③	②	④	③	②	③	②	③
51	52	53	54	55	56	57	58	59	60
①	①	④	①	③	③	④	④	①	③

41. 다음 중 포인팅 벡터의 단위는?

① J/m^2 ② W/m^2

③ J/m^3 ④ W/m^3

42. 다음 중 극초단파(UHF) 주파수 범위를 바르게 나타낸 것은?

① 30~300[MHz]   ② 300~3000[MHz]

③ 3~30[GHz]   ④ 30~300[GHz]

43. 다음 중 전자파의 성질에 대한 설명으로 틀린 것은?

① 전자파는 횡파이다.

② 전자파는 편파성이 없다.

③ 전계나 자계의 진동방향과 직각인 방향으로 진행하는 파이다.

④ 전계와 자계가 서로 얽혀 도와가며 고리모양으로 진행하는 파이다.

44. 다음 중 안테나 정합회로가 아닌 것은?

① 테이퍼 정합회로

② ϕ형 정합회로

③ T형 정합회로

④ Y형 정합회로

45. 다음 중 분포 정수형 Balun이 아닌 것은?

① 스페르토프(Sperrtopf) Balun

② 분기 도체에 의한 Balun

③ U자형 Balun

④ Taper에 의한 Balun

46. RF 및 마이크로웨이브에서 사용되는 S-파라미터에 대한 설명으로 틀린 것은?

① 2-단자 회로망의 완전한 특성을 제공할 수 있다.

② 단락 및 개방 회로 종단을 넓은 범위의 주파수에는 구현하기 쉽다.

③ 입출력 단자에서 정합된 부하 사용을 요구한다.

④ 회로망 전압(또는 전류)은 둘 또는 그 이상의 진행파들의 전압(또는 전류)의 조합이 된다.

47. 다음 중 구형 도파관에 대한 설명으로 틀린 것은?

① TE_{10} 모드인 경우 차단파장(λ_c)은 4a(a는 장변의 길이)이다.

② 전계는 Y방향 성분만 존재한다.

③ 자계는 XZ방향 성분만 존재한다.

④ 구형 도파관의 기본 모드는 TE_{10}모드이다.

48. 도파관의 임피던스 정합방법 중 반사파를 흡수하는 방법은?

① 무반사 종단기

② 아이솔레이터

③ 테이퍼형 변성기

④ 도체봉에 의한 정합

49. 길이가 0.4[m]이고, 사용주파수가 50[MHz]인 미소 다이폴 안테나에 전류 9[A]를 흘렸을 때 복사전력은 약 얼마인가?

① 355   ② 255

③ 455   ④ 555

50. 1/4파장 수직접지 안테나에 있어서 실제 안테나 길이가 13[m]일 경우 이 안테나의 실효 높이는 약 얼마인가?
    ① 10.3[m]　　② 9.3[m]
    ③ 8.3[m]　　④ 7.3[m]

51. 다음 중 대지와 안테나와의 접촉저항을 무엇이라 하는가?
    ① 접지저항　　② 도체저항
    ③ 유전체손실　　④ 코로나손실

52. 송신출력이 1[W], 송수신 안테나 이득이 각각 20[dBi]이고 수신입력 레벨이 –30[dBm]일 경우 자유공간손실은 몇 [dB]인가? (단, 전송선로 손실 및 기타 손실은 무시한다.)
    ① 30[dB]　　② 70[dB]
    ③ 100[dB]　　④ 120[dB]

53. 다음 중 단파대에서 주로 사용되는 안테나는?
    ① 롬빅안테나　　② T형안테나
    ③ 우산형안테나　　④ 역L형안테나

54. 안테나에서 가까운 지점에 지하수가 나올 정도의 깊이에 동판(동봉)을 매설하고 그 주위에 수분흡수를 위해 목탄을 묻어서 접촉저항을 감소시키는 접지방식은?
    ① 다중 접지　　② 가상 접지
    ③ 심굴 접지　　④ 어스 스크린 접지

55. 다음 중 지구등가 반경계수에 대한 설명으로 틀린 것은?
    ① 전파투시도를 그릴 때 고려되는 요소이다.
    ② 지구상의 어느 위치에서나 일정한 값을 갖는다.
    ③ 실제 지구 반경에 대한 등가지구 반경의 비로 정의된다.
    ④ 전파 가시거리에 영향을 미친다.

56. 다음 중 극초단파(UHF) 신호의 통달거리에 큰 영향을 주지 않는 것은?
    ① 공전　　② 지형
    ③ 복사전력　　④ 안테나 높이

57. 다음 중 임계 주파수에 대한 설명으로 틀린 것은?
    ① 전리층에 수직으로 입사하는 전자파의 반사와 투과의 경계가 되는 주파수이다.
    ② 전리층의 임계주파수를 알면 최대 전자밀도를 알 수 있다.
    ③ 전리층의 전자밀도가 높아지면 임계 주파수는 낮아진다.
    ④ 전리층의 굴절률이 0일 때의 주파수이다.

58. 지향성이 예민한 빔 안테나를 사용하여 최대 전계강도가 도래하는 방향으로 안테나를 지향하도록 하여 페이딩을 줄이는 방식으로 방지 할 수 있는 페이딩은?
    ① 선택성 페이딩
    ② 간섭성 페이딩
    ③ 도약성 페이딩
    ④ 편파성 페이딩

59. 다음 중 우주잡음에 대한 설명으로 틀린 것은?
    ① 태양잡음은 태양의 흑점폭발 등과 같은 열교란에 의해 발생한다.
    ② 은하잡음은 200[MHz] 이상의 주파수를 사용하는 통신에 문제가 된다.
    ③ 태양잡음을 관측하여 자기폭풍이나 델린져 현상의 예보에 이용할 수 있다.
    ④ 우주잡음은 태양잡음과 은하잡음으로 분류할 수 있다.

60. 무선 수신기의 잡음 개선방법으로 틀린 것은?
    ① 수신 전력의 감소

② 내부 잡음전력의 억제

③ 수신기의 실효 대역폭의 축소

④ 적정한 통신방식의 선택

41	42	43	44	45	46	47	48	49	50
②	②	②	②	④	①	①	①	②	③
51	52	53	54	55	56	57	58	59	60
①	③	①	③	②	①	③	②	②	①

02. 무선설비 산업기사 기출문제

41. 유전체에서 발생하는 변위전류에 대한 설명으로 옳은 것은?

① 변위전류의 크기는 일정 전속밀도의 경우 시간적 변화가 적을수록 커진다.
② 분극 전하밀도의 시간적 변화에 따라 발생한다.
③ 전속밀도의 공간적 변화를 나타내는 용어이다.
④ 전류의 크기가 유전체의 크기에 따라 변화되는 전류를 말한다.

42. 다음 중 원거리 통신 이용에 적합한 것은 어느 성분인가?

① 정전계　　　　② 유도계
③ 복사계　　　　④ 저항계

43. 다음 중 정재파비의 의미로 맞는 것은?

① 급전선로 상에서 인덕턴스 값의 최대와 최소의 비
② 급전선로 상에서 커패시턴스 값의 최대와 최소의 비
③ 급전선로 상에서 임피던스 값의 최대와 최소의 비
④ 급전선로 상에서 전압 값의 최대와 최소의 비

44. 선로 1과 선로 2의 결합부분에서 반사계수가 0.7이다. 이때 결합부분에서의 손실을 [dB]로 표현하면 가장 근사한 값은 얼마인가?

① 0.3[dB]　　　② 1.5[dB]
③ 3[dB]　　　　④ 6[dB]

45. 임피던스 정합을 위한 방법의 하나로 $\frac{\lambda}{4}$ 변환기를 이용해서 복소 부하 임피던스 선로를 실수 임피던스로 변환하여 정합을 할 수 있다. 이때 실수부하 임피던스로 변환하기 위한 방법으로 활용되는 것이 아닌 것은?

① 직렬 리엑티브 스터브를 적절히 사용한다.
② 병렬 리엑티브 스터브를 적절히 사용한다.
③ 부하와 변환기 사이의 길이를 적절히 조정한다.
④ 공동 공진기를 부착한다.

46. 평형·불평형 변환회로(Balun)에 LPF(저역통과필터)와 HPF(고역통과필터)를 사용하는 정합회로와 관련이 없는 것은?

① 정전 차폐형
② ±90° 이상회로에 의한 정합
③ 위상 변환형
④ 격자형, 사다리형, 위상 반전형

47. 스페르토프(sperrtopf)형 Balun의 경우 불평형 전류가 흘러 들어오는 것을 저지하기 위한 평행선로 쪽에서 접속점을 본 임피던스는 얼마가 되도록 설계되어야 하는가?

① ∞(무한대)　　　② 0
③ 1　　　　　　　④ 100

48. 공중선에 직렬로 삽입하는 공중선 부하 코일(loading coil)의 기능은?

① 등가적으로 공진파장의 연장
② 등가적으로 공진파장의 단축
③ 등가적으로 공진주파수의 증가

④ 등가적으로 공진주기의 억제

49. 입력전력이 10[W], 효율이 80[%]인 안테나의 최대 복사 방향으로 10[km] 지점에서 전계강도가 10[㎷/m] 이었을 때, 이 안테나의 상대 이득은?

① 7.4 ② 8.4

③ 15.5 ④ 25.5

50. 안테나에서 반사기를 붙이면 어떤 효과가 나타나는가?

① 급전선과의 정합이 용이하다.

② 광대역 특성이 얻어진다.

③ 지향성을 갖도록 만들 수 있다.

④ 접지 저항이 작아진다.

51. 베르니-토시 공중선의 특징 중 틀린 것은?

① 루프 공중선을 회전시키지 않고 고니오미터의 탐색코일을 회전함으로써 전파의 도래 방향을 측정할 수 있다.

② 탐색(수색, 회전, 가동) 코일을 회전시켜 8자형 지향특성을 나타낸다.

③ 평형형 동조급전선을 사용하기 때문에, 임피던스 정합회로는 필요 없다.

④ 단일방향을 결정하기 위하여 수직 공중선이 필요하며, 감도 0일 때 탐색코일 회전각의 직각 방향이 전파의 도래방향이다.

52. End fire helical 안테나의 특징으로 올바른 것은?

① 이득이 낮다.

② 반사파가 존재한다.

③ 단향성을 갖는다.

④ HF대에 이용된다.

53. 지표파의 성질 중에서 잘못된 것은?

① 주파수가 높을수록 전파의 감쇠는 크다.

② 안테나의 지상고가 높을수록 지표파 성분이 적다.

③ 수평편파가 수직편파보다 감쇠가 많다.

④ 대지의 도전율과 유전율에 영향을 받지 않는다.

54. 다음 중 지상파의 장·중파대에서의 주가 되는 전파는?

① 회절파 ② 대지 반사파

③ 직접파 ④ 지표파

55. 지표파에 관한 설명으로 옳지 않은 것은?

① 대지가 완전도체라고 할 때 전계강도는 $E = 120\pi \dfrac{Ih_e}{\lambda d}[V/m]$ 이다.

② 유전율이 작을수록 감쇠가 적어진다.

③ 지표에 가까운 곳에서는 전파의 진행 속도가 늦어진다.

④ 수평편파 쪽이 감쇠가 적다.

56. 마이크로파대의 통신망에 있어서 실용상 특히 문제되는 페이딩(fading)은 어느 형인가?

① K형 ② 신틸레이션형

③ 선택형 ④ 덕트(duct)형

57. 다음 중 전리층에 대한 설명 중 틀린 것은?

① 자외선이 강할수록 전리 현상이 크게 일어난다.

② 굴절, 반사, 산란, 감쇠 및 편파 등이 있다.

③ 공기분자가 적을수록 전리현상이 크게 일어난다.

④ 태양 에너지가 강한 주간에는 F층이 F_1, F_2층으로 구분된다.

58. 다음 중 제1종 감쇠의 설명으로 틀린 것은?

① 사용주파수 f의 제곱에 비례한다.

② 전자 밀도 N에 비례한다.

③ 평균충돌 횟수 즉 대기압에 거의 비례한다.

④ 굴절률에 반비례한다.

59. 다음 중 전리층 전파에서 발생하는 페이딩이 아
닌 것은?

① 편파성 페이딩　　② 흡수성 페이딩

③ 감쇠형 페이딩　　④ 간섭성 페이딩

60. 다음 중 대기 잡음이 아닌 것은?

① 공전잡음　　② 침적 잡음

③ 온도 잡음　　④ 전류 잡음

41	42	43	44	45	46	47	48	49	50
①	③	④	③	④	①	①	①	④	③
51	52	53	54	55	56	57	58	59	60
③	③	④	④	④	④	③	①	③	④

41. 전파의 전파속도에 영향을 미치는 요소로 맞는 것은?

① 유전율과 투자율

② 점도와 유전율

③ 투자율과 도전율

④ 유전율과 도전율

42. 전계 강도가 3.0[mV/m]인 자유 공간의 단위 면적 당 단위 시간에 통과하는 전자파 에너지는 약 얼마인가?

① 15.14×10^{-2} [μW]

② 3.77×10^{-2} [μW]

③ 2.39×10^{-2} [μW]

④ 1.44×10^{-2} [μW]

43. 전파의 성질에 대한 설명으로 바른 것은?

① 균일 매질 중을 전파하는 전파는 회절 한다.

② 전파는 종파이다.

③ 주파수에 상관없이 회절만 한다.

④ 주파수가 높을수록 직진하며 낮을수록 회절 한다.

44. 다음 중 도파관에 대한 설명으로 적합하지 않은 것은?

① 취급할 수 있는 전력이 크다.

② 외부에 전파를 방사하지 않으므로 유도방해가 적다.

③ 도파관은 내벽에 은 또는 금으로 도금하기에 전도도가 높고 손실이 적다.

④ 차단주파수 이하의 전파만 통과시키므로 저역여파기로 동작한다.

45. 동조 급전선에 대한 설명으로 맞는 것은?

① 정재파를 실이 급전히므로 반사파로 인한 전송 효율 저하가 일어난다.

② 진행파만 존재하므로 장거리 전송에 유리하다.

③ 평형, 불평형 급전선을 모두 사용할 수 있다.

④ 전압 정재파비가 1이다.

46. 임피던스 정합에 대한 내용으로 적절하지 않는 것은?

① 부하가 선로에 정합되었을 때 급전선에서의 전력손실이 최소이다.

② 수신 장치에서 시스템의 S/N비를 향상시킨다.

③ 전력 분배 망 회로에서 진폭과 위상의 오차를 감소시킨다.

④ 부하 임피던스 실수부가 "0"인 경우에만 정합회로를 구할 수 있다.

47. 어떤 급전선의 종단을 단락시켰을 때의 입력 임피던스가 25[Ω]이고 개방했을 때는 100[Ω]이었다. 이 급전선의 특성 임피던스는 얼마인가?

① 25[Ω]

② 50[Ω]

③ 100[Ω]

④ 250[Ω]

48. 정재파(Standing Waves)에 대한 설명으로 바르지 못한 것은?

① 선로상의 전압과 전류는 입사파 및 반사파의 중첩으로 구성된다.

② 반사파 전압의 진폭을 입사파 전압의 진폭에 대해서 정규화 시킨 값을 부하 임피던스 값이라 한다.

③ 반사계수가 "0"인 경우 반사파가 존재하지

않는다.

④ 부하 임피던스와 특성 임피던스가 같을 경우 입사파의 반사파가 발생하지 않는다.

49. 다음 중 대수주기 공중선에 대한 설명 중 적합하지 않은 것은?

① 진행파형 공중선으로 방향 탐지용으로 주로 사용된다.

② 단파대에서 극초단파 대까지 사용되는 광대역 공중선이다.

③ 지향성은 급전 점 방향으로 단향 성을 나타내며, 이득은 약 10[dB]정도이다.

④ 공중선의 크기와 모양이 비례적으로 커지는 여러 개의 소자로 구성된다.

50. 다음 안테나 중에서 사용주파수 대역이 다른 안테나는?

① 반파장 다이폴 안테나

② Cassegrain 안테나

③ Rhombic 안테나

④ Zeppeling 안테나

51. 다음 중 MF ～ HF 대역을 사용하는 공중선으로 적당한 것은?

① 대수주기 공중선

② 슬롯 공중선

③ 혼 공중선

④ 애드콕 공중선

52. 진행파형 안테나가 갖는 일반적인 성질이 아닌 것은?

① 광대역 　　　　② 단향 성

③ 고효율 　　　　④ 부엽이 많음

53. 초단파 대역용 안테나로 정합장치가 불필요하며, 실효길이가 반파장 다이폴 안테나의 약 2배가 되는 안테나는?

① 루프(Loop)안테나

② 롬빅(Rhombic)

③ 폴디드(Folded)안테나

④ 턴스타일(Turn style)안테나

54. 전리층에서 임계 주파수에 대한 설명으로 틀린 것은?

① 전리층의 굴절률 n=∞일 때의 주파수

② 전리층을 반사하는 주파수 중 가장 높은 주파수

③ 전리층을 통과하는 주파수 중 가장 낮은 주파수

④ 전리층에서 수직 입사파의 반사와 투과의 경계 주파수

55. 다음 중 MUF(Maximum Usable Frequency)의 설명으로 잘못된 것은?

① 주간에는 낮고, 야간에는 높다.

② 여름에 높고, 겨울에 낮다.

③ 송신전력과는 무관하다.

④ 높은 주파수는 전리층을 통과하므로 수신점에 도달하지 못한다.

56. 다음 중 지표면에서 가장 가까운 전리층 영역은?

① A층 영역 　　　② D층 영역

③ E층 영역 　　　④ F층 영역

57. 다음 중 지상파 가운데에 시계 외의 원거리 통신에 사용되는 전파는?

① 직접파 　　　　② 지면 반사파

③ 표면파 　　　　④ 회절파

58. 다음 중 대류권파에 해당되지 않는 것은?

① 대류권 굴절파 　② 대류권 투과파

③ 대류권 반사파 　④ 대류권 회절파

59. 다음 중 전파의 도약거리(skip distance)에 대한 것으로 옳지 않은 것은?

① 전리층의 높이가 높으면 도약거리도 멀어진다.

② 사용하는 주파수가 임계주파수보다 높을 때 생긴다.

③ 정할의 법칙을 이용하여 구할 수 있다.

④ 불감지대는 도약거리보다 약 2배 먼 곳에 위치한다.

60. 다음 중 전자밀도의 시간적 변화율이 큰 일출, 일몰 시 현저한 페이딩은?

① 도약성 페이딩   ② 간섭성 페이딩
③ 흡수성 페이딩   ④ 편파성 페이딩

41	42	43	44	45	46	47	48	49	50
①	③	④	④	①	④	②	②	①	②
51	52	53	54	55	56	57	58	59	60
④	③	③	①	①	②	④	②	④	①

41. 전계와 자계에 대한 설명으로 바른 것은?

① 자기력선은 발산이 있으나 전기력선은 없다.
② 전계와 자계 모두에 에너지 보존법칙이 성립한다.
③ 전계는 전류 및 자하에 의하여 형성된다.
④ 전기력선은 항상 폐곡선을 형성한다.

42. Maxwell 방정식을 이루는 법칙이 아닌 것은?

① 패러데이(Faraday) 법칙
② 암페어(Ampere) 법칙
③ 스넬(Snell) 법칙
④ 가우스(Gauss) 법칙

43. 자유 공간에서 단위 면적을 단위 시간에 통과하는 전파 에너지가 3[μW/m²]이었다. 이때 자유공간의 전계강도는 약 얼마인가?

① $6.45[\mu V/m]$ ② $16.81[\mu V/m]$
③ $33.63[\mu V/m]$ ④ $45.65[\mu V/m]$

44. 다음 중 공중선과 급전선간 부정합시의 문제점이 아닌 것은 어느 것인가?

① 송신기의 동작이 불안정해 진다.
② 반사손실(부정합손실)이 증가한다.
③ 급전선의 절연이 파괴된다.
④ 최대 전송전력이 증가 한다.

45. 특성 임피던스가 75[Ω]인 급전선상의 VSWR(전압정재파비)가 4라면 반사계수는 얼마인가?

① 0.2 ② 0.4 ③ 0.6 ④ 0.8

46. 방송 주파수 100[MHz]용 공중선의 비동조 급전선의 끝을 단락, 접지한 75[cm]의 트랩을 병렬 접속할 때 일어나는 현상과 관련 없는 것은?

① 시스템의 신호 대 잡음비가 개선된다.
② 정재파의 발생으로 전송효율이 증가한다.
③ 전력 분배 회로망에서 진폭과 위상의 오차를 감소시킨다.
④ 발사 전파의 세기에 변화는 없다.

47. 동축 급전선과 비교한 도파관의 특징이다. 옳지 않는 것은?

① 차단파장이 없다. ② 유전체손실이 적다.
③ 방사손실이 없다. ④ 전송전력이 크다.

48. 아이솔레이터(Isolator)에 대한 설명으로 바르지 못한 것은?

① 아이솔레이터는 마이크로파 자성재료, 정합용 콘덴서, 자석케이스, 저항 등으로 구성된다.
② 집중 정수형 아이솔레이터는 파장에 비례해서 페라이트의 크기를 늘려야 한다.
③ 집중소자 아이솔레이터의 경우 코일의 길이는 아이솔레이터 동작 주파수에서의 파장보다 훨씬 짧아야 한다.
④ 감쇠기 판(Vane)은 저항성 소재의 병렬 구조로 되어있다.

49. 미소 다이폴(hertz dipole)의 전계강도를 구하는 공식으로 맞지 않는 것은?
(단, P : 복사전력, L : 안테나 길이, d : 안테나로부터 떨어진다.)

① $\dfrac{\sqrt{45P}}{d}$ ② $\dfrac{6.7\sqrt{P}}{d}$

③ $\dfrac{60\pi IL}{\lambda d}$ ④ $\dfrac{7\sqrt{P}}{d}$

50. λ /4의 수직접지안테나에 주파수 2[㎒]이고, 급전점의 최대 전류가 10[A]를 흘렸을 때 도선 상의 25[m]의 지점에서의 전류는 얼마인가?

① 3[A]   ② 5[A]   ③ 7[A]   ④ 9[A]

51. 다음 중 지향성 공중선의 설명으로 가장 적합한 것은?

① 무선전자파 에너지를 모든 방향으로 똑같이 잘 송수신할 수 있는 공중선
② 상공파로 전파되는 전자파 에너지를 송수신할 수 없는 공중선
③ 주로 단일 방향의 전자파 에너지를 송수신하는 공중선
④ 송신전력을 측정하기 위해 방향성 결합기를 사용하는 공중선

52. 위성 통신 지구국을 고이득 저잡음 안테나로써 회전 쌍곡선 곡면을 부반사경으로 사용 하는 안테나는?

① Horn-reflector 안테나
② Parabolic 안테나
③ Cassegrain 안테나
④ Corner reflector 안테나

53. 지구국 수신기의 수신능력을 나타내는 것은?

① 안테나의 실효면적과 실제면적의 비
② 반송파 전력과 잡음의 비
③ 안테나의 이득과 수신기의 잡음온도의 비
④ 비트에너지대 잡음전력의 비

54. 다음 중 직접파를 이용하여 통신하는 방식은?

① 중파통신   ② 중단파통신
③ 단파통신   ④ 마이크로파 통신

55. 다음 중 VHF와 UHF의 주파수 범위는?

① VHF : 300 ~ 3000[㎒], UHF : 30 ~ 300 [㎒]
② VHF : 3 ~ 30[㎒], UHF : 30 ~ 300[㎒]
③ VHF : 30 ~ 300[㎒], UHF : 300 ~ 3000 [㎒]
④ VHF : 30 ~ 300[㎒], UHF : 3 ~ 30[㎒]

56. 초단파대 전파가 전파될 때 그 사이에 존재하는 산악 회절파의 특징 중 잘못된 것은?

① 아주 적은 손실로 초단파대 초가시거리 통신을 수행할 수 있다.
② Fading이 적고 안정하다.
③ 지리적 제한을 받지 않는다.
④ 간편하고 시설 및 운영비의 점에서 유리하다.

57. 어느 송 · 수신소 사이의 MUF (Maximum Useful Frequency)가 10[㎒]일 때 FOT(Frequency of Optimum Transmission)는 얼마인가?

① 6.55[㎒]   ② 7.5[㎒]
③ 8.5[㎒]   ④ 9.5[㎒]

58. 전리층 반사파는 입사각이 어느 정도 이상으로 커야만 지구로 돌아온다. 이때 전리층 반사파가 최초로 지표면에 도달하는 지점과 송신점 간의 거리를 무엇이라 하는가?

① 불감지대(Skip Zone)
② 프리즈넬 존(Fresnel Zone)
③ 블랭킷(blanket) 에러어
④ 도약거리(Skip Distance)

59. 단파가 전리층을 통과하거나 반사될 때 전자나 공기분자와 충돌로 인하여 감쇠 량이 반하여 발생하는 페이딩은?

① 간섭성 페이딩   ② 편파성 페이딩
③ 흡수성 페이딩   ④ 선택성 페이딩

60. 다음 중 도약성 페이딩의 방지 방법으로 옳지 않
   은 것은?

① 수신기내에 AGC회로나 진폭 제한기 사용

② 중파 송신일 때 페이딩 방지용 공중선 사용

③ 다이버시티 수신법 사용

④ 전파 흡수체 사용

41	42	43	44	45	46	47	48	49	50
②	③	③	④	③	②	①	②	④	②
51	52	53	54	55	56	57	58	59	60
③	③	③	④	③	③	③	④	③	④

41. 주파수 150[KHz]로 발사하는 무선통신에서 정전계, 유도 전자계, 복사 전자계가 같아지는 거리는 안테나로부터 얼마의 거리인가?

① 320[m]
② 500[m]
③ 680[m]
④ 770[m]

42. 무손실 매질 내 비유전율이 5, 비투자율이 5이고 주파수 3[GHz]인 평면파가 전파할 때 이파에 대한 파장[m]과 파동 임피던스[Ω]는?

① 0.01[m], 128[Ω]
② 0.02[m], 256[Ω]
③ 0.01[m], 256[Ω]
④ 0.02[m], 377[Ω]

43. 다음 중 전파의 성질에 대한 설명으로 틀린 것은?

① 전파는 종파이다.
② 전파는 균일 매질에서는 직진한다.
③ 주파수가 낮을수록 회절하는 성질이 있다.
④ 굴절률이 다른 매질의 경계면에서는 빛과 같이 반사하고 굴절한다.

44. 평형•불평형 변환회로(BALUN)에 대한 설명으로 잘못 설명된 것은?

① 평형전류만 흐르게 하며 초단파대 이상의 정합 회로로 사용된다.
② 스페르토프형 BALUN의 경우 단일 주파수용으로 쓰인다.
③ L, C소자를 사용하는 것을 분포 정수형 BALUN이라 한다.
④ 집중 정수형 BALUN으로 위상 반전형과 전자 결합형이 있다.

45. 동조 급전선의 특징에 대한 설명이다. 틀린 것은?

① 정합 장치가 불필요하다.
② 급전선상에 정재파를 실어 급전한다.
③ 전송효율이 비동조 급전선보다 좋다.
④ 급전선의 길이와 파장은 일정한 관계가 있다.

46. 공중선을 도파관에 정합하는 경우 아래의 임피던스 정합방법 중 적당하지 않은 것은?

① 도파관 창에 의한 정합
② 무반사 종단기에 의한 정합
③ 도체봉에 의한 정합
④ 방향성 결합기에 의한 정합

47. 동축케이블 급전선의 내부 도체를 제거한 것과 같이 고역필터로서 작용을 하며 고주파 급전과정에서 방사손실이 거의 없는 특성을 갖는 급전선은?

① 도파관
② 마이크로 스트립
③ 공동 공진기
④ 평형 5선식 급전선

48. 선박용 무선송신기의 공중선 결합회로로 가장 많이 사용되는 것은?

① T형 결합회로
② 유도형 결합회로
③ π형 결합회로
④ 역 L형 결합회로

49. 다음 중 마이크로파에 이용되는 공중선의 이득에 관계없는 요소는?

① 주파수

② 송신기 출력

③ 반사면의 고르기

④ 공중선의 개구면적

50. 수신기에서 수신 전력을 증가시키는 방법으로 옳지 않은 것은?

① 상대 송신전력을 증가시킨다.

② 지향성이 낮은 안테나를 사용한다.

③ 이득이 높은 안테나를 사용한다.

④ 실효고가 높은 안테나를 사용한다.

51. 다음 중 선박용 레이더 안테나로 많이 사용되는 것은?

① 루프 안테나

② Slot array 안테나

③ 카세그레인 안테나

④ Horn reflector 안테나

52. 전계강도의 단위는?

① A/m   ② V/m

③ F/m   ④ C/m

53. 다음 중 장중파용 공중선 특징으로 맞는 것은?

① 실효고를 높이는 구조의 공중선이 많이 사용된다.

② 파장이 짧으므로 고유파장의 공중선을 얻기 쉽다.

③ 설치비가 비교적 저렴하다.

④ FM통신방식, TV방송 등 주파수 대역이 넓은 통신에도 사용되므로 광대역 임피던스 특성을 보인다.

54. 단파통신에서 생기는 페이딩(fading)에 대한 경감 방법으로 적합하지 않은 것은?

① 간섭성 페이딩은 주파수 합성수신법을 사용한다.

② 편파성 페이딩은 편파 합성수신법을 사용한다.

③ 도약성 페이딩은 주파수 합성수신법을 사용한다.

④ 흡수성 페이딩은 공간 합성수신법을 사용한다.

55. 다음 중 VHF대 이상에서 주로 발생하는 신틸레이션(Scintillation) 페이딩의 특징으로 맞는 것은?

① 여름보다 겨울에 많이 발생한다.

② 레벨 변동폭은 10[dB] 이상이다.

③ 반사수면의 파동으로 발생한다.

④ 발생주기가 아주 짧으며, 전계강도는 수 10[dB]이상이다.

56. 우주통신에서 전파의 창 범위를 결정하는 요소로 적합하지 않은 것은?

① 우주잡음의 영향

② 전리층의 영향

③ 정보전송량의 문제

④ 도플러 효과의 영향

57. 다음 지상파 중 지표파가 주가 되는 주파수대는 어느 것인가?

① 장•중파대   ② 단파대

③ 초단파대   ④ 마이크로파대

58. 송수신점 사이의 거리가 먼데도 불구하고 수신전계가 크게 되는 것을 무엇이라고 하는가?

① 자기람   ② 대척점 효과

③ 룩셈부르크 효과   ④ 델린저

59. 다음 중 단파가 멀리까지 도달하는 이유는?

① 감쇠가 작기 때문에

② 지표파를 이용하기 때문에

③ 전리층 반사파를 이용하기 때문에

④ 굴절되어 전파되기 때문에

60. 다음 중 대기잡음이 아닌 것은?
  ① 공전잡음　　② 침적잡음
  ③ 온도잡음　　④ 전류잡음

41	42	43	44	45	46	47	48	49	50
①	④	①	③	③	④	①	③	②	②
51	52	53	54	55	56	57	58	59	60
②	②	①	④	③	④	①	②	③	④

41. 전파의 전파속도에 영향을 미치는 요소로 맞는 것은?

① 유전율과 투자율　② 점도와 유전율
③ 투자율과 도전율　④ 유전율과 도전율

42. 아래의 전파 성질에 대한 내용 중 표현이 바르지 못한 것은?

① 굴절률이 서로 다른 매질의 경계 면에서 굴절이 일어난다.
② 전파는 횡파이다.
③ 전파는 주파수가 낮을수록 직진한다.
④ 균일 매질 중을 전파하는 전파는 직진한다.

43. 다음 중 전류에 의한 자계의 방향을 나타내는 법칙은 어느 것인가?

① 렌츠의 법칙
② 암페어의 오른나사의 법칙
③ Stokes 정리
④ 페러데이의 법칙

44. 다음 중 전압반사계수 계산식으로 맞는 것은? (단, Z_0 : 선로의 특성임피던스, Z_R : 선로의 수전단에 접속한 부하임피던스)

① $\dfrac{Z_0 - Z_R}{Z_R + Z_0}$　　② $\dfrac{2Z_R}{Z_R + Z_0}$

③ $\dfrac{Z_R - Z_0}{Z_R + Z_0}$　　④ $\dfrac{2Z_0}{Z_R + Z_0}$

45. 급전선에 대한 설명 중 가장 적합한 것은?

① 전송 효율이 좋고 정합이 용이해야 한다.
② 특성 임피던스는 길이와 관계가 있다.
③ 감쇠정수는 특성 임피던스와 관계기 없다.

④ 무왜곡 조건은 $RG = CL$로 정의된다.

46. 비유전율이 2.3인 동축케이블 중 특성 임피던스가 가장 적은 것은?

① 내경 2[mm], 외경 1[cm]
② 내경 2[mm], 외경 2[cm]
③ 내경 3[mm], 외경 1[cm]
④ 내경 3[mm], 외경 2[cm]

47. 다음 급전선 중 외부잡음의 영향을 가장 적게 받는 것은?

① 단선식　　② 평행 2선식
③ 평행 4선식　　④ 동축케이블식

48. BALUN(평형–불평형 변환회로)에 대한 설명으로 옳지 않은 것은?

① 반파장 다이폴을 동축 급전선으로 급전할 때 사용하면 좋다.
② 구성에 따라 집중정수형과 분포정수형이 있다.
③ 반파장 다이폴을 평행 2선식 급전선으로 급전할 때 필요하다.
④ 안테나와 급전선의 전자계 분포(mode)가 다른 경우에 사용한다.

49. 공중선에 직렬로 삽입하는 공중선 부하 코일 (loading coil)의 기능은?

① 등가적으로 공진파장의 연장
② 등가적으로 공진파장의 단축
③ 등가적으로 공진주파수의 증가
④ 등가적으로 공진주기의 억제

50. 미소 다이폴에 관한 설명으로 적합한 것은?

① 길이가 반파장과 거의 같은 다이폴이다.

② 방사전력은 $80\pi^2 I^2 (\frac{l}{\lambda})^2$로 나타난다.

③ H면 지향성과 E면 지향성이 모두 무지향성이다.

④ 안테나선로의 전류분포는 정현파 형태이다.

51. 자유공간에 놓인 수평 반파장 다이폴 공중선의 중앙부의 전류가 10[A]일 때 공중선이 도선과 직각 방향으로 20[km] 떨어진 점의 전계강도는 얼마인가?

① 7.5[mV/m]　　② 15[mV/m]

③ 30[mV/m]　　④ 60[mV/m]

52. 다음 중에서 방사효율이 가장 큰 경우는?

① 손실저항이 10[Ω]인 반파장 다이폴 안테나

② 손실저항이 20[Ω]인 반파장 다이폴 안테나

③ 손실저항이 50[Ω]인 반파장 다이폴 안테나

④ 손실저항이 73[Ω]인 반파장 다이폴 안테나

53. 다음 중 야기 안테나에 대한 설명으로 적합하지 않은 것은?

① 단방향의 예리한 지향성을 갖는다.

② 도파기 수를 증가하면 광대역성을 갖는다.

③ 반사기는 $\frac{\lambda}{2}$보다 길게 되므로 유도성분을 갖는다.

④ 도파기의 길이는 투사기의 길이보다 짧다.

54. 다음 중 카세그레인 공중선에 대한 설명으로 적합하지 않는 것은?

① 부엽(사이드 로브)이 많다.

② 위성통신용 지구국 고이득 공중선으로 사용된다.

③ 1차 방사기(전자나팔)를 주반사기 쪽에 설치한다.

④ 누설전력이 천체방향으로 향하기 때문에 대지에서의 잡음을 적게 받는다.

55. 지표파의 성질 중에서 잘못된 것은?

① 주파수가 높을수록 전파의 감쇠는 크다.

② 안테나의 지상고가 높을수록 지표파 성분이 적다.

③ 수평편파가 수직편파보다 감쇠가 많다.

④ 대지의 도전율과 유전율에 영향을 받지 않는다.

56. 실제지구반경(r), 등가지구반경(R), 등가지구반경계수(K)라고 할 때, 이들은 어떤 관계식을 갖는가?

① $K = \dfrac{R}{r}$　　② $K = \dfrac{r}{R}$

③ $R = \dfrac{K}{r}$　　④ $R = \dfrac{r}{K}$

57. 다음 중 전계강도의 변동폭이 크고 특히 마이크로파대역에서 실용상 문제가 되는 페이딩은 어느 형인가?

① K형　　② 신틸레이션형

③ 선택형　　④ 덕트(duct)형

58. 단파 무선통신에서 페이딩(Fading)방지 또는 경감방법과 관계가 없는 것은?

① 공간 다이버시티 수신법

② AGC회로 부가

③ 탑로딩(Top loading) 공중선

④ 주파수 다이버시티 수신법

59. 동일한 전파가 반사 또는 굴절 등에 의해 둘 이상 서로 다른 통로를 통해 수신점에 도달하는 경우 이들 전파끼리 간섭을 일으켜 발생하는 페이딩은?

① 편파성 페이딩　　② 흡수성 페이딩

③ 도약성 페이딩　　④ 간섭성 페이딩

60. 다음 중 초단파 통신에서 수신점 전계강도에 영
향이 가장 적은 것은?
① 사용주파수
② 통신거리
③ 전리층 높이
④ 송수신 안테나의 높이

41	42	43	44	45	46	47	48	49	50
①	③	②	③	①	③	④	③	①	②
51	52	53	54	55	56	57	58	59	60
③	①	②	①	④	①	④	③	④	③

41. 동축케이블에서 비유전율이 2.3인 폴리스틸렌을 매질로 사용하는 경우에 특성 임피던스는 약 얼마인가? (단, 동축케이블의 손실이 최소가 되는 조건으로 $D/d = 3.6$이 되는 조건)

① 35[Ω]

② 50[Ω]

③ 75[Ω]

④ 100[Ω]

42. 전자파가 자유공간을 진행할 때 단위시간당 단위면적을 통과하는 에너지밀도를 나타낸 것은?

① 포인팅전력

② 파동방정식

③ 맥스웰방정식

④ 암페어법칙

43. 도파관에 대한 설명으로 바르지 못한 것은?

① 원형 도파관에서는 TE_{11} 모드가 기본모드이다.

② 도파관에는 각 모드에 대응하는 차단파장이 존재하지 않는다.

③ 도파관용 창은 도파관용 필터, 공동 공진기의 출력을 얻는데 사용된다.

④ 도파관내의 임피던스는 슬롯이 있는 도체 판을 관내에 삽입하여 전자계 분포를 변화시킴으로써 변경이 가능하다.

44. 전송 선로의 특성 임피던스가 50+j0.01[Ω]이고 부하 임피던스가 73-j42.5[Ω]일 때 정재파비는 얼마인가?

① 2.21

② 0.37

③ 1.37

④ 0.63

45. 송신기의 급전선에서 최대전압이 66[V]이고 이 선로에서의 반사계수(Γ)가 0.5인 경우 급전선에서의 최소전압[V]은 얼마인가?

① 66

② 33

③ 22

④ 36

46. 일반적인 동축케이블과 도파관의 전자계에 대한 설명 중 바르지 못한 것은?

① TEM모드에서는 전파의 진행방향에 전계, 자계 성분이 없다.

② TEM모드에서는 전파진행의 직각방향에 전계와 자계가 존재한다.

③ TEM은 동축케이블 내에는 존재하나 도파관 내에는 존재하지 않는다.

④ 도파관과 동축케이블 모두에 차단 파장은 없다.

47. 정재파비(VSWR)에 대한 설명으로 바르지 못한 것은?

① 전압 정재파는 정재파의 최대전압과 최소전압의 비로 정의된다.

② 전류 정재파비는 정재파의 최대전류와 최소전류의 비로 정의된다.

③ 선로 상에는 근접한 최대치와 다음 최대치의 간격은 반파장거리이다.

④ 임피던스가 완전히 정합된 경우 정재파비 S=0의 관계가 있다.

48. 공진회로에서 1.5[H]의 인턱터와 $0.4[\mu F]$의 캐패시터가 직결 연결된 경우 공진주파수는 약 얼마인가?

① 103[Hz]

② 205[Hz]

③ 301[Hz]

④ 405[Hz]

49. 중파 방송국의 송신 안테나에서 발사되는 전파는?

① 원형 편파

② 수평 편파

③ 타원 편파   ④ 수직 편파

50. 반파장 다이폴 안테나에 대한 설명으로 바르지 못한 것은?

① 안테나의 길이는 $\frac{\lambda}{2}$ 이다.

② 전류의 크기는 양쪽 끝에서 최소가 된다.

③ 전압의 크기는 양쪽 끝에서 최대가 된다.

④ 반사형 안테나이다.

51. 길이가 25[m]인 $\frac{\lambda}{4}$ 수직접지 공중선의 공진주파수는 얼마인가?

① 1.5[MHz]   ② 3[MHz]

③ 6[MHz]   ④ 12[MHz]

52. 안테나의 고유 주파수를 높이기 위한 방법이 아닌 것은?

① 센터 로딩(center loading)

② 로우 로딩(low loading)

③ 베이스 로딩(base loading)

④ 탑 로딩(top loading)

53. 다음 중 초단파의 전파 특성에 대한 설명으로 바르지 못한 것은?

① 주파수가 높기 때문에 지표파는 감쇠가 심하다.

② 태양의 활동에 따라 수신강도의 변화는 단파보다 영향이 심하다.

③ 대기의 굴절 때문에 기하학적 가시거리보다 약간 멀리까지 도달한다.

④ 직접파와 대지 반사파에 의해서 전계강도가 정해진다.

54. 다음 중 라디오 덕트의 생성원인에 의한 분류로 적합하지 않은 것은?

① 이류성 덕트

② 접지형 덕트

③ 전선에 의한 덕트

④ 야간냉각에 의한 덕트

55. 다음 중 전파투시도(지형단면도)에 대한 설명으로 바르지 못한 것은?

① 전파통로 상에서 수평방향의 장애물을 살펴볼 때 편리하다.

② 전파통로를 나타내는 지구 단면도로 Profile Map이라고도 한다.

③ 등가지구 반경계수 K를 고려하여 작성해야 한다.

④ 전파통로를 직선으로 취급할 수 있게 한다.

56. 다음 중 지표파 전파가 잘 전파되는 순서부터 나열한 것은?

① 해상, 구릉, 평지, 산악, 사막

② 사막, 산악, 구릉, 평지, 해상

③ 해상, 평지, 구릉, 산악, 사막

④ 사막, 산악, 평지, 구릉, 해상

57. 다음 항목 중 가장 큰 값은 어느 것인가?

① 등가지구 반경 계수(K)

② 수정굴절률(m)

③ M단위 수정굴절률(M)

④ 표준대기의 굴절률(n)

58. 다음 중 지상파에 포함되지 않는 전파는 어느 것인가?

① 직접파   ② 대지 반사파

③ 지표파   ④ 전리층 반사파

59. 전파(電波)가 전파(傳播)하는 통로인 대지에서 전기적 성질이 변한 곳이 있으면 그 지점에서 전파의 굴절작용에 의해 전파의 진행방향이 변화되는데 이 현상에 의한 오차를 무엇이라 하는가?

① 야간 오차   ② 해안선 오차

③ 대척점 오차　　　④ 편파 오차

60. 대류권의 변동 현상에 의한 페이딩의 분류에 포
함되지 않는 것은?

① 선택성 페이딩　　　② 감쇠형 페이딩
③ 덕트형 페이딩　　　④ 산란형 페이딩

41	42	43	44	45	46	47	48	49	50
②	①	②	①	③	④	④	②	④	④
51	52	53	54	55	56	57	58	59	60
②	②	②	②	①	③	③	④	②	①

41. "높은 주파수 전류에 의해 변화하고 있는 전계는 자계를 발생한다." 라는 사실을 뒷받침하는 이론으로 적합한 것은?

① 라플라스 방정식

② 렌쯔의 법칙

③ 맥스웰 방정식

④ 베르누이 정리

42. 공중선의 편파상태와 전파의 편파상태에 따라 안테나에 유기되는 전압과의 관계 설명에 대한 내용으로 바른 것은?

① 전파의 편파상태와 안테나의 편파상태가 일치(0°)할 때 최대전압이 유기된다.

② 전파의 편파상태와 안테나의 편파상태가 일치할 때 최소전압이 유기된다.

③ 전파의 편파상태와 안테나의 편파상태가 90° 일 때 최대전압이 유기된다.

④ 전파의 편파상태와 안테나의 편파상태가 45° 일 때 최소전압이 유기된다.

43. 전파의 파장과 관련이 있는 것은?

① 전파의 편파   ② 전파의 속도

③ 전파의 흡수   ④ 전파의 간섭

44. 다음 중 $\epsilon_s = 5$, $\mu_s = 10$인 매질 내에서의 전파의 속도를 계산하면 얼마인가?

① $\frac{1}{3}\sqrt{2}\times10^7\,[m/s]$ ② $3\sqrt{5}\times10^7\,[m/s]$

③ $3\sqrt{2}\times10^7\,[m/s]$ ④ $\frac{1}{3}\sqrt{5}\times10^7\,[m/s]$

45. 급전선의 무왜곡 조건식을 옳게 표시한 것은?

① $\frac{C}{G} = \frac{R}{L}$ ② $\frac{G}{C} = \frac{R}{L}$

③ $\frac{2C}{G} = \frac{R}{L}$ ④ $\frac{C}{2G} = \frac{R}{L}$

46. 도파관에 대한 설명으로 잘못된 것은?

① 원형 도파관은 기본자태가 TE_{11}이다.

② 구형 도파관은 기본자태가 TM_{10}이다.

③ 도파관에서 차단주파수 이하 주파수는 고역통과필터(HPF)로 동작한다.

④ 관내의 파장은 자유공간에서의 파장보다 길다.

47. 투과계수에 대한 설명으로 바른 것은?

① 투과 전압을 입사 전압으로 나눈 값이다.

② 특성 임피던스를 부하 임피던스로 나눈 값이다.

③ 진행파와 반사파의 크기 비율이다.

④ 임피던스 부정합을 일컫는 용어이다.

48. 특성 임피던스 300[Ω]인 전송선로에 100[Ω]의 부하를 접속할 때 전압정재파비는?

① 1   ② 2   ③ 3   ④ 4

49. $\frac{\lambda}{4}$ 수직접지 안테나의 실효 인덕턴스와 실효 캐패시턴스가 각각 L_e, C_e일 때 $\frac{\lambda}{4}$ 수직접지 안테나의 공진주파수 f는?

① $\frac{1}{2\pi\sqrt{L_e C_e}}$ ② $\frac{1}{\sqrt{L_e C_e}}$

③ $\sqrt{\frac{L_e}{C_e}}$ ④ $\sqrt{\frac{C_e}{L_e}}$

50. 복사전력과 전계강도 사이의 관계가 올바르게 표현된 것은?

① $P \propto E^2$ ② $P \propto E$

③ $P \propto \sqrt{E}$ ④ $P \propto \dfrac{1}{E}$

51. 미소 루프 안테나에 대한 설명으로 틀린 것은?

① 소형으로 이동이 용이하다.
② 방향 탐지, 무선표지 및 측정에 이용된다.
③ 효율이 좋고 급전선과 정합이 쉽다.
④ 수평면 내 8자형 지향특성을 갖는다.

52. 미소 다이폴 안테나에서 생성되는 전파 중에서 원거리에서 주가 되는 성분은?

① 정전계   ② 정자계
③ 복사계   ④ 유도계

53. 자유공간에 있는 반파장 다이폴 안테나의 최대 방사 방향으로 10[km]인 지점에서 측정한 전계강도가 5[mV/m]일 때, 안테나의 방사전력은?

① 약 1[W]   ② 약 7[W]
③ 약 51[W]   ④ 약 357[W]

54. 전리층에서 임계 주파수에 대한 설명으로 틀린 것은?

① 전리층의 굴절률 $n = \infty$일 때의 주파수
② 전리층을 반사하는 주파수 중 가장 높은 주파수
③ 전리층을 통과하는 주파수 중 가장 낮은 주파수
④ 전리층에서 수직 입사파의 반사와 투과의 경계 주파수

55. 대기의 3요소에 해당되지 않는 것은?

① 기압   ② 습도   ③ 기온   ④ 압력

56. 태양 흑점의 수에 따른 전리층의 전리현상과 맞는 것은?

① 흑점 수가 증가할수록 전리현상이 커진다.
② 흑점이 없으면 전리 현상은 '0' 이 된다.
③ 흑점 수가 증가할수록 전리현상이 작아진다.
④ 흑점은 전리층에 영향을 미치지 않는다.

57. 다음 중 지상파에 포함되지 않는 전파는 어느 것인가?

① 직접파   ② 대지 반사파
③ 지표파   ④ 전리층 반사파

58. 지상파 중 가시거리 외에서의 주가 되는 파는?

① 회절파   ② 전리층파
③ 반사파   ④ 직접파

59. 다음 중 대류권 전파의 감쇠에 해당되지 않는 것은?

① 강우에 의한 감쇠
② 구름, 안개에 의한 감쇠
③ 바람에 의한 감쇠
④ 대기에 의한 감쇠

60. 전리층 전파에서 동일 특성의 신호가 일정한 시간 간격으로 되풀이되는 현상은?

① 페이딩 현상   ② 공전 현상
③ 에코(Echo) 현상   ④ 델린저(Dellinger) 현상

41	42	43	44	45	46	47	48	49	50
③	①	②	③	②	②	①	③	①	①

51	52	53	54	55	56	57	58	59	60
③	③	③	①	④	①	④	①	③	③

41. 다음 중 위상속도와 군속도의 관계로 가장 적합한 것은?(단, V_p: 위상속도, V_g: 군속도, C: 광속도이다.)

① $V_p \cdot V_g = C$
② $V_p \cdot V_g = C^2$
③ $\dfrac{V_p}{V_g} = C$
④ $\dfrac{V_p}{V_g} = C^2$

42. 맥스웰에 의해 완성된 전기와 전자 관련 4개 방정식과 관련 없는 것은?

① $\nabla \times H = J + \dfrac{\partial D}{\partial t}$
② $\nabla \cdot D = \rho$
③ $\nabla \cdot E = \infty$
④ $\nabla \cdot B = 0$

43. 다음 설명 중 틀린 것은?

① 전파는 종파이다.
② 정전계에서는 에너지 이동이 없다.
③ 유도전자계는 거리의 제곱에 반비례하여 감쇠한다.
④ 복사전자계는 거리에 반비례하여 감쇠한다.

44. 다음 급전선의 정합과 관련된 설명 중 바르지 못한 것은?

① 급전선 단이 개방되어 있어도 선로의 길이가 무한히 긴 경우 반사파가 없는 전송이 가능하다.
② 반사파가 없는 전송의 경우 전압, 전류 분포는 선로상 어느 점에서나 같다.
③ 진행파의 경우 선로상의 전압, 전류 위상은 각 점에 따라 다르다.
④ 정재파는 임피던스 정합이 이뤄진 경우에 발생되며 전송손실이 없으며 양방향으로 진행하는 파이다.

45. 특성 임피던스에 대한 설명으로 잘못 설명된 것은?

① 횡축방향의 성분과 물질 상수에 의해 영향을 받는다.
② 입사되는 파의 전압과 전류에 의해 결정된다.
③ 전압과 전류의 비가 항상 일정하다.
④ 전송선로의 기하학적 구조에 좌우된다.

46. 어떤 급전선의 종단을 단락시켰을 때의 입력 임피던스가 25[Ω]이고 개방했을 때는 100[Ω]이었다. 이 급전선의 특성 임피던스는 얼마인가?

① 25[Ω]
② 50[Ω]
③ 100[Ω]
④ 250[Ω]

47. 임피던스 정합회로 중 분포정수회로에 의한 정합이 아닌 것은?

① Q변성기에 의한 정합
② 스터브에 의한 정합
③ S형 정합
④ Y형 정합

48. 무손실 전송 선로에서 특성 임피던스와 R, G를 나타낸 식과 값으로 바른 것은?

① $jw\sqrt{\dfrac{L}{C}} \ (R=\infty, G=\infty)$
② $jw\sqrt{\dfrac{R}{L}} \ (R=0, G=0)$
③ $jw\sqrt{\dfrac{R}{L}} \ (R=\infty, G=\infty)$
④ $\sqrt{\dfrac{L}{C}} \ (R=0, G=0)$

49. 공진회로에서 1.5[H]의 인덕터와 0.4[μF]의 캐패시터가 직렬 연결된 경우 공진주파수는 약 얼마인가?

① 103[Hz] ② 205[Hz]

③ 301[Hz] ④ 405[Hz]

50. 다음 중 미소 다이폴 공중선으로부터 발생하는 전자계 중 원거리에서 주가 되는 전자계는 어느 것인가?

① 정전계 ② 정자계

③ 유도전계 ④ 복사전계

51. 임의 안테나 A, B에 같은 전력을 공급하였다. 이 때 최대 방사방향으로 임의 점의 전계강도는 각각 1,000[μV/m], 100[μV/m]이었다. 두 안테나 이득의 비는 얼마인가?

① 10 ② 20 ③ 30 ④ 40

52. 수직접지 안테나에 대한 설명으로서 옳지 않은 것은?

① 수직편파를 발사한다.

② 길이가 $\frac{\lambda}{4}$일 때에는 반드시 전압급전을 사용하여야 한다.

③ 수평면내 지향성은 무지향성이다.

④ 길이가 $\frac{\lambda}{4}$보다 긴 경우에는 직렬로 콘덴서를 삽입해서 공진시킨다.

53. 안테나 선로의 중간에 코일(loading coil)을 삽입하면 어떤 역할을 하는가?

① 등가적으로 안테나의 길이가 길어진 것과 같은 효과가 있다.

② 더 높은 주파수에서 공진하는 효과가 있다.

③ 지향성을 변화시키는 효과가 있다.

④ 임피던스를 정합시키는 작용을 한다.

54. 다음 중 이득이 크고 광대역 특성을 가져 초단파대 TV 수신용 안테나로 널리 사용되는 것은?

① 야기 안테나

② 애드콕 안테나

③ 파라볼라 안테나

④ 반파장 다이폴 안테나

55. 다음 중 등가지구 반경계수(K)에 대한 설명으로 적합하지 않은 것은?

① 대기의 수직면내에서의 굴절률 분포를 알 수 있다.

② 보통은 1보다 크지만 작은 경우도 있다.

③ 열대지방의 K값이 한대지방보다 크다.

④ K값이 1에 가까울수록 굴절이 심하다는 뜻이다.

56. 다음 중 지상파의 전파모드와 관계가 없는 것은?

① 주파수 ② 대지정수

③ 온도 ④ 편파면

57. 다음 중 제1종 감쇠의 설명으로 틀린 것은?

① 사용 주파수 제곱에 비례한다.

② 전자밀도에 비례한다.

③ 평균충돌 횟수에 거의 비례한다.

④ 굴절률에 반비례한다.

58. 다음 중 MUF를 결정하는 요소에 해당되지 않는 것은?

① 송수신간의 거리 ② 전리층의 높이

③ 임계주파수 ④ 송신전력

59. 다음 중 전리층 반사파 전파의 특징 중 옳지 않은 것은?

① 전리층 반사파는 원거리까지 전파된다.

② 전리층을 뚫고 나갈 때의 감쇠는 파장이 길수

록 적다.

③ 불감 지대가 생길 때가 있다.

④ 전리층의 영향을 받아 각종 fading으로 대체로 불안정하다.

60. 다음 중 전리층을 이용한 단파통신에서 최적운용 주파수에 대한 설명으로 가장 적합한 것은?

① 전리층 반사주파수 중에서 가장 낮은 주파수

② 전리층 반사주파수 중에서 가장 높은 주파수

③ 최저사용주파수의 85[%]에 해당되는 주파수

④ 최고사용주파수의 85[%]에 해당되는 주파수

41	42	43	44	45	46	47	48	49	50
②	③	①	④	①	②	③	④	②	④

51	52	53	54	55	56	57	58	59	60
②	②	①	①	④	③	①	④	②	④

41. 다음 중 전파의 성질에 대한 설명으로 틀린 것은?

① 전파는 종파이다.

② 전파는 균일 매질에서는 직진한다.

③ 주파수가 낮을수록 회절 하는 성질이 있다.

④ 굴절률이 다른 매질의 경계면에서는 빛과 같이 반사하고 굴절한다.

42. 다음 중 전계와 자계에 대한 설명으로 바른 것은?

① 자기력선은 발산이 있으나 전기력선은 없다.

② 전계와 자계 모두 에너지 보존법칙이 성립한다.

③ 전계는 전류 및 자하에 의하여 형성된다.

④ 전기력선은 항상 폐곡선을 형성한다.

43. 맥스웰 방정식에서 '$\nabla \cdot \overline{D} = \rho$'에 대한 설명으로 바른 것은?

① 자계의 변화가 없으면 자계의 형태로 존재한다.

② 변화하는 전계에 의해 수직방향의 자계가 발생한다.

③ 자계의 발생은 전하의 이동과 관련 없다.

④ 전계는 전하에 의해 형성된다.

44. 동축 급전선에 대한 설명으로 적합하지 않은 것은?

① 평행 2선식 급전선에 비해 특성 임피던스가 높다.

② 주파수가 높아져도 급전선에서의 전파복사가 없다.

③ 동일 전력인 경우 선간전압이 낮아도 된다.

④ 대전력용으로 사용하기 위해서는 동축 케이블의 내경 및 외경을 크게 한다.

45. 다음 중 안테나를 설계할 때 임피던스 정합회로를 사용하는 이유로 적합하지 않은 것은?

① 왜율이나 이중상(Ghost) 발생을 방지하기 위하여

② 최대 전력을 전송하기 위하여

③ 전송선로와 안테나 정합부에서 반사를 최소화하기 위하여

④ 전송선로와 안테나 정합부에서 정재파 비를 최대화하기 위하여

46. 다음 중 도파관의 손실 및 전송 가능한 주파수 범위를 결정하는 요소가 아닌 것은?

① 도파관 단면의 형상

② 도파관 단면의 길이

③ 도파관내 저역통과필터(LPF)의 설계

④ 도파관내 전송파의 mode

47. 다음 중 급전선에 대한 설명으로 맞는 것은?

① 전송효율이 좋고 정합이 용이해야 한다.

② 특성 임피던스는 길이와 관계가 있다.

③ 감쇠정수가 커야 한다.

④ 무왜곡 조건은 $RG = CL$로 정의된다.

48. 다음 중 정재파에 대한 설명으로 틀린 것은?

① 부하와 전송선로가 정합되었을 때 정재파비 S는 1이다.

② 정재파의 최댓값은 입사파와 반사파가 역위상

일 때 발생한다.

③ 부하가 개방되었을 때 정재파비 S는 ∞이다.

④ 정재파의 최솟값은 입사파와 반사파가 역위상
일 때 발생한다.

49. 정재파 안테나에 반사기를 부착하면 이론적으로 이득은 얼마나 증가하는가?

① 3[dB] ② 4[dB] ③ 5[dB] ④ 6[dB]

50. 다음 중 마이크로파 안테나의 이득과 관계가 없는 것은?

① 송신기 출력

② 안테나 개구면적(Aperture)

③ 주파수

④ 효율

51. 다음 중 공중선의 기본 로딩 방법으로 틀린 것은?

① 인덕턴스를 넣어 공진시키는 방법

② 정전용량을 넣어 공진시키는 방법

③ 가변 인덕턴스와 가변용량을 넣어 광대역에 공진시키는 방법

④ 저항성분을 넣어 공진시키는 방법

52. 다음 중 수신기에서 수신 전력을 증가시키는 방법으로 틀린 것은?

① 안테나 LNA를 설치하여 수신단 잡음을 줄인다.

② 지향성이 낮은 안테나를 사용한다.

③ 이득이 높은 안테나를 사용한다.

④ 실효고가 높은 안테나를 사용한다.

53. 건조지, 건물, 암반, 옥상 등 대지의 도전율이 나쁜 곳에 적합한 접지방식은?

① 심굴접지 ② 다중접지

③ 카운터 포이즈 ④ 방사상접지

54. 길이가 25[m]인 $\frac{\lambda}{4}$ 수직접지 공중선의 공진주파수는 얼마인가?

① 1.5[㎒] ② 3[㎒] ③ 6[㎒] ④ 12[㎒]

55. A의 주파수는 720[㎑]이고 B의 주파수는 640[㎑]일 경우 A와 B의 파장 비율은?

① 8:7 ② 7:8 ③ 9:8 ④ 8:9

56. 다음 중 단파통신 전파예보에서 알 수 없는 것은?

① MUF(최고사용주파수)

② VHF 대역의 전파 잡음의 발생 시간대

③ LUF(최저사용주파수)

④ 통신할 수 있는 최적사용주파수

57. 초단파 통신에서 주로 사용되는 전파 경로는?

① 직접파와 대지 반사파

② 대류권 반사파와 지표파

③ 대지반사파와 전리층 반사파

④ 전리층 반사파와 지표파

58. 다음 중 전파의 회절현상이 가장 심할 때는 언제인가?

① 출력이 적을 때

② 주파수가 낮을 때

③ 장애물의 끝이 평탄할 때

④ 파장이 짧을 때

59. 이득이 10[dB]이고, 잡음지수가 7[dB]인 증폭기 후단에 잡음지수가 12[dB]인 증폭기가 있다. 종합 잡음지수는 약 얼마인가?

① 8.1[dB] ② 7.9[dB]

③ 8.7[dB] ④ 8.9[dB]

60. 다음 중 VHF대 이상에서 주로 발생하는 신틸레
    이션(Scintillation) 페이딩의 특징으로 맞는 것
    은?

    ① 여름보다 겨울에 많이 발생한다.

    ② 레벨 변동 폭은 10[dB] 이상이다.

    ③ 대기 중의 와류에 의해 유전율이 불규칙할 때
       발생한다.

    ④ 발생주기가 아주 짧으며, 전계강도는 수
       10[dB] 이상이다.

41	42	43	44	45	46	47	48	49	50
①	②	④	①	④	③	①	②	①	①

51	52	53	54	55	56	57	58	59	60
④	②	③	②	④	②	①	②	①	③

41. 다음 중 전파의 전파속도에 영향을 미치는 요소로 맞는 것은?

① 유전율과 투자율　　② 점도와 유전율

③ 투자율과 도전율　　④ 유전율과 도전율

42. 다음 중 균일 평면 전자파에 대한 설명으로 틀린 것은?

① 전계와 자계가 모두 전파방향과 수직인 평면 내에 있다.

② 에너지 밀도가 변하지 않고 파동의 각 부분이 같은 방향으로 직진하는 이상적인 파동으로서 송신 안테나로부터 원거리의 영역에서 존재한다.

③ 종파이며 'TE' 파로 불린다.

④ 균일한 평면파는 2차원 면에 무한히 퍼져있기 때문에 무한량의 에너지를 필요로 한다.

43. 전류에 의한 자계의 방향을 나타내는 법칙은?

① 렌츠의 법칙

② 암페어의 오른나사 법칙

③ Stokes 정리

④ 패러데이의 법칙

44. 다음 중 도파관에 대한 설명으로 틀린 것은?

① 취급할 수 있는 전력이 크다.

② 외부에 전파를 방사하지 않으므로 유도방해가 적다.

③ 도파관은 내벽에 은 또는 금으로 도금하기에 전도도가 높고 손실이 적다.

④ 차단 주파수 이하의 전파만 통과시키므로 저역 여파기로 동작한다.

45. 50[Ω]의 무 손실 전송선로에서 부하 임피던스 $Z_L = 50 - j65[\Omega]$이다. 이때 반사계수의 크기는 얼마인가?

① 약 0.45　　② 약 0.55

③ 약 0.65　　④ 약 0.75

46. 다음 중 임피던스 정합에 대한 내용으로 틀린 것은?

① 부하가 선로에 정합되었을 때 급전선에서의 전력손실이 최소이다.

② 수신 장치에서 시스템의 S/N비를 향상시킨다.

③ 전력분배 망 회로에서 진폭과 위상의 오차를 감소시킨다.

④ 부하 임피던스의 실수부가 "0"인 경우에만 정합회로를 구할 수 있다.

47. 다음 중 급전선의 필요조건에 대한 설명으로 틀린 것은?

① 전송효율이 좋을 것

② 송신용의 경우 절연 내력이 클 것

③ 유도 방해를 주거나 받지 않을 것

④ 급전선의 파동 임피던스가 가급적 클 것

48. 다음 중 안테나의 임피던스 정합방법으로 사용되지 않는 것은?

① 1/4 파장 임피던스 변환기

② 스터브 튜너(Stub Tuner)

③ 디시페이터(Dissipator)

④ 테이퍼 선로(Tapered line)

49. 공중선에 직렬로 삽입하는 공중선 부하 코일(Loading Coil)의 기능은?

① 등가적으로 공진파장의 연장
② 등가적으로 공진파장의 단축
③ 등가적으로 공진주파수의 증가
④ 등가적으로 공진주기의 억제

50. 다음 중 안테나의 특성과 거리가 먼 것은?

① 편파
② 복사각
③ 전후방비
④ 영상 주파수

51. 다음 중 안테나의 광대역성을 갖도록 하는 방법으로 틀린 것은?

① 안테나의 Q를 작게 한다.
② 상호 임피던스의 특성을 이용한다.
③ 진행파 여진형의 소자를 이용한다.
④ 안테나 도체의 직경을 좁게 한다.

52. 다음 중 방사효율이 가장 큰 경우는?

① 손실 저항이 10[Ω]인 반 파장 다이폴 안테나
② 손실 저항이 20[Ω]인 반 파장 다이폴 안테나
③ 손실 저항이 50[Ω]인 반 파장 다이폴 안테나
④ 손실 저항이 75[Ω]인 반 파장 다이폴 안테나

53. 다음 중 지향성 공중선에 대한 설명으로 맞는 것은?

① 무선전자파 에너지를 모든 방향으로 똑같이 잘 송수신할 수 있는 공중선
② 수평으로 전파되는 전자파 에너지를 송수신할 수 없는 공중선
③ 주로 단일방향의 전자파 에너지를 송수신하는 공중선
④ 송신전력을 측정하기 위해 방향성 결합기를 사용하는 공중선

54. 다음 중 안테나를 사용주파수에 따라 분류할 때 장•중파용인 것은?

① Whip 안테나
② 원추형 안테나
③ Horn 안테나
④ Loop 안테나

55. 다음 중 전리층에서 일어나는 현상이 아닌 것은?

① 전파의 회전
② 전파의 산란
③ 전파의 반사
④ 전파의 굴절

56. 전계강도의 변동 폭이 커서 특히 마이크로파 대역에서 실용상 문제가 되는 페이딩은 어느 형인가?

① K형
② 신 릴레이션 형
③ 선택형
④ 덕트(Duct)형

57. 다음 중 MUF(Maximum Usable Frequency)의 설명으로 틀린 것은?

① 주간에 낮고 야간에는 높다.
② 여름에 높고 겨울에 낮다.
③ 송신전력과는 무관하다.
④ 높은 주파수는 전리층을 통과하므로 수신점에 도달하지 못한다.

58. 단파통신에서 주로 이용되는 전리층 영역은?

① F층
② E층
③ D층
④ E_s층

59. 야간에 원거리 중파방송의 라디오가 잘 들리는 이유는 무엇인가?

① 지표파가 잘 전파되므로
② 산란파가 잘 전파되므로
③ D층의 흡수가 적으므로
④ 페이딩 현상이 적으므로

60. 전리층 반사파는 입사각이 어느 정도 이상으로 커야만 지구로 돌아온다. 이 때 전리층 반사파가 최초로 지표면에 도달하는 지점과 송신점간의 거리를 무엇이라 하는가?

① 불감지대(Skip Zone)
② 프리즈넬 존 (Fresnel Zone)
③ 블랭킷 (Blanket) 에리어
④ 도약거리 (Skip Distance)

41	42	43	44	45	46	47	48	49	50
①	③	②	④	②	④	④	③	①	④
51	52	53	54	55	56	57	58	59	60
④	①	③	④	①	④	①	①	③	④

41. 전자파가 자유공간을 진행할 때 단위시간당 단위 면적을 통과하는 에너지를 나타낸 것은?

① 포인팅 정리
② 파동방정식
③ 맥스웰 방정식
④ 암페어 법칙

42. 손실을 갖는 매질 내를 전파하는 평면파의 감쇠 정수에 대한 설명으로 맞는 것은?

① 감쇠정수는 표피두께에 반비례한다.
② 감쇠정수는 주파수에 무관하다.
③ 감쇠정수는 도체의 고유 도전율에 반비례한다.
④ 감쇠정수의 크기와 위상정수 사이에는 상호 역의 관계를 갖는다.

43. 전계 강도가 3.0[mV/m]인 자유 공간의 단위 면적당 단위시간에 통과하는 전자파 에너지는 약 얼마인가?

① $15.14 \times 10^{-2}[\mu W]$
② $3.77 \times 10^{-2}[\mu W]$
③ $2.39 \times 10^{-2}[\mu W]$
④ $1.44 \times 10^{-2}[\mu W]$

44. 다음 중 도파관의 임피던스 정합 방법이 아닌 것은?

① 도파관 창에 의한 정합
② 무반사 종단기에 의한 정합
③ 도체 봉에 의한 정합
④ 방향성 결합기에 의한 정합

45. 다음 중 평형·불 평형 변환회로(Balun)에 대한 설명으로 틀린 것은?

① 평형전류만 흐르게 하여 초단파대 이상의 정합 회로로 사용된다.
② 스페르토프형 Balun의 경우 단일 주파수용으로 쓰인다.
③ L, C 소자를 사용하는 것을 분포 정수형 Balun이라 한다.
④ 집중 정수형 Balun으로 위상 반전형과 전자 결합형이 있다.

46. 선로1과 선로2의 결합부분에서 반사계수가 0.7일 경우 결합부분의 손실을 [dB]로 표현하면 약 얼마인가?

① 0.3[dB]
② 1.5[dB]
③ 3[dB]
④ 6[dB]

47. 다음 중 동축 케이블에 대한 설명으로 틀린 것은?

① 특성 임피던스 Z_0는 $\sqrt{E_s}$에 반비례한다.
② 평행 2선식 급전선에 비해 특성 임피던스가 큰 이유는 케이블 내부의 정전용량이 크기 때문이다.
③ 외부로부터 유도방해가 거의 없다.
④ 평행 2선식 급전선보다 선간 전압이 낮다.

48. 다음 중 급전선에 대한 설명으로 틀린 것은?

① 특성 임피던스는 사용주파수와 무관하다.
② 급전선의 길이가 길면 특성 임피던스는 증가한다.
③ 급전선의 특성 임피던스는 도체의 직경과 관계가 있다.
④ 급전선에서의 손실은 $\sqrt{f}$에 비례하여 커진다.

49. 기준 공중선으로 등방성 공중선을 사용하여 임의의 공중선의 이득을 측정했을 때의 이득을 무엇이라고 하는가?

① 절대 이득   ② 상대 이득

③ 지상 이득   ④ 표준 이득

50. 다음 중 선형 공중선에 대한 설명으로 틀린 것은?

① 직렬 공진하는 파장 중 가장 긴 파장을 고유파장이라 한다.

② 최저의 공진 주파수를 고유주파수라 한다.

③ 접지 점에서 전류는 최소이고 전압은 최대이다.

④ 개방점(선단)에서 전류는 0(Zero)이고 전압은 최대이다.

51. 다음 중 슬롯 안테나의 대역폭을 넓게 하는 방법으로 맞는 것은?

① 슬롯의 폭을 넓게 한다.

② 슬롯의 폭을 좁게 한다.

③ 슬롯을 여러 개 배열한다.

④ 슬롯에 저항을 설치한다.

52. 안테나 접지방식 중 방사상 접지에 대한 설명으로 틀린 것은?

① 대규모 방송국에 사용된다.

② 지하 0.3[m] – 1[m] 정도에 설치된다.

③ 중파 방송용 안테나에 사용된다.

④ 접지저항은 5[Ω] 정도이다.

53. $\lambda/4$ 수직 접지 공중선의 전력이 1[kW]에서 9[kW]로 증가한 경우, 동일한 위치에서 전계강도는 몇 배로 증가하는가?

① 9배   ② 6배

③ 3배   ④ $\sqrt{3}$ 배

54. 임의의 송수신 지점 간 무선통신에서 전송거리가 1[km]에서 10[km]로 증가 시 자유공간의 전송손실 특성으로 맞는 것은?

① 손실이 6[dB] 증가한다.

② 손실이 10[dB] 증가한다.

③ 손실이 20[dB] 증가한다.

④ 손실이 40[dB] 증가한다.

55. 다음 중 회절 현상에 대한 설명으로 틀린 것은?

① 극초단파에서도 일어난다.

② 쐐기 형 장애물(Knife edge)이 있으면 잘 일어난다.

③ 회절파에 의한 전계강도는 직접파에 의한 전계강도보다 더 크다.

④ 주파수가 낮을수록 일어난다.

56. 전리층에서 복사전력이 강한 쪽의 전파가 복사전력이 약한 쪽의 전파를 변조시켜 복사전력이 약한 쪽의 전파를 수신하면 복사전력이 강한 쪽의 전파가 혼입되어 돌아오는 현상은?

① 델린저 현상   ② 룩셈부르크 현상

③ 대척점 효과   ④ 소실 현상

57. 다음 중 공전전압을 경감시키는 방법이 아닌 것은?

① 수신기의 대역폭을 넓게 하여 선택도를 높인다.

② 송신 출력을 증대시켜 수신점의 S/N비를 크게 한다.

③ 수신기에 억제회로를 부착한다.

④ 지향성 안테나를 사용한다.

58. 다음 중 발생 원인에 따른 라디오 덕트(Radio Duct)가 아닌 것은?

① 주간 냉각에 의한 라디오 덕트

② 전선에 의한 라디오 덕트

③ 이류에 의한 라디오 덕트

④ 침강에 의한 라디오 덕트

59. 다음 중 단파가 멀리까지 도달하는 이유로 맞는 것은?

① 감쇠가 작기 때문에

② 지표파를 이용하기 때문에

③ 전리층 반사파를 이용하기 때문에

④ 굴절되어 전파되기 때문에

60. 다음 중 전파 투시도(지형단면도)에 대한 설명으로 틀린 것은?

① 전파 통로 상에서 수평방향의 장애물을 살펴볼 때 편리하다.

② 전파통로를 나타내는 지구 단면도로 Profile Map이라고도 한다.

③ 등가지구 반경계수 K를 고려하여 작성해야 한다.

④ 전파통로를 직선으로 취급할 수 있게 된다.

41	42	43	44	45	46	47	48	49	50
①	①	③	④	③	③	②	②	①	③
51	52	53	54	55	56	57	58	59	60
①	①	③	③	③	②	①	①	③	①

41. 유전체에서 발생하는 변위전류에 대한 설명으로 옳은 것은?

① 일정한 전속밀도의 경우 시간적 변화가 적을수록 변위전류가 커진다.
② 분극 전하밀도의 시간적 변화에 따라 발생한다.
③ 전속밀도의 공간적 변화를 나타내는 용어이다.
④ 전류의 크기가 유전체의 크기에 따라 변화되는 전류를 말한다.

42. 전파의 속도는 매질의 어느 것에 의하여 변화되는가?

① 유전율과 투자율
② 유전율과 도전율
③ 투자율과 도전율
④ 도전율과 비유전율

43. Maxwell방정식을 이루는 법칙과 관계없는 것은?

① 패러데이(Faraday)법칙
② 암페어(Ampere)법칙
③ 스넬(Snell)법칙
④ 가우스(Gauss)법칙

44. 안테나의 도파관에 금속봉(Stub)을 삽입하는 이유는 무엇인가?

① 리액턴스 성분을 제거하기 위해서
② 반사파를 만들기 위해서
③ 안테나 길이를 단축시키기 위해서
④ 고주파 전압의 피복을 낮추기 위해서

45. $\lambda/4$변환방식 중 단일 $\lambda/4$부를 통해 얻을 수 있는 대역폭 보다 큰 대역폭을 필요로 하는 경우에 응용되는 방식은?

① 테이퍼
② 다단 변환기
③ 집중 정수 회로
④ 스터브

46. 어떤 급전선의 종단을 단락시켰을 때의 입력 임피던스가 25[Ω]이고 개방했을 때는 100[Ω]이었다. 이 급전선의 특성 임피던스는 얼마인가?

① 25[Ω]
② 50[Ω]
③ 100[Ω]
④ 250[Ω]

47. 다음 중 투과계수에 대한 설명으로 옳은 것은?

① 투과 전압을 입사 전압으로 나눈 값이다.
② 특성 임피던스를 부하 임피던스로 나눈 값이다.
③ 진행파와 반사파의 크기 비율이다.
④ 임피던스 부정합을 일컫는 용어이다.

48. 도파관의 여진 방법 중 자계에 의한 여진 방법은 무엇인가?

① 테이퍼 변성기에 의한 여진
② 정전적 결합에 의한 여진
③ 전자 결합에 의한 여진
④ 작은 루프 안테나에 의한 여진

49. 공진회로에서 1.5[H]의 인덕터와 0.4[μF]의 캐패시터가 직렬 연결된 경우 공진 주파수는 약 얼마인가?

① 103[Hz]
② 205[Hz]
③ 301[Hz]
④ 405[Hz]

50. 안테나의 반사계수가 0.6일 경우 정재파비(VSWR)는 얼마인가?

① 2
② 3
③ 4
④ 5

51. 다음 중 미소 루프 안테나에 대한 설명으로 틀린 것은?

① 소형으로 이동이 용이하다.
② 방향탐지, 무선표지 및 측정에 이용된다.
③ 효율이 좋고 급전선과 정합이 쉽다.
④ 수평면내 8자형 지향 특성을 갖는다.

52. 다음 중 반파장 다이폴 안테나에 대한 설명으로 틀린 것은?

① 안테나의 길이는 $\lambda/2$이다.
② 전류의 크기는 양쪽 끝에서 최소가 된다.
③ 전압의 크기는 양쪽 끝에서 최대가 된다.
④ 반사 형 안테나 이다.

53. 임의의 송 · 수신 지점 간의 무선통신에서 자유공간의 전송손실에 대한 설명으로 틀린 것은?

① 사용주파수가 2배로 높아지면 손실이 6dB 증가한다.
② 송신 안테나 이득이 높아지면 전송 손실이 감소한다.
③ 수신 안테나 이득이 높아지면 전송 손실이 감소한다.
④ 안테나의 유효 면적은 사용 주파수와 무관하다.

54. 다량의 동선을 접지한 지선망 방식의 안테나 접지방식으로 주로 중소규모의 중파방송국에서 사용되는 것은?

① 심굴접지　　　　② 다중접지
③ 방사상 접지　　　④ 가상접지

55. 다음 중 전리층 산란파의 특징에 대한 설명으로 틀린 것은?

① 초단파대 초 가시거리 통신을 할 수 있다.
② 단일 주파수로 24시간 연속 통신이 가능하다.
③ 근거리 에코우의 원인이 된다.
④ 전송 가능한 대역이 넓다.

56. 다음 중 라디오 덕트의 발생원인이 아닌 것은?

① 이류성에 의한 라디오 덕트
② 주간 냉각에 의한 라디오 덕트
③ 침강에 의한 라디오 덕트
④ 전선에 의한 라디오 덕트

57. 다음 중 단파 무선통신에서의 페이딩(Fading) 방지 또는 경감방법으로 적합하지 않은 것은?

① 공간 다이버시티 수신 법을 사용한다.
② AGC회로를 부가한다.
③ 탑 로딩(Top Loading)안테나를 설치한다.
④ 주파수 다이버시티 수신 법을 사용한다.

58. 다음 중 산악 회절이득에 대하여 바르게 설명한 것은?

① 지구의 구면에 의한 손실이 큰 경우에 해당되는 이득이다.
② 송신 점과 수신 점 사이의 거리나 지형과는 관계가 없다.
③ 전파통로 중간에 산악이 많을수록 이득이 크다.
④ 페이딩이 심하여 다이버시티를 사용한다.

59. 다음 중 전리층 전파에서 발생하는 페이딩이 아닌 것은?

① 편파성 페이딩　　② 흡수성 페이딩
③ 감쇠형 페이딩　　④ 간섭성 페이딩

60. 다음 중 대기 잡음이 아닌 것은?

① 공전 잡음　　　　② 침적잡음
③ 온도잡음　　　　④ 전류잡음

41	42	43	44	45	46	47	48	49	50
①	①	③	①	②	②	①	④	②	③
51	52	53	54	55	56	57	58	59	60
③	④	④	③	④	②	③	①	③	④

41. 다음 중 수직 안테나에서 복사된 전파로 자계가 대지에 대하여 수평인 파는?

① 수직편파
② 수평편파
③ 원편파
④ 타원편파

42. 비유전율(ϵ_s)이 4이고 비투자율(μ_s)이 1인 매질 내를 전파하는 전자파의 속도는 자유공간을 전파할 때와 비교하여 몇 배의 속도가 되는가?

① 1/2배
② 2배
③ 4배
④ 9배

43. 다음 중 전계와 자계에 대한 설명으로 옳은 것은?

① 자기력선은 발산이 있으나 전기력선은 없다.
② 전계와 자계 모두 에너지 보존법칙이 성립한다.
③ 전계는 전류 및 자하에 의하여 형성된다.
④ 전기력선은 항상 폐곡선을 형성한다.

44. 다음 중 급전선의 활용에 대한 설명으로 틀린 것은?

① 마이크로파용 파라볼라 안테나와 송신기까지는 일반적으로 단선식 75[Ω] 급전선을 사용하는 것이 좋다.
② Folded dipole 안테나는 300[Ω] 평행 2선식을 사용하여 중앙에서 급전한다.
③ 소출력 SSB 송신까지 50[Ω] 동축케이블을 사용하는 것이 손실이 적고 사용이 편리하다.
④ 중·장파용의 역L형 안테나는 급전선이 별도로 없고 송신기까지 안테나선을 직접 연결하는 경우가 많다.

45. 다음 중 동축케이블의 고주파 저항에 영향을 미치는 요소와 관련이 없는 것은?

① 동축케이블 외부 도체 직경
② 동축케이블 내부 도체 직경
③ 주파수
④ 동축케이블의 내부 정전용량

46. 다음 중 비동조 급전선에 대한 설명으로 바르지 않은 것은?

① 급전선의 길이가 사용파장과 일정 비례관계를 갖지 않는다.
② 정합장치가 필요 없다.
③ 전송효율이 높아 장거리 전송에 유리하다.
④ 급전선에는 진행파만 존재한다.

47. 다음 중 안테나를 설계할 때 임피던스 정합 회로를 사용하는 이유로 적합하지 않은 것은?

① 왜율이나 이중상(Ghost) 발생을 방지하기 위하여
② 최대 전력을 전송하기 위하여
③ 전송선로와 안테나 정합부에서 반사를 최소화하기 위하여
④ 전송선로의 정재파비를 최대화하기 위하여

48. 금속봉(Post)에 의한 도파관의 정합에서 금속봉의 길이(L)를 $\lambda/4$로 할 경우 어떤 성분이 되는가?

① 유도성이 된다.
② 공진한다.
③ 용량성이 된다.
④ 감쇠기가 된다.

49. 공급전력이 1[kW]일 때 공중선 전류가 10[A]인 안테나의 경우 안테나에 16[kW]의 전력을 공급하면 공중선 전류의 값은 얼마인가?

① 10[A] ② 20[A] ③ 40[A] ④ 80[A]

50. 다음 중 안테나의 길이를 줄이지 않고 안테나 고유주파수보다 높은 주파수에 공진시키기 위한 방법으로 적합한 것은?

① 안테나와 직렬로 코일을 접속한다.
② 안테나와 병렬로 코일을 접속한다.
③ 안테나와 직렬로 콘덴서를 접속한다.
④ 안테나와 병렬로 콘덴서를 접속한다.

51. 방사저항이 75[Ω]이고 손실저항이 20[Ω]인 안테나의 방사효율은 얼마인가?

① 약 21[%]   ② 약 27[%]
③ 약 42[%]   ④ 약 79[%]

52. 전계강도 100[μV/m]를 [dB]로 표현하면?

① 20[dB]   ② 30[dB]
③ 40[dB]   ④ 50[dB]

53. 다음 중 마이크로스트립 안테나의 장점이 아닌 것은?

① 크기가 작다.
② 무게가 작다.
③ 소형화가 가능하다.
④ 장·중파 대역에 사용가능하다.

54. 다음 접지방식 중 접지저항이 큰 것에서 작은 순서로 바르게 배열된 것은?

> ㄱ: 심굴접지 방식 ㄴ: 다중접지 방식
> ㄷ: 방사상 접지방식

① ㄱ—ㄴ—ㄷ   ② ㄷ—ㄱ—ㄴ
③ ㄴ—ㄱ—ㄷ   ④ ㄱ—ㄷ—ㄴ

55. 다음 중 VHF(Very High Frequency)와 UHF(Ultra High Frequency) 대역의 주파수 범위는?

① VHF: 300~3,000[MHz], UHF: 30~300[MHz]
② VHF: 3~30[MHz], UHF: 30~300[MHz]
③ VHF: 30~300[MHz], UHF: 300~3,000[MHz]
④ VHF: 30~300[MHz], UHF: 3~30[MHz]

56. 가시거리 외의 먼 곳까지 도달하고, 장애물 뒤쪽의 가시거리 밖에까지 전파되는 지상파는 무엇인가?

① 회절파   ② 전리층파
③ 지표파   ④ 직접파

57. 다음 중 대류권 산란파에 대한 설명으로 틀린 것은?

① 소출력의 송신기가 필요하다.
② 지리적 조건에 영향을 받지 않는다.
③ 수신전계는 불규칙하게 변하나 비교적 안정하다.
④ 기본 전파 손실은 매우 크다.

58. 다음 중 임계 주파수에 대한 설명으로 틀린 것은?

① 수직 입사파의 반사되는 주파수와 투과되는 주파수의 경계이다.
② 입사각이 클수록 거리가 짧을수록 낮아진다.
③ 전리층을 투과하는 가장 낮은 주파수이다.
④ 전리층을 반사하는 가장 높은 주파수이다.

59. 단파가 전리층을 통과하거나 반사될 때 전자나 공기분자와 충돌하여 감쇠량이 변해 발생하는 페이딩은?

① 간섭성 페이딩   ② 편파성 페이딩
③ 흡수성 페이딩   ④ 선택성 페이딩

60. 다음 중 태양잡음에 대한 설명으로 틀린 것은?

① 태양 활동이 정온한 때에는 흑체 방사나 흑점 상공의 코로나(Corona)에서의 방사에 의해 발생한다.

② 지구상에서 본 태양이 보이는 입체각은 6.8×10[Sterad]로 작은 점과 같으나, 여기에서 강력한 잡음 전파가 발사하고 있다.

③ 단파와 마이크로파대에서는 무시된다.

④ 태양 활동이 맹렬할 때에는 아웃 버스트(Out Burst)나 태양전파폭풍우에 의해 잡음이 발생한다.

41	42	43	44	45	46	47	48	49	50
①	①	②	①	④	②	④	②	③	③

51	52	53	54	55	56	57	58	59	60
④	③	④	④	③	①	①	②	③	③

41. 다음 중 전파의 전파속도에 영향을 미치는 요소로 맞는 것은?

① 유전율과 투자율
② 점도와 유전율
③ 투자율과 도전율
④ 유전율과 도전율

42. 주파수 150[㎑]로 발사하는 무선통신에서 정전계, 유도 전자계, 복사전자계가 같아지는 거리는 안테나로부터 약 얼마의 거리인가?

① 320[m]
② 500[m]
③ 680[m]
④ 770[m]

43. 다음 중 전파의 성질에 대한 설명으로 옳은 것은?

① 균일 매질 중을 전파하는 전파는 회절 한다.
② 전파는 종파이다.
③ 주파수에 상관없이 회절만 한다.
④ 주파수가 높을수록 직진하며 낮을수록 회절 한다.

44. 다음 중 송신기에서 급전선으로 신호를 전송할 때 정재파비가 1인 경우에 대한 설명으로 틀린 것은?

① 급전선의 고유임피던스로 종단되고 있다.
② 급전선이 완전히 정합된 것을 의미한다.
③ 반사계수의 값이 1이다.
④ 손실이 없음을 의미한다.

45. 다음 중 급전선의 필요조건으로 적합하지 않은 것은?

① 송신용일 경우 절연 내력이 좋아야 한다.

② 급전선의 파동임피던스가 적당해야 한다.
③ 전송 효율이 좋아야 한다.
④ 선의 굵기가 커서 전기저항이 적어야 한다.

46. 특성임피던스가 50[Ω]인 전송선로에 75[Ω] 부하를 접속하였을 때 반사계수는 얼마인가?

① 0.1
② 0.2
③ 0.3
④ 0.4

47. 급전선의 반사계수(Γ)가 0.5일 경우 최대전압이 66[V]라면, 최소 전압[V]은 얼마인가?

① 132[V]
② 33[V]
③ 22[V]
④ 11[V]

48. 다음 중 마이크로파 대 주파수의 전송 선로로 도파관을 사용하는 이유가 아닌 것은?

① 대 전력용으로 사용된다.
② 외부 전자계와 완전히 결합된다.
③ 방사손실이 적다.
④ 유전체 손실이 적다.

49. 접지 안테나에서 손실의 대부분을 차지하는 것은?

① 도체 저항에 의한 손실
② 유전체 저항에 의한 손실
③ 코로나 저항에 의한 손실
④ 접지 저항에 의한 손실

50. 다음 중 안테나의 공진주파수를 낮추기 위한 방법으로 적합한 것은?

① 안테나에 직렬로 인덕터를 연결한다.
② 안테나에 직렬로 커패시터를 연결한다.

③ 안테나에 직렬로 저항을 연결한다.

④ 안테나에 직렬로 저항과 커패시터를 연결한다.

51. 다음 중 루프 안테나에 대한 설명으로 틀린 것은?

① 실효길이는 권수(감이수)에 비례하고, 파장에 반비례한다.

② 전파도래 방향과 루프면이 일치할 때 최대 감도를 갖는다.

③ 루프 안테나는 중 · 장파용 안테나이다.

④ 루프 지름과 파장 사이의 관계에 따라서 지향성 특성이 변한다.

52. 다음 안테나 중 반사기가 있는 안테나는?

① 대수 주기 안테나

② 어골형(Fish bone) 안테나

③ 싱글 턴스타일(Single turnstile) 안테나

④ 야기(Yagi) 안테나

53. 다음 중 폴디드(Folded) 다이폴 안테나에 대한 설명으로 틀린 것은?

① Q가 높아서 협대역 특성을 가진다.

② 실효길이는 반파장 다이폴 안테나의 약 2배이다.

③ 전계강도, 이득, 지향성은 반파장 다이폴 안테나와 동일하다.

④ 반파장 다이폴 안테나에 비해서 도체의 유효단면적이 크고 복사저항이 크다.

54. 다음 중 대지의 도전율이 좋아 가상접지를 사용하지 않아도 되는 지역은?

① 건조지　　　　　② 바위산

③ 수분이 많은 토지　　④ 건물의 옥상

55. 다음 중 초단파의 전파 특성에 대한 설명으로 틀린 것은?

① 초단파대 이상의 주파수대는 주로 지표파가 주성분이다.

② 직접파와 대지 반사파에 의해서 수신 전계가 대략 정해진다.

③ 지상에서 직접파는 기하학적인 가시거리보다 약간 멀리 전달된다.

④ 태양의 활동에 따르는 수신 강도의 변화는 단파보다 영향이 적다.

56. 다음 중 지표파의 특성에 대한 설명으로 옳지 않은 것은?

① 주파수가 높을수록 전파의 감쇠는 크다.

② 안테나의 지상고가 높을수록 지표파 성분이 적다.

③ 수평편파가 수직편파보다 감쇠가 많다.

④ 대지의 도전율과 유전율에 영향을 받지 않는다.

57. 일반적으로 전리층 통신에서의 최적사용주파수(FOT)는 최고사용주파수(MUF)의 몇 [%]인가?

① 60[%]　　　　　② 75[%]

③ 85[%]　　　　　④ 95[%]

58. 다음 중 전리층에 전파가 입사할 때 받는 현상이 아닌 것은?

① 진로의 완곡　　　② 델린저 현상

③ 감쇠(흡수)　　　④ 편파면의 회전

59. 다음 중 페이딩에 대한 설명으로 틀린것은?

① 공간파와 지표파의 간섭에 의해서 생긴다.

② 주기가 느리고 규칙적으로 나타난다.

③ 전파의 세기가 크게 변동된다.

④ 단파 통신에 많이 나타난다.

60. 다음 중 전파 잡음방해를 경감시키는 방안으로
   적합하지 않은 것은?

   ① 수신 전력을 크게 한다.
   ② 적절한 통신방식을 선택한다.
   ③ 수신기를 완전히 차폐시킨다.
   ④ 수신기의 실효대역폭을 넓힌다.

41	42	43	44	45	46	47	48	49	50
①	①	④	③	④	②	③	②	④	①

51	52	53	54	55	56	57	58	59	60
④	④	①	③	①	④	③	④	②	④

41. 다음 중 파동의 전파속도에 대한 설명으로 옳은
　　것은?

　　① 진동수가 낮을수록 증가한다.

　　② 파장이 짧을수록 감소한다.

　　③ 언제나 일정하다.

　　④ 매질에 따라 속도가 변하는 것은 파장 때문이
　　　　다.

42. 동축케이블에서 비유전율이 2.3인 폴리스틸렌을
　　매질로 사용하는 경우에 특성임피던스는 약 얼마
　　인가? (단, 동축케이블의 손실이 최소가 되는 조
　　건으로 $D/d = 3.6$이 되는 조건)

　　① 35[Ω]　　　　　　② 50[Ω]

　　③ 75[Ω]　　　　　　④ 100[Ω]

43. 다음 중 전파에 대한 설명으로 옳은 것은?

　　① 전계와 자계가 X축 방향의 성분만 있는 경우
　　　　를 말한다.

　　② 전파의 진행방향에는 전계와 자계가 없고 진행
　　　　방향의 직각 방향에는 전계와 자계가 존재한
　　　　다.

　　③ 전계와 자계는 X, Y, Z축 전체에 모두 존재한
　　　　다.

　　④ 전계는 Z축, 자계는 Y축에 존재하는 파를 말
　　　　한다.

44. 다음 중 급전선에 대한 설명으로 옳은 것은?

　　① 전송 효율이 좋고 정합이 용이해야 한다.

　　② 특성임피던스는 길이와 관계가 있다.

　　③ 감쇠정수가 커야 된다.

　　④ 무왜곡 조건은 $RG = CL$로 정의된다.

45. 다음 중 급전선의 정재파비를 낮게 하는 이유로
　　가장 적합한 것은?

　　① 스퓨리어스 방출을 감소시키기 위해

　　② 저온에서 급전선로를 가열하기 위해

　　③ 인접 무선기기와의 혼신을 줄이기 위해

　　④ 보다 효과적인 전자파 에너지의 전달을 위해

46. 특성임피던스가 270[Ω]인 무손실 선로에 흐르
　　는 고주파 전류의 최대값이 0.5[A]이고 최소 전
　　류값이 0.1[A]라 할 때 이 선로에 전송되고 있는
　　전력은 얼마인가?

　　① 10.8[W]　　　　　② 27[W]

　　③ 67.5[W]　　　　　④ 13.5[W]

47. 다음 중 마이크로파의 전송에 사용되는 도파관의
　　특성으로 틀린 것은?

　　① 저항손실이 적다.

　　② 복사손실이 거의 없다.

　　③ 유전체 손실이 적다.

　　④ 저역 여파기(LPF)로서 작용한다.

48. 다음 중 도파관과 동축 케이블을 연결할 때 사용
　　되는 결합방식은?

　　① 작은 루프에 의한 결합

　　② 횡전자계에 의한 결합

　　③ 도파관 창에 의한 결합

　　④ 공동 공진기에 의한 결합

49. 다음 중 안테나의 실효고에 대한 설명으로 틀린
　　것은?

　　① 실효고가 클수록 복사되는 전파의 강도는 크
　　　　다.

② 실효고가 클수록 유기되는 수신 개방 전압은 크다.

③ 반파장 다이폴의 안테나의 길이는 실효고보다 작다.

④ λ/4접지 안테나의 실효고는 반파장 다이폴의 1/2이다.

50. 안테나의 길이가 L일 때, 반파장 다이폴 안테나의 고유파장은?

① L/2 ② L ③ 2L ④ 4L

51. 중파 방송국의 안테나 전력을 10[kW]에서 250 [kW]로 증가시키면 동일 지점에서 전계 강도는 몇 배가 되는가?

① 25배 ② 5배 ③ 0.25배 ④ 0.04배

52. 다음 중 안테나의 특성과 거리가 먼 것은?

① 편파 ② 복사각
③ 전후방비 ④ 영상주파수

53. 루프 안테나와 고니오미터를 접속시켜 전파의 방향을 탐지할 수 있는 안테나는?

① 애드콕(Adcock) 안테나
② 베르니토시(Bellini-Tosi) 안테나
③ 슬리브(Sleeve) 안테나
④ 비버리지(Beverage) 안테나

54. 다음 중 안테나의 가상접지 방식에 대한 설명으로 틀린 것은?

① 도체망을 대지와 절연시켜 설치한다.
② 도전율이 적은 지역, 건조지대 등에 설치한다.
③ 깊이 매설된다.
④ 카운터포이즈(Counterpoise)라고도 한다.

55. 전리층의 높이를 측정하기 위해 지상에서 임펄스 파를 수신하였을 경우 반사층의 높이는 얼마인가?

① 250[km] ② 200[km]
③ 150[km] ④ 100[km]

56. 다음 중 등가지구 반경계수(K)에 대한 설명으로 틀린 것은?

① 대기의 수직면 내에서의 굴절률 분포를 알 수 있다.
② 보통은 1보다 크지만 작은 경우도 있다.
③ 열대지방의 K값이 한 대지방보다 크다.
④ K값이 1에 가까울수록 굴절이 심하다는 뜻이다.

57. 프레즈넬 존(Fresnel zone)이 발생하는 이유는?

① 대지반사와 지표파의 간섭
② 대류권파와 전리층파 간섭
③ 반사파와 직접파의 간섭
④ 직접파와 회절파의 간섭

58. 다음 중 VHF대 이상의 전파가 초가시거리까지 전파되는 것과 관련이 없는 것은?

① 대류권 산란파
② 산재 F층 반사파
③ 라디오 덕트(Radio Duct)
④ 전리층 산란파

59. 다음 중 전리층 반사를 사용하는 주파수대에서 최고 사용주파수(MUF)를 구하는 목적으로 맞는 것은?

① 전리층 반사파를 사용하여 통신하기 적합한 주파수를 구하는데 사용한다.
② 전리층의 밀도를 구하는데 사용한다.
③ 전리층 반사파를 사용하는 경우의 전계강도를 구하는데 사용한다.
④ 전리층 반사파가 도달되는 최고의 거리를 구하는데 사용한다.

60. 다음 중 델린저 현상에 대한 설명으로 틀린 것은?

① 명확한 주기성은 없으나 보통 27일과 54일을 발생주기로 인정하고 있다.

② 야간에 고위도 지방에서 발생한다.

③ 돌발적으로 발생하여 10분 또는 수 십분 계속되다가 고위도 지방부터 차차 회복된다.

④ 단파통신에 영향을 주며 낮은 주파수 쪽이 영향을 많이 받는다.

41	42	43	44	45	46	47	48	49	50
④	②	②	①	④	④	④	①	③	③

51	52	53	54	55	56	57	58	59	60
②	④	②	③	③	④	④	②	①	②

41. 무손실 매질 내 비유전율이 5, 비투자율이 5이고 주파수 3[GHz]인 평면파가 전파할 때 이 파에 대한 파장[m]과 파동 임피던스[Ω]는?

① 0.01[m], 128[Ω] ② 0.02[m], 256[Ω]
③ 0.01[m], 256[Ω] ④ 0.02[m], 377[Ω]

42. 전자파가 자유공간을 진행할 때 단위시간당 단위면적을 통과하는 에너지를 나타낸 것은?

① 포인팅 정리 ② 파동방정식
③ 맥스웰방정식 ④ 암페어법칙

43. 다음 중 맥스웰의 방정식과 관련 없는 것은?

① $\nabla \times H = J + \dfrac{\partial D}{\partial t}$ ② $\nabla \cdot D = \rho$
③ $\nabla \cdot E = \infty$ ④ $\nabla \cdot B = 0$

44. 구형 도파관(Rectangular Waveguide)으로 전송시킬 수 없는 전파 Mode는?

① TE ② TM
③ TEM ④ TE와 TM의 혼합

45. 다음 중 평형·불평형 변환회로(Balun)에 대한 설명으로 틀린 것은?

① 평형전류만 흐르게 하며 초단파대 이상의 정합 회로로 사용된다.
② 스페르토프형 Balun의 경우 단일 주파수용으로 쓰인다.
③ L, C 소자를 사용하는 것을 분포 정수형 Balun이라 한다.
④ 집중 정수형 Balun으로 위상 반전형과 전자 결합형이 있다.

46. 동축케이블의 내부 도체를 제거한 것과 같이 고역필터로서 작용을 하며 고주파 급전과정에서 방사손실이 거의 없는 특성을 갖는 급전선은?

① 도파관
② 마이크로 스트립
③ 공동 공진기
④ 평행 5선식 급전선

47. 다음 중 급전선의 정합에 대한 설명으로 틀린 것은?

① 급전선 단이 개방되어 있어도 선로의 길이가 무한히 긴 경우 반사파가 없는 전송이 가능하다.
② 반사파가 없는 전송의 경우 전압, 전류 분포는 선로 상 어느 점에서나 같다.
③ 진행파의 경우 선로 상의 전압, 전류 위상은 각 점에 따라 다르다.
④ 정재파는 임피던스 정합이 이루어진 경우에 발생되며 전송손실이 없으며 양 방향으로 진행하는 파이다.

48. 특성 임피던스가 75[Ω]인 급전선상의 전압정재파비가(VSWR)가 4라면 반사계수는 얼마인가?

① 0.2 ② 0.4
③ 0.6 ④ 0.8

49. 다음 중 안테나의 고주파 손실 저항에 속하지 않는 것은?

① 접지저항 ② 도체저항
③ 복사저항 ④ 와전류손실

50. 다음 중 전파 측정시 안테나의 원거리장(Far Field)과 근거리장(Near Field) 사이의 경계를 결정하는 요인은?

　① 사용된 주파수의 파장과 안테나의 크기
　② 안테나 높이와 길이
　③ 안테나 소자의 길이와 두께
　④ 송신전력과 안테나 이득

51. 안테나 특성 중 방사전력 밀도가 최대 방사 전력의 $\frac{1}{2}$로 감쇠되는 두 지점 사이의 각도로써 지향 특성의 첨예도를 나타내는 것은?

　① 전후방비　　　　② 주엽
　③ 부엽　　　　　　④ 빔폭

52. 다음 중 안테나에 대한 설명으로 틀린 것은?

　① 안테나는 에너지를 방사 또는 수신한다.
　② 안테나는 특정방향으로 에너지를 집중하거나 억제할 수 있다.
　③ 송신안테나는 유도파(Guided Wave)를 자유공간파(Free-Space Wave)로 변환한다.
　④ 전송선로와 안테나가 정합되면 정재파(Standing Wave)가 발생한다.

53. 지하 50~100[cm] 정도에 직경 2.9[mm] 정도의 동선을 최소한 안테나의 높이와 같은 길이로 여러개의 줄을 지선망 형태로 매설하는 안테나 접지방식은?

　① 심굴접지　　　　② 방사상접지
　③ 다중접지　　　　④ 가상접지

54. 임의의 송수신 지점간 무선통신에서 사용주파수가 900[MHz]에서 1,800[MHz]로 변경 시 자유공간의 전송손실 특성으로 맞는 것은?

　① 손실이 2[dB] 증가한다.
　② 손실이 3[dB] 증가한다.
　③ 손실이 6[dB] 증가한다.
　④ 손실이 10[dB] 증가한다.

55. 다음 대기 잡음이 아닌 것은?

　① 공전잡음　　　　② 침적잡음
　③ 온도잡음　　　　④ 전류잡음

56. 다음 중 금속으로 둘러 싸여진 건물에 전자파가 입사하여 들어올 때 발생하는 현상은?

　① 건물 접지로 바이패스된다.
　② 건물 주위로 돌아 나간다.
　③ 건물에서 반사된다.
　④ 건물 금속체에 의해 편파가 변화한다.

57. 다음 중 산악회절 이득에 대하여 옳게 설명한 것은?

　① 지구의 구면에 의한 손실이 큰 경우에 해당되는 이득이다.
　② 송신점과 수신점 사이의 거리나 지형과는 관계가 없다.
　③ 초단파대 초가시거리 통신을 할 수 없다.
　④ 페이딩이 심하여 다이버시티를 사용한다.

58. 다음 중 지상파에 대한 설명으로 틀린 것은?

　① 송수신점의 안테나 높이와 직접파의 가시거리는 직접적인 관계가 없다.
　② 직접파는 송신점에서 수신점에 직접 도달하는 전파이다.
　③ 지표파는 도전성인 지구 표면을 따라서 전파하는 전파이다.
　④ 회절파는 대지의 융기부나 지상에 있는 전파 장애물을 넘어서 수신점에 도달하는 전파이다.

59. 다음 중 전리층에서 일어나는 현상이 아닌 것은?

　① 전파의 회절　　　② 전파의 산란
　③ 전파의 반사　　　④ 전파의 굴절

60. 다음 중 VHF(Very High Frequency) 주파수 대역
    이상에서 주로 발생하는 신틸레이션(Scintillation)
    페이딩의 특징으로 맞는 것은?

① 여름보다 겨울에 많이 발생한다.

② 레벨 변동폭은 10[dB] 이상이다.

③ 대기 중의 와류에 의해 유전율이 불규칙할 때
   발생한다.

④ 발생주기가 아주 짧으며, 전계강도는 수
   10[dB] 이상이다.

41	42	43	44	45	46	47	48	49	50
④	①	③	③	③	①	④	③	③	①
51	52	53	54	55	56	57	58	59	60
④	④	②	③	④	③	①	①	①	③

41. 다음 중 전파의 성질에 대한 설명으로 틀린 것은?

① 전파는 종파이다.

② 전파는 균일 매질에서는 직진한다.

③ 주파수가 낮을수록 회절하는 성질이 있다.

④ 굴절율이 다른 매질의 경계면에서는 빛과 같이 반사하고 굴절한다.

42. 전파의 속도는 매질의 어느 것에 의하여 변화되는가?

① 유전율과 투자율

② 유전율과 도전율

③ 투자율과 도전율

④ 도전율과 비유전율

43. 자유공간 내에서 전계강도가 100[㎷/m]인 경우 전력밀도는?

① 2.7[㎽/㎡]

② 0.27[㎽/㎡]

③ 0.027[㎽/㎡]

④ 0.0027[㎽/㎡]

44. 다음 중 동조 급전선의 특징에 대한 설명으로 틀린 것은?

① 정합장치가 불필요하다.

② 급전선 상에 정재파를 실어 급전한다.

③ 전송효율이 비동조 급전선보다 좋다.

④ 급전선의 길이와 파장은 일정한 관계가 있다.

45. 다음 분포정수회로에 의한 정합 방법 중 동축 급전선과 안테나의 정합에 적용할 수 없는 것은?

① Taper에 의한 정합

② Stub 정합

③ Omega 정합

④ Gamma 정합

46. 다음 중 초고주파 대역에서 사용되는 수동소자에 대한 설명으로 틀린 것은?

① 어떤 전송 선로로 전달되는 전력의 크기 등을 측정할 때 방향성 결합기가 사용된다.

② 전력을 두 개 이상의 작은 전력으로 나누는데 전력분배기가 사용된다.

③ 감쇠기는 마이크로파 전력의 크기를 감소시키는데 사용되는 소자이다.

④ 아이솔레이터와 서큘레이터는 신호를 한쪽 방향으로 전달하거나 반대방향으로도 전달하는 가역 특성을 갖는다.

47. 다음 중 TM파(Transverse Magnetic Wave)에 대한 설명으로 틀린 것은?

① H파라고도 한다.

② E파라고도 한다.

③ 축방향(진행방향)에 전계성분은 있다.

④ 축방향(진행방향)에 자계성분은 없다.

48. $\epsilon_s = 5, \mu_s = 10$인 매질 내에서 전파의 속도는? (단, ϵ_s : 유전율, μ_s : 투자율)

① $\frac{1}{3}\sqrt{2} \times 10^7 \, [m/s]$

② $3\sqrt{5} \times 10^7 \, [m/s]$

③ $3\sqrt{2} \times 10^7 \, [m/s]$

④ $\frac{1}{3}\sqrt{5} \times 10^7 \, [m/s]$

49. 다음 중 지향성 안테나는?

① 휩 안테나

② 브라운 안테나

③ 슬리브 안테나

④ 콜리니어 어레이 안테나

50. 다음 중 사용하고자 하는 주파수의 파장을 λ, 안테나의 공진파장을 λ_0라고 할 때 $\lambda > \lambda_0$인 경우 안테나를 공진시키기 위해 추가로 삽입하기 적합한 소자는?

① 제너(Zener) 다이오드

② 저항

③ 단축 콘덴서

④ 연장 코일

51. 다음 중 절대이득의 기준 안테나로 적합한 것은?

① 루프 안테나

② 무손실 전방향성 안테나

③ 무손실 등방성 안테나

④ 무손실 반파장 다이폴 안테나

52. 다음 중 건조지, 건물, 암반, 옥상 등 대지의 도전율이 나쁜 곳에 적합한 접지방식은?

① 심굴접지

② 다중접지

③ 가상접지(Counterpoise)

④ 방사상접지

53. 다음 중 수신기에서 수신 전력을 증가시키는 방법으로 틀린 것은?

① 안테나에 LNA를 설치하여 수신단 잡음을 줄인다.

② 지향성이 낮은 안테나를 사용한다.

③ 이득이 높은 안테나를 사용한다.

④ 실효고가 높은 안테나를 사용한다.

54. 주파수 6[㎒]의 전파에 사용하는 $\frac{\lambda}{4}$ 수직접지 안테나의 길이는?

① 50[m] ② 25[m]

③ 12.5[m] ④ 6.25[m]

55. 다음 중 대류권 전파의 감쇠에 해당되지 않는 것은?

① 강우에 의한 감쇠

② 구름, 안개에 의한 감쇠

③ 바람에 의한 감쇠

④ 대기에 의한 감쇠

56. 다음 중 장중파대역에서 지표파에 의해 전파되는 전파의 감쇠가 가장 작은 환경은?

① 해상 ② 평지

③ 사막 ④ 도시지역

57. 전리층 전자밀도의 불규칙한 변동에 의해 전파가 전리층을 시각에 따라 반사하거나 투과함으로써 발생하는 페이딩은?

① 편파성 페이딩 ② 흡수성 페이딩

③ 도약성 페이딩 ④ 간섭성 페이딩

58. 송신 안테나의 높이가 16[m], 수신 안테나 높이가 25[m]일 때 초단파의 직접파 최대 가시거리는 얼마인가?

① 16.99[km] ② 26.99[km]

③ 36.99[km] ④ 46.99[km]

59. 다음 중 초단파의 전파 특성에 대한 설명으로 틀린 것은?

① 주파수가 높기 때문에 지표파는 감쇠가 심하다.

② 태양의 활동에 따라 수신 강도의 변화는 단파보다 영향이 심하다.

③ 대기의 굴절 때문에 기하학적 가시거리보다 약

간 멀리까지 도달한다.

④ 직접파와 대지 반사파에 의해서 전계강도가 정
해진다.

60. 어떤 파동의 파동원과 관찰자의 상대속도에 따라
진동수와 파장이 바뀌는 현상을 무엇이라 하는
가?

① 에코(Echo)

② 도플러(Doppler) 효과

③ 패러데이(Faraday) 법칙

④ 플라즈마(Plasma) 현상

41	42	43	44	45	46	47	48	49	50
①	①	③	③	②	④	①	③	④	④

51	52	53	54	55	56	57	58	59	60
③	③	②	③	③	①	③	③	②	②

41. 동축케이블에서 비유전율이 2.3인 폴리스틸렌을 매질로 사용하는 경우에 특성임피던스는 약 얼마인가? (단, 동축케이블의 손실이 최소가 되는 조건으로 $D/d = 3.6$이 되는 조건)

① 35[Ω]
② 50[Ω]
③ 75[Ω]
④ 100[Ω]

42. 다음 중 전파의 성질에 대한 설명으로 옳은 것은?

① 전파는 종파이다.
② 주파수는 파장의 크기에 비례한다.
③ 전파의 속도는 유전율이 클수록 빨라진다.
④ 편파성을 갖는다.

43. 다음 중 균일 평면 전자파에 대한 설명으로 틀린 것은?

① 전계와 자계가 모두 전파방향과 수직인 평면 내에 있다.
② 에너지 밀도가 변하지 않고 파동의 각 부분이 같은 방향으로 직진하는 이상적인 파동으로서 송신안테나로부터 원거리의 영역에서 존재한다.
③ 종파이며 'TE' 파로 불린다.
④ 균일한 평면파는 2차원 면에 무한히 퍼져있기 위한 무한량의 에너지를 필요로 한다.

44. 다음 중 급전선로의 정재파비를 낮게 하는 이유로 가장 적합한 것은?

① 스퓨리어스 방출을 감소시키기 위해
② 저온에서 급전선로를 가열하기 위해
③ 인접 무선기기와의 혼선을 줄이기 위해
④ 보다 효율적인 전자파 에너지의 전달을 위해

45. 특성임피던스가 200[Ω]인 동축케이블의 무손실 선로에서 50[Ω]의 부하를 접속할 때 이 서로의 정재파비는?

① 4
② 3.2
③ 1.2
④ 0.6

46. 다음 중 안테나를 설계할 때 임피던스 정합 회로를 사용하는 이유로 적합하지 않은 것은?

① 왜율이나 이중상(Ghost) 발생을 방지하기 위하여
② 최대 전력을 전송하기 위하여
③ 전송선로와 안테나 정합부에서 반사를 최소화하기 위하여
④ 전송선로의 정재파비를 최대화하기 위하여

47. 급전선의 반사계수(Γ)가 0.5일 경우 최대 전압이 66[V]라면, 최소 전압은 얼마인가?

① 132[V]
② 33[V]
③ 22[V]
④ 11[V]

48. 다음 중 마이크로파대 주파수의 전송선로로 도파관을 사용하는 이유가 아닌 것은?

① 취급할 수 있는 전력이 크다.
② 외부 전자계와 완전히 결합된다.
③ 방사손실이 적다.
④ 유전체 손실이 적다.

49. 다음 중 반파장 다이폴 안테나에 대한 설명으로 틀린 것은?

① 안테나의 길이는 $\lambda/2$이다.
② 전류의 크기는 양쪽 끝에서 최소가 된다.
③ 전압의 크기는 양쪽 끝에서 최대가 된다.

④ 반사형 안테나이다.

50. 다음 중 안테나의 반치각에 대한 설명으로 옳은 것은?

① 복사전계강도가 1/2로 되는 두 방향 사이의 각을 말한다.

② 복사전력이 1/2이 되는 두 방향 사이의 각을 말한다.

③ 실제에 있어서 미소다이폴의 경우 70°, 반파장 다이폴의 경우 90° 정도이다.

④ 최대 복사방향을 중심으로 총 복사전력의 90[%]를 포함하는 범위의 사이각을 말한다.

51. 다음 중 접지안테나의 방사효율을 높이기 위한 방법으로 적합하지 않은 것은?

① 안테나의 실효고를 증가시킨다.

② 안테나의 공급전류를 증가시킨다.

③ 접지저항을 작게 한다.

④ 방사저항을 작게 한다.

52. 다음 중 가시거리(Line Of Sight)인 임의의 송수신 지점간 자유공간 전력손실을 계산할 때 고려사항이 아닌 것은?

① 송신전력

② 장애물 손실

③ 수신 안테나 이득

④ 수신전력

53. 다음 중 통신위성에 장착하는 안테나로 적합하지 않은 것은?

① 헤리컬 안테나

② 파라볼라 안테나

③ 대수주기 안테나

④ 무지향성 안테나

54. 다음 중 심굴접지에 대한 설명으로 틀린 것은?

① 소규모의 안테나 접지에 사용된다.

② 깊이 매설된다.

③ 접지저항은 10[Ω] 정도이다.

④ 도전율이 작은 지역에 적용된다.

55. 다음 중 지표파의 특성에 대한 설명으로 틀린 것은?

① 주파수가 높을수록 전파의 감쇠는 크다.

② 안테나의 지상고가 높을수록 지표파 성분이 적다.

③ 수평편파가 수직편파보다 감쇠가 많다.

④ 대지의 도전율과 유전율에 영향을 받지 않는다.

56. 프레즈넬 존(Fresnel zone)이 발생하는 이유는?

① 대지반사파와 지표파의 간섭

② 대류권파와 전리층파의 간섭

③ 반사파와 직접파의 간섭

④ 직접파와 회절파의 간섭

57. 전계강도의 변동폭이 커서 특히 마이크로파대역에서 실용상 문제가 되는 페이딩은?

① K형

② 신틸레이션형

③ 선택형

④ 덕트(Duct)형

58. 다음 중 단파 무선통신에서 페이딩(Fading) 방지 또는 경감방법과 관계없는 것은?

① 공간 다이버시티 수신법

② AGC회로 부가

③ 톱로딩(Top Loading) 안테나

④ 주파수 다이버시티 수신법

59. 중파방송에서 주로 사용되는 전파방식은?

① 공간파

② 지표파

③ 회절파

④ 직접파

60. 다음 중 우주통신에서 사용되는 전파의 창 범위
     를 결정하는 요소로 적합하지 않은 것은?
     ① 우주잡음의 영향
     ② 전리층의 영향
     ③ 정보전송량의 문제
     ④ 도플러 효과의 영향

41	42	43	44	45	46	47	48	49	50
②	④	③	④	①	④	③	②	④	②

51	52	53	54	55	56	57	58	59	60
④	②	③	④	④	④	④	③	②	④

최신 안테나공학

초판 1쇄 발행 2009년 08월 30일
초판 6쇄 발행 2021년 09월 02일
저　　자 김한기·정승용·고광채
발 행 인 이범만
발 행 처 **21세기사** (제406-00015호)
　　　　　경기도 파주시 산남로 72-16 (10882)
　　　　　Tel. 031-942-7861　　Fax. 031-942-7864
　　　　　E-mail : 21cbook@nave.com
　　　　　ISBN 978-89-8468-279-5

정가 30,000원